智能电网关键技术研究与应用丛书

智能电网可再生能源系统设计（原书第2版）

Design of Smart Power Grid Renewable
Energy Systems，2nd edition

［美］阿里·凯伊哈尼（Ali Keyhani）　著
刘长浥　贺敬　许晓艳　张利　译

机 械 工 业 出 版 社

本书介绍了可再生能源、智能电网和微电网的基本概念，把电力工程的各领域综合起来论述智能电网可再生能源微电网系统设计问题。本书概述了人类历史上一次能源使用的演变和电网的基本概念，深入考察了微电网变换器建模问题和智能电网系统的设计，论述了电网及微电网潮流分析和电网故障研究。

本书的重要特点之一是结合实例论述理论和工程问题。每章都先提出一个关键工程问题，然后给出解决问题的数学模型，再介绍 Matlab 仿真平台，说明解题步骤。每章还都包括解题案例、习题和相关参考文献。

翻译本书的目的是将其作为电气和机械工程本科生和研究生的教科书，同时也可以作为相关专业的工程技术人员、研究人员和能源决策人员的参考资料。

译 者 序

随着全球变暖和能源枯竭问题日益引起人们的关注，有效利用可再生能源从而减少污染和温室气体排放已经成为一个至关重要的全球性问题。与此相关，电力产业在发电、输电、配电和用电等各个环节都在发生革命性的变化。智能电网可再生能源微电网系统是电力工程领域近年来兴起的一个革命性概念，它的突出特点是可以为终端用户提供发电、自维持和配送电的手段，从而使他们能控制自己的能源需求；从电网角度看，它可以提高供电连续性和可靠性，加大削峰、填谷力度，降低备用需求，提高电网运营的经济性。

本书是原书第 2 版，在其第 1 版基础上做了大量布局调整，增加和修改了很多章节和内容，也改正了一些错误。

本书介绍了可再生能源、智能电网和微电网的基本概念，把电力工程的各领域综合起来论述智能电网可再生能源微电网系统设计问题。作者概述了人类历史上一次能源使用的演变和电网的基本概念，深入考察了微电网变换器建模问题和智能电网系统的设计，论述了电网及微电网潮流分析和电网故障研究。

本书的重要特点之一是结合实例论述理论和工程问题。每章都先提出一个关键工程问题，然后给出解决问题的数学模型，再介绍 Matlab 仿真平台，说明解题步骤。每章还都包括解题案例、习题和相关参考文献。

翻译本书的目的是将其作为电气和机械工程本科生和研究生的教科书，同时也可以作为相关专业的工程技术人员、研究人员和能源决策人员的参考资料。

本书作者阿里·凯伊哈尼博士（Ali Keyhani，PhD）现任美国俄亥俄州立大学电力及计算机工程系教授，曾多次获得俄亥俄州立大学工程学院研究奖，也是IEEE 会员。他曾为很多电力企业和其他行业做过研究和咨询工作，并在 IEEE 期刊上发表过很多论文。他发表的专著除本书外，还有《智能电网2011》（*Smart Power Grids 2011*），《绿色可再生能源并网》（*Integration of Green and Renewable Energy in Electric Power Systems*）等。

原书存在的问题和错误在翻译时都尽可能改正了，并以"译者注"的形式标出。另外，本书大量使用英制计量单位，可能会使我国读者感到不习惯，译者也尽量做了注解。

本书译者都是中国电力科学研究院新能源研究中心的科研人员，具体分工为（按工作量排序）：刘长浥翻译、校对第 1、7、10、11 章和辅文，另校对第 4~6

章；贺敬翻译第 3、6、9 章，校对第 2、3、8、9 章；许晓艳翻译第 2、4 章；张利翻译第 5、8 章。由于我们的外语和专业水平的限制，译文很可能有这样那样的错误，还请读者不吝指教。

译者

2020 年 4 月

原书前言

可持续的电力生产和高效利用可用能源从而降低或消除碳足印是我们在 21 世纪面临的最重大挑战之一。对于我们这些从事电力工程的人来说，这是一项特别艰巨的任务。本书把可持续电力生产问题作为微电网和智能电网可再生能源系统设计的一部分加以论述。

如今，互联网为工程专业的学生提供了浩瀚的资源；我们教师的任务是为利用这些资源提供定义明确的学习方法。我们还应该用能激发学生想象力的习题向他们提出挑战。本书处理这个问题的方式是提供系统方法，全面应用这里介绍的可持续生产绿色电力的概念，并提供可帮助进行可再生能源微电网实际设计的分析工具。

我会在每一章介绍一个关键工程的习题，然后给出这一习题的数学模型和 Matlab 试验平台，说明解题步骤。有些例子给出了解题过程，但还有很多习题放在每章的末尾，它们的设计意图是对学生的思维提出挑战。相关参考文献也列在每章末尾。

本书还有一个伴随网站（**www. wiley. com/go/smartpowergrid2e**），它包含教师用的解题指导手册和带动画的 PPT 讲义。可以采用并把它们转换为符合教师需要的演示形式。每章末尾所附的习题的答案也包含在解题指导手册中。本书对读者的要求是对电路知识有基本了解。

本书回顾了能源使用的历史；还通过一系列碳足印计算分析了人类活动的碳足印与化石燃料消耗及单个家用电器对应的化石燃料消耗的关系。本书综合介绍了电力工程的三个领域：智能高效光伏（PV）设计；如何计算光伏模块的输出能量和输出最大能量时它们对于太阳的倾斜角度；以及风电微电网。本书通过引入高效智能住宅 PV 微电网设计介绍了分布式发电系统设计和 PV 发电厂设计的基础，包括能量监控系统、智能装置、建筑物负荷估算、以及负荷分类和实时电价。本书介绍了相量系统、三相系统、变压器、负荷、DC/DC 变换器、DC/AC 逆变器和 AC/DC 整流器，并把所有这些内容融入作为大功率互联电网一部分的可再生能源微电网的设计，它重点介绍利用 DC/AC 逆变器作为电力系统的三端口元件使风电和光伏发电并入可再生能源电网。本书还介绍了 PWM 逆变器的 Matlab 仿真，它覆盖的范围包括感应、测量、集成通信及智能计量的基础系统概念，实时电价，智能电网的网络控制，绿色能源高度渗透到大规模互联电网，间歇性电源，电力市场以及同步发电机运行的初步建模和操作，输电线路的潮流限制，潮流问题，负荷系数计算及它们对智能电网运行的影响，实时电价及微电网，电网母线导纳及阻抗，以及作为大功率互联电网一部分的微电网潮流分析。本书最后介绍了潮流研究和短路计算中的潮流牛顿方程，潮流问题的牛顿-拉夫逊解法以及快速解耦算法。

  本书给出了使用绿色能源的电网和微电网集成的基本概念，这实际上是所有国家的技术路线图。微电网的设计是使用绿色能源、电力电子、控制传感技术、计算机技术和通信系统的基础设施现代化的驱动器。

阿里·凯伊哈尼
于加利福尼亚伯克利

目 录

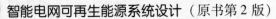

第 1 章

全球变暖及消减措施

1.1 引言

全世界发出的电力65%是火电（以煤炭、天然气和石油为动力），22%是水电，12%是核电，1%是可再生能源。可再生能源发电的占比不高。1%的可再生能源电力中，3%是太阳能电力，24%是风电，29%是地热发电，4%是生物质能发电[1]⊖。美国和中国是最大的两个能源消费国，据国际能源署1999年报道，这两个国家占了全球能源生产的31%和能源消费的41%[2]。可持续能源生产和可用能源的有效利用以及降低和消除碳足印（carbon footprint），是21世纪的最大挑战，也是工程学和科学上最复杂的问题。本书将把可持续电力生产作为设计、建设高效微电网和分布式发电以及智能电网可再生能源系统的一部分来论述。

1.2 化石燃料

据估计，化石燃料（石油、天然气和煤炭）是在3亿年到3亿7千万年前生成的[1]。经过数百万年，生活在世界海洋中的动、植物群遗骸的分解物生成了第一批石油。随着海洋消退，这些遗骸被砂土层覆盖，经历了严酷的气候变化：冰河时代、火山爆发以及干旱把它们更深地埋入地壳并更接近地核。由于受到强热和压力，这些遗骸基本被蒸发成为石油。如果查看字典中的词汇"石油（petroleum）"，可以看到它的含义是"石头的油"或"来自土中的油"。

事实上，尽管有记录的人类使用能源的历史相当有限，但仍可以从古代的手工制品和历史遗迹想象到能源对人类早期文明的影响。在埃及的金字塔、希腊的帕特农神殿、伊朗的波斯波利斯（Persepolis）遗址、中国的万里长城和印度的泰姬陵都可以看到最早期社会的遗产以及使用木材、木炭、风力和水力的遗迹[3]。

1.3 能源的使用和工业化

最早使用的能源是木材，然后煤炭取代了木材。而石油开始取代人们使用的某

⊖ 原文如此。但引用的数字可能有误，因为前面几个数字的和不是100%。——译者注

些木材，使得目前石油提供了全世界能源需求的最大部分。

自工业革命以来，人们一直在使用煤炭。从 1800 年以来的 200 多年里，人们使用石油。然而人们最早使用的能源是用来煮食物的木材和木炭。历史记录表明，人类生活在地球上的约 100000 年中，使用木材能源有约 5000 年。与此相似，有历史记录的 5000 年中，人们使用石油的历史为 200 多年。在不久的将来，人类将会耗尽石油储量。因为石油是不可再生的，所以必须储备石油以及天然气。图 1-1 绘出了 1965 ~ 2000 年的世界石油产量和 2005 ~ 2009 年[4,5]的估计产量，以及石油对工业化的影响。

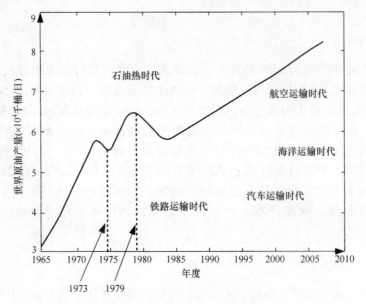

图 1-1　世界石油生产（消费）：1965 ~ 2000 年的
实际情况和 2005 ~ 2009 年的估计情况[3]⊖

1.4　新的石油热（水力压裂法）

从地底深处岩壳钻井中提取石油和天然气的新技术称为水力压裂法[6]。地下岩壳压裂用水与沙及其他化学制品的高压混合体导入水线以下的岩壳来完成，这一油气提取技术称为压裂。压裂技术是一种用于页岩气、致密地层天然气[6]和煤层气坚硬岩石钻井的方法。压裂法扭转了美国油气生产下降的趋势，使得美国的油气得以自给。压裂法加重了人们的环境关注，水污染、空气质量和化学制品转移成为环保人士的重大关切，已经成为一个代价高昂的政治问题[6-9]。

⊖　原文如此。此书英文版对 2005 ~ 2009 年的石油产量采用的估计数据，实际 2005 ~ 2009 年的世界石油产量为：2005 年，82107 千桶/日；2006 年，82593 千桶/日；2007 年，82383 千桶/日；2008 年，82955 千桶/日；2009 年，81262 千桶/日。数据来源：BP 世界能源统计。——译者注

1.5　核能

据美国能源部估计，全世界的铀资源通常被认为足够今后至少数百年使用。含在汽油等碳氢燃料集合体中的能量实际上低于规模小得多的核能燃料所含的能量，核裂变所含的高密度能量使它成为一种重要能源。然而，裂变过程会产生放射性核废料，这种放射性产物会留存很长时间，带来核废料处理问题。核裂变作为一种能源产生的碳足印很低，但却会带来放射性核废料积累的关注以及政治上不稳定的世界核毁灭的可能性。

1.6　全球变暖

图 1-2 画出了太阳辐射的入射能量及地表和大气层反射能量的过程。地球大气层的温室气体发射和吸收辐射[10-12]，这一辐射处于热红外范围内。温室气体的主要成分是水蒸气、CO_2、CO、臭氧及一些其他气体，温室气体被滞留于地球的大气层内。

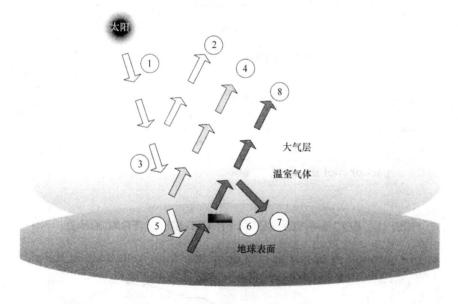

图 1-2　太阳辐射到地球表面的作用

图 1-2 中，太阳辐射的入射能量用从太阳发射的①表示，它的能量约为 $343W/m^2$。太阳辐射中约 $240W/m^2$（用③表示）会穿过地球大气层；太阳辐射的大约一半（⑤），约 $168W/m^2$，会被地表吸收；辐射分量⑥会转换为热能。②和④表示那些从地表和地球大气层反射的太阳辐射，太阳辐射的总反射能量约为 $103W/m^2$。这一过程会产生形式为回到地球的长波发射的红外辐射：一部分红外辐射会被吸收，然后它又会被滞留在地球大气中的温室气体分子再次发射出去，⑦表示红外辐射；

某些红外辐射（⑧）会通过大气层进入外空。随着化石燃料的加速使用，地球大气层中的 CO_2 也加速生成。

自从化石燃料燃烧和工业革命开始，大气中的 CO_2 就有了实质性增长，如图 1-3 和图 1-4 所示。

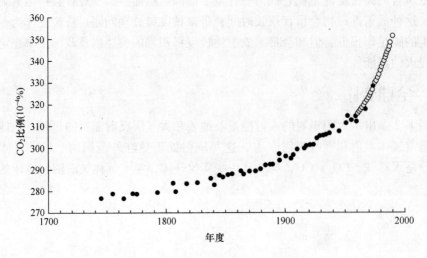

图 1-3　自 1700 年以来产生的 CO_2[13]

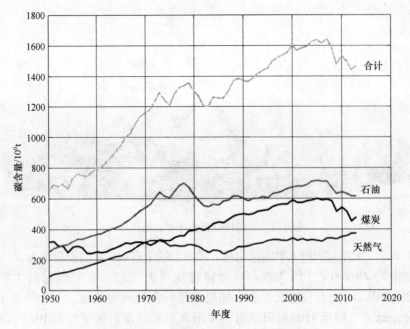

图 1-4　自 1950 年以来产生的 CO_2[13]

世界气象组织（World Meteorological Organization，WMO)[13]是监视气候变化的国际机构。WMO 清楚表述了如果目前趋势继续下去的话，可能产生的环境和社会经济后果。除非采取措施降低碳足印，否则污染和环境的危险恶化就将会继续。在这一方面，全球变暖是一个工程学问题，而非道德十字军讨伐。

大气中的 CO_2 排放已在此前 100 年达到顶峰。如果全世界共同加强降低 CO_2 排放的努力，并在今后数百年把排放降到低水平，地球温度仍然会继续提高，但以后会稳定下来。

CO_2 含量降低会降低它对地球大气的影响；然而，大气中已有的 CO_2 会继续使地球温度提高零点几度，地表温度会在今后几个世纪里处于稳定状态。

地球大气中滞留 CO_2 导致的温度上升会影响海洋的热膨胀，因此海面会因冰盖融化而上升。

图 1-5 所示为美国消费各种化石燃料导致的对 CO_2 的贡献。

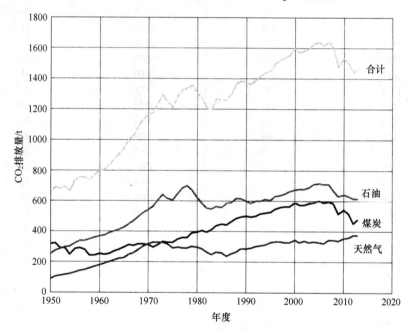

图 1-5　美国与能源有关的各类燃料的 CO_2 排放
（1950～2012 年，含 2013 年推测）[13]

注：1. 来源：地球政策研究所（Earth Policy Institute）编撰。
　　2. 1950～1993 数据取自"按消费能源类别产生的 CO_2 排放，1949～2011"，美国能源部（DOE）能源信息管理局（EIA）能源年度报告，表 11.1，可查阅 www.eia.gov/totalenergy/data/annual/showtext.cfm？t=ptb1101，2012 年 9 月 27 日更新。
　　3. 1994～2013 年数据取自"美国宏观经济指标和 CO_2 排放"，DOE EIA 表 9a"短期能源展望"，可查阅 www.eia.gov/forecasts/steo/tables/？tableNumber=5｝，2013 年 9 月 10 日更新。
　　4. 排放数字单位为百万吨碳；对于以吨表示的 CO_2，应乘以 44/12。

1.7　未来 CO_2 排放预测

发展中世界的快速电气化和它们对化石燃料车辆的依赖都在加剧；对能源的需求使发达国家大量生产动力和能源使用的化石燃料。这些能源的持续燃烧加大了地球大气层中的 CO_2 含量。图 1-3 所示为过去几个世纪里大气中 CO_2 实测比例，表 1-1 是该图中记录的每年 CO_2 测量值。随着二十世纪以来运输和发电的增长，燃烧了更多化石燃料，导致 CO_2 浓度呈指数增长。

表 1-1　CO_2 的年产生量

年　　度	CO_2（10^{-6}）	年　　度	CO_2（10^{-6}）
1745	277	1930	306
1754	279	1933	307
1764	277	1937	308
1772	279	1940	310
1774	279	1945	308.5
1793	279	1952	311
1805	284	1954	315
1808	280	1959	312
1817	283	1960	314
1826	284	1961	312
1837	287	1962	316
1840	283	1963	317
1845	288	1964	318
1847	287	1965	320
1850	288	1967	320.5
1854	289	1968	321.5
1860	290	1969	322
1865	288	1970	323
1870	289	1971	324
1875	290	1972	327
1880	291	1974	328.5
1882	292	1976	330
1886	292	1977	330.5
1893	294	1978	332
1894	298	1979	333
1900	296	1980	335
1904	295	1981	337
1906	297	1982	339
1910	299	1983	340
1916	300	1984	341
1917	300	1985	342.5
1919	301	1986	344
1920	301.5	1987	345
1921	301	1988	347
1923	305	1989	349
1926	306	1990	352

使用表 1-1 的数据，如果能源生产趋势不变，可使用指数表达式估计将来年份的 CO_2 浓度。下式是使用图 1-3 和表 1-1 数据进行的最佳指数曲线拟合：

$$浓度 = 1.853e^{(0.0146x)} + 277 \tag{1-1}$$

式中，x 是从 1745 年起的年数；"浓度"指 CO_2 比例，量纲为 10^{-6}。

图 1-6 是按式（1-1）和现有数据画出的，并预测了到 2100 年的 CO_2 浓度。如果目前趋势继续下去，2100 年的 CO_2 估计浓度约为 610×10^{-6}，几乎是当前大气中 CO_2 比例的两倍。这些数据可以表明通过清洁能源技术投资和更高效发电以降低碳足印的重要性。

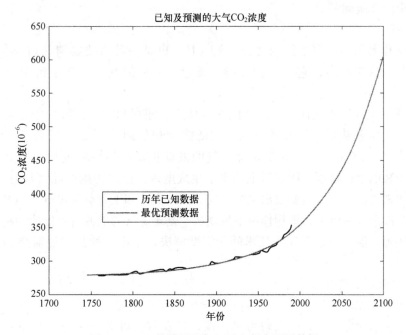

图 1-6　CO_2 排放量历年记录和年度预测数据

如果对 CO_2 浓度的这一推测成为现实，则地球大气层中 CO_2 数量的增加将会带来灾难性后果。作为主要的温室气体，更多 CO_2 将会使太阳能量滞留在大气中。这会加重温室效应，使地球平均温度升高，也会加速极地冰盖融化，使海平面升高。全球变暖会极大地改变我们这个星球的天气模式和洋流，减少不断增长的人口的宜居土地数量。如现有数据所推测的，CO_2 浓度的急剧增长会对地球气候、生态和大气产生长远影响。

气候变化政府间专家组发布的因人类活动碳足印导致的气候变化和全球变暖 2013 年报告指出，"尽管有多个独立生成的数据库，但按照线性趋势计算，陆地与海洋表面的总体平均温度数据表明，从 1880 年到 2012 年期间，温度上升了 $0.85℃$。"

IPCC 建议指出，"消减（mitigation）指以降低温室气体产生或加强温室气体下降为目的的人类干预活动。"缓解加适应气候变化一起会有助于实现联合国气候变化框架协定（UNFCCC）第二款表述的目标：本协定和缔约各方可能采纳的相关法律文件的终极目标是，按照协定相关条款，达到大气中温室气体浓度的稳定，使之处于可以避免危险的人类活动干扰气候体系的水平。

1.8 绿色可再生能源

为达到降低碳排放的目标，必须开始使用可再生和可持续的能源，迫切需要环保的运输方式和固定电源。必须用可持续能源取代煤炭、天然气和石油等传统燃料来应对全球变暖问题。

1.8.1 氢

除风和太阳等可再生能源之外，氢（H）也是一种重要的清洁可再生能源。氢在空气中含量不高，它是一种无毒、无色、无味的气体，在宇宙中是无穷无尽的。

氢可用作能量的载体，在需要的地点使用、储存和输送。氢在作为能源使用时，仅产生水和热量，没有碳排放；氢的能量却是同量石油的三倍[14,15]。氢燃料电池[14]在原理上完全不同于燃烧氢气的发动机。在氢燃料电池中，氢原子分解为质子和电子，氢原子中带负电的电子生成电流，以水为副产品（H_2O）。氢燃料电池用来在固定式发电站发出电能，向居民、商业和工业负荷供电；燃料电池也可用于为汽车提供电力，即用作燃氢发动机。基于氢气的能源有可能成为将来的一种主要能源，但还有很多应用技术问题需要解决，采用这种技术还需要新的基础设施。

1.8.2 太阳能和光伏发电

太阳能和光伏（PV）能源也是一种重要的可再生能源。太阳是地球的首要能量来源，它发射电磁波，既发射可见光线，也发射不可见的红外（热量）波。红外（Infrared，IR）辐射的波长为 $0.7 \sim 300\mu m$，频率范围约为 $1 \sim 430 THz$[16]。阳光用辐照度，即光的辐射能量表示，一个日照强度定义为在海平面提供约 $1 kW/m^2$ 辐照度的亮度，而 0.8 日照强度约为 $800 W/m^2$。一个日照强度的能量包括红外光 523W，可见光 445W，紫外（Ultraviolet，UV）光 32W。

例 1.1 假定太阳辐照度等于 0.8 日照强度。计算发出 5000kW 功率所需的面积，分别用平方米和平方英尺为单位。

解：

PV 在 0.8 日照强度下的功率容量为 $0.8 kW/m^2$

容量 = 日照强度 × 所需面积

所需面积 = $5000/0.8 m^2 = 6250 m^2$

⊖　$1THz = 10^{12} Hz$。

8

∵ $1m^2 = 10.764ft^2$

∴ 所需面积 $= 6250 \times 10.764ft^2 = 67275ft^2$

植物、藻类和某些细菌都能捕捉太阳发出的光能，并通过光合作用用 CO_2 和水生产食物（糖）。当太阳的 IR 热辐射到达地球时，有些热量被地表吸收，而有些热量又重新反射回空间去。可以使用强反射镜改变来自太阳的热辐射方向作为热能来源。来自太阳的热能即太阳热能可以以传统方式把水加热到高温并压缩推动汽轮发电机。

太阳能 PV 电源是用硅材料制成的太阳电池方阵，它可以把太阳辐射转换为直流电力。硅晶片成本很高，但新的吸光材料大大降低了成本，最常见的材料是非晶硅（amorphous Silicon，a-Si），它主要是用 O 替代 p 型半导体中的 Si 和 C，而过渡金属主要是 Fe。硅被以各种形态加入，或加入 CdTe（碲化镉）和铜铟（CIS）和铜铟镓（CIGS）等多晶材料中。PV 组件的前面设计可以使 Si 材料捕获最多光能，每个太阳电池产生的电压约 0.5V，正常情况下，36 个太阳电池串联组成一个产生 12V 电压的 PV 组件[⊖]。

例 1.2　假定太阳辐照度等于 0.4 日照强度。计算发出 1000kW 功率所需的面积，分别用平方米和平方英尺为单位。

解：

PV 在 0.4 日照强度下的功率容量为：$0.4kW/m^2$

容量 = 日照强度 × 所需面积

所需面积 $= 1000/0.4m^2 = 2500m^2$

∵ $1m^2 = 10.764ft^2$

∴ 所需面积 $= 2500 \times 10.764ft^2 = 26910ft^2$

1.8.3　风能

风是水面和陆地不均匀受热导致的空气流动产生的，因此风就是运动的空气。太阳升起时，陆地上面的空气受热比水体上面的空气快。白天陆地上面的空气受热膨胀并上升，而密度更高和更冷的空气则迅速取代受热空气的位置，就产生了风；夜间过程则全然相反。风力机叶片捕捉风的动能，叶片又连接到转动发电机的驱动轴发出电力。

2012 年，美国风力发电量约占它的总发电量的 3%，与全世界的风力发电量相比，这一发电量很小。然而，美国的风力发电量在 2000 年仅为 $6 \times 10^9 kW \cdot h$，到 2012 年已经达到约 $140 \times 10^9 kW \cdot h$（http://www.eia.gov 和 http://energy.gov/eere/wind/about-doe-wind-program）。

1.8.4　地热能

可再生地热能指地表深处生产的热量，它可以在到达地表的热泉或间歇泉中见

⊖　原文如此。但如果每个太阳电池产生的电压为 0.5V，12V 组件应该由 24 个太阳电池串联。——译者注

到，还有的在地下水池深处。地核是铁的，周围是一层熔岩，即岩浆。地热电站建于地热池上，它的热能主要用于为本地区的家庭及商业供热[17]。

1.8.5　生物质能

生物质能是一种来自农业及林业残骸、城市固体废物和工业废物等有机物的燃料。使用的有机物可能是树木、动物脂肪、植物油、腐烂的废物及污水等。腐烂的废物和污水可以产生沼气，它也是一种生物质能源[18]，现在，人们把生物柴油等生物燃料与汽油混合作为汽车燃料，或用于供热，也用作发电厂的发电燃料（木材和稻草）。然而，对于使用生物燃料有很多争议问题：生产生物燃料可能涉及砍伐森林，把有机物转换为能量可能在提高碳足印方面代价高昂，而农产品可能不再用作食物而是转为他用。

1.8.6　乙醇

另一种能源是乙醇，它用玉米和甘蔗生产，也可以使用其他方法生产。然而，碳循环分析和生产"农业"能源使用化石燃料留下了很多悬而未决的问题；就单位面积每年生产的电能来说，太阳能板是玉米乙醇的 100 倍[19]。

如本节的结论所述，需要永远记住伦敦皇家协会 1662 年的箴言："不要相信任何人的话"。

1.9　能量单位及转换

为估计不同层次的化石燃料的碳足印，需要了解能量单位的转换[17,20,21]。因为化石燃料来源不同，需要把它们转换为等值能量计量单位，以评估各种能源的使用情况。不同燃料所含的能量用它们可以产生的热量来计量。一个英国热量单位[⊖]（British Thermal Unit，Btu）所含热量为 252 卡路里（calory，cal），等于 1055J（Joule，J）。单位焦耳是以英国物理学家兼啤酒制造商 James Prescott Joule[26]（生于 1818 年 12 月 24 日）的名字命名的。他发现了热和机械功之间的关系，从而导致了能量转换基本理论的产生。1Btu 是可以使 1lb[⊖]（磅）水温度提高 1℉（华氏度）的热量。如计量的能量较大，也使用术语"quad"[⊖]，1quad = 1015Btu。

从以前学过的物理学知识中，可以回忆到公制的 1J 等于在 1N（牛顿）力作用下通过 1m 的距离（即 1J = 1N × 1m）所做的功；它也等于 1W 乘以 1s（即 1J = 1W × 1s）。因此，1J 等于发出 1W 功率持续 1s 所需的功。因此，1W 功率（功率通常用字母 P 表示）等于 3.41Btu/h[23-32]。

例 1.3[⊜]　计算把 100 lb 水加热从 0℉ 提高到 212℉ 所需的能量（以 W·h 为单位）。

⊖　Btu 和 quad 都不是我国的法定计量单位。——译者注

⊖　1lb = 0.454kg。

⊜　原书中，例 1.3 混淆了能量和功率的概念，现译文已做了适当改动。——译者注

解：

所需热量 $= 100 \times 212 \mathrm{Btu} = 21200 \mathrm{Btu}$

能量（以 $\mathrm{W \cdot h}$ 为单位）$= 21200 \times 1055/3600 \mathrm{W \cdot h} = 6212.77 \mathrm{W \cdot h}$

而 $1\mathrm{W} = 3.41 \mathrm{Btu/h}$，所以

$1\mathrm{Btu/h} = 0.293 \mathrm{W}$

对于直流电：

$$P = IV$$

式中，I 表示流过负荷的电流；而 V 表示负荷两端的电压。

如果电流的单位是 A，电压的单位是 V，则功率 P 的单位是 W。而 $1\mathrm{kW} = 1000\mathrm{W}$，能量用千瓦时（$\mathrm{kW \cdot h}$）表示，$1\mathrm{kW \cdot h}$ 是 $1\mathrm{kW}$ 功率的负荷 $1\mathrm{h}$ 消耗的能量。能量也可以用焦耳表示，$1\mathrm{kW \cdot h} = 3.6 \times 10^6 \mathrm{J}$。从化学基础知识可知，$1\mathrm{cal} = 4.184\mathrm{J}$。因此，$1000\mathrm{Btu} = 0.293 \mathrm{kW \cdot h}$，而 $1\mathrm{MW \cdot h} = 3.41 \times 10^6 \mathrm{Btu}$。因为电力系统的发动机靠燃烧天然气、石油或煤炭运行，故把来自这些类型的燃料的能量用千瓦时表示。例如，$1000\ \mathrm{ft}^3$（Mcf）的天然气可生产 $301\mathrm{kW \cdot h}$ 的能量，而 $100000\mathrm{Btu} = 29.3 \mathrm{kW \cdot h}$ 能量。

例 1.4⊖　计算生产 $10\mathrm{kW \cdot h}$ 能量所需的热量，以 Btu 为单位表示。

解：

$1\mathrm{W} = 1\mathrm{J/s}$

$1\mathrm{kW} = 1000\mathrm{J/s}$

$1\mathrm{kW \cdot h} = 1000 \times 3600\mathrm{J} = 3600\mathrm{kJ}$

$10\mathrm{kW \cdot h} = 36000\mathrm{kJ}$

$1\mathrm{Btu} = 1055.058\mathrm{J}$

$\therefore$ 与 $10\mathrm{kW \cdot h}$ 相当的热量（Btu）$= 36000/1.055085 \approx 34120.5\mathrm{Btu}$

煤炭所含能量用它可以产生的 Btu 数值表示。例如，一吨煤可产生 $2.5 \times 10^7 \mathrm{Btu}$ 热量，它等于 $7325\mathrm{kW \cdot h}$。此外，一桶（$42\mathrm{gal}$⊖）石油可产生能量 $1700\mathrm{kW \cdot h}$。人们经常使用的单位还有，一桶液化天然气的热量是 $1030\mathrm{Btu}$，一立方英尺天然气的热量是 $1030\mathrm{Btu}$。

例 1.5　计算 $10\mathrm{t}$ 煤炭可以生产多少能量（单位 $\mathrm{kW \cdot h}$）。

解：

$1\mathrm{t}$ 煤 $= 25000000\mathrm{Btu} = 2.5 \times 10^7 \mathrm{Btu}$

$10\mathrm{t}$ 煤 $= 250000000\mathrm{Btu} = 2.5 \times 10^8 \mathrm{Btu}$

$1\mathrm{kW \cdot h} = 3413\mathrm{Btu}$

$\therefore$ 用 $\mathrm{kW \cdot h}$ 表示的能量 $= 250000000/3413 \approx 73249.3$（$\mathrm{kW \cdot h}$）

⊖　原书中，例 1.4 有些表述错误（功率与能量混淆），现译文已做了适当改动。——译者注

⊖　gal（gallon，简写为 gal，加仑）是英制容量单位。英国加仑和美国加仑不同，这里指美国加仑，1 美国加仑 = 3.785 升。——译者注

不同化石燃料及绿色可再生能源生产 $1kW \cdot h$ 电力留下的碳足印分别见表 1-2 和表 1-3。

表 1-2　不同化石燃料生产 $1kW \cdot h$ 电力留下的碳足印[27]

燃 料 类 型	CO_2 足印/lb
木材	3.306
燃煤电厂	2.117
燃气电厂	1.915
燃油电厂	1.314
燃气联合循环	0.992

表 1-3　绿色可再生能源生产 $1kW \cdot h$ 电力留下的碳足印[27]

燃 料 类 型	CO_2 足印/lb
水电	0.0088
PV	0.2204
风能	0.03306

例 1.6　计算居民住宅每天使用 $100kW \cdot h$ 煤炭留下的 CO_2 足印。

解：

燃煤电厂生产 $1kW \cdot h$ 电力留下的碳足印是 2.117lb。

居民住宅每天使用 $100kW \cdot h$ 煤炭留下的 CO_2 足印 $= 100 \times 2.117lb = 211.7lb$（$CO_2$）

碳足印也可以用碳（C）而不用 CO_2 估计。C 的分子量是 12，而 CO_2 的分子量是 44（C 的原子量 12，加上两个 O 原子的原子量 $16 \times 2 = 32$，得到的和为 44，就是 CO_2 的分子量。），用 C 表示的排放可以转换为用 CO_2 表示的排放。比值 $CO_2/C = 44/12 \approx 3.67$，因此，$CO_2 = 3.67C$，它的倒数为 $C = 0.2724 \ CO_2$。

例 1.7　计算如果使用煤炭发电生产 $100kW \cdot h$ 电量留下的碳足印。

解：

$$C = 0.2724 \ CO_2$$
$$= 0.2724 \times 211.7lb \approx 57.667lb \ (C)$$

煤炭的碳足印是所有化石燃料中最高的，因此燃煤电厂生产单位电量产生的 CO_2 最多。使用化石燃料还会使其他气体排入大气，它生产单位电量产生的其他气体见表 1-4。

表 1-4　化石燃料每百万 Btu 能量输入的排放水平[27]　　　　（单位：lb）

污染物	天然气	石油	煤炭
CO_2	117000	164000	208000
CO	40	33	208
氮氧化物	92	448	457
SO_2	1	1122	2591
微粒	7	84	2744
汞	0.000	0.007	0.016

也可以按照生产电力使用的方法来估计各种电器产生的碳足印。例如，如果用煤炭生产这些电力的话，使用彩色电视机一小时产生的 CO_2 为 0.64lb。对于煤炭来说，这一系数约为每千瓦时电力 2.3lb CO_2。

例 1.8 一个灯泡的额定功率为 60W。如果该灯泡通电 24h，它消耗的电量是多少？

解：

$$消耗电量 = (60W \times 24h)/1000 = 1.44kW \cdot h$$

例 1.9 估计一下 60W 灯泡点 24h 的碳足印。

解：

$$碳足印 = 1.44kW \cdot h \times 2.3lb\ CO_2/(kW \cdot h) \approx 3.3lb\ CO_2$$

如果不考虑碳足印和对环境的损害，大型燃煤电厂的经济性很好。一般来说，单位电力的成本与单机容量成反比关系。例如，100kW 机组的单位成本对燃烧天然气的机组是 0.15 美元/(kW·h)，对 PV 发电来说是 0.30 美元/(kW·h)。因此，如果忽略对环境的恶化作用，以目前化石燃料价格计，燃烧化石燃料生产的电力比较便宜。对于大型燃煤电厂，单位电量的成本为 0.04 ~ 0.08 美元/(kW·h)。绿色能源技术需要政府政策支持来推广使用绿色能源的绿色发电，为减轻发展中国家的生态碳足印，需要在发展经济时采用绿色能源政策。

在燃烧木材和木炭数千年后，在工业革命前夜的 1850 年，CO_2 的浓度为 288×10^{-6}（体积比）。而到 2000 年底，CO_2 已经增长到 369.5×10^{-6}，即在过去的 250 年中增长了 37.6%。CO_2 的指数增长与电力生产密切相关（见图 1-4 和图 1-6）。

1.10 电量成本估计

由讨论可知，消耗电量用功率乘以使用时间来计量。任何电器所需的功率都标注在电器机体、铭牌或包含在它的有关文件中。然而，一个电器消耗的电量也是它的施加电压和运行频率的函数。因此，制造商在它生产的电器铭牌上要给出电压、功率和频率的额定值。对于纯阻性的灯泡，它的电压和功率额定值标注在灯泡上。一个灯泡的额定值可能是 50W 和 120V。这意味着，如果给灯泡施加 120V 电压，它消耗的功率将为 50W。

此外，消耗的功率也可表示为

$$P = VI \tag{1-2}$$

式中，P（消耗功率）的单位是瓦特（W）；V（电压）的单位是伏特（V）；I（电流）的单位是安培（A）。

功率消耗的速度可写为

$$P = \frac{\mathrm{d}W}{\mathrm{d}t} \tag{1-3}$$

于是可以写出负荷（即电器）消耗的功率为

$$W = Pt \tag{1-4}$$

上述 W 的单位是焦耳（J）或瓦·秒（W·s）。然而，单位电量的成本表示为美元/（kW·h），所以消耗的电量 kW·h 表示为

$$kWh = kW \cdot h \tag{1-5}$$

因此，如果用 λ 表示电量成本（单位美元/（kW·h）），则总成本可表示为

$$电量成本（单位美元）= kW \cdot h \times \lambda \tag{1-6}$$

例 1.10 假设你希望买一台计算机。你看了两种计算机：第一种（A）的额定值是 400W，120V，价格 1000 美元；第二种（B）的额定值是 100W，120V，价格 1010 美元。电力公司的电价是 0.09 美元/（kW·h）。你关心的是总价格，即购买计算机的成本和使用成本，假如你使用计算机 3 年，每天使用 8h。

解：

3 年中每天使用 8h，则总使用时间是

使用时间 $= 8 \times 365 \times 3h = 8760h$

计算机 A 消耗的电量 = 使用时间 × A 的功率 = 8760h × 0.4 = 3504kW·h

计算机 B 消耗的电量 = 使用时间 × B 的功率 = 8760kW·h × 0.1 = 876kW·h

计算机 A 的总成本 = A 的电费 + A 的购买成本 = (3504 × 0.09 + 1000) 美元 = 1315.36 美元

计算机 B 的总成本 = B 的电费 + B 的购买成本 = (876 × 0.09 + 1010) 美元 = 1088.84 美元

因此，计算机 B 的使用和购买的总成本远低于计算机 A，因为 B 的耗电量要低得多。尽管计算机 A 的价格较低，但买计算机 B 更经济，因为它的使用成本要比 A 低得多。

例 1.11 对于例 1.10，假定电力是用煤发出的，那么它在 3 年中向环境排出的 CO_2 有多少磅（lb）？你的碳足印情况如何？

解：

由表 1-4，对于煤炭，每百万 Btu 输入能量排放的 CO_2 是 208000lb。

$$1kW \cdot h = 3410Btu$$

计算机 A 在 3 年中消耗的能量为 $= (3504 \times 3410)Btu = 11948640Btu$

$\therefore$ 计算机 A 的 CO_2 排放 $= \dfrac{11948640 \times 208000}{10^9}lb \approx 2485.32lb$

计算机 B 在 3 年中消耗的能量为 $= 876 \times 3410Btu = 2987160Btu$

$\therefore$ 计算机 B 的 CO_2 排放 $= \dfrac{2987160 \times 208000}{10^9}lb \approx 621.33lb$

计算机 B 的碳足印要低得多。

例 1.12 假如你购买了一台带游戏卡和老式显像管监视器的大功率计算机。假设它的消耗功率是 500W，发电使用的燃料是石油。计算：

ⅰ）如果你每天24h都让它通电，它的碳足印是多少？

ⅱ）如果每天仅通电8h，它的碳足印是多少？

解：

ⅰ）一年的小时数 $=24\text{h}\times365=8760\text{h}$

一年耗电量 $=8760\text{h}\times500\text{kW}\times10^{-3}=4380\text{kW}\cdot\text{h}$

$=(4380\times3.41\times10^{3})\text{Btu}=14935800\text{Btu}$

由表1-4，对于石油，每百万Btu能量输入的 CO_2 排放是164000lb。

因此，一年的碳足印 $=\dfrac{14935800\times164000}{10^{9}}\text{lb}=2449.47\text{lb}$

ⅱ）对于每天仅使用8h的情况

碳足印 $=\dfrac{8}{24}\times$ 每天使用24小时的碳足印 $=\dfrac{1}{3}\times2449.47\text{lb}\approx816.49\text{lb}$

1.11　小结

本章简单介绍了能源及其使用的历史，人类文明的发展就是驾驭地球上能源的直接结果。人类使用风能、太阳能及木材已经有数千年历史，然而，随着煤炭、石油和天然气等新能源的发现，不断用新能源替代旧能源。

全球变暖及环境恶化迫使人类重新审视能源使用情况及带来的碳足印，这就是本章要说明的课题。在以后几章，要研究电力系统运行、模拟及智能电网的基本概念，还有智能微电网可租借能量系统的设计。

习　题

1.1　做一份作业。用3000个单词写一份概括京都议定书内容的报告。计算2020年 CO_2 排放的简单运行差额，假如一个6000MW的系统负荷由10台单机容量100MW的燃煤机组、10台单机容量50MW的燃油机组和10台单机容量为50MW的燃气机组供电。

ⅰ）6000MW系统负荷全部由燃煤机组供电。

ⅱ）6000MW系统负荷由燃气机组、风电和太阳能发电均衡供电。

1.2　使用表1-4给出的数据，进行以下计算：

ⅰ）500W灯泡的碳足印，如果用煤发电。

ⅱ）500W灯泡的碳足印，如果用天然气发电。

ⅲ）500W灯泡的碳足印，如果用风力发电。

ⅳ）500W灯泡的碳足印，如果用PV发电。

1.3　计算使用18W荧光灯替代60W白炽灯一个月省下的钱，假如电价为0.12美元/（kW·h），每天使用照明10h。

1.4　计算习题1.3中两种灯的碳足印，假如发电用燃料是天然气，如果使用的燃料是煤炭，碳足印会加大多少？

1.5　一台额定值为240V、1200W的电炉接到120V电压是否能给出同样的热量？如果不能，它现在消耗的功率是多少？

1.6 如果 PV 电池发电的 CO_2 排放系数是 $100g/(kW \cdot h)$，风力发电是 $15g/(kW \cdot h)$，而燃煤发电是 $1000g/(kW \cdot h)$，如果①15% 电力来自风电场；②5% 电力来自 PV 电源；③其他电力来自燃煤，求与全部电力都由燃煤电厂发出相比的 CO_2 排放比。

1.7 一座发电厂有 3 台机组，它们的技术参数见表 1-5。计算运行 1 年下来它们的排放运行差额。

表 1-5 机组参数

机组编号	发电容量/MW	CO_2 排放系数/$[lb/(kW \cdot h)]$
1	160	1000
2	200	950
3	210	920

1.8 如果建设一座 100MW 火电厂的初始成本为 2000000 美元，而建设同样容量的 PV 电厂成本为 3000000 美元。火电厂的运行成本为 90 美元/$(kW \cdot h)$，而 PV 电厂的运行成本为 12 美元/$(kW \cdot h)$。求 PV 电厂比火电厂更经济需要的年数，假定两者的容量利用率都是 90%。

1.9 考虑一个额定电压为 120V，为 5 个灯泡供电的电源。负荷的额定值是 120V，120W。所有照明负荷都是并联的。如果电源电压降低 20%，计算以下问题：

ⅰ）负荷从电源消耗的功率（单位 W）。

ⅱ）由于电源电压降低导致的照度降低百分数。

ⅲ）碳足印数量，如果用煤发电。

1.10 如习题 1.9，但又在电源接入电冰箱负荷，其额定值也是 120V，120W，而且电压下降 30%。计算

ⅰ）计算负荷消耗的功率（W）。

ⅱ）由于电源电压降低导致的照度降低百分数。

ⅲ）估计接到电源的负荷会受到损坏吗？

ⅳ）计算如果用煤发电产生的碳足印数量。

［提示：40W 白炽灯产生的照度约为 500lm（流明）］

1.11 如习题 1.9，但又在电源接入电冰箱负荷，其额定值也 120W，而电压提高 30%。求解

ⅰ）计算负荷消耗的功率（W）。

ⅱ）由于电源电压升高导致的照度提高百分数。

ⅲ）你估计接到电源的负荷会受到损坏吗？

ⅳ）计算如果用煤发电产生的碳足印数量。

1.12 计算发电厂一台机组每 Btu 排放的 CO_2 数量（lb），如果这台机组 1 年中消耗的燃料为：$3 \times 10^5 t$ 煤炭，1×10^5 桶石油和 $8 \times 10^5 ft^3$ 天然气。它在此期间的平均功率为 210MW。使用以下数据和表 1-4 的数据计算：1t 煤炭的热量为 $2.5 \times 10^7 Btu$；1 桶（即 42gal）石油的热量为 $5.6 \times 10^6 Btu$；$1ft^3$ 天然气的热量为 1030Btu。

1.13 写出一个计算 2100 年产出的 CO_2 的 Matlab 程序。

参 考 文 献

1. World Fossil Fuel Reserves and Projected Depletion White Paper 2002. Available at http://crc.nv.gov/docs/world%20fossil%20reserves.pdf. Accessed June 17, 2014.

2. International Energy Agency. Available at http://www.iea.org/publications/freepublications/publication/gov_handbook.pdf. Accessed June 17, 2014.

3. Durant, W. The Story of Civilization (Ebook on the web). Available at http://www.archive.org/details/storyofcivilizat035369mbp. Accessed November 9, 2010.

4. Brown, L.R. Mobilizing to Save Civilization. Available at http://www.earth-policy.org/index.php?/books/pb4/pb4_data (This is part of a supporting dataset for Lester R. Brown, Plan B 4.0: Mobilizing to Save Civilization, New York: W.W. Norton & Company, 2009). Accessed September 20, 2009.

5. BP Statistical Review of World Energy June 2010. Available at http://www.bp.com/liveassets/bp_internet/globalbp/globalbp_uk_english/reports_and_publications/statistical_energy_review_2008/STAGING/local_assets/2010_downloads/statistical_review_of_world_energy_full_report_2010.pdf. Accessed September 20, 2009.

6. Clean Water Action. Available at http://www.cleanwateraction.org/page/fracking-dangers. Accessed December 17, 2013.

7. Table Elements, Los Alamos National Lab. Available at http://periodic.lanl.gov/index.shtml. Accessed December 17, 2013.

8. British Petroleum (BP) Energy in 2012 – Adapting to a Changing World. Available at http://www.bp.com/content/dam/bp/pdf/statistical. Accessed December 11, 2013.

9. review/statistical_review_of_world_energy_2013.pdf. Accessed December 10, 2013.

10. Encyclopædia Britannica. Michael Faraday. (2010). Available at http://www.britannica.com/EBchecked/topic/201705/Michael-Faraday. Accessed November 9, 2010.

11. Encyclopædia Britannica. Conte Alessandro Volta. Available at http://www.britannica.com/EBchecked/topic/632433/Conte-Alessandro-Volta. Accessed November 9, 2010.

12. The Contribution of Francesco Zantedeschi at the Development of the Experimental Laboratory of Physics Faculty of the Padua University. Available at http://www.brera.unimi.it/sisfa/atti/1999/Tinazzi.pdf. Accessed November 9, 2010.

13. Arctic Surface-Based SeaIce Observations: Integrated Protocols and Coordinated Data Acquisition. Available at http://web.archive.org/web/20100724053830 or http://www.wmo.int/pages/prog/wcrp/documents/CliCASWSreportfinal.pdf. Accessed November 9, 2010.

14. Climate Change Observations. Available at http://www.climatechangeconnection.org/Science/Observations.htm. Accessed November 9, 2010.

15. The Potential of Fuel Cells to Reduce Energy Demands and Pollution From the UK Transport Sector. Available at http://oro.open.ac.uk/19846/1/pdf76.pdf. Accessed October 9, 2010.

16. Hydrogen FQA Sustainability. Available at http://www.formal.stanford.edu/jmc/progress/hydrogen.html. Accessed November 9, 2010.

17. Hockett, R.S. Analytical techniques for PV Si feedstock evaluation, in Proceeding of 18th Workshop on Crystalline Silicon Solar Cells &Modules: Material and Processes, edited by B. L. Sopori, Vail, CO, August 3–6, 2008, pp 48–59.

18. Patzek, T.W. (2004) Thermodynamics of the corn-ethanol biofuel cycle. *Critical Reviews in Plant Sciences*, 23(6), 519–567.

19. Carbon Footprints. Available at http://www.liloontheweb.org.uk/handbook/carbonf ootprint. Accessed November 9, 2010.

20. Managing the Nuclear Fuel Cycle: Policy Implications of Expanding Global Access to Nuclear Power Updated January 30, 2008.

21. Climate, Energy, and Transportation. Available at http://www.earth-policy.org/ data_center/C23. Accessed November 9, 2010.

22. Energy Quest, Chapter 8: Fossil Fuels – Coal, Oil and Natural Gas. Available at http://www.energyquest.ca.gov. Accessed September 26, 2010.

23. Encyclopædia Britannica. Eugène-Melchior Péligot. Available at http://www.brit annica.com/EBchecked/topic/449213/Eugene-Melchior-Peligot. Accessed November 9, 2010.

24. Encyclopædia Britannica. Antoine-César Becquerel. Available at http://www.brit annica.com/EBchecked/topic/58017/Antoine-Cesar-Becquerel. Accessed November 9, 2010.

25. Encyclopædia Britannica. Enrico Fermi. Available at http://www.britannica. com/EBchecked/topic/204747/Enrico-Fermi. Accessed November 9, 2010.

26. IPCC Third Annual Report (2006). Available at http://www.ipcc.ch/ and http:// www.grida.no/publications/other/ipcc_tar/?src=/climate/ipcc_tar/vol4/english/inde x.htm. Accessed September 27, 2010.

27. Encyclopædia Britannica. Hans Christian Ørsted. Available at http://www.brit annica.com/EBchecked/topic/433282/Hans-Christian-Orsted. Accessed November 9, 2010.

28. Encyclopædia Britannica. Joseph Henry. Available at http://www.britannica. com/EBchecked/topic/261387/Joseph-Henry. Accessed November 9, 2010.

29. Encyclopædia Britannica. Nikola Tesla. Available at http://www.britannica.com/ EBchecked/topic/588597/Nikola-Tesla. Accessed November 9, 2010.

30. Energy Information Administration (2009). Official energy statistics from the US Government website. Available at www.eia.doe.gov. Accessed September 26, 2010.

31. World Population Data. Available at http://www.prb.org/pdf10/10wpds_eng.pdf. Accessed November 9, 2010.

32. Annual Energy Outlook and Projections to 2040. Available at http://www. eia.gov/forecasts/aeo/pdf/0383(2013).pdf. Accessed December 9, 2013.

33. Encyclopædia Britannica. Martin Heinrich Klaproth. Available at http://www. britannica.com/EBchecked/topic/319885/Martin-Heinrich-Klaproth.　　Accessed November 9, 2010.

补 充 文 献

http://assets.opencrs.com/rpts/R40797_20090908.pdf

Jacobs, J.A. Groundwater and Uranium: Chemical Behavior and Treatment, Water Encyclopedia, pp. 537–538. Available at www.onlinelibrary.wiley.com/doi/ 10.1002/047147844X.iw168/full. Accessed January 26, 2010.

Patzek, T.W. Thermodynamics of the corn-ethanol biofuel cycle. *Critical Reviews in Plant Sciences*, **23**(6), 519–567.

http://www.cdiac.ornl.gov/pns/faq.html. Accessed January 20, 2009.

http://www.nrel.gov/docs/fy10osti/47523.pdf

Connecting Manitobans to climate change facts and solutions. Available at http://www.climatechangeconnection.org/science/Greenhouseeffect_diagram.htm. Accessed December 14, 2014.

Chen, Z., Marquis, M., Averyt, K.B., Tignor, M., and Miller, H.L. (eds.). Cambridge University Press, Cambridge, and New York. Available at http://www.ipcc.ch/pdf/assessment-report/ar4/wg1/ar4-wg1-chapter1.pdf.28. Accessed December 14, 2014.

Energy Information Administration, Official Energy Statistics from the US Government website: www.eia.doe.gov. Accessed September 26, 2010.

相 关 资 料

US Department of Energy. http://www1.eere.energy.gov/biomass/biomass_basics_faqs.html#ethanol. Accessed April 2010.

www.eia.doe.gov/electricity/page/co2_report/co2report.html.　Accessed September 2010.

Emissions of Greenhouse Gases in the United States 1985–1990, DOE/EIA-0573. Available at http://www.eia.doe.gov/pub/oiaf/1605/cdrom/pdf/ggrpt/057306.pdf. Accessed December 14, 2014.

http://www.guardian.co.uk

Patzek, T.W. and Patzek, D.P. (2005) Thermodynamics of energy production from biomass. *Critical Reviews in Plant Sciences*, **24**, 327–364.

http://science.hq.nasa.gov/kids/imagers/ems/infrared.html. Accessed January 26, 2010.

Metz, B., Davidson, O.R., Bosch, P.R., Dave, R., and Meyer, L.A. (eds) Contribution of Working Group III to the Fourth Assessment Report of the Intergovernmental Panel on Climate Change, 2007. Cambridge University Press, New York/Cambridge.

Markvart, T. and Castaner, L. (2003) *Practical Handbook of Photovoltaics: Fundamentals and Applications*, Elsevier, Amsterdam.

第 2 章

光伏微电网发电站设计

2.1 引言

太阳能是地球上生命的主要能量来源,是一种易获得的可再生能源,以电磁波(辐照)的形式到达地球。地球上一个给定区域的辐照度总量受很多因素影响,这些因素包括位置、季节、湿度、温度、气团以及在一天里所处的时间。日照指的是暴露在太阳光下,这个词曾经被用来表示一个给定区域在给定时间内接收到的太阳辐照能量。人们也使用词组"太阳入射辐照度",它表示每平方米的平均辐照度,以单位 W/m^2 或者 kW/m^2 表示。

地球表面的坐标由纬度和经度这些假想线表示。地球表面纬度是假想的平行线,单位为度,纬度线与赤道平行,在 $90°S \sim 90°N$ 范围之间变化。经度是变化范围在 $180°E \sim 180°W$ 之间的假想线,经度线在两极交汇($90°N$ 和 $90°S$)。地球上太阳辐照度根据所在地区纬度而变化,一般来说,在 $30°S \sim 30°N$ 的地区辐照度最高。在这两个纬度之间,太阳光直射的纬度由一年中不同时间确定,如果太阳位于北半球上方,那么北半球是夏天而南半球是冬天;如果位于南半球上方,则南半球是夏天而北半球是冬天。

图 2-1a、b 是地球上根据经纬度标志的不同区域辐照度图。纬度在 $-90° \sim 90°$ 之间变化,分别对应 $90°N$ 和 $90°S$ 。类似地,经度在 $-180° \sim 180°$ 之间变化,分别对应 $180°W$ 和 $180°E$ 。图片上的 z 轴是总辐照度,单位为 $kW \cdot h/m^2$, z 轴上的点表示辐照度总量。图 2-1a 上的不同颜色代表辐照强度。

地球上 $15°N \sim 35°N$ 之间的区域是太阳能最丰富的地区。从图 2-1a 和图 2-1b 可以看出,这个半干旱地区大部分位于非洲、美国西部、中东和印度境内,这些地方每年有超过 3000h 的强烈日照。太阳能辐照度总量第二大地区在 $15°N$ 到赤道之间,每年日照时间大约有 2500h。 $35°N \sim 45°N$ 之间的区域太阳能资源有限,尽管在太阳能密度和日照小时数上有明显的季节差异,但此区域典型辐照度和其他两个地区大致相同;冬天来临时,日照强度降低,在隆冬时节,日照强度处于最低水平。超过 $45°N$ 的地区只有一半太阳能辐照度,称为散射辐射。地球接收到的太阳能总量大约为世界能量需求的 1000 倍[2]。

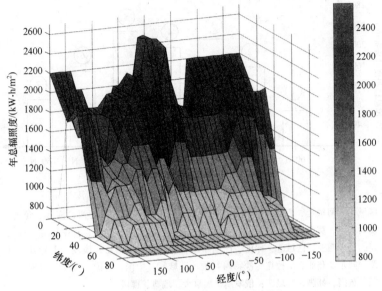

a) 北半球不同经纬度处平均辐照度资源[3,4]

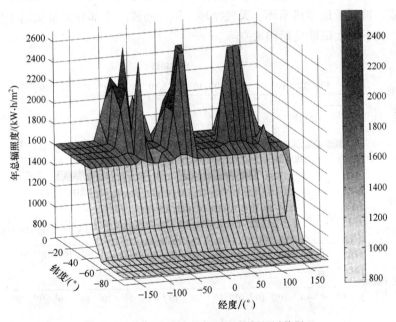

b) 南半球不同经纬度处平均辐照度资源

图 2-1　地球上根据经纬度标志的不同区域辐照度图

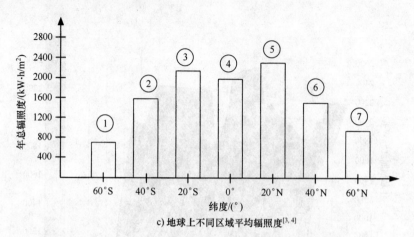

c) 地球上不同区域平均辐照度[3, 4]

区域①：阿根廷、智利；区域②：阿根廷、智利；区域③：巴西、南非、秘鲁、澳大利亚、莫桑比克；区域④：印度尼西亚、巴西、尼日利亚、哥伦比亚、肯尼亚、马来西亚；区域⑤：印度、巴基斯坦、孟加拉、墨西哥、埃及、土耳其、伊朗、阿尔及利亚、伊拉克、沙特阿拉伯；区域⑥：中国、美国、日本、德国、法国、英国、韩国；区域⑦：俄罗斯、加拿大、瑞典、挪威

图 2-1　地球上根据经纬度标志的不同区域辐照度图（续）

如图 2-2 所示，太阳光照的形式为紫外线、可见光和红外线。大部分能量的形式为短波，被用于地球热循环、天气循环、风和潮汐。小部分能量被用于植物的光合作用，剩下的太阳能反射回太空[5]。

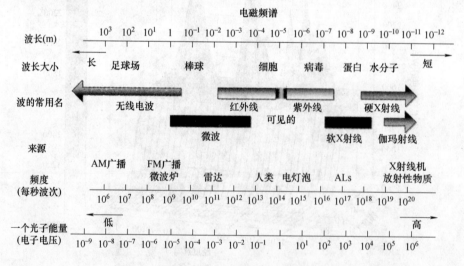

图 2-2　电磁频谱，可见光采集最多的太阳能

达到大气层的太阳能是恒定的，因此有"太阳常数"这一定义，经计算，太阳常数大概值为 $1.4kW/m^2$ 或 $2.0cal/cm^2 \cdot min$。太阳的可见光拥有最多的太阳

能[1,6]，太阳光的短波长较长波长散射的范围更广。散射可能是由于气体分子、污染和雾引起的。在日出和日落时，蓝色和紫色光线的大气散射最强，但不会影响阳光中的红色射线[6]。

光伏电源跟踪以光照形式显现的电磁波能量，然后将其直接转换为电能。光伏组件安装位置要求能够跟踪来自太阳的最大能量。随着一天内时间以及一年内天数的变化，太阳位置在发生变化，太阳光线和光伏组件之间的角度，即入射角，也会随之发生变化。光伏组件接受的能量和入射角具有一定的函数关系：当太阳光线和光伏组件垂直时，光伏组件接收到的能量最大，因此光伏组件需要能一直对着太阳。这就需要光伏组件能够进行二维转动，为了做到这一点，应有相应的装置来实现这个运动，典型的就是发动机。然而，这种机械装置需要一部分功率，这将降低光伏电站的整体效率；而且也会增加已然很贵的光伏安装成本。

当光伏组件没有安装跟踪装置时，它被安装在一个固定角度以使得在一个时间段内可以获取最大的太阳能。在地理位置上，光伏组件朝向赤道，它和地平面之间的角度称为倾角。为了确定最佳倾角以获得最大太阳能，需要一些位置信息。太阳光线到达地球表面的角度由所在位置的纬度决定，它也决定了净空模式下该位置接收到的能量。然而，由于光线通过大气传输，其中一些被吸收、散射和反射，剩下的才能到达地球表面。到达地球表面的太阳能取决于所在位置空气组成部分、以及光线通过大气传输的距离，这由气团决定。

到达光伏组件的光线包含三种成分：直接来自太阳的直射辐射或射柱照射；第二，光线在大气中被散射再到达组件上，被称为散射辐射；第三，光线到达地球表面且被反射到组件上，称为反射辐射。以上三种辐射总和就是组件接收到的总辐射。

世界各地的气象中心按月持续记录了一个特定区域接收的平均辐照度，接收表面与地球表面平行。然而，为了确定一定倾角光伏组件的辐照度，需要分离到达组件的光线成分。

由于地球围绕着太阳转动，它们之间的距离一直在变化。地球自转与公转轨道面的夹角是锐角，接收光线的位置角度也在每天发生变化。来自大气层外的太空光线可以根据日期计算。水平面接收的地球辐射可以从气象资料获取。

散射辐射总量取决于晴朗指数，晴朗指数可以通过记载的地球辐射与特定日期内接收到的太空辐射比值计算得到。散射辐射被认为是各向同性的：所有角度统一。

反射辐射总量取决于地表纹理。反射总量由反射因子参数决定，反射因子取值范围为 0~1。假定地表反射是各向同性的，且当组件面对地面的时候为 1，面对天空的时候为 0。

2.2 光伏发电转换

光子单胞电荷可产生的电压范围在 1.1～1.75 电子伏特（eV）之间。图 2-3 为光伏电池的结构图[1]。

一个光伏组件由多个光伏电池串联而成[4]，可以把光伏电池看作一些由光能充电的电容器。图 2-4 显示了使用光伏电池时太阳辐照能量转换为电能的过程。光伏电池是光伏组件的基础，光伏组件也叫做太阳能电池板。"一个太阳能电池板平均输出功率范围约为175～235W，特殊情况下可达到315W。在前十的生产厂家中，一块太阳能电池板的平均功率为200W"（http://pureenergies.com/us/how-solar-works/solar-panel-out put/2014 年 10 月 12 日）。

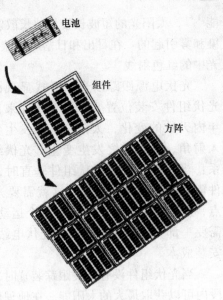

图 2-3　光伏电池结构

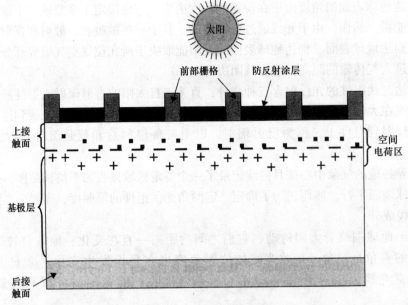

图 2-4　光伏电池结构图

2.3 光伏电池材料

制造光伏电池使用的基础材料主要有两类：①可以吸收日光并转换为电子-空穴对的半导体材料；②带有结点的半导体材料，可将光生载体分离成为电子和空穴。电池的上部基板和下部基板的接触面可允许电流流入外部电路。太阳电池使用的大部分半导体中，晶硅（crystalline Silicon，c-Si）电池被用来吸收太阳能量。晶硅电池吸收光能的能力并不好[1,7]，效率在 11%～18% 范围内。最高效的单晶硅使用激光开槽、埋入式栅格接触面，它吸收阳光和采集电流的能力最强[7]。每个晶硅电池输出电压大约为 0.5V，36 个电池串联即组成输出电压 18V 的组件。在薄膜太阳电池中，晶硅片的成本很高。其他常用材料有非晶硅（amorphous Silicon，a-Si）、碲化镉和镓，这是另一等级的多晶硅材料[7]。薄膜电池技术使用非晶硅 a-Si 和一个 p-i-n 单序列层，在相应的 pn 型半导体材料中，"p" 和 "n" 分别指的是正、负极，"i" 为界面[8]。薄膜电池使用层压技术，这使它们在恶劣天气条件下也能使用：它的组件环境适应性很强。由于晶硅设备的基本特性，它们在未来一段时间内仍将占据光伏技术的主导地位。而薄膜电池技术发展迅速，新型材料或制造方法可能会取代晶硅电池的使用[9]。

　　本节将简要介绍目前的光伏技术。但是作为一项不断发展的技术，读者和工程师们应该认识到这些进步将来自材料工程的基础研究，需阅读 *IEEE Spectrum*（IEEE 综览，杂志名）以密切关注光伏技术的发展。下面将讨论如何开发光伏电源接入智能电网系统研究的模型。

2.4　光伏特性

　　当太阳辐射能量被光伏组件捕获时，组件开路电压升高[3-6]。图 2-5 中展示了输入电流为零时的开路电压 V_{OC}。如果组件短路，那么可测得最大的短路电流，该点为图 2-5 中输出电压为零时的短路电流 I_{SC}。I-V 特性曲线上最大功率点（P_{MPP}）对应最大功率点电流 I_{MPP} 和最大功率点电压 V_{MPP}。表 2-1 给出了一些光伏组件的典型参数，这些信息可用于设计光伏组件和光伏电源。

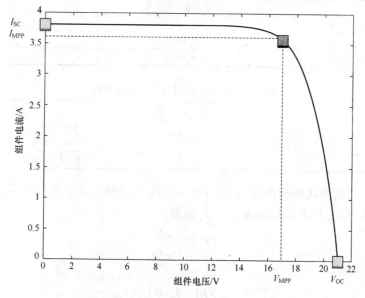

图 2-5　光伏组件运行特性

表 2-1　典型光伏组件电压和电流特性

参　数	组　件			
	类型 1	类型 2	类型 3	类型 4
最大功率/W	190	200	170	87
最大功率点（MPP）电压/V	54.8	26.3	28.7	17.4
最大功率点（MPP）电流/A	3.47	7.6	5.93	5.02
V_{OC}（开路电压）/V	67.5	32.9	35.8	21.7
I_{SC}（短路电流）/A	3.75	8.1	6.62	5.34
效率（%）	16.40	13.10	16.80	>16
成本/美元	870.00	695.00	550.00	397.00
宽度/in[①]	34.6	38.6	38.3	25.7
长度/in[①]	51.9	58.5	63.8	39.6
厚度/in[①]	1.8	1.4	1.56	2.3
重量/lb	33.07	39	40.7	18.3

① 英寸，1in = 2.54cm

　　光伏组件选择主要根据以下一些因素[10]：①性能保障；②组件更换方便；③符合电力和建筑规程。典型硅组件在 2.43m² 表面可产生 300W 功率；典型薄膜电池在 0.72m² 表面可产生 69.3W 功率，因此硅组件需要的面积要少 35%。典型的电气数据适用于标准测试环境（Standard Test Consideration，STC），例如，STC 下的组件辐照度典型值为 1000W/m²，大气质量（AM）为 1.5，电池温度为 25℃。

　　表 2-2 为某典型光伏组件中光伏电池的温度特性。表 2-3 为典型光伏组件最大运行特性。

表 2-2　典型光伏组件电池温度特性

典型电池温度系数		
功　率	$T_k(P_p)$	−0.47%/℃
开路电压	$T_k(V_{oc})$	−0.38%/℃
短路电流	$T_k(I_{sc})$	0.1%/℃

表 2-3　典型光伏组件最大运行特性

极　限　值	
系统最大电压	DC 600V
组件运行温度	−40 ~ 90℃
等效风阻力	风速：120mile/h

　　图 2-6 中的光伏填充因子（Fill Factor，FF）是捕获太阳能的度量，由光伏组件开路电压（V_{OC}）和短路电流（I_{SC}）确定。

$$FF = \frac{V_{MPP}I_{MPP}}{V_{OC}I_{SC}} \tag{2-1}$$

且

$$P_{max} = FFV_{OC}I_{SC} = V_{MPP}I_{MPP} \tag{2-2}$$

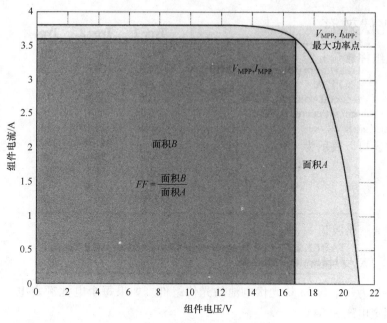

图 2-6　光伏组件的填充因子

从图 2-6 可以看出，FF 的最大值为 1.0，但这个值永远不可能达到。一些光伏组件的填充因子较高，光伏系统设计可使用高 FF 值的光伏组件，对于高质量光伏组件，FF 可超过 0.85，典型商业光伏组件的 FF 值在 0.60 左右。图 2-7 是典型光伏组件在恒定辐照度下的 I-V 特性，可以看出，典型光伏组件特性不只和辐照度有关，也和温度有关。

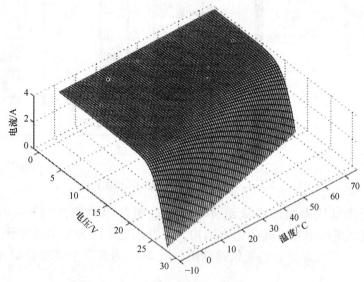

图 2-7　典型光伏组件的 I-V-温度三维曲线

2.5　光伏效率

光伏组件效率 η 定义为

$$\eta = \frac{V_{MPP} I_{MPP}}{P_S} \tag{2-3}$$

式中，$V_{MPP} I_{MPP}$ 是最大输出功率 P_{MPP}；P_S 是组件表面积。

光伏效率还可以表示为

$$\eta = FF \frac{V_{OC} I_{SC}}{\int_0^\infty P(\lambda)\,\mathrm{d}\lambda} \tag{2-4}$$

式中，$P(\lambda)$ 是波长为 λ 的太阳能功率密度。

2.6　光伏发电站

图 2-8 为一个含 36 块光伏电池的光伏组件。如果每个电池额定电压为 1.5V，则组件额定电压为 54V。

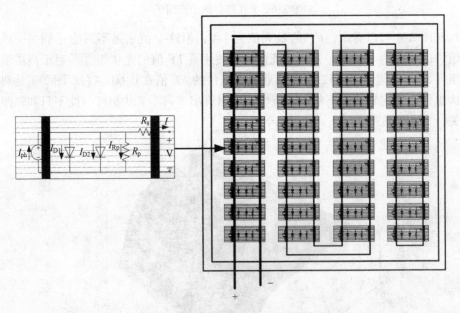

图 2-8　含 36 块光伏电池的光伏组件

一些光伏组件串联可形成组件串，一些组件串并联即得到一个方阵[2]，图 2-9 为光伏组件串和方阵的基本结构。可以预见有两种常用的光伏系统设计：图 2-10 为基于中央逆变器的光伏设计图；图 2-11 为含多个逆变器的光伏系统设计图。

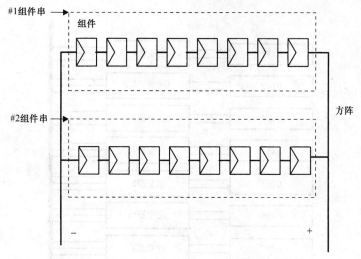

图 2-9　光伏组件串和方阵的基本结构

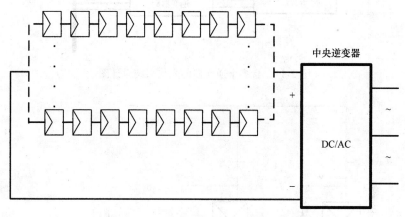

图 2-10　大型光伏电站中心逆变器结构

通常，为了发出更高的直流电压，组件可串联连接；为了发出更高的电流，组件可并联连接。

$$V(\text{串联}) = \sum_{j=1}^{n} V_j \quad n \text{ 为串联组件数} \tag{2-5}$$

对于并联组件

$$I(\text{串联}) = \sum_{j=1}^{m} I_j \quad m \text{ 为并联组件数} \tag{2-6}$$

在一个含多个方阵的光伏系统中，所有方阵的光照情况必须相同：应合理设计放置光伏系统中的组件，以防止某些组件被遮挡。否则，电压不相等将导致一些组件串内产生循环电流，导致内部发热，造成效率降低。通常在组件之间使用旁路二极管以避免损坏。如图 2-12 所示，大部分新组件都带有旁路二极管来提高寿命。但如果光伏板内的二极管损坏的话，是很难更换的。

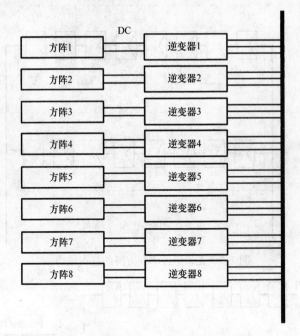

图 2-11　含多个逆变器的光伏系统设计图

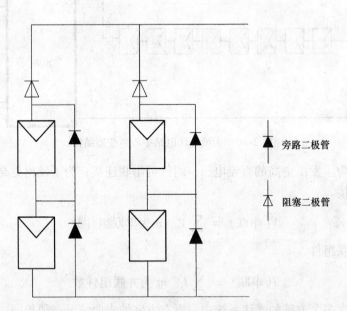

图 2-12　光伏方阵中的旁路二极管和阻塞二极管

　　光伏产业、国际试验材料学会（ASTM）[9] 和美国能源局已经建立了陆地太阳光谱辐照度分布标准。一个区域的辐照度用被称作日照强度计的仪器测量[4]，图 2-13 表示了每纳米的辐照度，单位为 W/m²。

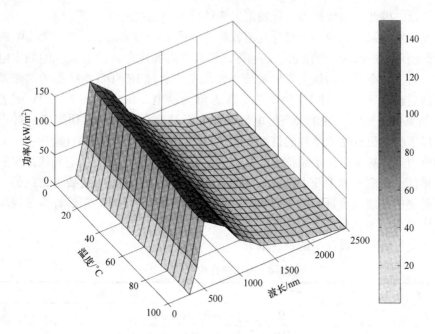

图 2-13　光伏性能评估中的光谱特性[11,12]

太阳光谱是一个特定地区在给定温度和空气流量下从太阳接收到的辐照度。光伏组件将辐照能量转换为电能，它生产的电能和组件面积成正比。辐射强度（W/m² · nm）是波长（nm）的函数，光伏组件辐射强度 [W/(m² · nm)] 为太阳光谱的波长和估算温度的函数。图 2-13 中各曲线是在大气质量为 1.5 条件下绘制的。

光伏组件是在标称温度（Nominal Temperature，NT）下测试的。如下式所示，NT 可被用来根据环境温度估算电池温度。

$$T_c = T_a + \left(\frac{NT - 20}{K_c}\right)S \tag{2-7}$$

式中，标称运行温度 NT 指的是由厂家测试的电池温度；S 为太阳辐照度（kW/m²）；K_c 是根据测试数据计算得到的经验常数，范围在 $0.7 \sim 0.8$ 之间。

电池温度 T_c 和环境温度 T_a 的单位为摄氏度。

2.7　光伏系统设计

工程系统设计是基于试错法得到的，同时，所有工程系统必须遵循基础物理过程。然而，设计必须表明对提出设计背后的科学和工程方法有清楚的理解，这种情况下，"试错法"是对最终设计的微调。

具体来说，如果设计一个光伏发电系统，就需要使用某种性能的光伏组件。在设计即将投入的光伏系统整体目标中，某些光伏组件可能符合这些目标，而另外有些可能不符合。因此，需要根据设计规范来测试可用的光伏组件。

对于光伏发电系统，第一个设计规范就是想要产出的功率需求，单位为 kW 或 MW。如果光伏系统准备作为独立电站运行，那么也需要规定含储能系统的额定电压。例如，对于一个独立的住宅光伏系统，光伏发电通过 DC/DC 变换器为储能系统充电，然后储能系统通过 DC/AC 逆变器为负荷供电，额定电压为 120V 或者 207.8V。如果住宅光伏系统接入当地电网，那么设计这个系统时必须规定连接点的电压，以下针对设计住宅系统的情况。光伏组件会产生直流电压和直流功率，某些地区的电力规程规定了住宅系统中的安全直流电压，原则上希望住宅光伏系统的直流电压稍低，而商业和工业中光伏系统的直流电压稍高。住宅系统要考虑的另一设计因素是光伏系统的重量和需要面积；最后，光伏设计者通常希望设计满足现场约束的光伏系统安装和运行成本最低。

表 2-4 是光伏系统设计中的一些术语。

表 2-4　光伏设计术语

术　　语	缩　　写	说　　明
组件串电压	SV	串联组件的串电压
组件功率	PM	组件产生的功率
组件串功率	SP	一串组件可发出的功率
组件串数量	NS	一个方阵的组件串数
方阵数量	NA	一个设计的方阵数量
组件表面积	SM	一个组件的表面积
总表面积	TS	总的表面积
方阵功率	AP	通过组件串并联，方阵可发出的功率
组件数量	NM	每个组件串的组件数
组件总数	TNM	把全部方阵合到一起的组件总数
最大功率点跟踪的方阵电压	V_{AMPP}	方阵最大功率点跟踪的运行电压
最大功率点跟踪的方阵电流	I_{AMPP}	方阵最大功率点跟踪的运行电流
方阵最大功率点	P_{AMPP}	方阵的最大运行功率
变换器数量	NC	DC/DC 变换器总数
整流器数量	NR	AC/DC 整流器总数
逆变器数量	NI	DC/AC 逆变器总数

光伏组件和光伏板这两个名字使用时可以互换。一个光伏组件额定功率有限；因此，为了设计更高的额定功率，可用串联一些组件的方法得到一个组件串。

$$SV = NM \cdot V_{OC} \tag{2-8}$$

式中，SV 为组件串电压；V_{OC} 指的是单个组件的开路电压。

例如，如果组件数量为 5 个，组件开路电压为 50V，那么

$$SV = 5 \times 50V = 250V$$

可以把光伏电池、光伏组件和光伏方阵看作是充电电容器。光伏系统充电量随着太阳辐照度变化：阳光充足时，光伏系统储存电量最高，可产生最高开路电压。额定开路电压由当地电力规程规定，一般来说，对于住宅光伏系统，这个电压值可能比较高。住宅光伏系统光伏板的开路电压可设置为低于 DC 250V。一般来说，目前商业和工业光伏系统组件额定开路电压低于 DC 600V。然而，功率更高的光伏电站需要考虑在设计上使用更高的直流电压。

组件串功率 SP 指的是一串组件产生的功率。

$$SP = NM \cdot PM \tag{2-9}$$

式中，NM 是组件个数；PM 是单个组件功率。

例如，如果设计使用 4 个光伏组件，每个组件额定功率为 50W，则该组件串发出的总功率为

$$SP = 4 \times 50W = 200W$$

为了提高光伏电站的输出功率，可以提高组件串的电压。另外，也可以并联一些组件串形成一个方阵。因此，方阵输出功率 AP 等于组件串数量乘以组件串的输出功率。

$$AP = NS \cdot SP \tag{2-10}$$

如果组件串数量为 10，每个组件串输出功率为 200W，则

$$AP = 10 \times 200W = 2000W$$

方阵可以安装在屋顶或独立安装。光伏方阵输出直流功率随着太阳位置和方阵接收到的辐射能量变化，通过变换器，光伏方阵可从太阳辐照度能量中获取最大功率。由于以低压通过电缆传输直流功率损耗较高，方阵功率可使用 DC/AC 逆变器转换为交流功率。某些系统中，方阵功率先转换为更高直流电压功率，以获得更高的交流电压和额定功率。

为使方阵输出功率最高，可使用最大功率点（Maximum Power Point，MPP）跟踪法。最大功率点跟踪法在方阵输出功率曲线上找到方阵输出功率最大的点，使方阵电压和电流都位于最大功率点处。

方阵最大功率点 MPP 定义为

$$P_{MPP} = V_{AMPP} I_{AMPP} \tag{2-11}$$

式中，V_{AMPP} 和 I_{AMPP} 为方阵最大功率点处的电压和电流。

方阵与逆变器或升压变换器连接，变换器控制系统使方阵运行在最大功率点处。

光伏发电站的 MPP 运行受逆变器控制。DC/AC 逆变器控制系统根据方阵电压和电流来定位最大功率运行点，当日间太阳位置发生变化时，可调节方阵接收到的变化辐照能量。通过控制逆变器调幅参数，可控制逆变器输出电压。为了从逆变器获得最大功率，调幅指数 M_a 应该设在最大值，以免产生不必要的谐波。M_a 数值低

于 1，一般在 0.95 可获得最高交流输出电压。

2.7.1 三相功率

光伏电站需接入区域三相电力系统以和电网保持同步运行，三相电网包括三个单相电网。交流发电机可以产生三相交流电流，设计三个正弦分布的线圈或绕组来传输相同的电流。图 2-14 为三相发电机相对于发电机中性点的每相电压。

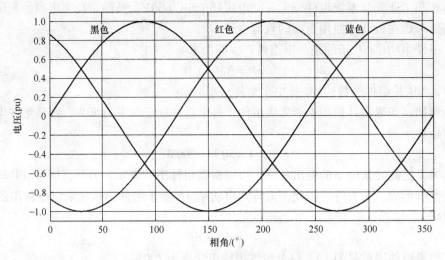

图 2-14　三相电压波形图

图 2-14 为正弦电压（或电流）随时间的变化曲线，其中时间轴为 0°～360°（2π 弧度）[13]。世界上不同国家电力系统都运行在一个固定频率上，例如 50～60Hz。根据通用颜色代码[7]黑色被用来表示三相系统中的一相；地面作为参考相位，相角为 0°。红色是第二个相位，与黑色相位相差 120°。蓝色是第三个相位，与黑色相位相差也是 120°。例如，一个三相系统线电压是 460V，下式给出了图 2-14 中的三相电压。

$$
\begin{cases}
V_{ac} = \dfrac{460\sqrt{2}}{\sqrt{3}} \times \sin(2\pi \times 60t) \\[2mm]
V_{ab} = \dfrac{460\sqrt{2}}{\sqrt{3}} \times \sin(2\pi \times 60t + 90°) \\[2mm]
V_{bc} = \dfrac{460\sqrt{2}}{\sqrt{3}} \times \sin(2\pi \times 60t - 90°)
\end{cases}
\tag{2-12}
$$

三相交流系统可以认为是三个单相的电路。历史上第一个交流发电机是单相的，三相发电机可以发出三倍的功率。然而，并不是相位越多，发电机发出功率就成比例增长[9]。

线电压 V_{LL} 是相电压 V_{L-N} 的 $\sqrt{3}$ 倍。升压变压器的运行和三相发电机在后续章节中详细介绍。

2.8　光伏发电站设计案例

本将给出几个光伏电站设计案例。

例 2.1　设计一个光伏方阵，功率为 10kW，频率 60Hz，单相交流电压为 230V。求出以下数据：

ⅰ）组件串中组件数量以及方阵的组件串数量。

ⅱ）逆变器参数和单线图。

光伏组件参数如下。

解：

负荷侧电压设定为单相交流 230V。为从光伏方阵获得最大功率，需要 DC/AC 逆变器。DC/AC 逆变器将在下一章详细讨论。现在需要了解单相逆变器从直流电压到交流功率的逆变基本关系。对于单相逆变器，其直流电压和交流电压关系见式（2-13）。

$$V_{idc} = \frac{\sqrt{2}\,V_{ac}}{M_a} \tag{2-13}$$

式中，V_{ac} 为电压表测得交流电压的均方根值；M_a 为逆变器调制指数。

交流电压大小与 V_C（期望控制电压）峰值和 V_T（三角波电压）峰值比值成正比，即

$$M_a = \frac{V_{C(max)}}{V_{T(max)}} \tag{2-14}$$

以上比值被定义为调制指数 M_a，相应的频率调制如下式：

$$M_f = \frac{f_S}{f_e}$$

式中，f_S 为期望交流电压的采样频率；f_e 为逆变器输出交流电压的频率。在美国，频率为 60Hz（周期每秒或 cps）。

直流电压到交流功率的转换基于脉宽调制（PWM）理论。

选择调制指数为 $M_a = 0.9$，则

$$V_{idc} = \frac{\sqrt{2} \times 230V}{0.9} = 361.4V$$

逆变器需控制光伏方阵运行在最大功率点。因此，一个组件串的串联组件数为

$$NM = \frac{V_{idc}}{V_{MPP}} \tag{2-15}$$

式中，V_{MPP} 为光伏组件的最大功率点电压。

则 $NM = \dfrac{361.4}{50.6} \approx 7$，那么组件串电压为

$$SV = NM \cdot V_{MPP} \tag{2-16}$$

如果使用这个组件，则组件串电压（见表 2-5）为

$$SV = 7 \times 50.6V = 354.2V$$

表 2-5　典型光伏组件电压和电流特性

最大功率/W	300
最大功率点（MPP）电压/V	50.6
最大功率点（MPP）电流/A	5.9
V_{OC}（开路电压）/V	63.2
I_{SC}（短路电流）/A	6.5

ⅰ）单个组件串输出功率为

$$SV = NM \cdot P_{MPP}$$

式中，P_{MPP} 为组件在最大功率点输出的标称功率。

单个组件串输出功率为

$$7 \times 300W = 2100W$$

表 2-6 为 10kW 光伏电站参数。为计算 10kW 光伏系统的组件串数量，将光伏电站额定功率除以每个组件串的额定功率，即

$$NS = \frac{AP}{SP} \tag{2-17}$$

式中，NS 为组件串数量；AP 和 SP 分别为方阵和组件串的额定功率。

因此本例中组件串数为

$$NS = \frac{10 \times 10^3}{2100} \approx 5$$

因此，方阵中含 5 个组件串即可发出 10kW 功率。

表 2-6　10kW 光伏电站参数

每个组件串的组件数	每个方阵的组件串数	方阵数	组件串电压/V
7	5	1	354.2

ⅱ）最终设计中，逆变器在最大功率点处应可以发出 10kW 功率，且交流电压为 230V。根据表 2-5 中光伏组件的参数，组件串电压为

$$V_{idc} = 354.2V$$

则调制指数为

$$M_a = \frac{\sqrt{2}V_{ac}}{V_{idc}} = \frac{\sqrt{2} \times 230}{354.2} = 0.92$$

表 2-7 为某典型逆变器的参数。假设开关频率为 6kHz，因此，调频指数为

$$M_f = \frac{f_s}{f_e} = \frac{6000}{60} = 100$$

表 2-7　逆变器参数

输入电压 V_{idc}/V	额定功率/kW	输出电压 V_{AC}/V	调幅指数 M_a	调频指数 M_f
354.2	10	230	0.92	100

光伏系统电气接线如图 2-15 所示。

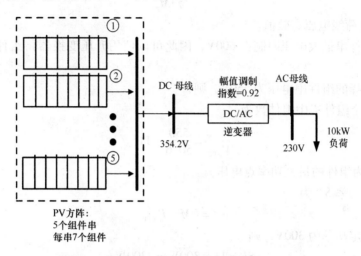

图 2-15　例 2.1 的电气接线图

例 2.2　设计一个光伏系统，额定功率 500kW，频率为 60Hz，三相交流电压为 460V，使用例 2.1 中的光伏组件参数。求以下数据：

ⅰ）一个组件串的组件数量，以及方阵的组件串数量。

ⅱ）逆变器和升压变换器参数。

ⅲ）输出电压和总的谐波畸变。

ⅳ）系统电气主接线图。

解：

在解答之前，先介绍升压变换器。升压变换器将一个低压直流功率模块转换为高压直流功率模块，此时电流降低。对于理想升压变换器，输入和输出功率相等。输出直流电压 V_o 和输入直流电压 V_{in} 的关系为

$$V_o = \frac{V_{in}}{1 - D} \tag{2-18}$$

占空比 D 为

$$D = \frac{T_{on}}{T_S} = \frac{T_{on}}{T_{on} + T_{off}} \tag{2-19}$$

D 值小于 1，f_S 为开关频率，切换周期 $T_S = 1/f_S$，且 $T_S = T_{on} + T_{off}$。因此，输出电压通常比输入电压高。输入电流和输出电流的关系从功率平衡公式获得。对于一个无损耗系统，由于输入和输出功率必须保持平衡，输出电流可从下式计算：

$$V_{in}I_{in} = V_oI_o \qquad (2\text{-}20)$$

继续例 2.2 的求解。额定功率为 500kW，电压为 460V。根据电压和调幅指数 0.9，可以求出三相逆变器的输入直流电压为

$$V_{idc} = \frac{2\sqrt{2}V_{LL}}{\sqrt{3}M_a} \qquad (2\text{-}21)$$

式中，V_{LL} 负荷线电压有效值。

由于组件串最大电压限制在 600V，因此可以使用升压变换器将组件串电压升至 835V。

如果选择的组件串电压为 550V，则：

ⅰ）一个组件串中组件数为

$$\frac{V_{string}}{V_{MPP}} = \frac{550}{50.6} \approx 11$$

式中，V_{MPP} 为组件的最大功率点电压。

组件串功率 SP 为

$$SP = NM \cdot P_{MPP}$$

组件额定功率为 300V，则

$$SP = 11 \times 300W = 3300W$$

组件串电压为

$$SP = NM \cdot P_{MPP}$$

因此，本设计的组件串电压 SV 为

$$SV = 11 \times 50.6V = 556.6V$$

如果每个方阵输出功率为 20kW，则每个方阵中组件串数量 NS 为

$$NS = \frac{-个方阵功率}{-个组件串功率}$$

即

$$NS = \frac{20}{3.3} \doteq 6$$

电站的光伏方阵数量 NA 为

$$NA = \frac{光伏系统额定功率}{-个方阵功率} \qquad (2\text{-}22)$$

因此，$NA = \frac{500kW}{20kW} = 25$。

表 2-8 为光伏系统设计参数。

表 2-8　光伏发电系统设计参数

每个组件串的组件数	每个方阵的组件串数	方阵数	组件串电压/V
11	6	25	556.6

逆变器应能承受升压变换器的输出电压,且可以传输需要的功率。选定的逆变器额定功率为100kW,输入直流电压为835V,调幅指数为0.9。逆变器输出交流电压为460V。

需要传输500kW功率需要的逆变器数量为

$$NI = \frac{光伏发电功率}{一个逆变器功率} \tag{2-23}$$

因此,$NI = \frac{500\text{kW}}{100\text{kW}} = 5$

因此,为向负荷提供500kW功率需要并联5个逆变器,假设逆变器开关频率为5.04kHz。

故调频指数 M_f 为

$$M_f = \frac{f_s}{f_e} = \frac{5040\text{Hz}}{60\text{Hz}} = 84$$

表2-9为设计的逆变器参数。

表 2-9　逆变器参数

逆变器数量	输入电压 V_{idc}/V	额定功率/kW	输出电压 V_{AC}/V	调幅指数 M_a	调频指数 M_f
5	835	100	460	0.90	84

升压变换器数量等于方阵数量,为25,每个升压变换器额定功率为20kW。

升压变换器输入电压和组件串电压相等,即

$$V_i = 556.6\text{V}$$

升压变换器输出电压和逆变器输入电压相等,即

$$V_{idc} = V_o = 835\text{V}$$

根据前文,输出电压计算公式为

$$V_o = \frac{V_{in}}{1-D}$$

升压变换器负载比为

$$D = 1 - \frac{V_i}{V_o} = 1 - \frac{556.6}{835} \approx 0.33$$

表2-10为升压变换器参数。

表 2-10　500kW 容量升压变换器参数

升压变换器数量	输入电压 V_i/V	额定功率/kW	输出电压 V_o/V	占空比 D
25	556.6	20	835	0.33

ⅱ)逆变器调频指数为84,使用快速傅里叶变换的仿真平台可算出输出电压的谐波分量,见表2-11。

表 2-11　相电压谐波分量（%）

3 次谐波	5 次谐波	7 次谐波	9 次谐波
0.01	0.02	0	0.03

输出相电压和时间的关系为

$$V_{ac} = \frac{460\sqrt{2}}{\sqrt{3}} \times \sin(2\pi \times 60t) + \frac{0.01}{100} \times \frac{460\sqrt{2}}{\sqrt{3}} \times \sin(2\pi \times 3 \times 60t) +$$

$$\frac{0.02}{100} \times \frac{460\sqrt{2}}{\sqrt{3}} \times \sin(2\pi \times 5 \times 60t) +$$

$$\frac{0}{100} \times \frac{460\sqrt{2}}{\sqrt{3}} \times \sin(2\pi \times 7 \times 60t) +$$

$$\frac{0.03}{100} \times \frac{460\sqrt{2}}{\sqrt{3}} \times \sin(2\pi \times 9 \times 60t)$$

$$= 376\sin(2\pi \times 60t) + 0.037\sin(6\pi \times 60t) + 0.075\sin(10\pi \times 60t) +$$

$$0.113\sin(18\pi \times 60t)$$

总谐波含量为

$$THD = \sqrt{\sum(谐波百分比)^2} = \sqrt{0.01^2 + 0.02^2 + 0^2 + 0.03^2} = 0.04\%$$

ⅲ）电气接线图如图 2-16 所示。

图 2-16 中的光伏电站不能单独运行，但可以和区域公共电网同步运行。如需单独运行，必须在图 2-16 中的直流母线上接入储能系统。逆变器运行频率通常设为 60Hz 或 50Hz，系统作为 UPS 电源运行。

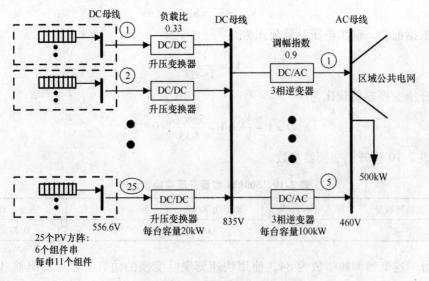

图 2-16　例 2.2 电气接线图

例 2.3　设计一个光伏系统，额定功率为 1000kW，频率为 60Hz，三相交流电压为 460V，组件参数见表 2-12。求出以下数据：

ⅰ）组件串中组件数量，方阵中组件串数量，方阵数量，系统光伏板表面积、重量和成本。

ⅱ）逆变器和升压变换器参数以及系统电气接线图。

表 2-12　例 2.3 中光伏组件参数

参　　　数	类型 1
最大功率/W	190
最大功率点电压/V	54.8
最大功率点电流/A	3.47
V_{OC}（开路电压）/V	67.5
I_{SC}（短路电流）/A	3.75
效率（%）	16.40
成本/美元	870.00
宽度/in	34.6
长度/in	51.9
厚度/in	1.8
重量/lb	33.07

解：

系统额定功率为 1000kW，交流电压为 460V。根据电压和调幅指数 0.85，三相逆变器的直流电压为

$$V_{idc} = \frac{2\sqrt{2}V_{LL}}{\sqrt{3}M_a} = \frac{2\sqrt{2} \times 460V}{\sqrt{3} \times 0.85} = 884V$$

组件串输出电压最大值定为 600V。因此，需要一台升压变换器将电压提升至 884V。

ⅰ）如果选择的组件串电压为 550V，那么每个组件串的组件数量为

$$NM = \frac{V_{string}}{V_{MPP}} = \frac{550}{54.8} \approx 10$$

式中，V_{MPP} 是光伏组件的最大功率点电压。

$$SP = NM \cdot P_{MPP}$$

式中，P_{MPP} 为光伏组件最大输出功率。

$$SP = 10 \times 190W = 1900W$$

组件串电压 SV 为

$$SV = NM \cdot V_{MPP}$$

因此，本例中组件串电压为

$$SV = 10 \times 54.8V = 548V$$

如果每个方阵容量为 20kW，则一个方阵的组件串数量 NS 为

$$NS = \frac{AP}{SP} = \frac{20}{1.9} = 11$$

本例中方阵数量为

$$NA = \frac{系统额定功率}{一个方阵的额定功率}$$

即

$$NA = \frac{1000}{20} = 50$$

系统的光伏组件总数量由组件串中组件数量、方阵组件串数量和系统方阵数量相乘得到

$$TNM = NM \cdot NS \cdot NA \qquad (2\text{-}24)$$

所以

$$TNM = 10 \times 11 \times 50 = 5500$$

单个组件表面积 SM 由其长度和宽度相乘得到

$$SM = \frac{34.6 \times 51.9}{144} ft^2 \approx 12.5 ft^2$$

因此，系统总面积 TS 可由组件数量以及每个组件面积相乘得到

$$TS = 5500 \times 12.5 ft^2 = 68750 ft^2 = \frac{68750 ft^2}{43560} = 1.58 acre^{\ominus}$$

系统成本为组件数量和单个组件成本的乘积

$$总成本 = 5500 \times 870 \ 美元 = 4.785 \times 10^6 \ 美元$$

系统总重量为组件数量和单个组件重量的乘积

$$总重量 = 5500 \times 33.07 lb = 181885 lb$$

1000kW 光伏电站设计参数见表 2-13。

表 2-13　1000kW 光伏系统参数

每串组件数	每方阵串数	方阵数	串电压/V	总面积/ft²	总重量/lb	总成本/百万美元
10	11	50	548	68750	181885	4.785

ii）逆变器应能承受升压变换器的输出电压，且能传输需要的功率。如果选择的逆变器额定容量为 250kW，则逆变器数量 NI 为

$$NI = \frac{光伏系统容量}{单个逆变器容量}$$

故

$$NI = \frac{1000}{250} = 4$$

$\ominus$　译者注：acre（英亩）为英制面积单位，1acre = 4046.86m² = 43560ft²。

因此，需要并联 4 个逆变器以传输 1000kW 的功率。

假设逆变器开关频率为 5.4kHz，则调频指数为

$$M_f = \frac{f_s}{f_e} = \frac{5400}{60} = 90$$

表 2-14 为逆变器参数。

表 2-14 逆变器参数

逆变器数量	输入电压 V_{idc}/V	额定功率/kW	输出电压 V_{DC}/V	调幅指数 M_a	调频指数 M_f
4	884	250	460	0.85	90

升压变换器数量等于方阵数量，为 50。选择额定容量为 20kW 的升压变换器，其输入电压等于组件串电压

$$V_i = 548\text{V}$$

升压变换输出电压等于逆变器输入电压为

$$V_{idc} \doteq V_o = 884\text{V}$$

升压变换器负载比为

$$D = 1 - \frac{V_i}{V_o} = 1 - \frac{548}{884} \approx 0.38$$

升压变换器参数见表 2-15，系统电气接线图如图 2-17 所示。

表 2-15 升压变换器参数

升压变换器数量	输入电压 V_i/V	额定功率/kW	输出电压 V_o/V	负载比 D
50	548	20	884	0.38

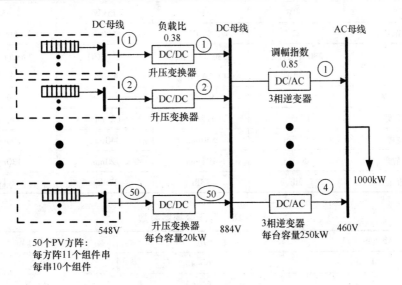

图 2-17 例 2.3 电气接线图

图 2-17 中的光伏电站不能单独运行，但可以和区域公共电网同步运行。如需单独运行，必须在图 2-16 中的直流母线上接入储能系统。逆变器运行频率通常设为 60Hz 或 50Hz，系统作为 UPS 电源运行。

例 2.4 设计一个微网光伏系统，额定功率 50kW，频率 60Hz，额定电压 220V，包含一个单相交流升压变换器和一个单相 DC-AC 逆变器。

使用表 2-16 ~ 表 2-18 中的数据，求出以下数据：

表 2-16 典型光伏组件参数

参 数	类型 1	类型 2	类型 3	类型 4
最大功率/W	190	200	170	87
最大功率电压电压/V	54.8	26.3	28.7	17.4
最大功率电压电流/A	3.47	7.6	5.93	5.02
V_{OC}（开路电压）/V	67.5	32.9	35.8	21.7
I_{SC}（短路电流）/A	3.75	8.1	6.62	5.34
效率（%）	16.40	13.10	16.80	>16
成本/美元	870.00	695.00	550.00	397.00
宽度/in	34.6	38.6	38.3	25.7
长度/in	51.9	58.5	63.8	39.6
厚度/in	1.8	1.4	1.56	2.3
重量/lb	33.07	39	40.7	18.4

表 2-17 单相逆变器参数

逆变器	类型 1	类型 2	类型 3	类型 4
功率	500W	5kW	15kW	4.7kW
直流输入电压	500V	500V	500V	500V
交流输出电压/V	230（60Hz，2.17A 时）	230（60Hz，27A 时）	220（60Hz，68A 时）	230（60Hz，17.4A 时）
效率（%）	满负荷时最低 78	97.60	大于 94	96
长度	15.5in	315mm	625mm	550mm
宽度	5in	540mm	340mm	300mm
高度	5.3in	191mm	720mm	130mm
重量	9lb	23lb	170kg	21kg

表 2-18 升压变换器参数

输入电压/V	输出电压/V	功率/kW
24 ~ 46	26 ~ 48	9.2
24 ~ 61	26 ~ 63	12.2

（续）

输入电压/V	输出电压/V	功率/kW
24 ~ 78	26 ~ 80	11.23
24 ~ 78	26 ~ 80	13.1
24 ~ 98	26 ~ 100	12.5
80 ~ 158	82 ~ 160	15.2
80 ~ 198	82 ~ 200	14.2
80 ~ 298	82 ~ 300	9.5
200 ~ 600	700 ~ 1000	20.0

ⅰ）组件串中组件数量，方阵中组件串数量，方阵数量，系统光伏板表面积、重量和成本。

ⅱ）升压变换器和逆变器参数以及系统电气接线图。

解：

额定功率 50kW，交流电压 220V，调制指数 0.9，由此可得逆变器的直流输入电压为

$$V_{ide} = \frac{\sqrt{2} V_{ac}}{M_a} = \frac{\sqrt{2} \times 220V}{0.9} = 345V$$

ⅰ）如果组件串电压为 250V，则组件数量为

$$NM = \frac{组件串电压}{V_{MPP}}$$

式中，V_{MPP} 为光伏组件的最大功率点电压。

$$NM = \begin{cases} \dfrac{250}{54.8} \approx 5 & 类型1 \\[2mm] \dfrac{250}{26.3} \approx 10 & 类型2 \\[2mm] \dfrac{250}{28.7} \approx 9 & 类型3 \\[2mm] \dfrac{250}{17.4} \approx 15 & 类型4 \end{cases}$$

组件串电压为

$$SV = NM \cdot V_{MPP}$$

因此，本设计中组件串电压为

$$SV = \begin{cases} 5 \times 54.8V = 274V & 类型1 \\ 10 \times 26.3V = 263V & 类型2 \\ 9 \times 28.7V = 258.3V & 类型3 \\ 15 \times 17.4V = 261V & 类型4 \end{cases}$$

选择表 2-18 中的 15.2kW 升压变压器，则升压变压器数量 NC 为

$$NC = \frac{光伏电站容量}{升压变换器额定容量} = \frac{50}{15.2} \approx 4$$

因此，本案例光伏系统应包含 4 个光伏方阵，每个方阵连接一台升压逆变器。方阵功率 AP 为

$$AP = \frac{光伏电站容量}{方阵数量}$$

故

$$AP = \frac{50}{4} kW = 12.5 kW$$

组件串功率 SP 为

$$SP = NM \cdot P_{MPP}$$

式中，P_{MPP} 为最大功率点功率。

$$SP = \begin{cases} 5 \times 190W = 0.95kW & 类型 1 \\ 10 \times 200W = 2.0kW & 类型 2 \\ 9 \times 170W = 1.53kW & 类型 3 \\ 15 \times 87W = 1.305kW & 类型 4 \end{cases}$$

组件串数量 NS 为

$$NS = \frac{方阵功率}{组件串功率}$$

所以

$$NS = \begin{cases} \dfrac{12.5}{0.95} \approx 13 & 类型 1 \\[2mm] \dfrac{12.5}{2} \approx 7 & 类型 2 \\[2mm] \dfrac{12.5}{1.53} \approx 8 & 类型 3 \\[2mm] \dfrac{12.5}{1.305} \approx 10 & 类型 4 \end{cases}$$

组件总数量 TNM 为

$$TNM = NM \cdot NS \cdot NA$$

$$TNM = \begin{cases} 5 \times 14 \times 4 = 280 & 类型 1 \\ 10 \times 7 \times 4 = 280 & 类型 2 \\ 9 \times 9 \times 4 = 324 & 类型 3 \\ 15 \times 10 \times 4 = 600 & 类型 4 \end{cases}$$

每种组件类型所需的表面积由组件数量、组件长度和宽度进行相乘获得

$$TS = \begin{cases} \dfrac{280 \times 34.6 \times 51.9}{144} ft^2 \approx 3492 ft^2 & 类型 1 \\[3mm] \dfrac{280 \times 38.6 \times 58.5}{144} ft^2 \approx 4391 ft^2 & 类型 2 \\[3mm] \dfrac{324 \times 38.3 \times 63.8}{144} ft^2 \approx 5498 ft^2 & 类型 3 \\[3mm] \dfrac{600 \times 25.7 \times 39.6}{144} ft^2 \approx 4241 ft^2 & 类型 4 \end{cases}$$

每种组件类型下的总重量为组件数量和组件重量的乘积

$$总重量 = \begin{cases} 280 \times 33.07 lb \approx 9260 lb & 类型 1 \\ 280 \times 39.00 lb = 10920 lb & 类型 2 \\ 324 \times 40.70 lb \approx 13187 lb & 类型 3 \\ 600 \times 18.40 lb = 11040 lb & 类型 4 \end{cases}$$

每种组件类型下的总成本为组件数量和组件成本的乘积

$$总成本 = \begin{cases} 280 \times 870 \ 美元 = 243600 \ 美元 & 类型 1 \\ 280 \times 695 \ 美元 = 194600 \ 美元 & 类型 2 \\ 324 \times 550 \ 美元 = 178200 \ 美元 & 类型 3 \\ 600 \times 397 \ 美元 = 238200 \ 美元 & 类型 4 \end{cases}$$

每种组件类型下的电站设计参数见表 2-19。

表 2-19　各组件类型下的光伏电站规格

组件类型	单个组件串中组件数量	单个方阵中组件串数量	方阵数量	组件串电压/V	光伏板总面积/ft^2	光伏板总重量/lb	光伏板总成本/美元
1	5	14	4	274	3492	9260	243600
2	10	7	4	263	4391	10920	194600
3	9	9	4	258.3	5498	13187	178200
4	15	10	4	261	4241	11040	238200

ⅱ）升压变换器额定功率：

$$升压变换器额定功率 = \frac{光伏电站容量}{变流器数量}$$

所以　　　　　$$升压变换器额定容量 = \frac{50}{4} kW = 12.5 kW$$

选择升压变换器输出电压 $V_{idc} = V_o = 345 V$，输入电压等于组件串电压，即

$$V_i = \begin{cases} 274 V & 类型 1 \\ 263 V & 类型 2 \\ 258.3 V & 类型 3 \\ 261 V & 类型 4 \end{cases}$$

升压变换器负载比为

$$D = 1 - \frac{V_i}{V_o}$$

所以

$$D = \begin{cases} 1 - \dfrac{274}{345} \approx 0.205 & \text{类型 1} \\[2mm] 1 - \dfrac{263}{345} \approx 0.237 & \text{类型 2} \\[2mm] 1 - \dfrac{258.3}{345} \approx 0.251 & \text{类型 3} \\[2mm] 1 - \dfrac{261}{345} \approx 0.243 & \text{类型 4} \end{cases}$$

升压变换器设计参数见表 2-20。

表 2-20　升压变换器规格

组件类型	升压变换器数量	输入电压 V_i/V	额定功率 /kW	输出电压 V_o/V	负载比 D
1	4	274	12.5	345	0.205
2	4	263	12.5	345	0.237
3	4	258.3	12.5	345	0.251
4	4	261	12.5	345	0.243

逆变器应能承受升压变换器的输出电压，且能传输需要的功率。选择的逆变器额定容量为 10kW，逆变器输入电压 $V_{idc} = 345V$，调制指数为 0.9，逆变器输出电压为 220V。

为了传输 50kW 功率，需要的逆变器数量 NI 为

$$NI = \frac{\text{光伏电站容量}}{1 \text{ 个逆变器容量}}$$

所以

$$NI = \frac{50}{10} = 5$$

因此，为了传输 50kW 功率，需要并联 5 个逆变器。当然，也可以使用一个更高额定容量的逆变器。同理也可以有很多其他的设计。

假设开关频率为 5.1Hz，则调频指数为

$$M_f = \frac{f_s}{f_e} = \frac{5100}{60} = 85$$

可以计算总的谐波畸变。

逆变器设计参数见表 2-21，系统接线图如图 2-18 所示。

表 2-21　逆变器规格

逆变器数量	输入电压 V_{idc}/V	额定功率 /kW	输入电压 V_{AC}/V	调幅指数 M_a	调频指数 M_f
5	345	10	220	0.90	85

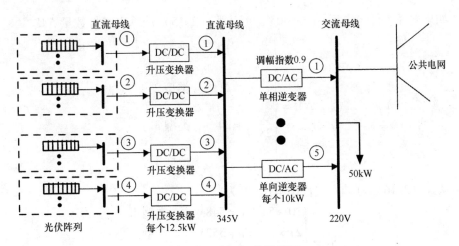

图 2-18　例 2.4 的接线图

图 2-18 中的光伏电站不能单独运行，但可以和区域公共电网同步运行。如需单独运行，必须在图 2-18 中的直流母线上接入储能系统。运行频率由逆变器设定，通常为 60Hz 或 50Hz，系统作为 UPS 电源运行。

根据系统的重量和成本来选择光伏系统类型。对于具有屋顶结构的居民和商业住宅，通常选择较轻重量的光伏组件。

根据额定功率和输出电压来选择升压变换器。升压变换器必须能满足光伏系统的最小输出电压和逆变器的直流输入电压。为了从直流侧传输最大的功率到交流侧，调幅指数小于 1 且接近 1。根据制造商建议的最高采样时间选择调频指数，以限制总的谐波畸变。根据升压变换器额定输入电压选择组件串数量及其组件数量，根据光伏电站输出功率选择升压变换器和逆变器的数量。

例 2.5　使用表 2-17 逆变器参数设计一个光伏微网系统，假设总负荷为 500kW，交流电压为 460V，频率为 60Hz。

对于每一种类型的光伏组件，求出以下数据：

ⅰ）组件串中组件数量，方阵中组件串数量，方阵数量，系统光伏板表面积、重量和成本。

ⅱ）升压变换器和逆变器规格以及系统电气接线图。

解：

由于负荷功率为 500kW，额定电压为 460V。基于负荷电压以及调幅指数为

0.9，可由式（2-17）计算出三相逆变器的直流输入电压。

$$\frac{2\sqrt{2}\times460}{\sqrt{3}\times0.9}V=835V$$

ⅰ）假设组件串最高电压限制在600V，必须使用升压变换器以提升组件串电压。

如果选择组件串电压 $SV=550V$，可从式（2-15）计算出组件数量 NM

$$NM=\begin{cases}\dfrac{550}{54.8}\approx10 & 类型1\\[2mm]\dfrac{550}{26.3}\approx21 & 类型2\\[2mm]\dfrac{550}{28.7}\approx20 & 类型3\\[2mm]\dfrac{550}{17.4}\approx32 & 类型4\end{cases}$$

从式（2-16）可知，组件串电压 SV 为

$$SV=\begin{cases}10\times54.8V=548V & 类型1\\10\times26.3V\approx552V & 类型2\\20\times28.7V=574V & 类型3\\32\times17.4V\approx557V & 类型4\end{cases}$$

从式（2-9）可得组件串功率 SP 为

$$SP=\begin{cases}10\times190W=1.9kW & 类型1\\21\times200W=4.2kW & 类型2\\20\times170W=3.4kW & 类型3\\32\times87W=2.784kW & 类型4\end{cases}$$

若设计每个方阵功率为20kW，则由式（2-17）可知每个方阵需要的组件串数量 NS 为

$$NS=\begin{cases}\dfrac{20}{1.9}\approx11 & 类型1\\[2mm]\dfrac{20}{4.2}\approx5 & 类型2\\[2mm]\dfrac{20}{3.4}\approx6 & 类型3\\[2mm]\dfrac{20}{2.784}\approx7 & 类型4\end{cases}$$

由式（2-18）可得方阵数量 NA 为

$$NA=\frac{500}{20}=25$$

由式（2-20）可得总的光伏组件数量 TNM 为

$$TNM = \begin{cases} 10 \times 11 \times 25 \approx 2750 & \text{类型 1} \\ 21 \times 5 \times 25 \approx 2625 & \text{类型 2} \\ 20 \times 6 \times 25 \approx 3000 & \text{类型 3} \\ 32 \times 8 \times 25 \approx 6400 & \text{类型 4} \end{cases}$$

每种组件类型所需要的总面积 TS 可以通过组件数量和单个组件面积计算得到，单位为 ft^2。

$$TS = \begin{cases} \dfrac{2750 \times 34.6 \times 51.9}{144}ft^2 \approx 34294ft^2 = 0.787acre & \text{类型 1} \\[4mm] \dfrac{2625 \times 38.6 \times 58.5}{144}ft^2 \approx 41164ft^2 = 0.944acre & \text{类型 2} \\[4mm] \dfrac{3000 \times 38.3 \times 63.8}{144}ft^2 \approx 50907ft^2 = 1.169acre & \text{类型 3} \\[4mm] \dfrac{6400 \times 25.7 \times 39.6}{144}ft^2 \approx 45232ft^2 = 1.038acre & \text{类型 4} \end{cases}$$

总重量为

$$总重量 = \begin{cases} 2750 \times 33.07lb \approx 90943lb & \text{类型 1} \\ 2625 \times 39.00lb = 102375lb & \text{类型 2} \\ 3000 \times 40.70lb = 122100lb & \text{类型 3} \\ 6400 \times 18.40lb = 117760lb & \text{类型 4} \end{cases}$$

总成本为

$$总成本 = \begin{cases} 2750 \times 870\ 美元 \approx 2.39\ 百万美元 & \text{类型 1} \\ 2625 \times 695\ 美元 \approx 1.82\ 百万美元 & \text{类型 2} \\ 3000 \times 550\ 美元 = 1.65\ 百万美元 & \text{类型 3} \\ 6400 \times 397\ 美元 \approx 2.54\ 百万美元 & \text{类型 4} \end{cases}$$

每种光伏组件类型下的设计规格见表2-22。

表2-22　各光伏组件类型下的光伏电站规格

组件类型	单个组件串中组件数量	单个方阵中组件串数量	方阵数量	组件串电压/V	光伏板总面积/ft²	光伏板总重量/lb	光伏板总成本/（百万美元）
1	10	11	25	548	34294	90943	2.39
2	21	5	25	552	41164	102375	1.82
3	20	6	25	574	50907	122100	1.65
4	32	8	25	557	45232	117760	2.54

ⅱ）每个方阵需要配置一台升压变换器。若每台变换器额定功率为20kW，则总的升压变换器数量为25台。升压变换器的额定输入电压和逆变器的输入电压一致。

$$V_{idc} = V_o = 835V$$

升压变换器的输入电压 V_i 和组件串电压一致。

$$V_i = \begin{cases} 548\text{V} & \text{类型 1} \\ 552\text{V} & \text{类型 2} \\ 574\text{V} & \text{类型 3} \\ 557\text{V} & \text{类型 4} \end{cases}$$

升压变换器的负载比为

$$D = 1 - \frac{V_i}{V_o}$$

所以

$$D = \begin{cases} 1 - \dfrac{548}{835} \approx 0.34 & \text{类型 1} \\[2mm] 1 - \dfrac{552}{835} \approx 0.34 & \text{类型 2} \\[2mm] 1 - \dfrac{574}{835} \approx 0.31 & \text{类型 3} \\[2mm] 1 - \dfrac{557}{835} \approx 0.33 & \text{类型 4} \end{cases}$$

表 2-23 为升压变换器的设计参数。

表 2-23　升压变换器规格

组件类型	升压变换器数量	输入电压 V_i/V	额定功率/kW	输出电压 V_o/V	负载比 D
1	25	548	20	835	0.34
2	25	552	20	835	0.34
3	25	574	20	835	0.31
4	25	557	20	835	0.33

逆变器应能承受升压变换器的输出电压，且能传输需要的功率。可选择逆变器额定容量为 100kW，输入电压 $V_{idc}=835$V，调幅指数为 0.9，输出电压为 460V。

由式（2-23）可知，为了传输 500kW 功率所需逆变器数量 NI 为

$$NI = \frac{500}{100} = 5$$

因此，共需要 5 个逆变器给 500kW 负荷供电。

为限制总的谐波畸变，选择开关频率为 10kHz，调频指数为

$$M_f = \frac{f_s}{f_e} = \frac{10000}{60} = 166.67$$

逆变器设计规格见表 2-24。系统接线图如图 2-19 所示。

表 2-24　逆变器规格

逆变器数量	输入电压 V_{idc}/V	额定功率/kW	输入电压 V_{AC}/V	调幅指数 M_a	调频指数 M_f
5	835	100	460	0.90	166.67

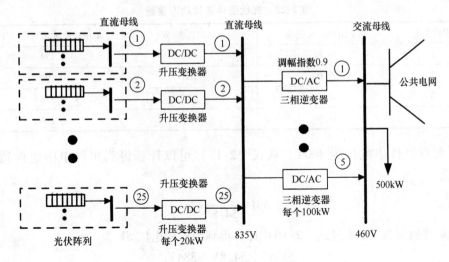

图 2-19　例 2.5 系统接线图

图 2-19 中的光伏电站不能单独运行，但可以和区域公共电网同步运行。如需单独运行，必须在图 2-19 中的直流母线上接入储能系统。运行频率由逆变器设定，通常为 60Hz，系统作为 UPS 电源运行。

例 2.6　一个 2MW 的光伏发电系统作为微网一部分和公共电网连接，电压为 13.2kV。

电网参数如下：

ⅰ）变压器规格：13.2kV/460V，2MVA，忽略电抗；460V/220V，20kVA，忽略电抗。

ⅱ）光伏系统参数参见表 2-17。

求出以下数据：

ⅰ）组件串中组件数量，方阵中组件串数量，方阵数量，系统光伏板表面积、重量和成本。

ⅱ）升压变换器和逆变器规格以及系统电气接线图。

解：

交流电压 220V 的三相逆变器大约可以传输 20kW 功率。基于三相逆变器 20kW 功率、220V 交流输入电压、调幅指数 0.9，可以通过式（2-13）计算出直流输入电压

$$V_{\text{idc}} = \frac{2\sqrt{2} \times 220\text{V}}{\sqrt{3} \times 0.9} = 399\text{V}$$

ⅰ）表 2-25 给出了四种光伏组件的参数。表中，类型 1 组件单位功率重量最小，因此成为选择。组件串电压 SV 应和逆变器输入电压 V_{idc} 接近。

表 2-25　光伏组件单位功率重量

组件类型	单个组件表面积/ft²	额定功率/W	单位功率重量/（lb/W）
1	33.07	190	0.174
3	39.00	200	0.195
3	40.70	170	0.239
4	18.30	87	0.210

假设组件串电压为 400V，从式（2-15）可以计算得到组件串中组件数量 NM 为

$$NM = \frac{399}{54.8} \approx 7$$

组件数量为 7，通过式（2-16）计算得到组件串电压 SV 为

$$SV = 7 \times 54.8V \approx 384V$$

由式（2-9）可得组件串功率 SP 为

$$SP = 7 \times 190W = 1.33kW$$

设计方阵额定功率 20kW，则一个方阵中的组件串数量 NS 可由（2-17）计算得到

$$NS = \frac{20}{1.33} \approx 15$$

方阵数量 NA 可由式（2-22）计算得到

$$NS = \frac{2000}{20} = 100$$

由式（2-24）可得到光伏组件总数量，TNM $= 7 \times 15 \times 100 = 10500$。

类型 1 组件所需总面积 TS 可由单个组件面积和组件数量计算得到

$$TS = \frac{10500 \times 34.6 \times 51.9}{144}ft^2 \approx 130940ft^2 = 3acre$$

类型 1 组件所需总重量 TW 通过类似公式计算得到

$$TW = 10500 \times 33.07lb = 347235lb$$

类型 1 组件总成本是组件数量和单个组件成本的乘积

$$总成本 = 10500 \times 870 \text{ 美元} \approx 9.14 \text{ 百万美元}$$

对于 2000kW 光伏电站，表 2-26 为设计规格。

表 2-26　2000kW 光伏系统规格

组件类型	单个组件串中组件数量	单个方阵中组件串数量	方阵数量	组件串电压/V	组件串功率/kW	光伏板总面积/ft²	光伏板总重量/lb	光伏板总成本/（百万美元）
1	7	15	100	384	1.33	130940	347235	9.14

ⅱ）一个方阵使用一个逆变器，则每个逆变器额定功率为 20kW。

由式（2-23），为了传输 2000kW 功率，需要的逆变器数量 NI 为

$$NI = \frac{2000}{20} = 100$$

对于 2000kW 光伏发电站，需要 100 个逆变器并列运行。也可以选择更高容量的逆变器。对于本设计，逆变器的直流输入电压由组件串电压决定

$$V_{idc} = V_{string} = 384V$$

基于直流输入电压和交流输出电压，调幅指数 M_a 为

$$M_a = \frac{2\sqrt{2} \times 220}{\sqrt{3} \times 384}V = 0.93V$$

如选择开关频率为 10kHz，则调频指数 M_f 为

$$M_f = \frac{f_s}{f_e} = \frac{10000}{60} \approx 166.67$$

逆变器设计规格见表 2-27。

表 2-27 逆变器规格

逆变器数量	输入电压 V_{idc}/V	额定功率/kW	输入电压 V_{AC}/V	调幅指数 M_a	调频指数 M_f
100	384	20	220	0.93	166.67

图 2-20 为系统接线图。使用 100 个额定容量 20kVA 的变压器和逆变器连接，将电压从 220V 提高到 460V。最后，使用一个 460V/13.2kV、2MVA 的变压器连接到公共电网。

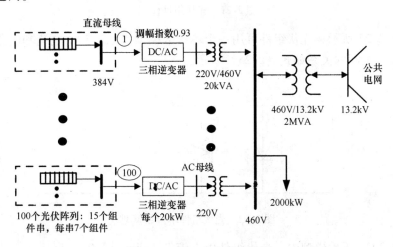

图 2-20 例 2.6 电气接线图

同样的，应该认识到还有很多种设计。每个设计都需要考虑自身的限制。以上分析可以修改以满足任何设计需求。

2.9 光伏组件建模

正如之前讨论过的，一个商业光伏组件由许多光伏电池组成。光伏电池由一个 p-n 同质结材料形成。当 p 型掺杂半导体和 n 型掺杂半导体结合时，就形成了 p-n 结。如果 p 型和 n 型半导体的能带隙相等，那么就形成一个同质结。同质结是半导体接触面，发生在相似半导体材料层间。这类半导体带隙相同，且通常含不同掺杂质。p-n 结吸收辐射能量将产生直流功率。

图 2-21 为光伏电池模型。当组件吸收太阳能辐照度能量时，进行充电。光伏电池的模型类似于二极管模型，可以用著名的 Shorkley-Read 公式表示。

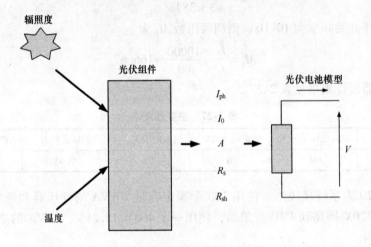

图 2-21　光伏组件模型

如图 2-22 所示，光伏组件可用一个单指数模型表示。输出电流和电压、光生电流、温度之间的关系如式（2-25）所示。

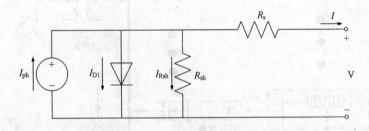

图 2-22　光伏组件单指数模型

在图 2-22 所示模型中，光伏组件由电流源 I_{ph} 和电阻 R_{sh} 并联表示。流过电阻的电流用 I_{Rsh} 表示。输出电压 V 和内阻 R_s 串联。图 2-22 中光伏组件模型也通过二极管流过的电流 I_{D1} 描述功率损耗。单指数模型如式（2-25）所示。

$$I = I_{ph} - I_0 \left\{ \exp\left[\frac{q(V + IR_s)}{n_c AkT} \right] - 1 \right\} - \frac{V + IR_s}{R_{sh}} \qquad (2\text{-}25)$$

式中，A 表示二极管品质因子；n_c 为组件中电池数量；k 为玻耳兹曼常数 $= 1.38 \times 10^{-23} \text{J/K}$；$q$ 为电子电荷 $1.6 \times 10^{-19}\text{C}$；$T$ 为开氏环境温度（K）。

式（2-25）为非线性公式，参数 I_{ph}、I_0、R_s、R_{sh} 以及 A 与温度、辐照度以及制作公差有关。通过制造商提供的测试数据，可以使用数值分析法和曲线拟合法来估算每个参数值。估算光伏方阵模型很复杂，该问题的解决方法参见文献［14-17］。

2.10 光伏性能测试

一个位于最大且恒定辐照水平下的光伏组件可发出的功率为 1000W/m^2。1000W/m^2 也被称作一个日照强度。光伏组件的输出功率可根据太阳照射度调整。表 2-28 说明了辐照度（单位为 W/m^2）和日照性能的关系。

表 2-28 日照性能和辐照度关系

太阳能/日照强度	入射辐照度/（W/m^2）
1	1000
0.8	800
0.6	600
0.4	400
0.2	200

光伏方阵系统的太阳辐照能量可根据入射角调整，如图 2-23 所示。这些数据用来使光伏方阵运行在其最大功率点处。下一节将讨论 DC/AC 逆变器以及数字控制器如何使光伏电站运行在最大功率点处。

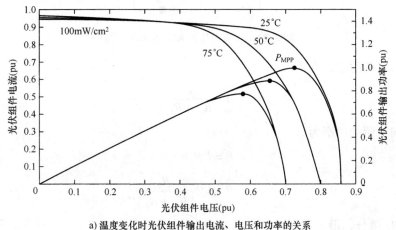

a) 温度变化时光伏组件输出电流、电压和功率的关系

图 2-23 光伏组件输出与温度和辐照度的关系

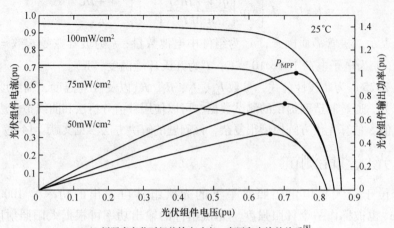

b) 辐照度变化时组件输出功率、电压和电流的关系[8]

图 2-23　光伏组件输出与温度和辐照度的关系（续）

2.11　光伏方阵的最大功率点

首先，回顾一个阻性电路的最大传输功率。考虑图 2-24 所示的电路，假设一个输入电阻为 R_{in} 的电压源与负荷电阻 R_L 连接。

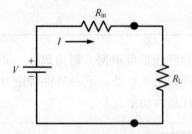

图 2-24　直流电压源和电阻串联电路

供给负荷的电流为

$$I = \frac{V}{R_{in} + R_L} \tag{2-26}$$

流向负荷的功率为

$$P = I^2 R_L \tag{2-27}$$

$$P = V^2 \frac{R_L}{\left(R_{in} + R_L\right)^2} \tag{2-28}$$

对 R_L 微分，得

$$\frac{\mathrm{d}P}{\mathrm{d}R_{\mathrm{L}}} = V^2 \frac{(R_{\mathrm{in}} + R_{\mathrm{L}})^2 \dfrac{\mathrm{d}R_{\mathrm{L}}}{\mathrm{d}R_{\mathrm{L}}} - R_{\mathrm{L}} \dfrac{\mathrm{d}(R_{\mathrm{in}} + R_{\mathrm{L}})^2}{\mathrm{d}R_{\mathrm{L}}}}{(R_{\mathrm{in}} + R_{\mathrm{L}})^4} \Rightarrow$$

$$\frac{\mathrm{d}P}{\mathrm{d}R_{\mathrm{L}}} = V^2 \frac{R_{\mathrm{in}} - R_{\mathrm{L}}}{(R_{\mathrm{in}} + R_{\mathrm{L}})^3} \qquad (2\text{-}29)$$

令式（2-29）等于零，可得到最大功率运行点。当 $R_{\mathrm{L}} = R_{\mathrm{in}}$ 时，流向负荷的功率为最大功率。

光伏组件功率输出随太阳辐照度变化。图 2-23 描述了不同辐照度下输出功率（$\mathrm{W/m}^2$）和组件电流、电压之间的关系。

在太阳位置、云量和每日温度等环境条件发生变化时，光伏系统应能运行在方阵最大功率点处。图 2-24 光伏方阵等效电路模型向负荷 R_{L} 传输功率模式可用图 2-25 表示。

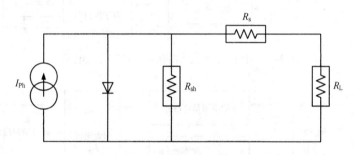

图 2-25　光伏电路模型及负荷

图 2-25 用带并联电阻 R_{sh} 和串联电阻 R_{s} 的电流源表述光伏电源的电路模型[18]。并联电阻值较大，而串联电阻值很小。图 2-25 中，R_{L} 是等效负荷，因为实际上，如果光伏电站独立运行，负荷是接在逆变器侧的。光伏电站与电网连接时，负荷为流向电网的功率。图 2-26 为电流源模型对应的等效电压源电路模型。

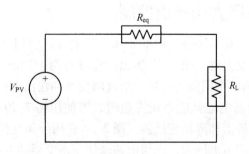

图 2-26　光伏方阵简化电压源等效电路模型

从图 2-25 可以看出，光伏组件特性是高度非线性的。光伏方阵输入阻抗受辐照度变化和温度影响。

为从光伏方阵获得最大功率，光伏电站输入阻抗必须与负荷匹配（见图 2-27）。MPPT 控制策略就是力求升压变换器运行在光伏方阵 I-V 特性曲线上可以获得最大输出功率的一点。对于光伏电站，控制策略计算 $dP/dV > 0$ 和 $dP/dV < 0$ 的点，并判断是否获得最大功率。图 2-28 为控制算法图。如果光伏方阵给直流负荷供电，就不需要 DC/AC 逆变器。

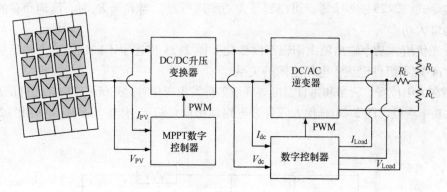

图 2-27　使用升压变换器和逆变器的光伏电站

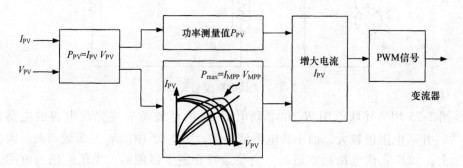

图 2-28　最大功率点跟踪控制算法

2.12　光伏电站最大功率点控制

根据应用情况，可提出一些不同的光伏系统设计。使用升压变换器升高电压，并采用逆变器转换为交流电。图 2-27 提出的设计有两个控制回路：第一个回路控制 DC/DC 变换器，第二个回路可控制总谐波畸变率和输出电压。

光伏系统用于给蓄电池储能系统充电时，可使用图 2-29 和图 2-30 的设计方案，分别使用升压变换器和降压变换器。图 2-30 使用降压变换器为电池充电。

当光伏电站接入当地电网时，光伏电站及使用逆变器的 MPP 设计如图 2-31 所示。同样地，数字控制器跟踪光伏电站输出电压和电流，并根据控制算法计算最大功率点。控制算法给出 PWM 切换策略以控制逆变器电流，这样光伏电站可运行在其最大功率点处。然而，该控制算法可能导致总的谐波畸变不是最小的。

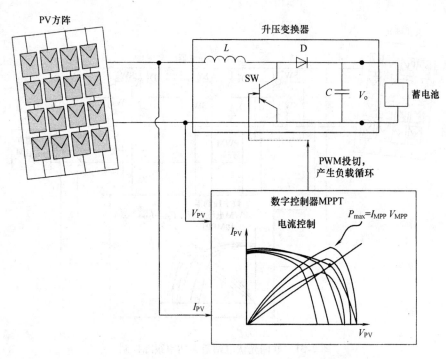

图 2-29　只使用一个升压变换器的最大功率跟踪控制

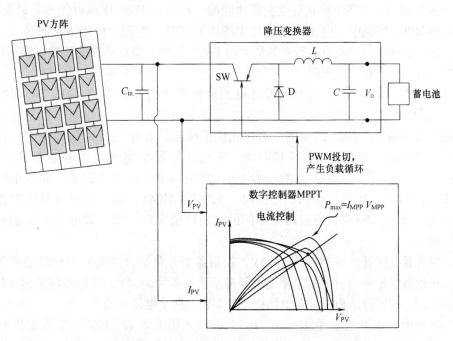

图 2-30　使用降压变换器的最大功率跟踪控制

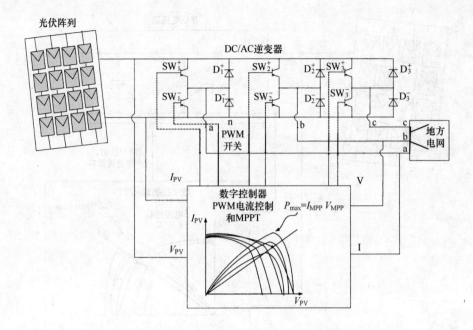

图 2-31　联网光伏电站最大功率跟踪控制

图 2-31 中，MPPT 控制是逆变器功能的一部分，MPPT 跟踪可能不是最优的。在这种 MPPT 控制中，电流流过组件串的所有组件。然而，由于 $I\text{-}V$ 曲线可能不同，有些组件串可能没有运行在其最大功率点。因此，最终捕获的能量可能不是最高的，且系统中有能量损耗。

图 2-32 为一个并入电网的带蓄电池储能系统的光伏电站。DC/DC 变换器和它的 MPPT 是充电控制器。充电控制器具备很多功能。一些充电控制器用于检测光伏方阵 $I\text{-}V$ 特性的变化。为使光伏系统运行在接近最大功率点电压并获取最大功率，需要使用 MPPT 控制器。充电控制器也能进行蓄电池能量管理。在正常运行下，控制器控制蓄电池电压，蓄电池电压在允许的最大和最小值之间变化。当蓄电池电压达到临界值时，充电控制器将为蓄电池充电并保护蓄电池避免过充。这种控制通过两个不同的电压阈值实现，即，蓄电池电压和光伏组件电压。

在较低电压处，典型值为 11.5V，控制器断开负荷，并给蓄电池储能系统充电。在较高电压处，对于 12V 蓄电池储能系统通常为 12.5V，控制器将负荷连接至蓄电池侧。控制算法根据蓄电池储能系统调整这两个电压阈值。

在当地储能系统应用中，DC/DC MPPT 光伏充电控制器促进了光伏系统接入的标准化。图 2-32 中的系统也可以用作独立微电网，为 UPS 提供优质功率。

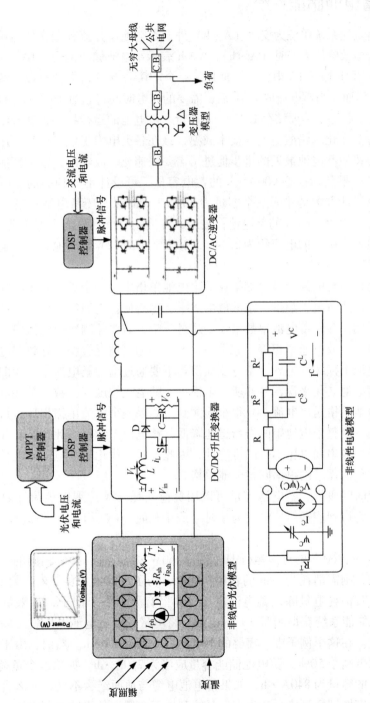

图 2-32　带蓄电池储能的并网光伏电站最大功率点跟踪

2.13 蓄电池储能系统

除了蓄电池系统单位为安时（A·h）外，蓄电池设计流程和光伏电站相同。蓄电池的额定容量单位为安时（A·h），A·h 表示蓄电池储能能力：1A·h 意味着蓄电池可以持续 1h 输送 1A 电流。类似地，一个 110A·h 的蓄电池可以持续 11h 输送 10A 电流。然而，当蓄电池放电 1h 后，需要的充电时间将超过 1h。据估计，为了保持同样的充电状态，需要储存 1.25A·h 容量。蓄电池的运行特性也随着温度、蓄电池类型和寿命变化。铅酸蓄电池技术成熟，且在各类电力工业中广泛应用。

深循环铅酸蓄电池最近的进步促进了需要快速充、放电的蓄电池储能系统的应用。例如，如果负荷需要 900A·h 的蓄电容量，可设计不同种类的蓄电池储能系统。第一个设计方案是并联三个容量为 300A·h 的深循环蓄电池；第二个设计为并联 2 个容量为 450A·h 的蓄电池；最后，可使用一个独立的大型工业用蓄电池。铅酸蓄电池每个单格的电压约为 2.14V，对于常用的 12V 蓄电池，额定电压大约为 12.6~12.8V。

蓄电池最主要的问题是，如果在一串电池单格中有一个单格发生故障，则整个蓄电池组将迅速放电，超过要求的放电水平，这将使蓄电池组发生永久性损坏。

行业惯例是并联蓄电池串数量不要超过 3 个，需要监测每个电池串，以保证每个蓄电池串的充放电速率相等。如果一旦发生不相等情况，将会导致弱电池单元以及整个蓄电池组损坏。另外一个行业惯例是不要通过增加新电池串来为旧蓄电池组扩容。就蓄电池老化来说，并非所有电池单元的老化程度都一致。某些电池单格将会向周围电池单格送出电流，且很难检测到。如果一个电池单格损坏，将改变蓄电池串的阻抗，则整个电池串的寿命迅速降低，蓄电池系统将因此损坏。并联多个蓄电池串会增加各串间电压不等的可能性；因此，对于优化的蓄电池储能系统，系统应使用满足负荷需求的单串联蓄电池单格。

在给定时间段内，蓄电池容量可以用负荷功耗（W）乘以负荷计划运行小时数得到。这将得到能耗值，单位为瓦时（或千瓦时 [kW·h]），公式为

$$kW·h = kV·A·h \tag{2-30}$$

例如，一个 60W 的灯泡运行 1h 使用了 60W·h 电量。如果相同的灯泡由 12V 蓄电池供电，则需消耗 5A·h 的容量。因此，为了计算给定负荷的需要储能容量，需要将其每日消耗电量除以蓄电池电压。这里有另外一个例子，如果负荷每天从 48V 蓄电池储能系统获得 5kW·h 的电量，将电量除以蓄电池电压就可以得到需要的安时容量。在这个例子中，需要的蓄电池容量为 105A·h。然而，由于不希望蓄电池放电深度高于 50%，蓄电池储能容量应当为 210A·h。如果这个负荷需运行 4 天，则需要的容量为 840A·h。如果蓄电池电缆与地面绝缘不良，那么直流系统和地面之间的容性耦合可能会产生直流系统到地下金属器件之间的漏电流，这将会腐蚀地下金属结构。

表 2-29 为典型蓄电池储能参数。

表 2-29　典型蓄电池储能系统参数

等级 1	24 ~ 40A · h	12V
等级 2	70 ~ 85A · h	12V
等级 3	85 ~ 105A · h	12V
等级 4	95 ~ 125A · h	12V
等级 5	180 ~ 215A · h	12V
等级 6	225 ~ 255A · h	12V
等级 7	180 ~ 225A · h	6V
等级 8	240 ~ 415A · h	6V

在当前的电能效率下，对于大功率应用系统来说，蓄电池储能仍然是很贵的。然而，在接入可再生能源的电力系统中，对于间歇式可再生能源系统，如风电和光伏系统，蓄电池储能系统是其高效利用的重要技术。电网公司对大型储能系统的接入很感兴趣，可将其看作综合储能，可以用来捕捉配电网系统中高穿透率的光伏发电和风电。爬坡能力至少一个小时的综合储能系统可以应用在电力系统控制中，对于电网公司这是一个很重要的考虑因素，因为安装的储能系统可以用作旋转备用。

储能系统在充电、放电和每个电池串的退出时间上都需要有效和高效的安排，因此，蓄电池储能系统需要充分监控。这些课题都正在研究中[19,20]。

2.14　基于单格蓄电池的储能系统

汽车产业的快速电气化对储能技术及其在静态电源上的应用有巨大影响。目前，镍氢（Nickel Metal Hydride，NiMH）电池广泛应用于大众用电动汽车和混合动力汽车中；锂离子电池是现在蓄电池中性能最好的。电网级可再生能源储能系统的成本大约为 300 ~ 500 美元/kW · h，随着更多公司在开发新技术，成本正迅速降低。

大型蓄电池储能系统由多个电池单格[12,19,20]构成，可看作多格蓄电池系统。多格蓄电池的运行特性与输出电压、内阻抗、电池连接、放电电流以及电池单格寿命有关[12,19,20]。

单格蓄电池技术发展迅速，例如一种新的锂电池就正在开发中。单格蓄电池的价格也在急剧下降。和常规的内部由 12 个电池单格串联、电压为 12V 的铅酸蓄电池相比，单格蓄电池可单独连接及重新配置。另外，由于独立的单格蓄电池的充电和放电率可以监测，则可以评估电池串的健康状况和运行特性。图 2-33 显示了包含 3 个单格电池的电池串。

图 2-33 所示蓄电池储能系统含两个蓄电池串，每串含 3 个单格电池，2 个电池串并联可得到电池阵列。

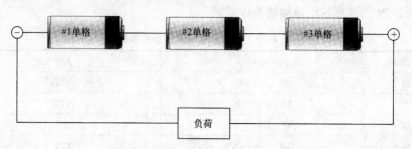

图 2-33　含 3 个单格电池的电池串

表 2-30 为两种单格蓄电池的能量密度。图 2-34 为含 3 个单格电池的 2 个电池串并联。

表 2-30　蓄电池能量密度和功率密度比较[12]

蓄电池类型	能量密度/(W·h/kg)	储能电量/(kW·h)	可用能量比例（%）
镍氢电池	65	40~50	80
锂离子	130	40~50	80

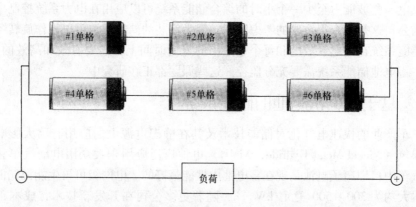

图 2-34　含 3 个单格电池的 2 个电池串并联

表 2-31 为典型储能系统的能量密度和成本。

表 2-31　储能系统的能量密度和成本

类型	W·h/kg	W·h	重量/kg	美元/kg	美元/(kW·h)	美元/(kW·h)
标准	35	1875	75	2.5	100	9.35
薄膜	20	1000	50	4.0	200	10.0
镍氢电池	45	1800	40	22.5	500	45.0
锂离子	65	1170	18	45	700	41.0

所有蓄电池的性能都会随着重复充电而发生变化。放电电流越高，剩下的容量

和输出电压越低，内阻抗越高。而在下一个放电周期之前，在蓄电池休息后，由于高放电电流引起的容量降低将会恢复。

因此，多格蓄电池系统的设计和优化需要对不同运行条件下储能系统放电特性有深刻了解。而且，如果蓄电池储能系统用作配电网系统的综合储能系统，则需要蓄电池系统的动态模型。蓄电池系统的动态模型将帮助调整间歇式绿色能源的出力。

例 2.7　设计一个微电网，负荷为 1000kW，交流电压为 460V，通过变压器接入 13.2kV 电网，变压器额定容量为 2MVA，变比为 460V/13.2kV。为了支持紧急负荷，微电网需要 200kW·h 的储能系统，可每天使用 8h。三相逆变器参数见表 2-32，光伏系统参数和例 2.4 中一致。

表 2-32　三相逆变器参数

逆变器	类型 1	类型 2	类型 3	类型 4
功率	100kW	250kW	500kW	1MW
输入直流电压/V	900	900（最高）	900	900
输出交流电压	660V/60Hz	660V/60Hz	480V/60Hz	480V/60Hz
效率（%）	最高效率 96.7	最高效率 97.0	最高效率 97.6	最高效率 96.0
长度/in	30.84	38.2	43.1	71.3
宽度/in	57	115.1	138.8	138.6
高度/in	80	89.2	92.6	92.5
重量/lb	2350	2350	5900	12000

确定以下参数：

ⅰ）光伏电站、变换器、逆变器、储能系统的容量，以及根据最小表面积得到的设计接线图。另外，计算每类光伏组件对应的成本、重量和面积，并以表格形式给出结果。

ⅱ）设计的标幺值模型。

解：

ⅰ）负荷为 1000kW，额定电压为交流 460V。根据负荷电压以及调幅指数 0.9，可以得到逆变器的直流输入电压为

$$V_{idc} = \frac{2\sqrt{2}V_{LL}}{\sqrt{3}M_a} = \frac{2\sqrt{2}\times460V}{\sqrt{3}\times0.9} = 835V$$

选择额定容量为 250kW 的逆变器，则传输 1000kW 功率需要的逆变器数量 NI 为

$$NI = \frac{光伏电站容量}{逆变器额定容量}$$

故

$$NI = \frac{1000}{250} = 4$$

本设计中，4 个逆变器应当并联。如果开关频率为 5.04kHz，则调频指数为

$$M_f = \frac{f_s}{f_e} = \frac{5040}{60} = 84$$

表 2-33 为逆变器规格参数。

表 2-33　逆变器技术参数

逆变器数量	输入电压 V_{idc}/V	额定功率 /kW	输出电压 V_{AC}/V	调幅指数 M_a	调频指数 M_f
4	835	250	460	0.90	84

读者应当认识到其他设计也是可行的。光伏电站的直流输入电压决定了逆变器的交流输出电压。表 2-34 为每类光伏组件的参数。

表 2-34　基于不同类型光伏组件的光伏系统设计

组件类型	单个组件表面积/ft²	额定功率/W	单位功率重量/(lb/W)
1	12.47	190	0.066
2	15.68	200	0.078
3	16.97	170	0.100
4	7.07	87	0.081

如表 2-34 所示，类型 1 光伏组件需要的面积最小。选择类型 1 光伏组件，且组件串开路电压设为 550V，则每串中组件数量 NM 为

$$NM = \frac{\text{组件串电压}}{V_{\text{MPP}}}$$

式中，V_{MPP} 为组件参数中的光伏组件最大功率点电压。

$$NM = \frac{550}{54.8} \approx 10 \qquad \text{类型 1}$$

组件串电压 SV 为

$$SV = NM \times V_{\text{MPP}}$$

故

$$SV = 10 \times 54.8\text{V} = 548\text{V}$$

组件串功率 SP 为

$$SP = NM \times P_{\text{MPP}}$$

式中，P_{MPP} 为光伏组件最大功率。

$$SP = 10 \times 190\text{W} = 1.9\text{kW} \qquad \text{类型 1}$$

如果设计每个方阵功率为 20kW，则方阵中组件串数量 NS 为

$$NS = \frac{\text{单个方阵额定功率}}{\text{单个组件串额定功率}}$$

故
$$NS = \frac{20}{1.9} = 11$$

方阵数量 NA 为

$$NA = \frac{光伏电站额定功率}{单个方阵额定功率}$$

故
$$NA = \frac{1000}{20} = 50$$

系统中光伏组件总数量 TNM 为

$$TNM = NM \cdot NS \cdot NA$$

式中, NM 为单个组件串中组件数量; NS 为单个方阵中组件串数量; NA 为光伏电站中方阵数量。

$$TNM = 10 \times 11 \times 50 = 5500 \quad 类型 1 组件$$

类型 1 光伏组件需要的总面积 TS 为

$$TS = \frac{5500 \times 34.6 \times 51.9}{144} ft^2 = 68587 ft^2 = 1.57 acre$$

类型 1 光伏组件的总重量 TW 为组件数量和单个组件重量的乘积

$$TW = 5500 \times 33.07 lb = 181885 lb$$

类型 1 光伏组件需要的总成本为组件数量和单个组件成本的乘积

$$总成本 = 5500 \times 870 美元 = 478.5 万美元 \quad 类型 1$$

表 2-35 为光伏电站的设计参数。

表 2-35 光伏系统参数

组件类型	每串中组件数量	单个方阵的组件串数量	方阵数量	组件串电压/V	系统总面积/ft²	系统总重量/lb	系统总成本/百万美元
1	10	11	25	548	68587	181885	4.78

升压变换器的输出电压 V_o 和逆变器输入电压 V_{idc} 相等,即

$$V_o = V_{idc} = 835 V$$

升压变换器的输入电压 V_i 与组件串电压相等,即 $SV = V_i = 548 V$。
升压变换器负载比为

$$D = 1 - \frac{V_i}{V_o}$$

本例中

$$D = 1 - \frac{548}{835} = 0.34$$

每个方阵需要一个升压变换器。因此,升压变换器数量为 50,单台额定容量为 20kW。表 2-36 为升压变换器的设计参数。

表 2-36　升压变换器参数

升压变换器数量	输入电压 V_i/V	额定功率/kW	输出电压 V_o/V	负载比 D
50	548	20	835	0.34

蓄电池设计中需要限制电池串中电池数量并把电池阵列数量限制在 3 个以下。这些限制适用于铅酸蓄电池，可以延长储能系统寿命。选择第 6 级蓄电池，额定容量为 255A·h，额定电压为 12V。本设计中，每串含 3 个蓄电池，每个阵列含 3 个电池串。则储能系统中电池串电压 SV 为

$$SV = 3 \times 12V = 36V$$

单个蓄电池储存的能量 SES 为电池容量和电池电压的乘积。

$$SES = 255Ah \times 12V = 3.06kW \cdot h$$

每个电池阵列有 9 个电池。因此，阵列储存的电能 AES 为

$$AES = 9 \times 3.06kW \cdot h = 27.54kW \cdot h$$

用以储存 200kW·h 能量的阵列数量 NA 为

$$NA = \frac{总电量}{单个阵列电量}$$

故

$$NA = \frac{200}{27.54} \approx 8$$

表 2-37 为储存 200kW·h 电能的蓄电池参数。

表 2-37　蓄电池阵列参数

蓄电池等级	每串中蓄电池数量	阵列中电池串数量	阵列数量	蓄电池串电压/V	单个阵列储存电量/(kW·h)
6	3	3	8	36	27.54

由于使用 8 个电池阵列，每个阵列需配备一个升降压变换器，因此，总共需要 8 个升降压变换器。升降压变换器用来给蓄电池储能系统进行充放电管理。

本例中，升降压变换器的输入是直流母线电压，为 835V，输出直流电压必须为 36V，以便为蓄电池储能系统充电。如果储能系统使用 8h，则它的放电深度为额定容量的 50%，因此，蓄电池系统可以提供 100kW·h 电量。储能系统发出的功率 P 为

$$P = \frac{千瓦时数}{小时数}$$

$$P = \frac{100}{8}kW = 12.5kW$$

电池阵列功率 AP 为

$$AP = \frac{储能系统功率}{阵列数量}$$

故
$$AP = \frac{12.5}{8}\text{kW} = 1.56\text{kW}$$

因此，可选择额定容量为 1.56kW 的升降压变换器，负载比为

$$D = \frac{V_o}{V_i + V_o}$$

故
$$D = \frac{36}{835 + 36} = 0.04$$

ⅱ）表 2-38 为升降压变换器设计参数，图 2-35 为该例中光伏系统的接线图，图 2-36 为该例中每日负荷曲线图。

表 2-38　升降压变换器参数

升降压变换器数量	输入电压 V_i/V	额定功率/kW	输出电压 V_o/V	负载比 D
8	835	1.56	36	0.04

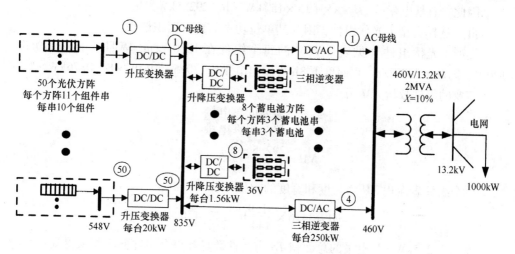

图 2-35　例 2.7 接线图

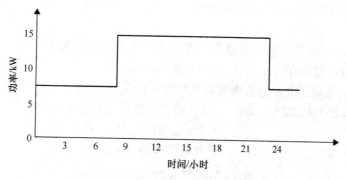

图 2-36　例 2.7 中每日负荷曲线图

例 2.8 假设一个住宅总负荷为晚上 11 点到早晨 8 点 7.5kW，其余时间 15kW。确定以下参数：

ⅰ）画出 24h 负荷曲线。

ⅱ）24h 消耗的总电量（kW·h）。

ⅲ）如果太阳每天光照时间 8h，辐照度为 0.5 日照强度（500W/m²），那么，为了 24h 运行提供足够电量，需要多大的屋顶面积？

ⅳ）假设夜间用电量最大为日用电量的 40%。上网寻找并选择一个蓄电池储能系统，给出设计参数。

解：

ⅰ）负荷为 9h（晚上 11 点至早晨 8 点）7.5kW，15h（早上 8 点至晚上 11 点）15kW。负荷曲线如图 2-36 所示。

ⅱ）24h 耗电量为日负荷曲线下方的面积，计算公式为 kW·h = kW·h。

因此，总耗电量 = (7.5 × 9 + 15 × 15)kW·h = 292.5kW·h。

ⅲ）选择类型 1 光伏组件，因为其单位功率需要的面积最小。

类型 1 光伏组件（见表 2-17）的每个组件在 1000W/m² 辐照度下发出功率 190W。因此，500W/m² 辐照度下 8h 可发出电量为：0.5 × 190W × 8 = 0.76kW·h。

需要的组件数量 NM 为

$$NM = \frac{需要的总电量}{单个组件电量}$$

故

$$NM = \frac{292.5}{0.76} \approx 385$$

单个组件表面积 SM 为长度和宽度的乘积

$$SM = 34.6 \times \frac{51.9}{144} ft^2 \approx 12.47 ft^2$$

发出 292.5kW·h 电量的总面积 TS 为组件数量和单个组件面积相乘得到：

$$TS = 385 \times 12.47 ft^2 \approx 4801.11 ft^2$$

ⅳ）夜间用电量为总用电量的 40%。因此，夜间用电量 = 0.4 × 292.5kW·h = 117kW·h。

从表 2-23 中选择类型 6 蓄电池储能系统来为夜间用电储存电量。为了保护储能系统，蓄电池放电深度不得超过 50% 额定容量。

每个蓄电池储存电量为蓄电池容量和电压的乘积（Ah·V）。因此，单个蓄电池储存电量 = 255 × 12W = 3.06kW·h。需要的蓄电池数量 NB 为

$$NB = \frac{2 × 需要的电量}{单个蓄电池储存电量}$$

故

$$NB = \frac{2 × 117}{3.06} \approx 77$$

每个蓄电池串含 3 个蓄电池；每个阵列蓄电池串数量最多为 3 个。因此，每个

阵列的蓄电池数最多为 $3 \times 3 = 9$。

蓄电池阵列数量为

$$NA = \frac{\text{蓄电池总的数量}}{\text{单个阵列中蓄电池数量}}$$

故

$$NA = \frac{77}{9} \approx 8$$

2.15 不同入射角度下光伏组件的发电量

为了确定光伏组件的电量产出，必须首先确定和太阳位置相关的组件倾角。倾角指任何区域磁针和水平面之间的相对位置关系，磁倾角在地磁赤道上为 $0°$，在每个地磁极上为 $90°$。辐照度定义为入射到给定区域的辐射强度，单位为 W/m^2 或 W/ft^2。太阳旋转时，阳光照射到光伏组件的角度会发生变化。

2.16 光伏发电技术现状

近年来，光伏电站的开发和安装带来了光伏系统在研究、开发和制造上的进步。2011 年，全球光伏发电安装容量接近 69GW[21]。光伏年均发电量约为 85TW · h。全球超过 75% 的光伏发电集中在欧洲[22]，德国是最大的市场，其次是意大利。2011年，德国光伏累积安装容量为 24GW，排名欧洲第一，比排名第二的意大利多 12GW。

根据太阳能产业数据[23]，2013 年美国新增光伏电站容量为 832MW，截止目前，美国光伏电站累积容量已超过 9370MW。美国光伏电站成本约为 3.05 美元/W[23]。

重要的是，近年来，并网光伏系统的增加刺激了光伏产业的发展。目前，并网光伏电站的装机容量中大部分是集中式并网光伏电站，这进一步增加了光伏系统在应对日益增长的能源需求中的作用。

目前光伏组件效率约为 12% ~ 17%[24]，正在研究中的组件效率将达到 36%，即在同样条件下可将发出功率从 300W 提高到 900W。效率更高的光伏组件的研发正在全世界范围内进行。由多层电池构成的光伏组件理论效率上限为 60%。未来，预计可制造出额定容量为 1500W 的光伏组件；目前集中式光伏电站有可能达到 200 日照强度。

高功率逆变器技术可达到 2MW 等级。太阳能板的设计电压为 600V。在意大利，Rende 光伏电站使用了 1MW 的逆变器，年发电量 1.4GW · h[25]，该设计使用的是 180W 的光伏板。未来的 5 ~ 10 年内，可以预见屋顶光伏系统容量会扩展至 2MW。从 PV 角度看，达到该目标轻而易举，读者可上网搜索光伏系统的最新发展[1-5,7]。

2.17 光伏组件模型参数估算

重温一下光伏电池的单二极管模型等值电路。

图 2-37 所示模型为光伏组件内单电池的伏安特性[18,26,27,28]。组件包括 n_c 个电池单元，其模型可表示为

$$I = I_{ph} - I_o(e^{\frac{V+IR_s}{n_c V_t}} - 1) - \frac{V+IR_s}{R_{sh}} \tag{2-31}$$

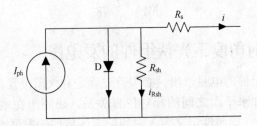

图 2-37　光伏组件的单指数模型[26]

式 (2-31) 中，接点热电压 V_t 为

$$V_t = \frac{AkT_{stc}}{q} \tag{2-32}$$

使用 V_t 来表述上述公式要好于 A。使用 V_t 可很好地确定 A 值，只需改写式 (2-32) 为

$$A = \frac{qV_t}{kT_{stc}} \tag{2-33}$$

表 2-39 为用于式 (2-31) 表述的组件建模需要的参数。

表 2-39　光伏组件单指数模型参数

I_{ph}	STC 下光生电流
I_o	STC 下暗饱和电流
R_s	电池板串联电阻
R_{sh}	电池板并联电阻
n_c	电池板内串联电池数量
V_t	接点热电压
A	二极管理想品质因数
k	波尔兹曼常数
T_{stc}	STC 下开氏温度（K）
q	电子电荷

STC 表示测量光伏电池标称输出功率时的标准条件。STC 指电池温度为 25℃，辐照水平为 1000W/m², 基准大气质量为 1.5 日照强度光谱辐射分布。式 (2-31) 中，"-1" 项远小于指数项，通常可忽略掉。

评估模型参数的关键是确定 5 个参数，分别为 I_{ph}、I_o、R_s、R_{sh} 和 A，这五个值可由制造商提供的数据页得到，参数在 STC 下测试得到。由于 A 很容易用 V_t、q、k 和 T_{stc} 表示，其中 V_t 是未知的，因此，可首先求出 V_t，然后解式 (2-32) 得出 A 值。

可用 $V\text{-}I$ 特性曲线来估算模型参数，这些特性指短路电流、开路电压和最大功率点。表 2-40 总结了模型评估中使用的 STC 下测量数据。

表 2-40　模型估算中使用的测量数据

I_{sc}	STC 下的短路电流
V_{OC}	STC 下的开路电压
V_{mpp}	STC 下最大功率点（MPP）电压
I_{mpp}	STC 下最大功率点（MPP）电流

式（2-31）的模型可用表 2-40 的测量数据估算。

$$I_{sc} = I_{ph} - I_o e^{\frac{I_{sc}R_s}{n_c V_t}} - \frac{I_{sc}R_s}{R_{sh}} \tag{2-34}$$

$$I_{MPP} = I_{ph} - I_o e^{\frac{V_{MPP} + I_{MPP}R_s}{n_c V_t}} - \frac{V_{MPP} + I_{MPP}R_s}{R_{sh}} \tag{2-35}$$

$$I_{oc} = 0 = I_{ph} - I_o e^{\frac{V_{oc}}{n_c V_t}} - \frac{V_{oc}}{R_{sh}} \tag{2-36}$$

由于最大功率点对应的是 $V\text{-}I$ 曲线上功率对电压比值为零的点，因此，功率与电压的导数为零。

$$\frac{dP}{dV}\bigg|_{\substack{V=V_{MPP} \\ I=I_{MPP}}} = 0 \tag{2-37}$$

由于要估算 5 个参数，因此，还需要第五个公式。在短路时电流对电压的微分为 R_{sho} 的负倒数

$$\frac{dI}{dV}\bigg|_{I=I_{sc}} = -\frac{1}{R_{sho}} \tag{2-38}$$

至此，含 5 个变量的 5 个公式已建立。用 5 个公式求解 5 个参数的详细过程请参考文献 [26-28]。

2.18　小结

本章讨论了太阳能发电系统，尤其是光伏发电站的设计。根据与太阳位置相关的光伏板倾斜角，评估光伏组件的年发电量。辐照度定义为给定平面的光照强度，单位为 W/m^2 或 W/ft^2。最后给出了一种光伏组件模型估算方法。

习　　题

2.1　在互联网上找出四种光伏组件，按表 2-41 样式列表并比较它们的额定电压、成本、长度、宽度与重量。

表 2-41　典型光伏组件的电压-电流特性

功率（最大）	
最大功率点（MPP）电压	
最大功率点（MPP）电流	
V_{OC}（开路电压）	
I_{SC}（短路电流）	
效率	
成本	
列举 5 个 V_{OC} 和 I_{SC} 的运行温度	
宽度	
长度	
高度	
重量	

2.2　在互联网上找出四种光伏组件的电压-电流特性，列表给出各运行温度下随电流变化的输入阻抗；画出各运行温度下随光伏电流负荷变化的输入阻抗图。

2.3　使用表 2-42 中光伏组件的电压-电流特性，设计一个额定功率 100kW、交流电压 230V 的微电网。确定以下参数：

ⅰ）对于各类光伏组件，每个光伏串的组件数。

ⅱ）对于各类光伏组件，每个方阵的组件串数。

ⅲ）光伏方阵数量。

ⅳ）逆变器参数。

ⅴ）系统单线图。

表 2-42　第 2.3 题所用光伏组件参数

功率（最大）/W	400
最大功率点（MPP）电压/V	52.6
最大功率点（MPP）电流/A	6.1
V_{OC}（开路电压）/V	63.2
I_{SC}（短路电流）/A	7.0

2.4　设计一个光伏微电网系统，运行电压为 DC 400V（AC 220V），负荷 50kW，使用表 2-43 ~ 表 2-46 的数据。进行下列计算：

ⅰ）选择深循环电池进行 100kW·h 容量的储能。

ⅱ）从商业可选的变换器中选择升压变换器、双向整流器与逆变器（数据见表 2-43 和表 2-44）。如果没有商业可选的变换器，则重新设计升压变换器、双向整流器、逆变器参数。

ⅲ）画出系统单线图。列表给出各类光伏情况下每个光伏串的组件数、每个光伏方阵的光伏组件串数、光伏方阵数、变换器数、重量、以及每类光伏组件所需的表面积。

表 2-43　典型深度循环电池参数

类型	电压/V	外形尺寸/mm			单位重量 lb (kg)	容量/(A·h)							
		长度	宽度	高度		1-h	2-h	4-h	8-h	24-h	48-h	72-h	120-h
PVX-340T	12	7.71 (196)	5.18 (132)	6.89 (175)	25 (11.4)	21	27	28	30	34	36	37	38
PVX-420T	12	7.71 (196)	5.18 (132)	8.05 (204)	30 (13.6)	26	33	34	36	42	43	43	45
PVX-490T	12	8.99 (228)	5.45 (138)	8.82 (224)	36 (16.4)	31	39	40	43	49	52	53	55
PVX-560T	12	8.99 (228)	5.45 (138)	8.82 (224)	40 (18.2)	36	45	46	49	56	60	62	63
PVX-690T	12	10.22 (260)	6.60 (168)	8.93 (277)	51 (23.2)	42	53	55	60	69	73	76	79
PVX-840T	12	10.22 (260)	6.60 (168)	8.93 (277)	57 (25.9)	52	66	68	74	84	90	94	97
PVX-1080T	12	12.90 (328)	6.75 (172)	8.96 (228)	70 (31.8)	68	86	88	97	108	118	122	126
PVX-1040T	12	12.03 (306)	6.77 (172)	8.93 (227)	66 (30.0)	65	82	85	93	104	112	116	120
PVX-890T	12	12.90 (328)	6.75 (172)	8.96 (228)	62 (28.2)	55	70	72	79	89	95	98	102

表 2-44　升压变换器参数

输入电压/V	输出电压/V	功率/kW
24-46	26-48	9.2
24-61	26-63	12.2
24-78	26-80	11.23
24-78	26-80	11.23
24-78	26-80	13.1
24-98	26-100	12.5
80-158	82-160	15.2
80-198	82-200	14.2
80-298	82-300	9.5

表 2-45　单相逆变器参数

逆变器	类型 1	类型 2	类型 3	类型 4
功率	500W	5kW	15kW	4.7kW
直流输入电压	500V	500V（最高）	500V	500V
交流输出电压	230V/60Hz 在 2.17A 下	230V/60Hz 在 27A 下	220V/60Hz 在 68A 下	230V/60Hz 在 17.4A 下
效率	满负荷下最低 78%	97.6%	>94%	96%
长度	15.5in	315mm	625mm	550mm
宽度	5in	540mm	340mm	300mm
高度	5.3in	191mm	720mm	130mm
重量	9lb	23lb	170kg	20lb

表 2-46　三相逆变器参数

逆变器	类型 1	类型 2	类型 3	类型 4
功率	100kW	250kW	500kW	1MW
输入直流电压/V	900	900	900	900
输出交流电压	660V/60Hz	660V/60Hz	660V/60Hz	660V/60Hz
效率	最高效率 96.7%	最高效率 97.0%	最高效率 97.6%	最高效率 96.0%
长度/in	30.84	38.2	43.1	71.3
宽度/in	57	115.1	138.8	138.6
高度/in	80	89.2	92.6	92.5
重量/lb	2350	2350	5900	12000

2.5　在互联网上检索出四种单相逆变器，用表格总结其运行条件并进行讨论。

2.6　在互联网上检索 DC/DC 升压变换器、DC/AC 逆变器，创建表格汇总 4 种 DC/DC 升压变换器、DC/AC 逆变器的运行条件，并对结果进行讨论。

2.7　用习题 2.3 的光伏组件及习题 2.5 的逆变器设计一个 230V、50kW 的微电网。设计需采用尽可能少的变换器与逆变器，确定如下参数：

ⅰ）各类光伏组件情况下每个光伏串的组件数。

ⅱ）各类光伏组件情况下每个方阵的组件串数。

ⅲ）光伏方阵数量。

ⅳ）DC/DC 变换器和逆变器参数。

ⅴ）系统单线图。

2.8　用习题 2.6 的光伏组件设计一个 230V、600kW 的微电网，设计需使用尽可能少的变换器与逆变器，确定如下参数

ⅰ）各类光伏组件情况下每个光伏串的组件数。

ⅱ）各类光伏组件情况下每个方阵的组件串数。

ⅲ）光伏方阵数量。

ⅳ）DC/DC 变换器和逆变器参数。

ⅴ）系统单线图。

2.9　设计一个额定功率 2MW、通过智能净计量电表以 13.2kV 接入当地电网的光伏微电网。当地负荷包括 100kW 照明（额定电压 120V）以及 500kW 交流负荷（额定电压 220V），系统包括 700kW·h 储能系统。当地变压器参数如下：13.2kV/460V、2MV·A、不计电抗；460V/230V、250kV·A、不计电抗；230V/120V，150kV·A，不计电抗。所需参数见表 2-47。

表 2-47　光伏组件参数

光伏板	类型 1	类型 2	类型 3	类型 4
功率（最大）/W	190	200	170	87
最大功率点（MPP）电压/V	54.8	26.3	28.7	17.4
最大功率点（MPP）电流/A	3.47	7.6	5.93	5.02
V_{OC}（开路电压）/V	67.5	32.9	35.8	21.7
I_{SC}（短路电流）/A	3.75	8.1	6.62	5.34
效率（%）	16.40	13.10	16.80	>16
成本/美元	870.00	695.00	550.00	397.00
宽度/in	34.6	38.6	38.3	25.7
长度/in	51.9	58.5	63.8	39.6
厚度/in	1.8	1.4	1.56	2.3
重量/lb	33.07	39	40.7	18.3

通过互联网检索四种 DC/DC 升压变流器、整流器、逆变器，并列表。用表格汇总其运行条件，讨论与本题有关的结果及运行情况。编制 Matlab 测试程序，并计算：

ⅰ）从有商业供货的变换器中选择微电网所需的升压变换器、双向整流器和逆变器。如果没有商业供货的变换器，则重新设计升压变换器、双向整流器、逆变器参数。

ⅱ）给出系统单线图。列表给出各类光伏情况下每个光伏串的组件数、每个光伏方阵的光伏组件串数、光伏方阵数、变换器数、重量、以及每类光伏组件所需的表面积。

ⅲ）设计 700kW·h 储能系统，在线检索并选择深循环电池储能系统。给出设计步骤和储能系统的尺寸与重量。

ⅳ）系统单线图。

2.10　按表 2-45 光伏组件数据设计一个额定功率 600kW、交流电压 460V 的微型光伏系统，确定如下参数：

ⅰ）各光伏组件类型下每个光伏串中的组件数。

ⅱ）各光伏组件类型下每个方阵中的组件串数。

ⅲ）光伏方阵数量。

ⅳ）逆变器参数。

ⅴ）系统单线图。

2.11　编写 Matlab 程序，采用表 2-46 和表 2-48 数据设计光伏系统，要求重量最小及逆变器数量最少。进行如下计算：

ⅰ）光伏系统功率 5000kW，电压 AC 3.2kV，确定逆变器运行条件。

ⅱ）光伏系统功率 500kW，电压 AC 460V，确定逆变器运行条件。

ⅲ）光伏系统功率 50kW，电压 AC 120V，确定逆变器运行条件。

表 2-48 习题 2.21 数据

a_1（I_{sc}）	3.87A
a_2（V_{oc}）	42.1V
a_3（V_{MPP}）	33.7V
a_4（I_{MPP}）	3.56A
a_5（n_c）	72

2.12　以图 2-38 中住宅系统为对象，进行以下计算：

ⅰ）评估住宅耗电量。

ⅱ）画出住宅 24h 负荷运行周期，并计算总耗电量。

ⅲ）在网上搜寻并选择一种光伏组件，为住宅设计光伏方阵。计算光伏方阵的成本、重量以及光伏系统需要的面积。在网上选择一种逆变器、蓄电池储能和双向变换器类型。

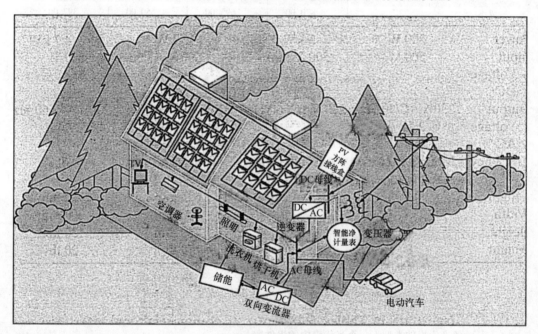

图 2-38　题 2.12 中的图片

2.13　在题 2.11 中，如果夜间只有 25% 的负荷运行，使用题 10 中的数据，设计一个蓄电池储能系统，为夜间的 25% 负荷提供足够的电量。

2.14　如果一个电网公司购售电价格为 0.3 美元/(kW·h)，评估题 2.12 中的家庭净成本或收益。

2.15　设计一个额定容量 50kW，使用升压变换器和 DC/AC 逆变器的光伏系统。系统作为独立系统运行，并以 120V 电压为一个水泵系统供电。使用题 2.10 中的数据。

2.16　设计一个住宅光伏系统。负荷周期为：11P. M. 到 8A. M. 之间 10kW、其余时间为 14kW。计算：

ⅰ）24h 总耗电量。

ⅱ）为了生产 24h 运行需要的电量，需要的屋顶面积为多大？

ⅲ）假设夜间用电量最多为日总电量的 40%。在网络上搜寻一种蓄电池储能系统，并计算夜间运行需要的电量。给出设计数据。

2.17　设计一个额定容量 1MW，电压 220V，频率 60Hz 的光伏微电网，要求所有光伏组件串均连至同一条直流母线。两个变压器参数分别为 220/460V、250kVA、5% 电抗和 460V/13.2kV、1MVA、10% 电抗。使用表 2-43 ~ 表 2-48 中的数据，计算：

ⅰ）每类光伏组件下组件串中组件数量、各方阵的组件串数量、方阵数量、表面积、重量以及成本。

ⅱ）升压变换器和逆变器参数，以及系统接线图。

2.18　假设某地区一年 12 个月内总日辐照度样本数据为 $G = [1900，2690，4070，5050，6240，7040，6840，6040，5270，3730，2410，1800]$，设反射率为 0.25。计算：

ⅰ）编写一个 Matlab M 文件，并①计算不同倾斜角的辐照度；②做出不同倾斜角下各月辐照度表格；③做出不同倾斜角下每年总辐照度表格；④找出每个月和全年的最佳倾斜角。

ⅱ）如果该地区太阳辐照度为 0.4 日照强度，且每日光照时间为 8h，那么为了在最佳倾斜角下获得 20kW 功率，需要多大的屋顶面积？

ⅲ）如果全年太阳能辐照度平均值为 0.3 日照强度，且每天 5h 日照，那么在最佳倾斜角下，1500ft^2 的面积能产生多少千瓦功率？

2.19　假设 Columbus 城一年 12 个月的水平面辐照度 G 为：$G = [1800，2500，3500，4600，5500，6000，5900，5300，4300，3100，1900，1500]$。Columbus 的纬度为 40°。假设反射率为 0.25。计算：

ⅰ）编写一个 Matlab M 文件，并①计算不同倾斜角的辐照度；②做出不同倾斜角下各月辐照度表格；③做出不同倾斜角下每年总辐照度表格；④找出每个月和全年的最佳倾斜角。

ⅱ）如果该地区太阳辐照度为 0.4 日照强度，且每天光照时间为 8h，那么为了在最佳倾斜角下获得 50kW 功率，需要多大的屋顶面积？

ⅲ）如果全年太阳能辐照度平均值为 0.3 日照强度，且每日日照 5h，那么在最佳倾斜角下，1500ft^2 的面积能产生多少千瓦功率？

2.20　在网络上搜寻你所在城市水平面的太阳辐照度数据 G 及其纬度。计算：

ⅰ）写一个 Matlab M 文件，并①计算不同倾斜角的辐照度；②做出不同倾斜角下各月辐照度表格；③做出不同倾斜角下每年总辐照度表格；④找出每个月和全年的最佳倾斜角。

ⅱ）如果全年太阳能辐照度平均值为 0.3 日照强度，且每日日照 5h，那么在最佳倾斜角下，1500ft^2 的面积能产生多少千瓦功率？

2.21　根据下表（表 2-48）提供的光伏组件参数，使用高斯-塞德尔迭代法编写一个 Matlab 仿真测试程序估算组件参数（使用网络资源学习高斯-塞德尔迭代法）。

参 考 文 献

1. Elmhurst College. *Virtual Chembook*. Energy from the Sun. Available at http://www.elmhurst.edu/~chm/vchembook/320sunenergy.html. Accessed July 10, 2009.

2. Planning and installing photovoltaic systems: a guide for installers, architects and engineers.

3. British Petroleum (BP). Solar. Available at http://www.bp.com/genericarticle.do?categoryId=3050421&contentId=7028816. Accessed July 20, 2009.

4. Markvart, T. and Castaner, L. (2003) *Practical Handbook of Photovoltaics: Fundamentals and Applications*, Elsevier, Amsterdam.

5. Clevelan, C.J. (2006) The Encyclopedia of Earth. Mouchout, Auguste. Available at http://www.eoearth.org/article/Mouchout,_Auguste. Accessed November 9, 2010.

6. California Energy Commission. *Energy Quest, the Energy Story*. Chapter 15: Solar energy. Available at www.energyquest.ca.gov/story. Accessed June 10, 2009.

7. U.S. Department of Energy, Energy Information Administration. Official Energy Statistics from the US Government. Available at http://www.eia.doe.gov/. Accessed September 10, 2009.

8. Georgia State University. The doping of semiconductors. Available at http://hyperphysics.phy-astr.gsu.edu/hbase/solids/dope.html. Accessed November 26, 2010.

9. Carlson, D.E. and Wronski, C.R. (1976) Amorphous silicon solar cells. *Applied Physics Letters*, 28, 671–673.

10. EnergieSolar. Homepage. Available at http://www.energiesolar.com/energie/html/index.htm. Accessed November 26, 2010.

11. American Society for Testing and Materials (ASTM) Terrestrial. ASTM Standards and Digital Library. Available at http://www.astm.org/DIGITAL_LIBRARY/index.shtml. Accessed November 26, 2010.

12. U.S. Department of Energy National Renewable Energy Laboratory. Available at http://www.nrel.gov/. Accessed October 10, 2010.

13. Wikipedia. Augustin-Jean Fresnel. Available at http://en.wikipedia.org/. Accessed October 9, 2009.

14. Keyhani, A. (2011) *Design of Smart Power Grid Renewable Energy Systems*, John Wiley & Sons, Inc. and IEEE Publication.

15. Chatterjee, A. and Keyhani, A. (2012) Neural Network Estimation of Microgrid Maximum Solar Power. *IEEE Transactions on Energy Conversion*.

16. Chatterjee, A., Keyhani, A., and Kapoor, D., (2011) Identification of photovoltaic source models. *IEEE Transactions on Energy Conversion*, **26**(3), 883–889.

17. Chatterjee, A., Keyhani, A., and Kapoor, D. (2011) Identification of photovoltaic source models. *IEEE Transaction on Energy Conversion*, **26**(3), 883–889.

18. Quaschning, V. Understanding renewable energy systems. Available at http://theebooksbay.com/ebook/understanding-renewable-energy-systems/. Accessed December 20, 2009.

19. Nourai, A. (2002).Large-scale electricity storage technologies for energy management, in Proceedings of the Power Engineering Society Summer Meeting, Vol. 1, Piscataway, NJ: IEEE; pp. 310–315.

20. Song, C., Zhang, J., Sharif, H. and Alahmad, M. (2007). A novel design of adaptive reconfigurable multicell battery for poweraware embedded network sensing systems, in Proceedings of Globecom. Piscataway, NJ: IEEE, pp. 1043–1047.

21. http://en.wikipedia.org/wiki/Solar_energy_in_the_European_Union#Photovoltaic_solarpower. Accessed December 5, 2013.

22. http://www.epia.org/news/publications/. Accessed December 5, 2013.

23. http://www.seia.org/research-resources/solar-industry-data. Accessed December 5, 2013.

24. http://sroeco.com/solar/most-efficient-solar-panels. Accessed December 5, 2013.

25. Siemens. Photovoltaic power plants. Available at http://www.energy.siemens.com/hq/en/power-generation/renewables/solar-power/photovoltaic-power-plants.htm. Accessed October 10, 2010.

26. Gow, J.A. and Manning, C.M. (1999) Development of a photovoltaic array model for use in power-electronics simulation studies in electric power application, in IEEE Proceedings, Vol. 146, Piscataway, NJ: IEEE, pp. 193–200.

27. Esram, T. and Chapman, P.L. (2007) Comparison of photovoltaic array maximum power point tracking techniques. *IEEE Transactions on Energy Conversion*, **22**(2), 439–449.

28. Sera, D., Teodorescu, R., and Rodriguez, P. (2007). PV panel model based on datasheet values, in Proceedings of the IEEE International Symposium on Industrial Electronics. Piscataway, NJ: IEEE, pp. 2392–2396.

补 充 文 献

Alahmad, M. and Hess, H.L. (2005) Reconfigurable topology for JPLs rechargeable micro-scale batteries. Paper presented at: 12th NASA Symposium on VLSI Design; October 4–5, 2005; Coeur dAlene, ID.

Alahmad, M.A. and Hess, H.L. (2008) Evaluation and analysis of a new solid-state rechargeable microscale lithium battery. *IEEE Transactions on Industrial Electronics*, **55**(9), 3391–3401.

ASTM International. Homepage. Available at http://www.astm.org/

Burke, A. (2005) Energy storage in advanced vehicle systems. Available at http://gcep.stanford.edu/pdfs/ChEHeXOTnf3dHH5qjYRXMA/14_Burke_10_12_trans.pdf. Accessed June 10, 2009.

Chan, D. and Phang, J. (1987) Analytical methods for the extraction of solar-cell single- and double-diode model parameters from I-V characteristics. *IEEE Transactions on Electronic Devices*, **34**(2), 286–293.

Davis, A., Salameh, Z.M., and Eaves, S.S. (1999) Evaluation of lithium-ion synergetic battery pack as battery charger. *IEEE Transactions on Energy Conversion*, **14**(3), 830–835.

Delta Energy Systems. ESI 48/120V Inverter specifications. Available at http://www.delta.com.tw/product/ps/tps/us/download/ESI%20120V%20Inverter.pdf. Accessed June 15, 2009.

Hahnsang, K. (2009) On dynamic reconfiguration of a large-scale battery system, in Proceedings of the 15th IEEE Real-Time and Embedded Technology and Applications Symposium, Piscataway, NJ, IEEE, 2009.

International Energy Agency. (2009). Trends in photovoltaic applications, survey report of selected IEA countries between 1992 and 2008. Report IEA-PVPS Task 1 IEA PVPS T1-18:2009.

Maui Solar Software. Homepage. Available at http://www.mauisolarsoftware.com.

National Renewable Energy Laboratory. Renewable Resource Data Center. Solar radiation for flat-rate collectors—Ohio. Available at http://rredc.nrel.gov/solar/pubs/redbook/PDFs/OH.PDF. Accessed June 15, 2009.

Rodriguez, P. (2007) PV panel model based on datasheet values, in IEEE International Symposium on Industrial Electronics. Piscataway, NJ, IEEE, 2007.

Sandia National Laboratories. Photovoltaic research and development. Available at http://photovoltaics.sandia.gov.

Siemens. Solar inverter systems. Available at http://www.automation.siemens.com/photovoltaik/sinvert/html_76/referenzen/. Accessed June 15, 2009.

U.S. Department of Energy. Solar Energies Technologies Program. Available at http://www1.eere.energy.gov/solar/. Accessed June 25, 2009.

U.S. General Services Administration. Homepage. Available at http://www.gsa.gov/.

第 3 章

电路分析基础

3.1 引言

为理解电网和太阳能、风能等可再生能源的基本概念，首先要了解电路的基本概念。电力可以表现为直流（DC）电压和直流电流的形式。直流电是由直流电流形成的，而交流电则是由正弦波交流电产生的。

发明家爱迪生（Thomas Edison）在 1983 年设计了直流发电机，但是，直流电不适用于长距离传输。随着交流电的产生，直流发电系统由交流发电系统代替[1-3]，交流电流和电压首先在法国、意大利和德国得到大力发展。交流电可由变压器升高电压的同时降低电流，因此电力传输损耗减小，能够实现远距离传输。特斯拉（Nicola Tesla）在美国设计了交流电网，他发展起来的交流电网与爱迪生的直流电网形成了竞争。美国的交流系统[2,3]频率是 60Hz 的，产生交流电压和电流。电网提供电能到用户，即居民用户和工商业用户。电网中消耗电能的用户称为"负荷"，对于社区电网，负荷一般为空调、照明系统、电视、冰箱、洗衣机、洗碗机等；类似地，工业负荷一般包括感应电机等类似的负荷；商业负荷包括大型照明系统、办公电脑、打印机、通信系统等。所有的电力负荷都有设定的额定电压，负荷的额定电压由负荷制造商决定，负荷的标称电压可以在额定电压的 ±5% 范围内。美国居民用电的额定电压一般为 120V、208V 和 200V，额定最大电流为 150A 或 300A。美国社区供电系统由 2 条 208V 线路以及中性和接地线构成，地线是通过变压器中性点接地形成的。商业和工业供电系统由 3 条相线以及中性和接地线构成，额定电压为 230V 或 415V 以及更高的电压等级。

3.2 电池

电池两端的电动势单位为伏特（V），以 Alessandro Volta 的名字命名，伏特用于衡量电路两端的电动势。电路中电流代表电子的流向，随着电子将电量传递给后续电子，电流从电路的高电势点流向低电势点。当有导体连接到电池两端时，电子从电池的负极流到正极，形成电流。就像水流一样，水坝上的水有重力势能，用于发电。当水从水坝顶部流向底部，重力势能被释放。在城市的给水管道中，水通过压力在管道中流动，如果给水系统某处水压低，在该处水龙头打开后水流很小。电路就如同给水管道，电压可看作给水系统中水管两处的水压。电池提供直流电，对于理想电池，直流电压和电流不随时间变化。但实际中，电池会随时间老化，端电压下降，内部电量被释放。例如一辆汽车如果几个月没开，车内的电池电压会下降，无法供电，汽车无法启动。

3.3 直流电路和欧姆定律

电压和电流的比例定义为电阻：[6]

$$R = \frac{V}{I} \tag{3-1}$$

式（3-1）称为欧姆定律，是以德国物理学家 Georg Simon Ohm 的名字命名的。欧姆（Ω）为电阻的单位。

图 3-1 所示为电池式电压源与电缆和热水器负载组成的电路示意图。电池可由太阳能提供电源。

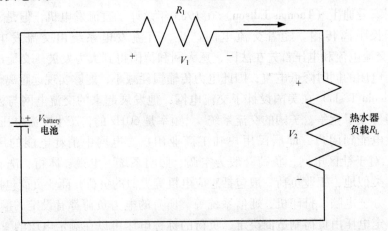

图 3-1　电池式电压源与电缆和热水器负载组成的电路示意图

基尔霍夫电流定律指出："在集总电路中，任何时刻，对任一结点，所有流出结点的支路电流的代数和恒等于零。"也就是说，流出任一结点的支路电流等于流入该节点的支路电流[7]。基尔霍夫电压定律指出："在集总电路中，任何时刻，沿任一回路，所有支路电压的代数和恒等于零。"该定律是由德国物理学家 Gustav Kirchhoff 在 1845 年提出的[8]。

例如，在图 3-1 中

$$V_2 + V_1 = V_{\text{battery}} \tag{3-2}$$

也可表达为

$$\begin{cases} V_2 + V_1 - V_{\text{battery}} = 0 \\ V_{\text{battery}} = I(R_1 + R_{\text{load}}) \end{cases} \tag{3-3}$$

电路中的电流 I 可由式（3-3）计算得到

$$I = V_{battery}/(R_1 + R_{load})\qquad(3-4)$$

加热元件如电加热炉或热水器负载两端的电压可表示为

$$V_2 = IR_{load}\qquad(3-5)$$

$$P = V_2 I = V_2^2/R_{load} = I^2 R_{load}\qquad(3-6)$$

功率的单位为瓦特（W），电流的单位为安培（A），电压的单位为伏特（V）。

3.4　常用术语

首先定义部分常用术语。导体允许通过的最大电流称为载流量，此值是导体截面积的函数。电网中电器元件的容量用伏安（VA）表示，一千 VA 称为 1kVA，一千 kVA 称为 1MVA。能量是功率与时间的乘积，用千瓦时（kW·h）为单位，一千 kW·h 称为 1MW·h，一千 MW·h 称为 1GW·h。无功功率单位为乏（var），一千 var 称为 kvar，一千 kvar 称为 Mvar[9]。

3.5　电路基本元件

电力网络是一个互联电路，电路中的元件有电感、电容和电阻等。电阻代表电路中的有功功率损耗或负载有功消耗。例如，白炽灯、电热水器、电加热炉都是由电阻构成的。白炽灯是将灯丝加热至很高的温度后形成热辐射光源，是由爱迪生发明的。在直流电路中，负载特性用功率消耗（W）和电压（V）确定。在交流电路中，负载特性用 VA、kVA 或 MVA 和电压（V）确定。式（3-7）定义了电感和电容负载的功率计算方式。

$$P = VI \cdot pf\qquad(3-7)$$

式中，P 的单位为 W；pf 是功率因数。

功率因数有超前、滞后两种：对于电感负载，电流相位滞后于电压相位；对于电容负载，电流相位超前于电压相位。输出或消耗功率以及功率因数本章后续会详细介绍。

如果负载是纯阻性的，功率因数为 1，则消耗的功率由式（3-8）所示

$$P = VI\qquad(3-8)$$

式中，P 的单位为 W。

以白炽灯为例，一个 50W 的白炽灯泡，额定功率和电压均在灯泡上表明，如图 3-2 所示。

白炽灯制造商要说明的是，如果将 120V 的电压加上白炽灯两端，该灯泡会消耗的功率是 50W。基于此，可计算白炽灯的电阻值。

图 3-2　白炽灯额定参数标识示意图

$$R_{\text{Light\_bulb}} = \frac{V^2}{P} = \frac{120^2}{50}\Omega = \frac{14400}{50}\Omega = 288\Omega$$

若白炽灯两端为 480V，其功率是额定功率的 4 倍，灯泡亮度大大增强，也有可能使灯泡爆炸。故电器元件的额定参数表示该元件长期安全运行的条件。

电路一般用 4 个基本元素表示：电阻（R）、电感（L）、电容（C）和电压，下面分别介绍。

3.5.1 电感

电感元件是导线围绕线轴绕制的线圈通电后产生的。如果线圈内是铁心的，则称为铁心电感。导线在线轴上缠绕形成线圈或绕组，绕组有两端。如果导线缠绕铁心如图 3-3 所示，绕制方向如图，那么线圈感应的磁场方向符合右手定则。右手定则是用右手握住线圈，手指指向电流的方向，那么大拇指所指的那一端是线圈的 N 极，这是电磁学的基础概念。围绕线圈的圆代表磁场。

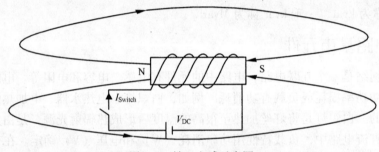

图 3-3　铁心电感示意图

图 3-3 是直流电供电的铁心电感，直流电压源可以是电池等。当开关打开，没有磁场产生。当开关闭合，电流从零上升，这叫做暂态电流，在电网中称为启动电流或浪涌电流。这种现象与水管中的水流涌动类似，当阀门打开，水流冲入水管（暂态），最后水管中充满水，水压稳定，此时称为水的稳定状态。类似地，图中 3-3 开关闭合后电流进入，暂态电流冲击逐渐减小直至进入稳态[11]。图 3-3 的等效电路如图 3-4 所示。

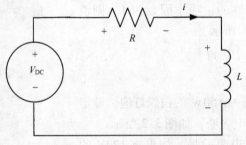

图 3-4　图 3-3 的等效电路图

图 3-4 等效电路中为开关闭合后导线上的电阻和铁心线圈上的电感。确定电压

源和电流源的参考方向为直流电压源（如蓄电池）V_{DC}如图 3-4 所示。电压源 V_{DC} 的电压等于电压 R 和电感 L 上的压降。当开关闭合，电流的方向决定了电路中元件电压降的方向[12]。

$$V = L \frac{电流变化}{时间差} = L \frac{I(t+\Delta t) - I(t)}{(t+\Delta t) - (t)} \tag{3-9}$$

流过电路的电流随时间变化，相应地，电感两端电压随之变化。

定义电压上升值和电路元件两端的电压下降值可用下式表示。

$$电压上升 = 电压下降$$
$$V_{battery} = V_R + V_L \tag{3-10}$$

式中，$V_R = IR$。

为监测电路负载的能耗，用功率（kW）乘以负载运行的小时数，即千瓦·时（kW·h）为度量单位。重复阻性负载功率计算见式（3-11）。

$$P = VI \tag{3-11}$$

依据上式可知，需要测量负载流过的电流。由于负载电压一般保持在额定电压附近，不超过额定电压的 ±5%，因此不需要测量电压。但是电流是需要测量的，电流测量精度越高，成本和难度越大，成本最低的方法是测量磁场强度，导线产生的磁场是导线上电流的函数。故可使用一种钳形电流表的仪表，但必须钳住一根导线；如果电路中两根导线都被钳住，则测出的电流为零。图 3-5 所示为并联导线的磁场。例如，测量一个烤箱的电能，插座上的一根导线提供 120V 电压，另一根导线是中性线为地电位。电流经中性线流回电源处。要测量烤箱的电能，需要分配器将两根导线分开。

电磁能可在电感中存储，能量存储公式如下：

$$W = \frac{1}{2}Li^2 \tag{3-12}$$

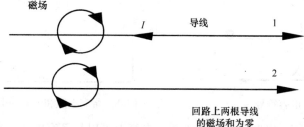

图 3-5 导线流过电流的磁场

式（3-12）中，电感存储的能量单位为焦耳（J），功率的单位是瓦特（W）。1 瓦特等于 1 秒消耗的电量，1W = 1J/s；1 千瓦·时是 1 个小时消耗的电量。

3.5.2 电容

电路中电容的作用是存储电荷。例如，在带电云层和地面之间产生闪光，形成闪电。闪电是云层带电后发生的。蓄电池是存储电荷的另一例子，是通过电化学反应进行电荷存储的。电容上所积聚电荷的变化和电压的变化成正比。因此，电容是用于模拟电路中电场特性的元件。电路中的电场能量产生电流和电压。有电容就会有电场，有电场导线两端就会有电压。在电力网络中，带电线路沿着导线长度存在分布电容，如图 3-6 所示。

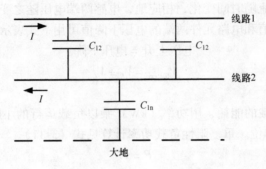

图 3-6 输电线路之间以及与大地之间的分布电容

如果输电线路较短，分布电容可以忽略。对于长距离或中长距离输电线路，用置于中点的集中电容或均分在线路两端的电容表示。

电容的单位是法拉（F），是用英国科学家 Michael Faraday[13]（1719-1867）的名字命名的。1 法拉（F）= 安（A）·秒（V）。因为 1 安（A）= 1 库（C）/秒（s），1 法（F）等于 1 库（C）/伏（V）。

电容在电路中的符号如图 3-7 所示。带有电阻 R、电容 C 的电路如图 3-8 所示。

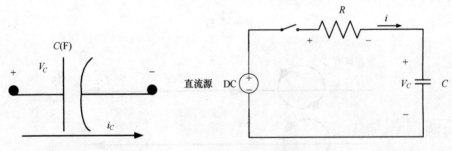

图 3-7 电容符号   图 3-8 带有电阻和电容的电路

在开关闭合前，电路中的电流为零，电容上可以是已充电的。如果电容上没有充电，那么电路可表示为

$$电压上升 = 电压下降$$
$$V_{battery} = V_R + V_C \tag{3-13}$$

式中

$$V_R = IR \tag{3-14}$$

同时，电路中的电流可表示为

$$I = C \frac{\text{电压变化}}{\text{时间差}} = C \frac{V(t + \Delta t) - V(t)}{(t + \Delta t) - (t)} \tag{3-15}$$

由式（3-15）可见，电流是电压变化的函数。因此，在开关闭合的几秒内，电容充电并达到电池电压，随后电流不再流动降为零，电路达到稳态。当电池通过充电器充电，电池可等效为电阻 R 和电容 C。用一个电池代替电容，用直流电压源代替电池电源。将交流电转换为直流电的整流器用于给电池充电，电容中存储的电能用式（3-16）表示。

$$W_C = \frac{1}{2} C V^2 \tag{3-16}$$

式中，W_C 的单位是焦耳（J）。

电池和电场中存储电能是比较好理解的，因为对电荷是有了解的。但是，电感和磁场是比较难理解的，为了解电感，有必要了解磁场。以磁铁为例，为什么磁铁可以吸附金属（如铁钉）呢？图 3-9 给出了一块铁在磁化前的磁极分布。

n	s	n←s	s→n
n ↑ s	s ↓ n	n ↑ s	s ↓ n
s→n	n←s	s	n
n	s	s ↓ n	n ↑ s

图 3-9　铁块中的磁极分布

图 3-9 可见，铁块未磁化前磁极是随机分布的。但当铁块与磁铁接触，原来随机分布的磁场极化方向如图 3-10 所示。

如果磁铁接触铁钉，同样的现象发生，铁钉吸附到磁铁上，即北极吸引南极。同样的磁化现象可出现在如图 3-11 所示的直流线圈中。

法拉第发现的电磁感应是特斯拉发明交流发电机、交流电动机的基础。特斯拉为当今电力网络互联和电气化奠定了基础。光伏太阳能转换成直流电，形成直流电能。电池的发展是电气化传输的最后一步，减少了现代社会的碳排放。

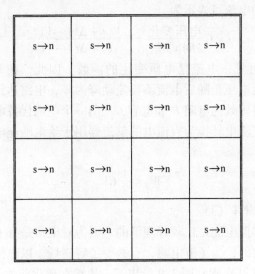

s→n	s→n	s→n	s→n
s→n	s→n	s→n	s→n
s→n	s→n	s→n	s→n
s→n	s→n	s→n	s→n

图 3-10　磁化后铁块的磁场方向

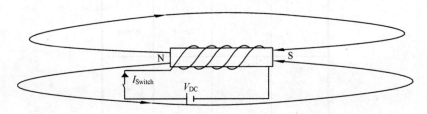

图 3-11　用直流电线圈对铁心磁化

3.6　功率计算

直流电路的功率可计算如下

$$P = VI = \frac{V^2}{R} = I^2 R \qquad (3-17)$$

在交流电路中，电流和电压是复数。例如，电压用复数域极坐标形式表示为 $|V| \angle \theta_V$，也可以用笛卡尔坐标系 $V = |V|(\cos\theta_V + \sin\theta_V)$ 表示。

如果对复数不熟悉，请详见 3.6.1 节的内容。

3.6.1　复数域

复数在电力系统稳态分析、潮流计算和功率因数校正中非常重要。

在交流电路中，电压除以电流得到的是阻抗。

$$Z = R + jX$$

式中，Z 的单位是欧姆（Ω），R 和 X 是实数，$j = \sqrt{-1}$，R 是 Z 的实部，X 是 Z 的虚部。

复数的平面矢量表示如图 3-12。其中，$Z^* = R - jX$ 称为 Z 的共轭。

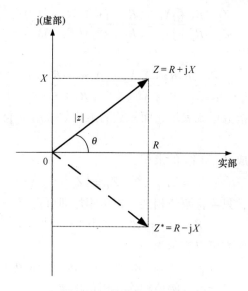

图 3-12　复数的矢量表达

复数可以用矢量形式表示

$$Z = R + jX \Rightarrow Z = Z \angle \theta$$

$$|Z| = \sqrt{R^2 + X^2}$$

$$\theta = \arctan\left(\frac{X}{R}\right)$$

$$Z = Z \angle \theta \Rightarrow Z = R + jX$$

$$R = |Z|\cos\theta$$

$$X = |Z|\sin\theta$$

两个复数 Z_1 和 Z_2 表示为

$$Z_1 = R_1 + jX_1 \quad Z_2 = R_2 + jX_2$$

两数相加/相减

$$Z_1 + Z_2 = (R_1 + jX_1) + (R_2 + jX_2)$$

$$Z_1 - Z_2 = (R_1 + jX_1) - (R_2 + jX_2)$$

Z_1 和 Z_2 的乘积用两种方式表示

$$Z_1 \times Z_2 = (R_1 R_2 - X_1 X_2) + j(X_1 R_2 + R_2 X_1)$$

$$Z_1 Z_2 = |Z_1| \angle \theta_1 \, |Z_2| \angle \theta_2 = |Z_1| + |Z_2| \angle \theta_1 + \theta_2$$

根据 Z_1 的共轭可得

$$Z_1 Z_2^* = (R_1 + jX_1)(R_2 - jX_2) = (R^2 + X^2) \angle 0 = |Z_1|^2 \angle 0$$

式中，Z_1^* 是 Z_1 的共轭。

可以用笛卡尔坐标系或指数形式表示两个复数相除。

$$Z_1 = R_1 + jX_1 \quad Z_2 = R_2 + jX_2$$

$$\frac{Z_1}{Z_2} = \frac{R_1 + jX_1}{R_2 + jX_2} = \frac{(R_1 + jX_1)(R_2 - jX_2)}{(R_2 + jX_2)(R_2 - jX_2)}$$

结果如下：

$$\frac{Z_1}{Z_2} = \frac{R_1 R_2 + X_1 X_2}{R^2 + X^2} + j\frac{X_1 R_2 - R_1 X_2}{R_2^2 + X_2^2}$$

复数的加减可用指数形式表示，而复数的乘除如果用笛卡尔坐标系表示会有更多的计算量。

采用指数形式完成 Z_1 和 Z_2 的乘积

$$Z_1 = |Z_1|e^{j\theta_1}, \quad Z_2 = |Z_2|e^{j\theta_2}$$

对于复数的乘积，只要将幅值相乘，相角相加即可得到

$$Z_1 \times Z_2 = |Z_1||Z_2|e^{j(\theta_1 + \theta_2)}$$

通常，复数的 n 次方可以表示为

$$Z_1^n = |Z_1|^n e^{jn\theta_1} = |Z_1|^n (\cos n\theta_1 + j\sin n\theta_1)$$

两个复数的除法，可分解为幅值相除和相角相减

$$\frac{Z_1}{Z_2} = \frac{|Z_1|}{|Z_2|}e^{j(\theta_1 - \theta_2)}$$

复数的乘法和除法都可用指数形式简单表示。

为计算单相交流电路中的复功率，需要用复数形式电流的共轭乘以负载两端的电压。

$$S = VI^* = |V||I|\angle(\theta_V - \theta_I) \tag{3-18}$$

在式（3-19）中，V 和 I 是电压和电流的均方根值（RMS）。功率因数（pf）是根据电压和电流的相角计算得出的，其中电压是参考矢量。

$$pf = \cos(\theta_V - \theta_I)$$

$$Z = \frac{|V|\angle\theta_V}{|I|\angle\theta_I} \tag{3-19}$$

式中，$\theta = \theta_V - \theta_I$ 是阻抗的相角。复功率分为两部分，包括有功功率 P 和无功功率 Q，如式（3-20）所示。

$$S = |V||I|(\cos\theta + j\sin\theta) = P + jQ \tag{3-20}$$

对于复功率，负载两端电压可以表示为：$V = IZ$。

因此，复功率可用式（3-21）和（3-22）表示。

$$S = VI^* = IZI^* = |I|^2 Z \tag{3-21}$$

$$S = VI^* = V\left(\frac{V}{Z}\right)^* = \frac{|V|^2}{Z^*} \tag{3-22}$$

基本的感性（R-L）电路如图 3-13 所示，图中所示的电路采用标准的极性符号表示。电路中每个元件两端标注了正号和负号，这些标注有利于基尔霍夫电压定律的应用。正号端表示电路中电流的流向。例如，电路中，电压源电压的上升（从负号端到正号端）等于电路中电阻和电感的电压降。

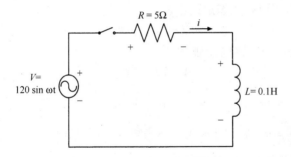

图 3-13　R-L 电路示例

如果在 $t = 0$ 时刻，开关闭合，电流的响应可用微分方程表示

$$v = Ri + L\frac{\mathrm{d}i}{\mathrm{d}t} \tag{3-23}$$

式中，v 和 i 是电压和电流的瞬时值。

一段时间后，电流达到稳态，这一过程如图 3-14 所示。

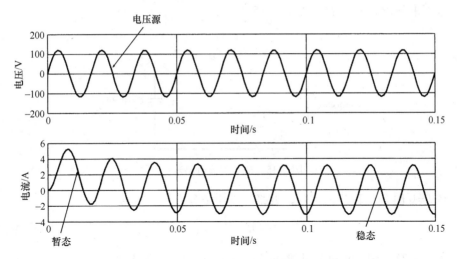

图 3-14　图 3-13 电路中的电压和电流响应波形

在稳态阶段，v 和 i 可用矢量形式 V 和 I 表示。在本书中主要关注电网的稳态运行设计。稳态运行时的 R-L 电路可表示为

$$V = V_{\mathrm{rms}} \angle \theta_V, \quad V_{\mathrm{rms}} = \frac{120}{\sqrt{2}}$$

$$I = I_{\mathrm{rms}} \angle \theta_I, \qquad \theta_I = \omega t + \theta_{I,0}$$

其中，V_{rms} 是电压 V 的均方根值，θ_V 是电压 V 的相角。θ_I 是电流 I 的相角，由 θ_V 和阻抗角 θ 决定（$\theta_I = \theta_V - \theta$），$\theta_{I,0}$ 是电流的初始相角。

$$I = I_{\mathrm{rms}}\mathrm{e}^{\mathrm{j}(\omega t + \theta_{I,0})} \Rightarrow \frac{\mathrm{d}I}{\mathrm{d}t} = \mathrm{j}\omega I_{\mathrm{rms}}\mathrm{e}^{\mathrm{j}(\omega t + \theta_{I,0})} = \mathrm{j}\omega I$$

上面的微分方程可在稳态形式中表示

$$V = (R + j\omega L)I \qquad (3\text{-}24)$$

令 $X_L = \omega L$ 表示电感感抗，则

$$V = (R + jX_L)I \qquad (3\text{-}25)$$

令 $Z = R + jX_L = |Z| \angle \theta$，$\theta = \arctan\left(\dfrac{X_L}{R}\right) > 0$。

我们有 $\theta_V - \theta_I = \theta$，通常选择 V 为参考电压，即 $\theta_V = 0$

$$V = |V| \angle 0, \quad I = \frac{V}{Z} = |I| \angle -\theta$$

因此，电源提供给感性负载的功率可用式（3-26）表示：

$$S = VI^* = |V||I|\cos\theta + j|V||I|\sin\theta = P + jQ \qquad (3\text{-}26)$$

上述分析可见，感性负载具有滞后功率因数，因此，电源为负荷提供无功功率。电源提供的无功功率是由感性负载消耗的，这可以表示为

$$S = VI^* = (R + jX_L)II^* = |I|^2 R + j|I|^2 X_L = P + jQ$$

接下来分析 $R\text{-}C$ 电路，如图 3-15 所示。

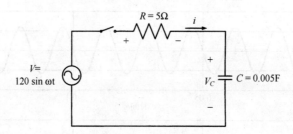

图 3-15　$R\text{-}C$ 交流电路示例

在 $t = 0$ 时刻，若开关闭合，电路可以用微分方程表示为

$$V = RC\frac{\mathrm{d}V_C}{\mathrm{d}t} + V_C \qquad (3\text{-}27)$$

式（3-27）中，V 和 V_C 是瞬时值。一段时间后，暂态过程结束，电容电压趋于稳态，如图 3-16 所示。

在稳态阶段，电源电压 V 和电容电压 V_C 可用相量形式 V 和 V_C 表示。

$$V = V_{\mathrm{rms}} \angle \theta_V, \quad V_{\mathrm{rms}} = \frac{120}{\sqrt{2}}$$

$$V_C = V_{C,\mathrm{rms}} \angle \theta_{VC}$$

$$\frac{\mathrm{d}V_C}{\mathrm{d}t} = j\omega V_C I = C\frac{\mathrm{d}V_C}{\mathrm{d}t} = j\omega C V_C$$

因此有

$$V_C = I\left(\frac{1}{j\omega C}\right) = I\left(-j\frac{1}{\omega C}\right)$$

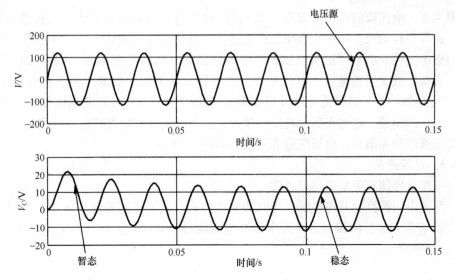

图 3-16 图 3-15 中的电源电压（V）和电容电压（V_C）响应波形

对于图 3-15 中的 R-C 电路，有

$$V = \left(R - \mathrm{j}\frac{1}{\omega C} \right) I$$

$$V = (R - \mathrm{j}X_C) I$$

式中，$X_C = \dfrac{1}{\omega C}$，$X_C$ 为电容容抗。

令 $Z = R - \mathrm{j}X_C = |Z| \angle -\theta$，$\theta = \arctan\left(\dfrac{X_C}{R}\right)$。

选择 V 为参考电压，即 $\theta_V = 0$，则有 $\theta_V - \theta_I = -\theta$，

$$V = |V| \angle 0, \quad I = \frac{V}{Z} = |I| \angle \theta$$

因此，对于容性负载，流过电容的电流超前于电压。电源提供的功率可表示为

$$S = VI^* = |V||I|\cos\theta - \mathrm{j}|V||I|\sin\theta = P - \mathrm{j}Q \tag{3-28}$$

容性负载向电源提供无功功率。复功率亦可表示为

$$S = VI^* = (R - \mathrm{j}X_C)II^* = |I|^2 R - \mathrm{j}|I|^2 X_C = P - \mathrm{j}Q \tag{3-29}$$

功率因数 pf 是基于电压与电流的夹角计算的，其中电压为参考矢量，$pf = \cos(\theta_V - \theta_I)$，标明超前或滞后。对于感性负载，负载电流滞后于电压，对于容性负载，负载电流超前电压。阻抗为电压除以电流，感性负载的阻抗角为正，容性负载的阻抗角为负。

3.6.2 二极管

二极管是一个两端口器件。一个理想二极管，电流从正方向流入，此时二极管

电阻为零，电流流向若为反方向（负向），则二极管电阻为无穷大。二极管由硅、硒、锗等原料构成。一个半导体二极管是由半导体晶片形成的 PN 结构成的。在一定门槛电压或开启电压正向施加到半导体二极管（称为正向偏置）时，二极管导通。若电压低于门槛电压，电流截止，二极管反向偏置。如果二极管放在一个电池-灯泡电路中，二极管会允许或阻止电流流过灯泡，与二极管两端电压的极性有关。若正向偏置，灯泡点亮。若反向偏置，由于电流被二极管截止，灯泡不亮。二极管正极端称为阳极，负极端称为阴极，如图 3-17 所示。

3.6.3　可控开关

可控半导体开关是三端口器件。

开关由门极控制开通关断。当脉冲到达门极，开关正向偏置，电流从"p"流向"n"。若开关反向偏置，开关中没有电流流过，如同开关打开的电路。图 3-18 所示为可控开关。

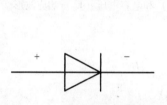

图 3-17　二极管及其电流方向

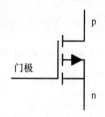

图 3-18　可控半导体开关示意图

3.6.4　绿色能源电网中的直流变换器

直流变换器结构框图如图 3-19 所示。DC/DC 直流变换器是一个三端口元件，通过控制开关频率，使输入电压转换为较高或较低的输出电压。占空比 D 决定了输入和输出电压的关系。触发信号提供了变换器开关指令，可以改变占空比 D。根据输出电压比输入电压高或低，变换器称为降压（Buck）或升压（Boost）变换器或者升降压（Buck-Boost）变换器。

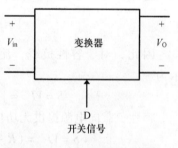

图 3-19　直流变换器结构图

直流变换器元件包括电感 L、电容 C、可控半导体开关 S、二极管 D 和电阻负荷 R。电力开关是升高直流输入电压的升压变换器和降低输入电压的降压变换器中的关键器件，采用电感和电容间进行能量交换设计直流变换器[14]。流过开关的电流变化速率用电感限制，电感将电能通过磁能储存，并在下一阶段将能量传递给电容。转换速率用来描述电路中变量相对于时间变化的快慢，暂态开关电流通过开关管上的电阻消耗。存储的电能单位为焦耳（J），与电流有关，见式（3-30）。

$$\begin{cases} 电感中存储的能量 = \dfrac{1}{2}Li_L^2 \\ 电容中存储的能量 = \dfrac{1}{2}CV_C^2 \end{cases} \tag{3-30}$$

式中，i_L 是通过电感的电流；V_C 是电容两端的电压。

电感中存储的能量由电容收回，电容器为电路提供一个新的可控直流输出电压。

基波电压和电流的动态响应用式（3-31）和（3-32）表示

$$V_1 = L\frac{电流变化}{时间差} = L\frac{i(t+\Delta t) - i(t)}{(t+\Delta t) - t} = L\frac{\mathrm{d}i_L}{\mathrm{d}t} \tag{3-31}$$

$$i = C\frac{电压变化}{时间差} = C\frac{V(t+\Delta t) - V(t)}{(t+\Delta t) - t} = C\frac{\mathrm{d}V_C}{\mathrm{d}t} \tag{3-32}$$

在开关闭合时，用来使电感充电。但由于电流和电压以式（3-31）和式（3-32）相关联，所以在开关周期中的放电阶段，电感中储存的能量被转移到电容中。电路拓扑中的基本元件可重新配置以降低或者提高输出电压。在 3.6.5 小节和 3.6.6 小节中将分别介绍升压变压器和降压变压器。

3.6.5　升压变换器

光伏组件是变化的直流电源，它的输出功率随太阳的升起而增大，在中午时组件捕获的太阳能达到最大值，此时光伏组件的输出功率也达到最大。随即波动的风能也是如此。风速小时，有限的机械能转变为频率变化的电能；随后，交流电被整流，变成低压直流电源。直流升压变换器通过抬升直流电压以适应较宽的电压输入。一定范围的较高直流电压可以通过 DC/AC 逆变器转换成与系统频率相同的交流电。

升压变换器也叫做 Boost 变换器，由电感 L，电容 C，可控半导体开关 S，二极管 D，电阻 R 组成，如图 3-20 所示。

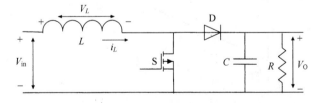

图 3-20　升压变换电路

当开关 S 闭合时，电感从电源中吸取能量并将其转换为磁能存储起来。当开关断开时，能量转移到电容中。达到稳态时，输出电压将会高于输入电压，同时幅值由开关占空比决定。

为说明升压电路工作原理，假设电感在上一运行周期充电，且变换器稳定运行。设开关 S 断开为该周期的开始时刻，这种工况如图 3-21a 所示。由于电感在上一周期充满电，它会继续迫使电流通过二极管 D 流到输出电路，向电容充电。下一周期开关 S 导通，二极管被电容电压反向偏置，形成断开状态，等效电路如图 3-21b，此时电感两端的电压等于输入电压 $+V_{in}$。根据式（3-31），电感电流从初始值开始，以 V_{in}/L 的斜率上升，这时的输出电压仅由已充电的电容提供。图 3-22 给出了电感电流 i_L 的波形。

升压变换器处于稳态时的波形如图 3-23 所示。图 3-23 显示了电路稳定运行的几个周期的电感电压和电流波形。在稳态时，电感电压的平均值为 0，故在稳定运行时，电感电流如预期的那样是恒定的。若电感电压平均值不为 0，则电感平均电流将持续上升或下降，这取决于电压的极性。在这种情况下，根据电感电流的变化，电感电流在一个周期结束时不能回到周期开始时的初始值。

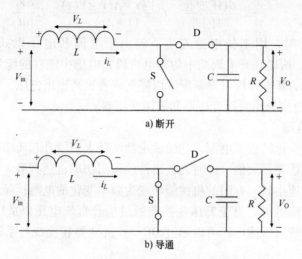

图 3-21　在开关 S 断开和导通时的升压变换器等效电路

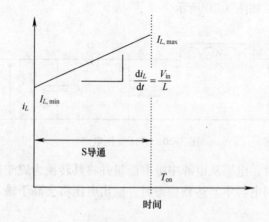

图 3-22　充电阶段：开关导通电感电流上升

$$V_1 = L \frac{电流变化}{时间差} = L \frac{i(t+\Delta t) - i(t)}{(t+\Delta t) - t}$$

如果电容电压初始值为 0，电感电流将缓慢给电容充电。电容电压每个周期上升直至达到稳态，如式 3-33 所示。

$$V_O = \frac{V_{in}}{1-D} \tag{3-33}$$

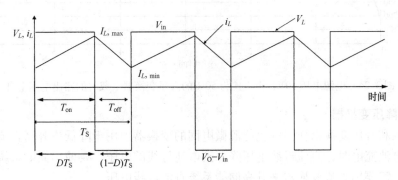

图 3-23 升压变换器的稳态电感电压和电流波形

f_S 为开关频率，开关周期 $T_S = 1/f_S$，且 $T_S = T_{on} + T_{off}$（见图 3-23）定义为开关周期。占空比定义为

$$D = \frac{T_{on}}{T_S} = \frac{T_{on}}{T_{on} + T_{off}} \tag{3-34}$$

$D<1$，所以输出电压总是高于输入电压。根据功率平衡，可以得到输入电流和输出电流的关系式。因为在零损耗系统中输入和输出功率必须相等，可计算输出电流。

$$V_{in}I_{in} = V_O I_O \tag{3-35}$$

式中，I_{in} 和 I_O 分别是平均输入和输出电流，因此可得输入电流

$$I_{in} = I_L = \frac{V_O}{V_{in}} I_O \tag{3-36}$$

$$I_{in} = \frac{I_O}{1-D} \tag{3-37}$$

式中，I_L 是电感平均电流。电感电流的纹波 ΔI_L 是稳态时电感电流最大和最小值的差。

$$\Delta I_L = I_{L,max} - I_{L,min} = \frac{V_{in}}{L} DT_S \tag{3-38}$$

电感电流的最大最小值可以从由电流平均值计算得到。

$$\begin{cases} I_{L,max} = I_L + \dfrac{\Delta I_L}{2} \\[2mm] I_{L,min} = I_L - \dfrac{\Delta I_L}{2} \end{cases} \tag{3-39}$$

图 3-24 给出了一个升压变换器中的空载电压变化曲线。

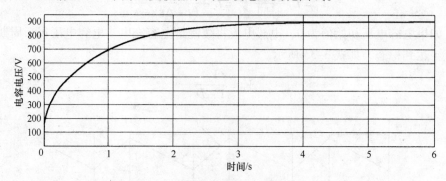

图 3-24　电源电压 40V，占空比为 50% 的升压变换器空载时的输出电压上升

3.6.6　降压变换器

降压和升压变换器作为绿色能源微电网的变换器，用于降低或升高直流母线电压。给电池充电时，直流母线电压降低到电池母线的电压。要使用储能系统中储存的电能，需要用直流变换器来升高储能系统直流母线电压。

目前，住宅和商用蓄电池的额定电压一般是 6V 和 12V，三个 DC 12V 电池可以串联为一个直流母线电压为 36V 的社区储能系统。为得到容量较大的储能系统，可将 36V 的直流系统多个并联起来。大容量直流储能系统常作为社区储能装置放在变电站内。

降压变换器是变换器的基本类型，为 Buck 变换器。从变换器的名字可知，这种变换器的主要功能是将输入直流电压降为较低的直流电压。降压变换器的主要元件有半导体开关 S，二极管 D，电感滤波器 L，和电容滤波器 C，如图 3-25 所示。

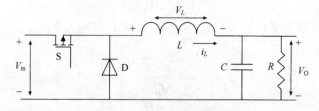

图 3-25　降压变换器电路图

变换器运行周期从开关 S 导通开始，此时二极管 D 由于输入电压被反向偏置而断开，等效电路如图 3-26 所示。

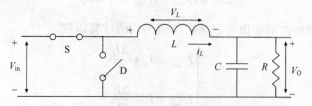

图 3-26　降压变换器开关 S 导通时的等效电路

从图 3-26 可以看出，电感两端的电压为 $V_{in} - V_O$。因为输入电压高于输出电压，电感电压为正，电感充电。电感电流可由式（3-40）得出。

$$\begin{cases} V_1 = L\,\dfrac{电流变化}{时间差} = L\,\dfrac{i(t+\Delta t) - i(t)}{(t+\Delta t) - t} \\[3mm] \dfrac{\mathrm{d}i_L}{\mathrm{d}t} = \dfrac{I(t+\Delta t) - I(t)}{(t+\Delta t) - t} \end{cases} \tag{3-40}$$

V_L 为正，则 $\mathrm{d}i_L/\mathrm{d}t$ 为正，电流从初始值上升。只要开关 S 导通，这个过程就会持续，这就是图 3-27 的 T_{on} 时段。此时，电感持续充电，能量以磁能形式储存在其中，并在下一运行阶段释放给电容。

在 T_{on} 结束时刻，开关 S 断开，下一运行阶段开始。电感电流不能突变，开关断开时，电感迫使二极管导通。在这一运行阶段，开关 S 关断，二极管 D 导通续流，等效电路如图 3-28 所示。

电感起着把能量从输入电路转移到输出电路的作用，降压变换器的稳态运行如图 3-28 所示。

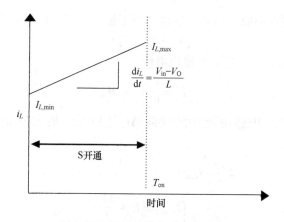

图 3-27　降压电路电感充电阶段

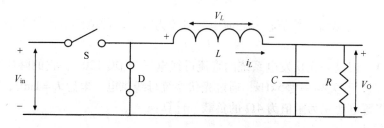

图 3-28　S 断开、D 导通时的等效电路

降压变换器的电压和电流波形如图 3-29 所示。

为推导输入-输出电压的关系，假设传导模式为连续。稳态运行时，电感两端平均电压在一个开关周期内为 0。

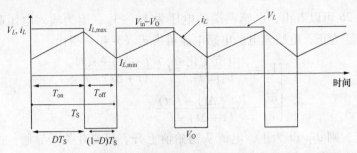

图 3-29　降压变换器的电压和电流波形

$$V_O = DV_{in} \tag{3-41}$$

式中，D 为占空比；f_S 为开关频率，$T_S = 1/f_S$ 为开断周期，占空比定义为

$$\begin{cases} D = \dfrac{T_{on}}{T_S} \\[2mm] 1 - D = \dfrac{T_{off}}{T_S} \end{cases} \tag{3-42}$$

对于无功率损耗系统，输入和输出功率平衡，所以可以计算输入电流为

$$V_{in} \cdot I_{in} = V_O I_O$$

式中，I_{in} 和 I_O 分别为平均输入和输出电流。

$$I_{in} = \frac{V_O}{V_{in}} I_O = D I_O \tag{3-43}$$

与升压变换器类似，电感电流中的纹波 ΔI_L 是稳态时最大值和最小值的差。由式（3-43）可得

$$\Delta I_L = I_{L,max} - I_{L,min} = \frac{V_O}{L}(1 - D) T_S \tag{3-44}$$

$$\begin{cases} I_{L,max} = I_L + \dfrac{\Delta I_L}{2} \\[2mm] I_{L,min} = I_L - \dfrac{\Delta I_L}{2} \end{cases} \tag{3-45}$$

式中，I_L 是电感电流平均值，稳态时电容电流为零；因此电感电流等于输出电流。

$$I_L = I_O \tag{3-46}$$

例 3.1　假设一光伏发电系统的直流母线电压为 DC 120V，它的降压变换器占空比为 0.75，开关频率为 5kHz，通过光伏系统母线供电。电感 $L = 1\text{mH}$，电容 $C = 100\mu\text{F}$，将蓄电池视为阻值为 4Ω 的负载，计算：

ⅰ）输出电压。

ⅱ）电感电流最大值和最小值。

ⅲ）开关"S"和二极管"D"的额定参数。

解：

ⅰ）输出电压

$$V_O = DV_{in} = 0.75 \times 120V = 90V$$

ⅱ）输出电流

$$I_O = \frac{V_O}{R} = \frac{90V}{4} = 22.5A$$

电感电流平均值可以计算如下：

$$I_L = I_O = 22.5A$$

$$\Delta I_L = \frac{V_O}{L}(1-D)T_S = \frac{V_O}{L}(1-D)\frac{1}{f} = \frac{90}{0.001} \times (1-0.75) \times \frac{1}{5000}A = 4.5A$$

电感电流最大值为

$$I_{L,max} = I_L + \frac{\Delta I_L}{2} = \left(22.5 + \frac{4.5}{2}\right)A = 24.75A$$

电感电流最小值为

$$I_{L,min} = I_L - \frac{\Delta I_L}{2} = 22.5A - \frac{4.5}{2}A = 20.25A$$

ⅲ）开关 S 关断时，开关两端电压为输入电压，因此开关额定电压应高于 120V。通过开关的最大电流为 $I_{L,max} = 24.75A$，因此额定电流为 25A。

类似地，二极管两端的最大电压为输入电压，流过的最大电流为电感电流最大值。因此，选择二极管额定参数为 120V，25A。图 3-30 给出例 3.1 电路中的电感电压和电流。

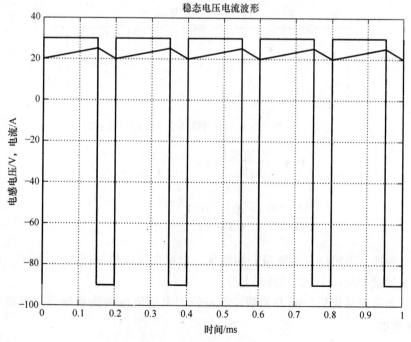

图 3-30 例 3.1 中的电感电压和电流

与升压变换器类似，降压变换器也需要经过几个周期运行才能达到稳态。电容电压最初为零，电感经过若干周期将能量传递给电容，电容电压升高并达到稳态，稳态值由占空比 D 决定。如果变换器空载，即输出端开路而不连接电阻，则电容电压将保持稳态值不变，稳态值由占空比 D 决定。

3.6.7 升降压变换器

升降压变换器包括输入电压 V_{in}，电感 L，电容 C，电阻 R 和可控开关 S，结构如图 3-31 所示。

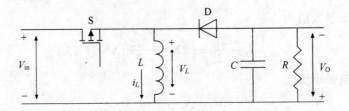

图 3-31 升降压变换器电路图

下面从开关 S 导通开始来分析升降压变换器的运行。开关 S 导通时，二极管 D 被输入和输出电压反向偏置（输出直流母线电压上端为负），输入电压为电感的端电压，等效电路如图 3-32 所示。电感电压为正，电感电流从初始值按式（3-47）开始上升。

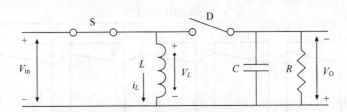

图 3-32 开关 S 导通时升降压变换器的等效电路

$$\begin{cases} V_1 = L\dfrac{电流变化}{时间差} = L\dfrac{i(t+\Delta t)-i(t)}{(t+\Delta t)-t} \\[3mm] \dfrac{\mathrm{d}i_L}{\mathrm{d}t} = \dfrac{I(t+\Delta t)-I(t)}{(t+\Delta t)-t} \end{cases} \tag{3-47}$$

在此阶段，电感储存的能量开始增加。电感电流波形如图 3-33 所示。电感电流在开关导通期间以 V_{in}/L 的斜率上升。

在导通阶段结束后，开关关断；二极管因电感电流续流而导通。等效电路如图 3-34 所示。

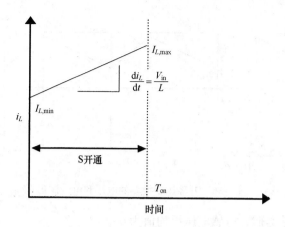

图 3-33 开关导通时电感电流

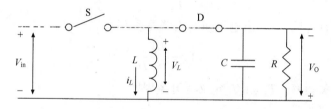

图 3-34 开关 S 关断时升降压变换器的等效电路

此时，储存在电感中的能量转移到电容 C 中。电感电流波形如图 3-35 所示。

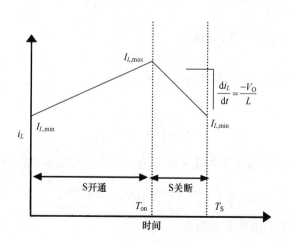

图 3-35 开关关断时电感电流

在稳态运行中，电感电流须在此开关周期结束时回到周期初始时刻值。稳态波形如图 3-36 所示。

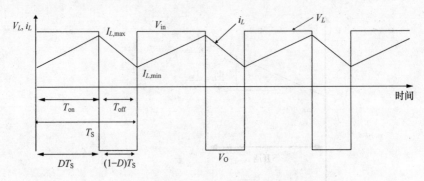

图 3-36　升降压变换器的电压和电流波形

与其他变换器类似，电感电压平均值为 0：

$$\frac{V_{in}DT_S - V_O(1-D)T_S}{T_S} = 0 \tag{3-48}$$

从上式可计算输入-输出电压间的比例关系为

$$V_O = \frac{DV_{in}}{1-D} \tag{3-49}$$

式中，f_S 为开关频率，$T_S = 1/f_S$ 定义为开关周期。

占空比定义为

$$D = \frac{T_{on}}{T_S} = \frac{T_{on}}{T_{on} + T_{off}} \tag{3-50}$$

输出电压值由占空比决定。如果 $D < 0.5$，变换器使电压降低；如果 $D > 0.5$，则电压升高。

由于输入输出能量平衡，所以

$$V_{in}I_{in} = V_O I_O \tag{3-51}$$

式中，I_{in} 和 I_O 分别为输入和输出平均电流。

可算得

$$I_{in} = \frac{V_O}{V_{in}}I_O = \frac{DI_O}{1-D} \tag{3-52}$$

由图 3-36 所示，假定平均输入电流为（图中的梯形面积除以时间）

$$I_{in} = \frac{1}{T_S}\left(\frac{I_{L,max} + I_{L,min}}{2}\right)DT_S = D\frac{I_{L,max} + I_{L,min}}{2} \tag{3-53}$$

由图 3-53，电感电流平均值为

$$I_L = \frac{1}{T_S}\left[\left(\frac{I_{L,max} + I_{L,min}}{2}\right)DT_S + \left(\frac{I_{L,max} + I_{L,min}}{2}\right)(1-D)T_S\right] = \frac{I_{L,max} + I_{L,min}}{2} \tag{3-54}$$

由式（3-52）和式（3-53）得

$$I_{in} = DI_L \tag{3-55}$$

图 3-37 所示为升降压变换器的输入电流波形。电感电流纹波 ΔI_L 为稳态时电流的最大与最小值的差值。

$$\Delta I_L = I_{L,\max} - I_{L,\min} = \frac{V_{\text{in}}}{L}DT \tag{3-56}$$

$$I_{L,\max} = I_L + \frac{\Delta I_L}{2}, \quad I_{L,\min} = I_L - \frac{\Delta I_L}{2} \tag{3-57}$$

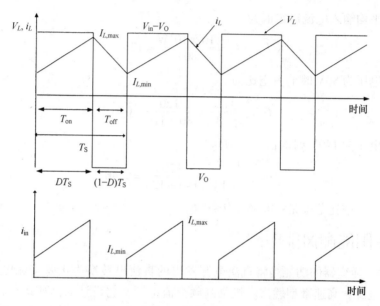

图 3-37 升降压变换器的输入电流波形

对全部三种电路，假定其输出电压恒定不变。但实际上，电容电压会在平均值上叠加小脉动。输出电压质量由其包含的脉动量决定，脉动越小输出电压质量越好。输出电压脉动可通过增大电容值 C 或提高开关频率 f_s 来减小，但是增大电容值会提高成本，增大体积。而提高开关频率会增大开关损耗，降低变换器效率。因此，需在输出电压质量、电容器体积和开关频率之间加以权衡。电感电流应保持为正值，为此需要使电感值尽可能小。此外，若电感电流波动较大，则流过开关的最大电流增大，会加大开关额定值和损耗。为减小电感电流脉动，电感值应越高越好；但增大电感会使变换器体积增大，成本提高。因此，需在电感、电容、开关频率和变换器成本、体积与效率间折中选择。

例3.2 设计一个升降压变换器，输入电源为电压在 80 ~ 140V 的光伏电源，取决于可用的阳光辐照量。变换器为固定直流电压120V，功率为10kW的负荷供电。求出为保证向负荷在额定电压下可靠供电所需的变换器占空比。

解：
电路输出电压为

$$V_O = 120V$$

额定功率设为

$$P = 10kW$$

故额定输出电流为

$$I_O = \frac{10 \times 10^3 W}{120V} \approx 83.33A$$

最大平均输入电流额定值为

$$I_{ave} = I_{in} = \frac{10 \times 10^3 W}{80V} = 125A$$

输入电压为 80V 时的占空比为

$$D = \frac{V_O}{V_{in} + V_O} = \frac{120}{80 + 120} = 0.6$$

输入电压为 140V 时的占空比为

$$D = \frac{V_O}{V_{in} + V_O} = \frac{120}{140 + 120} = 0.46$$

因此，占空比范围是：$0.46 \leq D \leq 0.6$。

3.7 太阳能和风能电网

DC/AC 逆变器的功能是将直流电源发出的直流电转换为正弦交流电。光伏电池是直流电源；高速微型燃汽轮机是高频交流电源，它设计为高速运行，体积小、重量轻。由于蓄电池成本高，一般与光伏发电和负荷控制相结合用于独立运行的微电网系统。微型燃气轮机采用天然气为原料，碳排放量较小。燃料电池同样也属于绿色能源，但成本很高。变速风电机组与微型燃汽轮机的运行原理相同，不同的是这种发电机是变速的，发出的交流电频率也是变化的。为使用这种变频电源，需要采用 AC/DC 整流器将交流电整流为直流电，AC/DC 整流器将在后续章节介绍。DC/AC 逆变器将直流电逆变为工频交流电。变速风力发电系统如图 3-38 所示，图 3-39 为带储能装置的光伏发电系统示意图。

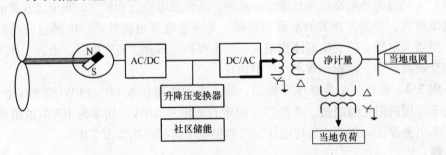

图 3-38　永磁直驱变速风电机组

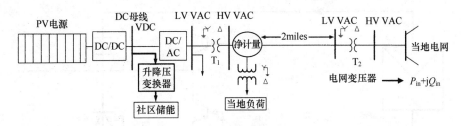

图 3-39　辐射状光伏微电网分布式发电系统

图 3-38 和图 3-39 中的变压器（详见图 3-40）用于升高或降低电压。当电压升高时，相应地电流降低，因此变压器的输入、输出功率相等。如果变压器一次侧为低压侧，二次侧为高压侧，那么电压被升高的同时，电流降低。因此，高压侧电流低于低压侧电流，低压侧电流较高。

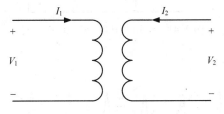

图 3-40　电力变压器

变压器电压比由式（3-58）确定：

$$\frac{V_{\mathrm{hv}}}{V_{\mathrm{lv}}} = \frac{N_{\mathrm{hv}}}{N_{\mathrm{lv}}} = 变压器电压比 \tag{3-58}$$

变压器是交流电网中的关键设备，本书第 7 章中会详细介绍。

3.8　单相两开关逆变器

图 3-41 所示为单相两开关逆变器。逆变器的作用是将直流电转换为电网运行频率下的交流电。单相两开关逆变器用于小功率发电系统，也称为单相半桥逆变器。脉宽调制技术（Pulse Width Modulation，PWM）用于产生与电网基波频率（50Hz 或 60Hz）一致的交流电压。两个电源开关管用连接在直流母线上的反并联二极管交替开通和关断。通过开关导通和关断，可以产生时变电压。如果 SW_1^+ 导通，a 点电压为正，当 SW_1^- 导通时，a 点电压为负（见图 3-41）。"a"点和"n"点之间的电压波形如图 3-42 所示。直流正极性母线对 n 点电压为 $+V_{\mathrm{idc}}$。因此，如果 SW_1^+ 导通，则 $V_{\mathrm{an}} = +V_{\mathrm{idc}}$，如果 SW_1^- 导通，$V_{\mathrm{an}} = 0$。为在 a 点产生时变电压，用一个具有期望输出频率的正弦波与三角波比较以确定切换策略。其目的是采集直流电压，使采样脉冲电压频率与正弦波的基频相同。两个开关的通断时序由正弦波与三角波比较决定。

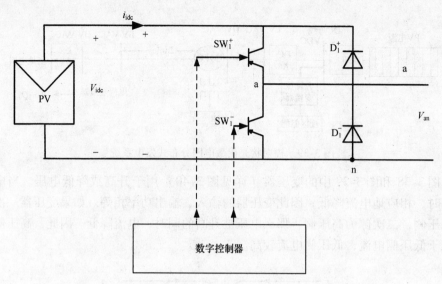

图 3-41 单相两开关 DC/AC 逆变器

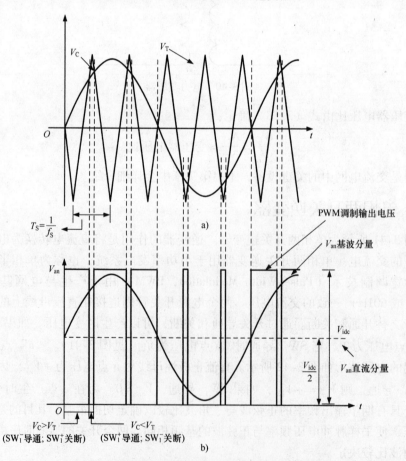

图 3-42 单相半桥 DC/AC 逆变器的 PWM 输出波形

图 3-42 为正弦 PWM 波示意图：两波形比较，一个是正弦波 V_C，为调制波电压。另一个是三角波 V_T，幅值和频率均大于正弦波。采样周期为 $T_S = 1/f_S$，f_S 是三角波频率。采集直流母线电压，使脉宽调制电压的频率与基准调制正弦波电压的频率相同。开关逻辑基于 V_T 与 V_C 的比较：$V_C > V_T$ 时，$\mathrm{SW_1^+}$ 导通，$V_{an} = V_{idc}$；$V_C < V_T$ 时，$\mathrm{SW_1^-}$ 导通，$V_{an} = 0$。V_{an} 不是纯正弦波，而是包含直流分量、与基准调制波电压频率相同的基频交流电压和谐波电压。

因此，两个电源开关的投切逻辑是：

1）如果 $V_C > V_T$，$\mathrm{SW_1^+}$ 导通；$\mathrm{SW_1^-}$ 关断，$V_{an} = V_{idc}$。

2）如果 $V_C < V_T$，$\mathrm{SW_1^+}$ 导通；$\mathrm{SW_1^-}$ 关断，$V_{an} = 0$。

随着正弦波与三角波比较值的变化，V_{an} 基波分量与三角波和正弦波相比的幅值差成正比。图 3-43 显示了正弦波幅值减小时的波形，V_{an} 基波分量与正弦波的频率相同[⊖]。

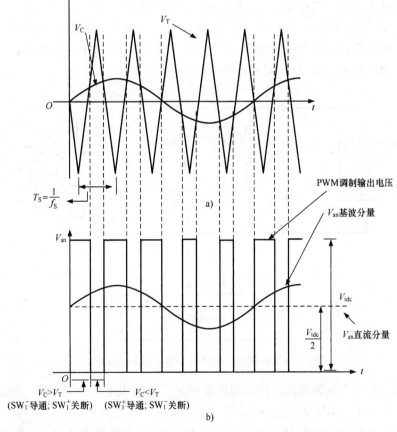

图 3-43　正弦波幅值减小时单相半桥 DC/AC 逆变器的 PWM 输出波形

———————————

⊖　译者注：原文为"V_{an} 基波分量与三角波频率相同"描述错误，改为"V_{an} 基波分量与正弦波频率相同"。

交流输出电压的基波幅值与 V_C 和 V_T 的峰值之比成正比，定义 V_C 和 V_T 的峰值比为调制比 M_a

$$M_a = \frac{V_{C(\max)}}{V_{T(\max)}}$$

输出电压的基波分量峰值为

$$V_{an,1} = \frac{V_{idc}}{2}M_a \tag{3-59}$$

输出电压的瞬时值为

$$V_{an} = \frac{V_{idc}}{2} + \frac{V_{idc}}{2}M_a\sin\omega_e + 谐波 \tag{3-60}$$

式中，$\omega_e = 2\pi f_e$，为正弦波的角频率；其中 f_e 为正弦波频率。

输出电压含有直流分量 $V_{idc}/2$ 和幅值为 $M_aV_{idc}/2$ 的基波以及谐波分量，M_a 的值在 0~1 之间。存在直流分量会使感性负荷出现磁饱和，因此感性负荷不能连接在 a 点和 n 点之间，但可接在 V_{ao} 端以滤除直流电压。

图 3-44 为逆变器带有两个电容器的拓扑结构示意图。从两电容器间可引出中间抽头，负荷接在 a 点和中间抽头 O 点之间。电容器 C^+ 和 C^- 容值相同，每个电容器上的电压是 $V_{idc}/2$，O 点对 n 点的电位是 $+V_{idc}/2$。

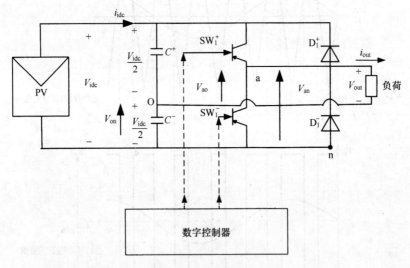

图 3-44　负荷接在中间抽头的单相半桥逆变器

采用带有两个电容器的拓扑结构可得到正、负输出电压。当 SW_1^+ 导通，SW_1^- 关断时，$V_{an} = V_{idc}$。因为 $V_{on} = +V_{idc}/2$，故 $V_{ao}(=V_{an}-V_{on}) = +V_{idc}/2$。类似地，当 SW_1^- 导通；SW_1^+ 关断时，$V_{an}=0$，$V_{ao} = -V_{idc}/2$。如果电容足够大，可保持它们上面的电压为 $V_{idc}/2$ 的电压不变，无论负荷大小如何。

带中间抽头的这种拓扑结构使负荷两端的电压为 $\pm V_{idc}/2$。输出电压的直流分量为零，输出电压 V_{ao} 为交流电压。开关的通断逻辑与前相同。得到的输出电压波形如图 3-45 所示。

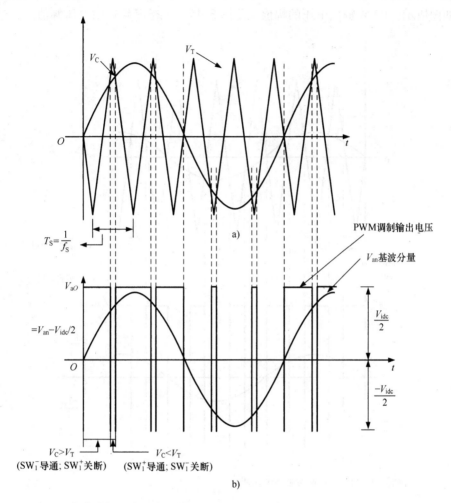

图 3-45　负荷接到电容器中间抽头，带两开关的单相逆变器正弦 PWM 输出波形

图 3-45 给出了调制波电压（V_C）和从调制电压 V_C 采得的三角波（V_T）。以 V_T 的频率通过与 V_C 比较产生的输出电压如图 3-45 所示，V_{ao} 是输出 PWM 电压波，其基波分量如图所示。

两个开关管的开关逻辑是：

1）如果 $V_C > V_T$，SW_1^+ 导通；SW_1^- 关断，$V_{an} = +V_{idc}/2$。

2）如果 $V_C < V_T$，SW_1^+ 导通；SW_1^- 关断，$V_{an} = -V_{idc}/2$。

输出电压的基波分量可通过正弦调制波电压幅值的变化而改变。图 3-8 给出了正弦波峰值降低的调制波电压波形。

图 3-46（上半部分）给出了调制波电压（V_C）和从调制电压 V_C 采得的三角

波（V_T）。但此处的调制电压幅值是图 3-45 中调制电压的一半。以 V_T 的频率与 V_C 比较产生的输出电压如图 3-46（下半部分）所示。V_{aO} 是输出 PWM 波，其基波分量如图所示。PWM 输出电压的幅值也是图 3-45（下半部分）中电压幅值的一半。

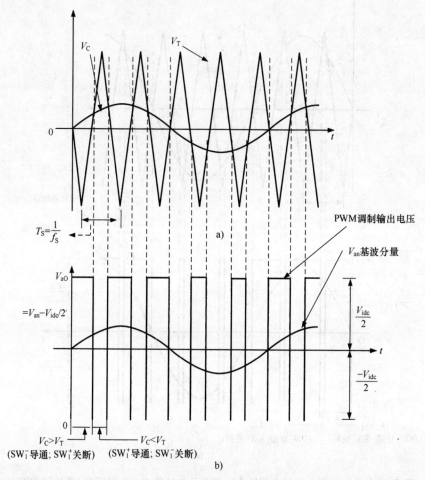

图 3-46 正弦波幅值减小的带两电容器单相半桥 DC/AC 逆变器 PWM 输出波形

采用这种拓扑的输出电压没有直流分量。输出的 PWM 电压是与调制波频率相同的基波正弦电压和谐波。输出电压为

$$V_{an} = \frac{V_{idc}}{2} M_a \sin\omega_e t + 谐波 \qquad (3-61)$$

式中，$\omega_e = 2\pi f_e$，是以 rad/s 为单位的正弦波角频率；f_e 为正弦波频率，单位为 Hz。

$0 \leqslant M_a \leqslant 1$ 时，输出基波电压的幅值与调制指数为线性关系。$M_a > 1$ 时，会进入非线性区域，随着调制指数的增大，输出基波电压幅值最大到 $\frac{4}{\pi} \cdot \frac{V_{idc}}{2}$，随后不

再随 M_a 增大。

从电能质量的角度考虑，逆变器的输出电压应尽可能接近正弦波，尽量减少谐波含量。为减少谐波失真，相对于调制波的频率，应尽可能增大三角波频率。要测量开关频率提高的作用，可增大调频指数，调频指数 M_f 定义为

$$M_f = \frac{f_S}{f_e} \tag{3-62}$$

式中，f_S 为三角波频率；f_e 为正弦调制波频率。

输出电压的谐波含量由调频指数决定。调制比 0.6 时，不同调频指数下相对于基波的谐波含量见表 3-1。

表 3-1　$M_a = 0.6$ 且不变时，在不同 M_f 下的输出电压谐波含量（%）

谐波次数	$M_f = 3$	$M_f = 5$	$M_f = 7$	$M_f = 9$
1	100	100	100	100
3	163	22	0.42	0.05
5	61	168	22	0.38
7	73	25	168	22
9	37	62	22	168

表 3-1 的第一列为谐波次数。美国的电网频率是 60Hz，因此基波频率是 60Hz。3 次谐波频率是基波的 3 倍，为 180Hz。类似地，5 次、7 次和 9 次谐波频率分别是 300Hz、420Hz 和 540Hz。表 3-1 的后四列给出了谐波含量占基波电压的百分比。各次谐波含量与 M_f 直接相关。当 $M_f = 3$ 时，3 次谐波是基波电压的 163%；当 M_f 分别为 5、7 和 9 时，5 次、7 次和 9 次谐波含量都超过 100%；当 $M_f = 9$ 时，3 次和 5 次谐波几乎不存在（0.05% 和 0.38%），此时 7 次和 9 次谐波含量较大。随着 M_f 的增大，含量大的谐波次数也增大。逆变器的负载一般为感性，可起到低通滤波的作用，故高次谐波可通过感性负载滤除，但低次谐波不能。若 M_f 较高，输出电压的低次谐波含量很小而高次谐波可被滤除，使输出接近正弦波。因此 M_f 应尽量高，以减少负载电流的谐波含量。但另一方面，开关频率增高会增大开关损耗。因此，需要在开关损耗、可听噪声和谐波畸变三者之间做出权衡，寻求最佳方案[15]。

例 3.3　一单相半桥逆变器由两电容中间抽头与负荷连接，直流侧为 380V 光伏电池，输出 60Hz 交流电。设置开关频率为 420Hz（$M_f = 7$），调制比 $M_a = 0.9$。请将逆变器输出波形用 Matlab m 文件写出，包括正弦波、三角波和输出电压 V_{ao}。

解：

编写程序的步骤如下：

1. 给直流输入电压（V_{dc}）、三角波 $V_T(t)$ 和调制波 V_C 的峰值（分别是 V_{Tmax} 和 V_{Cmax}）赋值。

2. 设置 $V_T(t)$ 和 V_C 的频率（分别是 f_T 和 f_C）。

3. V_T 的周期 T_S 由频率 f_T 的倒数计算。

4. 用 For 循环将以 T_S 的步长从 0 增大到 2/60（两个工频周波），画出 V_I、V_C 和 V_O。

5. V_T 由 line 公式确定。

6. 在画完一个周期的波形后，再平移一个积分周期，逐步画出整个时间区间的波形。

7. V_T 用黑色线表示，表示为：plot $(k, V_T, "k")$，其中 "k" 表示黑色。

8. V_C 用红色线表示，表示为：plot $(k, V_T, "r")$，其中 "r" 表示红色（V_T 和 V_C 在一个坐标轴上画出）。

9. V_O 由 V_C 和 V_T 的大小比较决定，若 $V_C > V_T$，则 $V_{an} = V_{dc}/2$；否则 $V_{an} = -V_{dc}/2$。

10. 画出 V_O 偏移 -500 的波形，并用蓝色线，用 "b" 表示：plot $(k, -500 + V_{an\_new}, "b")$。

11. V_T 和 V_C 相交的点是 V_O 不连续的点。保持 x 轴恒定不变，y 轴变化，选用适当的颜色和限值，用循环（loop）画出实线和虚线。

Matlab 程序的运行结果如下。图 3-47 所示为单相半桥逆变器开关的 PWM 波形。

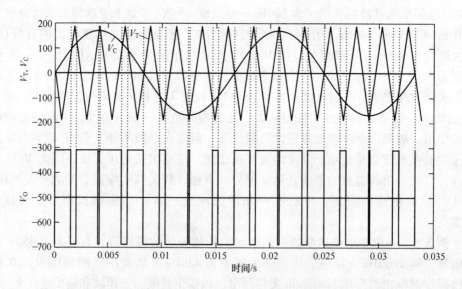

图 3-47　用 Matlab 画出的单相半桥逆变器开关的 PWM 波形

带两个开关管的单相逆变器用两个电容以得到中间抽头，这会增大逆变器体积。同时，采用此种拓扑的开关管两端承受的电压为直流母线电压，但输出端的负载电压最大仅为直流电压的一半。因此，两个开关不能充分利用，可采用 4 个开关管，以增大输出电压。这种逆变器拓扑将在后续章节介绍[1-4,14]。

3.9 双极性单相全桥逆变器

本节介绍的逆变器由两个支路构成，称为全桥逆变。每个支路有两个可控开关且每个开关可通过触发脉冲导通，每个支路的工作原理与前述单相半桥逆变器相同。图 3-48 中 SW_1^+ 和 SW_2^-、SW_2^- 和 SW_2^+ 为两组开关，这种拓扑可以使负载电压在 $-V_{ide} \sim +V_{ide}$ 之间变化，是半桥逆变电路的两倍。这使得输出电压提高，逆变器容量增大。SW_1^+ 和 SW_2^- 导通时，负载两端的电压是点 a 和点 b 间的电位差，此时为 $+V_{ide}$；当 SW_2^+ 和 SW_1^- 导通时，负载两端的电压是 $-V_{ide}$。施加如图 3-48 所示的正弦 PWM 时，输出电压基波分量的峰值为

$$V_{o,1} = V_{ide} M_a \tag{3-63}$$

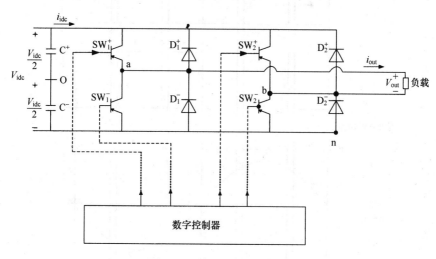

图 3-48 单相四开关逆变器

开关通断的逻辑与半桥电路类似。若 $V_C > V_T$，SW_1^+ 和 SW_2^- 导通，其他开关关断，使 $V_{an} = V_{ide}$，$V_{bn} = 0$，输出电压 V_{ab}（$= V_{an} - V_{bn}$）$= +V_{ide}$。当 $V_C < V_T$ 时，SW_1^- 和 SW_2^+ 导通，$V_{an} = V_{ide} = 0$，$V_{bn} = V_{ide}$，输出电压 V_{ab}（$= V_{an} - V_{bn}$）$= -V_{ide}$。因此输出电压在 $+V_{ide} \sim -V_{ide}$ 之间变化，如图 3-49 所示。这种调制技术称为双极性正弦 PWM 控制方式，输出的 PWM 波在正负值之间跳变。

对于双极性输出电压波形，开关逻辑如下：

1）如果 $V_C > V_T$，SW_1^+ 和 SW_2^- 导通；其他开关关断，则 $V_{ab} = V_{ide}$。

2）如果 $V_C < V_T$，SW_1^- 和 SW_2^+ 导通，其他开关关断，则 $V_{ab} = -V_{ide}$。

图 3-50 显示了开关动作的时序和不同开关器件导通的电流流向和输出电压。SW_1^+ 导通，D_1^+ 导通通流（$V_{an} = V_{ide}$）；SW_2^- 导通，D_2^- 导通通流（$V_{bn} = 0$），

$$V_{out} = V_{an} - V_{bn} = V_{ide}, \quad i_{out} < 0$$

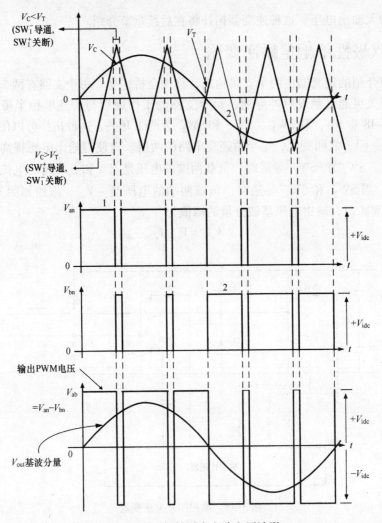

图 3-49 双极性逆变电路电压波形

SW_1^+ 导通通流 （$V_{an} = V_{idc}$）；SW_2^- 导通通流 （$V_{bn} = 0$），

$$V_{out} = V_{an} - V_{bn} = V_{idc}, \quad i_{out} > 0$$

SW_1^- 导通，D_1^- 导通通流 （$V_{an} = 0$）；SW_2^+ 导通，D_2^+ 导通通流 （$V_{bn} = V_{idc}$），

$$V_{out} = V_{an} - V_{bn} = -V_{idc} \quad i_{out} > 0$$

SW_1^- 导通通流 （$V_{an} = 0$）；SW_2^+ 导通通流 （$V_{bn} = V_{idc}$）$^\ominus$

$$V_{out} = V_{an} - V_{bn} = -V_{idc} \quad i_{out} < 0$$

图 3-50 为单相全桥逆变器开关管状态示意图，图中输出电压为

$$V_{aO} = V_{idc} M_a \sin\omega_e t + 谐波 \tag{3-64}$$

⊖ 译者注：原书中关于开关导通关断一段有重复描述，删除。

式中，$\omega_e = 2\pi f_e$，为正弦波的角频率，单位为 rad/s；f_e 为正弦波频率，单位 Hz。

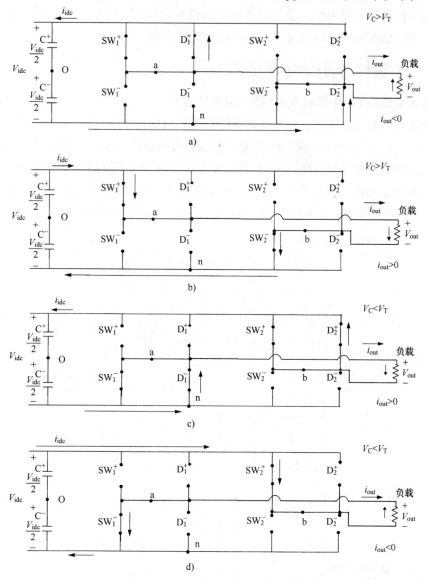

图 3-50　单相全桥逆变器开关管状态示意图

基频分量的峰值是 $V_{idc} M_a$，其中 $0 \leqslant M_a \leqslant 1$。此时基波电压的幅值与调制比为线性关系，当 $M_a > 1$，会进入非线性区域，随着调制比的增大，输出基波电压最大饱和幅值为 V_{idc} / π，随后不再随 M_a 增大。

因为状态变换时总是从负的直流电压直接变为正的直流电压，所以开关动作使输出电压在正、负直流电压间来回跳变，这称为双极性正弦 PWM 调制。

这种调制方式的输出电压谐波含量与半桥逆变器相同（见表 3-1），不同点仅是直流电压偏移量为零。

与半桥逆变电路类似，基波分量的幅值由调制比 M_a（$M_a = V_{C(\max)} / V_{T(\max)}$）决定。可通过增大调频指数（$M_f = f_s / f_e$）降低谐波含量[1-4,14]。

3.10 单极性单相全桥逆变器

采用双极性 PWM 调制方式输出的 PWM 波形在 $+V_{idc}$ 和 $-V_{idc}$ 间跳变，因此负荷会承受较高的电压波动，所以负荷绝缘会受到高应力作用。采用单极性调试方式的输出电压在 $+V_{idc}$ 和 0，或 $-V_{idc}$ 和 0 间跳变，开关逻辑与单相半桥逆变电路相同，但两个支路采用两个不同的正弦波分别调制。在控制一个支路的调制波 V_C 幅值大于 V_T 时，这个支路的上部开关导通，另一支路的开关逻辑相同，但其正弦调制波与前一支路的调制波相位相差 180°。图 3-51 是采用这种调制方式得到的电压波形。

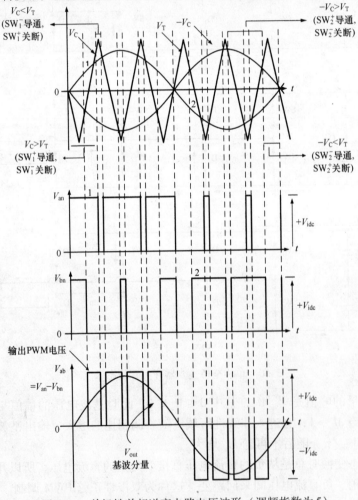

图 3-51　单极性单相逆变电路电压波形（调频指数为 5）

单极性调制方式的开关逻辑为：

若 $V_C > V_T$ 且 $-V_C < V_T$：SW_1^+ 和 SW_2^- 导通；其他开关关断，$V_{ab} = V_{idc}$；

若 $V_C < V_T$ 且 $-V_C < V_T$：SW_1^- 和 SW_2^- 导通；其他开关关断，$V_{ab} = 0$。

若 $V_C < V_T$ 且 $-V_C > V_T$：SW_1^- 和 SW_2^+ 导通；其他开关关断，$V_{ab} = -V_{idc}$；

若 $V_C > V_T$ 且 $-V_C > V_T$：SW_1^+ 和 SW_2^+ 导通；其他开关关断，$V_{ab} = 0$。

输出电压为

$$V_{aO} = V_{idc}M_a\sin\omega_e t + 谐波 \tag{3-65}$$

式中，ω_e 为正弦波的角频率，$\omega_e = 2\pi f_e$；单位为 rad/s；f_e 为正弦波频率，单位为 Hz。

因此基频分量的峰值为 $V_{idc}M_a$，其中 $0 \leqslant M_a \leqslant 1$。此时输出基波电压的幅值与调制比为线性关系，当 $M_a > 1$ 时，会进入非线性区域。随着调制比的增大，输出基波电压幅值饱和，最大到 V_{idc}/π，随后不再随 M_a 增大。

与其他逆变电路类似，输出电压的频率和幅值由正弦调制波决定，输出电压的谐波量由调频指数决定。

例 3.4　一个 60V 光伏电源，用单相全桥逆变器，采用单极性调制方式将直流转换成 50Hz 的交流。假如 $M_a = 0.5$，$M_f = 7$。请编写 Matlab 程序生成逆变器的控制电压和输出电压波形。

解：

图 3-52 给出了单相全桥逆变电路单极性调制的波形。

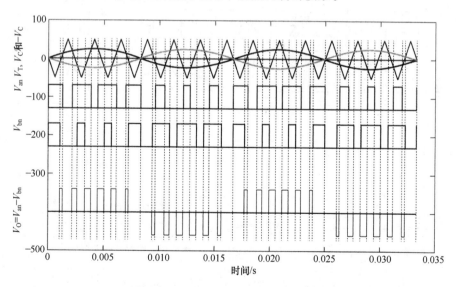

图 3-52　用 Matlab 画出的单相全桥逆变电路单极性调制开关方式

与表 3-1 类似，表 3-2 列出了采用单极性调试方式的输出电压谐波含量。从表中可以看出，调频指数大于 5 时，基本没有低次谐波。输出电压中的高次谐波一般不需要考虑，因为感性负载的低通滤波特性可将高次谐波滤除。因此单极性调制方式具有降低谐波含量、减少负荷电压波形的作用，开关的动作次数与双极性调制方式相同[1-4,14]。

表 3-2 $M_a = 0.6$ 时，不同 M_f 下单极性调制方式的输出电压谐波含量（%）

谐波次数	$M_f = 3$	$M_f = 5$	$M_f = 7$	$M_f = 9$
1	100	100	100	100
3	12	0.01	0.01	0.01
5	61	0.55	0.01	0.03
7	67	12	0.03	0.02
9	33	62	0.58	0.01

3.11 三相 DC/AC 逆变电路

三相逆变电路有三个支路，每相一个支路，如图 3-53 所示，每个支路可视为单相逆变电路[2-3]。每个支路的输出电压 V_{an}、V_{bn}、V_{cn} 由输入电压 V_{idc} 和开关状态决定，其中 n 点为直流电压的负极。逆变器有三个端子，两个输入和一个输出。输入功率可以是蓄电池、光伏电池、燃料电池或高速发电机、变速风电机组等绿色能源的直流电。正弦波信号输入到采用数字信号处理器（Digital Signal Processor, DSP）的控制器来控制输出交流电压、功率和频率。DSP 控制器发出开关量信号，控制 6 个电力开关管，产生想要的交流电[1-4,14]。

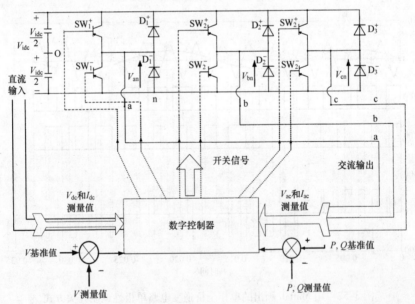

图 3-53 三相逆变电路运行示意图

三相逆变器有 6 个开关管和 6 个二极管，如图 3-53 所示。每个开关管由一组 SW_i 和 D_i 组成（$i = a$, b, c），使电流可以双向流动。三相逆变电路在直流母线上有三个支路，每个支路有两组开关。上部开关导通时，输出节点（a，b，或 c）上的电压为正；当下部开关导通时，输出节点电压为负。通过轮流导通上、下开关，输出节点电压在正负直流电压间跳变。

$$V_{\mathrm{L-L,rms}} = M_{\mathrm{a}} \times \sqrt{\frac{3}{2}} \times \frac{V_{\mathrm{idc}}}{2} \tag{3-66}$$

可近似表示为

$$V_{\mathrm{L-L,rms}} = 0.612 V_{\mathrm{idc}} M_{\mathrm{a}} \tag{3-67}$$

式中，$V_{\mathrm{L-L,rms}}$ 为输出线电压基波的均方根值。

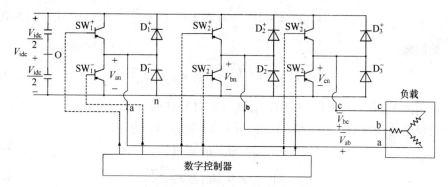

图 3-54 三相逆变器拓扑

因此，如前述的单相逆变器，这种三相逆变器的开关频率也是由三角波 V_{T} 决定，输出电压由基准调制波 V_{C} 决定。每个支路的调制输出电压与单相逆变器电压波形相同。调频指数决定了输出电压的谐波含量，美国的工频为 60Hz，其他国家多为 50Hz。一般希望将三角波频率设置较高，使调频指数较大，以使输出电压和负荷电流中的谐波含量较小。但随着三角波频率的提高，开关频率也会提高，而高开关频率会带来高开关损耗。

还有其他因素也会影响对开关频率的选择，如高开关频率便于低通滤波器的设计。此外，如果开关频率过高，开关管有可能错误导通和关断，引起直流母线短路，损坏开关。在住宅和商用系统中，开关频率在选择上须避开听觉范围，以降低刺耳噪声。因此，在多数工程应用中，开关频率一般选在 6kHz 以下或 20kHz 以上。在多数住宅系统应用中，选取开关频率低于 6kHz。

为建立以上逆变换器运行的仿真模型，用数学表达式对以上波形进行描述。

定义 a 相的调制波 V_{C} 为

$$V_{\mathrm{C(a)}} = M_{\mathrm{a}} \sin(\omega_{\mathrm{e}} t) \tag{3-68}$$

式中，$\omega_{\mathrm{e}} = \dfrac{2\pi}{T_{\mathrm{e}}}$；$T_{\mathrm{e}} = \dfrac{1}{f_{\mathrm{e}}}$；$f_{\mathrm{e}}$ 为调制波频率，且

$$M_{\mathrm{a}} = \frac{V_{\mathrm{C(max)}}}{V_{\mathrm{T(max)}}}$$

三角波 V_T 的数学表达式为

$$x_1 = -1 + \frac{T_s}{2}t \quad 0 \leq t < \frac{T_s}{2}$$

将时间 t 的单位转换为弧度，而 $f_s = M_f f_e$，上式可改写为

$$x_1 = -1 + \frac{2N}{\pi}\omega_e t \quad 0 \leq \omega_e t < \frac{\omega_e T_s}{2} \tag{3-69}$$

式中，$N = 1, 2, 3, \cdots$；M_f 可作为仿真变量。

上式可改写为

$$x_1(t) = -1 + \frac{2N}{\pi}\omega_e t \quad 0 \leq \omega_e t < \frac{\pi}{M_f} \tag{3-70}^{\ominus}$$

类似地，

$$x_2(t) = 3 - \frac{2N}{\pi}\omega_e t \quad \frac{\pi}{N} \leq \omega_e t < \frac{2\pi}{M_f} \tag{3-71}^{\ominus}$$

三角波 $V_T(t)$ 可用式（3-70）和式（3-71）建模。

为建立仿真模型，令 a 相、b 相、c 相的调制波 V_C 为

$$V_{C(a)} = M_a \sin(\omega_e t) \tag{3-72}$$

$$V_{C(b)} = M_a \sin\left(\omega_e t - \frac{2\pi}{3}\right) \tag{3-73}$$

$$V_{C(c)} = M_a \sin\left(\omega_e t - \frac{4\pi}{3}\right) \tag{3-74}$$

且三角波 $V_T(t)$ 为

$$x_1(t) = -1 + 2N\frac{\omega_e t}{\pi} \quad 0 \leq \omega_e t < \frac{\pi}{M_f} \tag{3-75}$$

$$x_2(t) = 3 - 2N\frac{\omega_e t}{\pi} \quad \frac{\pi}{N} \leq \omega_e t < \frac{2\pi}{M_f} \tag{3-76}$$

故 PWM 电压生成的步骤如下。

$$\text{若 } V_{C(a)} \geq x_1(t) \text{ 或 } x_2(t)，\text{则 } V_{an} = V_{idc} \tag{3-77}$$

类似地

$$\text{若 } V_{C(b)} \geq x_1(t) \text{ 或 } x_2(t)，\text{则 } V_{bn} = V_{idc} \tag{3-78}$$

$$\text{若 } V_{C(c)} \geq x_1(t) \text{ 或 } x_2(t)，\text{则 } V_{cn} = V_{idc} \tag{3-79}$$

$$\text{否则，} V_{an} = 0，V_{bn} = 0，V_{cn} = 0 \tag{3-80}$$

可以算得 i_{idc} 为

$$i_{idc} = i_a SW_1^+ + i_b SW_2^+ + i_c SW_3^+ \tag{3-81}$$

⊖ 译者注：原书中式（3-70）写为 $0 \leq \omega_e < \frac{\pi}{M_f}$，改为 $0 \leq \omega_e t < \frac{\pi}{M_f}$。

⊖ 译者注：原书中式（3-71）写为 $x_2(t) = 3 - \frac{2M_f}{\pi}\omega_e t$，改为 $x_2(t) = 3 - \frac{2N}{\pi}\omega_e t$。

图 3-55 给出三相逆变器 PWM 运行波形。

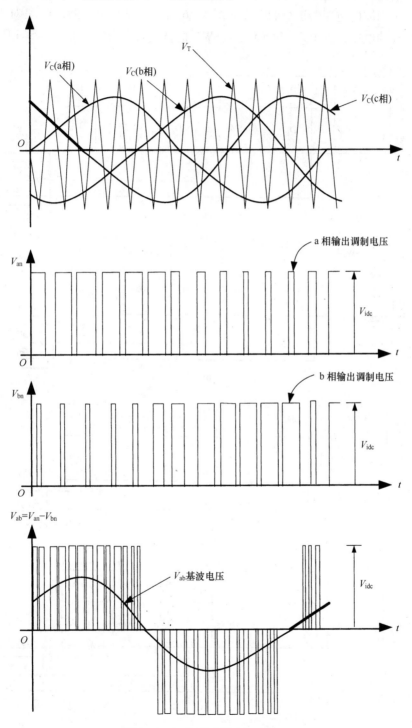

图 3-55 三相逆变器 PWM 运行

正如前述单相逆变器运行原理，三相逆变器各支路上同一时刻都只有一个开关导通，一个周波内逆变器运行的时序如图 3-56 所示。以 a 相为例，V_{an} 是对于直流负极性母线的电压，由 V_{idc}、和 SW_1^+ 和 SW_1^- 的开关状态决定，如图 3-56a 所示。

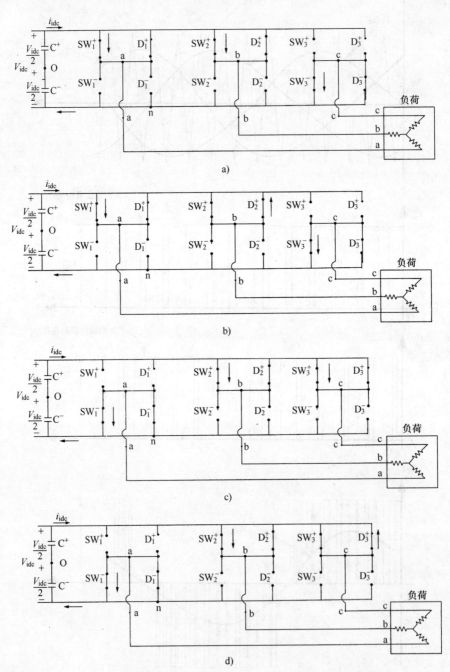

图 3-56　三相逆变器开关运行时序

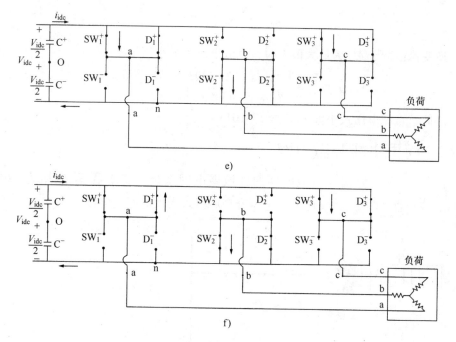

图 3-56　三相逆变器开关运行时序（续）

V_{an}，$V_{bn} = V_{idc}$，$V_{cn} = 0$，I_a、$I_b > 0$，$I_c < 0$，SW_1^+、SW_2^+、SW_3^- 导通

V_{an}，$V_{bn} = V_{idc}$，$V_{cn} = 0$，$I_a > 0$，I_b、$I_c < 0$，SW_1^+、D_2^+、SW_3^- 导通

$V_{an} = 0$，$V_{bn} = V_{cn} = V_{idc}$，$I_a < 0$，$I_b$、$I_c > 0$，$SW_1^-$、$SW_2^+$、$SW_3^+$ 导通

$V_{an} = 0$，$V_{bn} = V_{cn} = V_{idc}$，$I_a$、$I_c < 0$，$I_b > 0$，$SW_1^-$、$SW_2^+$、$D_3^+$ 导通

$V_{an} = V_{cn} = V_{idc}$，$V_{bn} = 0$，$I_a$、$I_c > 0$，$I_b < 0$，$SW_1^+$、$SW_2^-$、$SW_3^+$ 导通

$V_{an} = V_{cn} = V_{idc}$，$V_{bn} = 0$，$I_a$、$I_b < 0$，$I_c > 0$，$D_1^+$、$SW_2^-$、$SW_3^+$ 导通

控制目标与已讨论的单相逆变器相同，即通过 PWM 控制每相输出调制电压，使逆变器输出电压基波分量的幅值和频率与调制电压相同。PWM 从直流母线电压采样，采集到的电压为逆变器输出电压。

例 3.5　设开关频率为 5kHz，计算所需输入直流电压的最小值。假设逆变器额定值为交流电压 207.6V，频率 60Hz，视在功率 100kVA。

解：

由题意知：$V_{rated} = 207.6V$，$S = 100kVA$，$f = 60Hz$

逆变器交流电压为

$$V_{peak}\sin(2\pi ft) = 207.6\sqrt{2} \times \sin(2\pi 60t) = 293.59\sin(2\pi 60t)$$

其中 $V_{peak} = 293.59V$。

对于三相正弦 PWM 逆变电路，线电压峰值为 $V_{L-L,peak} = M_a\sqrt{3} \times \dfrac{V_{dc}}{2}$，因此，

$$V_{dc} = \frac{2}{\sqrt{3}} \times \frac{V_{L-L,peak}}{M_a}$$

逆变器运行于 M_a 为最大值 1 时，直流电压为最小值

$$V_{dc,min} = \frac{2}{\sqrt{3}} \times \frac{V_{L-L,peak}}{M_{a,max}} = \frac{2}{\sqrt{3}} \times \frac{293.59}{1} V = 339.01V$$

因此，直流电压最小值为 $V_{dc} = 339.01V$。

3.12 可再生能源微电网

图 3-57 所示为接入当地电网的区域微电网系统，变压器 T_1 电压为 240V/600V，变压器 T_2 将光伏发电系统电压升高后接入当地电网变电站。

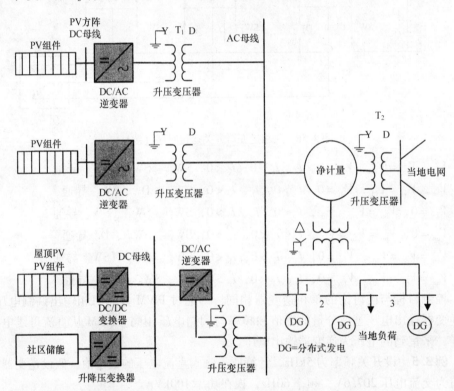

图 3-57　接入当地电网的区域分布式微电网系统单线图

例 3.6　考虑图 3-58 所示的由光伏电站供电的微电网，交流母线电压为 120V。逆变器调制比为 0.9。

（ⅰ）计算直流侧电压。

（ⅱ）该微电网能够独立运行吗？

解：

（ⅰ）对于逆变器：

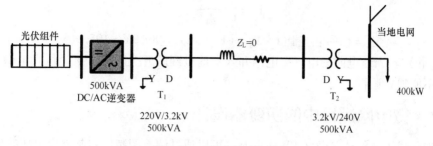

图 3-58 微电网系统示例

$$V_{\mathrm{L,rms}} = \frac{\sqrt{3}}{\sqrt{2}} \times M_{\mathrm{a}} \frac{V_{\mathrm{dc}}}{2}$$

$$V_{\mathrm{dc}} = \frac{\sqrt{2}}{\sqrt{3}} \times \frac{2V_{\mathrm{L,rms}}}{M_{\mathrm{a}}} = \frac{\sqrt{2}}{\sqrt{3}} \times \frac{2 \times 120}{0.9}\mathrm{V} = 217.7\mathrm{V}$$

（ⅱ）该微电网不能独立运行。微电网中的逆变器需要与当地电网同步，并网运行与电网中的发电机类似。

例 3.7　如图 3-59 所示微电网。假设光伏发电站有功出力为 175kW，变压器 T_1 为理想变压器额定电压为 240V/120V，额定功率为 75kVA。变压器 T_2 也为理想变压器，额定电压为 240V/460V，额定功率为 150kVA。

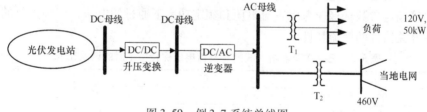

图 3-59　例 3.7 系统单线图

（ⅰ）计算光伏发电站的直流端电压。

（ⅱ）如果当地电网断电，且微电网并入当地电网的开关断开，该光伏发电微电网系统是否能够独立运行。

解：

（ⅰ）

$$V_{\mathrm{L,rms}} = \frac{\sqrt{3}}{\sqrt{2}} \times M_{\mathrm{a}} \frac{V_{\mathrm{dc}}}{2}$$

$$V_{\mathrm{dc}} = \frac{\sqrt{2}}{\sqrt{3}} \times \frac{2V_{\mathrm{L,rms}}}{M_{\mathrm{a}}} = \frac{\sqrt{2}}{\sqrt{3}} \times \frac{2 \times 240}{0.8}\mathrm{V} = 489.9\mathrm{V}$$

对于 DC/DC 变换器：

$$V_o = \frac{V_{in}}{1 - 占空比}$$

$$V_{in} = (1 - 占空比) \times V_o = (1 - 0.6) \times 489.9V = 195.96V$$

（ⅱ）若当地电网断电，微电网并入当地电网的开关断开，该光伏发电微电网系统不能独立运行。

3.13　微电网运行中的逆变器设计

如前述正弦波或三角波 PWM 调制，可以通过调节调制比控制输出电压幅值。

三相逆变器广泛应用于微电网系统中。逆变器的输入直流电压，可由光伏电池、燃料电池或变速风电机组等发出的频率变化的交流电压经整流后得到直流电压，通常采用正弦 PWM 技术将直流电压转换成交流电压。输出的交流电压通过三角波和正弦波比较得到，输出电压基波分量的幅值由调制比 M_a 决定，M_a 为基准正弦波幅值与三角波幅值之比。输出电压的频率与基准正弦波相同。谐波含量由调频指数 M_f 决定，M_f 为三角波频率与基准正弦波频率之比。电压谐波含量应越少越好，为减少谐波，调频指数应足够大。输出交流线电压的基波分量值为

$$V_{PWM,ab} = \frac{\sqrt{3}}{\sqrt{2}} \times \frac{V_{dc}}{2} M_a \tag{3-82}$$

表 3-3 是在给定直流电压下，产生一定幅值交流电压的调制指数变化。逆变电路开关管额定参数选择应考虑直流电压和额定功率下通过的电流，调频指数的选取应考虑开关器件的换流特性。

表 3-3　三相逆变电路（线间）交流电压保持恒定时的调制比值

$V_{ac} = 120V$	
V_{DC}/V	M_a
200	0.98
250	0.79
300	0.65

除调制比决定输出电压幅度、调频指数决定谐波含量外，调制比对谐波含量也有部分影响。表 3-4 给出了以基波含量为基值的谐波含量标幺值。表格第二列表明，基波电压幅值为 1，$M_a = 1$ 时，$M_f \pm 2$ 次谐波幅值为 0.318 或 31.8%（M_f 为调频指数）。例如，若调频指数为 50（基频为 60Hz，开关频率为 3kHz），则 $1 \times M_f \pm 2$ 次谐波次数为 48 和 52。也就是说，$60Hz \times 48 = 2.88kHz$ 和 $60Hz \times 52 = 3.12kHz$ 次谐波相对于基波的幅值。类似地，谐波次数为 $2M_f \pm 1$ 的幅值为基波电压幅值的 18.1%，即 99 次和 101 次谐波的幅值。这些谐波频率为基频的 99 和 101 倍，分别是 5.94kHz 和 6.06kHz。第三列给出了调制比为 0.9 时谐波含量相对于基波的值，如果 $M_a = 0.9$，48 次和 52 次谐波将为基波的 29.8%。后面几列给出了不同调制比下的谐波含量。

表3-4 输出相电压谐波含量标幺值

谐波次数	$M_a = 1$	$M_a = 0.9$	$M_a = 0.8$	$M_a = 0.7$	$M_a = 0.6$
1	1.00	1.00	1.00	1.00	1.00
$1M_f \pm 2$	0.318	0.298	0.275	0.248	0.218
$2M_f \pm 1$	0.181	0.283	0.393	0.506	0.617

如表3-4所示输出相电压谐波含量标幺值。谐波含量较大或与基频可比的谐波次数一般为 $NM_f \pm M$，其中 N 和 M 为整数，且它们的和是奇数。大部分电路都含有R-L结构，其中的阻抗值与频率成正比 $(X_{L,1} = L \times 2\pi f)$。随着电压谐波次数的上升，频率也升高。电抗的谐波阻抗值为 $X_{L,n} = L \times 2\pi nf = nX_{L,1}$。也就是说，谐波阻抗是基波阻抗乘以谐波次数，因此，谐波次数越高，谐波电抗值越大，其电流就越小。故在 M_f 越大时，谐波次数也越高，谐波电流越小。如果电流谐波含量很小，输出电流就更接近期望正弦波，因此通常设计采用较高的调频指数，但在实际设计中会有限制。如果采样频率较高，开关每秒的开通和关断次数就会增加，开关损耗增大。此外，如果采样频率过高，开关可能会开通关断不当。因此，需要在谐波含量和开关损耗间折中考虑，选择合适的采样频率。另外，采样频率需选择在音频范围以外。

习 题

3.1 考虑图3-60的微电网系统。三相变压器T1额定视在功率为500kVA，电压为220V（星形联结接地）/440V（三角形联结），变压器阻抗为3.5%。微电网电源为光伏电站的交流母线，它的直流母线电压为540V。配电线路长10mile，串联阻抗为 $0.1 + j1.0\Omega/\text{mile}$，本地负荷为100kVA，440V。微电网通过变压器T2与当地电网相连，它的额定电压为440V（星形联结接地）/13.2kV（三角形联结），阻抗为8%。计算微电网系统中的标幺电抗等值电路。假设当地电网电压为13.2kV，容量为500kVA。

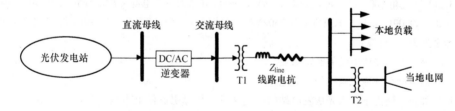

图3-60 习题3.1的系统单线图

3.2 微电网系统如图3-61所示。假设逆变电路交流电压为240V，变压器T1额定阻抗5%，额定电压240V（三角形联结）/120V（星形联结接地），视在功率150kVA。变压器T2额定阻抗10%，额定电压240V（三角形联结）/3.2kV（星形联结接地），额定视在功率500kVA。本地负荷额定功率为100kVA，功率因数为0.9滞后。逆变器调制比为0.9。计算：

ⅰ）逆变器直流母线电压和逆变器额定参数。

ⅱ）为达到逆变器直流母线电压，升压变换器输入光伏母线电压和电流额定值。

ⅲ）光伏电站的容量。

ⅳ）微电网标幺值电路图。

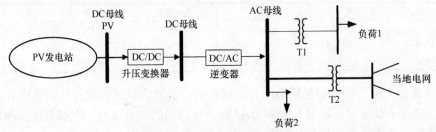

图 3-61　习题 3.2 的系统单线图

3.3　参考习题 3.2 的图 3-61，假设逆变器直流母线电压为 800V。变压器 T1 额定阻抗 9%，额定电压 400V（三角形联结）/220V（星形联结接地），额定视在功率 250kVA。变压器 T2 的额定阻抗 10%，额定电压 400V（星形联结接地）/13.2kV（三角形联结），额定视在功率 500kVA。负荷 1 为 150kVA，功率因数为 0.85 滞后；负荷 2 为 270kVA，功率因数为 0.95 超前。计算：

ⅰ）逆变器调制比和额定参数。

ⅱ）为达到逆变器直流母线电压，升压变换器光伏母线电压和输入电流额定值。

ⅲ）光伏电站的最小容量。

3.4　参考习题 3.3 的图 3-61。假设变压器 T1 额定阻抗 5%，额定电压 440V（星形联结接地）/120V（三角形联结），视在功率 150kVA。变压器 T2 额定阻抗 10%，额定电压 240V（星形联结接地）/3.2kV（三角形联结），额定视在功率 500kVA。逆变器调制比为 0.9。选取功率基值为 500kVA，电压基值为 600kV。当地电网内电抗为 0.2pu，容量为 10MVA，电压为 13.2kV。假设微电网系统为空载，计算：

ⅰ）系统标幺阻抗的等效电路。

ⅱ）逆变器交流母线发生三相对称故障的故障电流。

3.5　微电网系统如图 3-62 所示。三相变压器额定阻抗 3.5%，额定电压 440（星形联结接地）/3.2kV（三角形联结），视在功率 500kVA。光伏电站为系统电源。配电线路长 10mile，串联阻抗 0.01 + j0.09Ω/mile。本地负荷为 250kVA。系统通过一个 3.2/13.2kV 变压器接入当地电网，阻抗标幺为 8%。计算：

ⅰ）逆变器和光伏电站的额定参数。

ⅱ）微电网系统标幺阻抗的等效电路。

ⅲ）如果电网由于接入光伏发电站的配电网发生故障引起停电事故，光伏发电站的并网开关断开，光伏发电站形成的微电网能够独立运行吗？

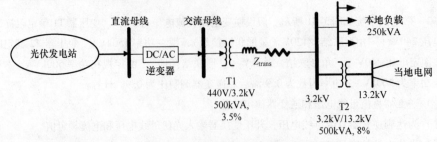

图 3-62　习题 3.5 的系统单线图

3.6　微电网系统如图 3-62 所示，数据与 3.5 相同。在 13.2kV 和 500kVA 基值下，当地电网等效阻抗约为 9%。直流电压为 880V。计算：

ⅰ）逆变器调制比和额定参数。

ⅱ）逆变器交流母线三相短路时的交流母线上的短路电流，忽略光伏电站短路电流的影响。

ⅲ）与 2）相同，但假设光伏电站和逆变器的内电抗以逆变器额定参数为基值的标幺值近似为 1pu。

3.7　三相 DC/AC 逆变器的直流额定电压为 600V。假设直流电压可通过斩波降为 350V。计算调制比为 0.9 时的交流电压范围。

3.8　假设三相整流器在表 3-5 的系统数据下工作在整流模式：

ⅰ）计算 δ 角和直流电压，忽略产生的谐波。

ⅱ）编写 Matlab 程序，画出算得的整流模式下的电流 I_a 和电压 V_{AN} 波形图。假定 V_{PWMa} 和 δ 已知且与ⅰ）中结果相同。假设 PWM 电压由交流输入计算得到，忽略产生的谐波。

表 3-5　习题 3.8 的数据

V_{AN}	f_1	P	X	pf	M_a
120V RMS	60Hz	1500W	15Ω	1	0.85

3.9　三相整流电路的交流电源相电压为 120V，交流电源和电路交流端的电阻为 11Ω。编写 Matlab 程序，画出当输入功角 δ 在 $-60°\sim60°$ 之间变化时，保持直流电压在 1200V 的调制比的值。假设系统提供的有功功率为 5.5kW 不变。

3.10　编写 Matlab 程序，利用傅里叶级数生成三角波 V_T。设三角波参数如下：峰值电压 48V，频率 1kHz，谐波次数 ≤30。画出波形图。

提示：$V_T(t)$ 可用三角波的傅里叶级数生成，这种方法的优点是可以生成长时间的波形。傅里叶级数方程可以在很多网站上找到。要注意到三角波为奇对称，因此 $a_0=0$，$a_k=0$。

傅里叶级数表达式为

$$F(t)=a_0+\sum_{k=1}^{\infty}a_k\cos(k\omega t)+b_k\sin(k\omega t)$$

$$F(t)=\sum_{k=1}^{\infty}b_k\sin(k\omega t)$$

需要计算的是 b_k 的值。然后三角波函数可以分段考虑来求解 b_k，类似于第一种方法。

形成三角波的公式已在 3.13 节中讨论。现不采用前述公式，用下式代替三角波表达式：

$$F(t)=A\sum_{k=1,3,5}\frac{-8\times(-1)^k}{k^2\pi^2}\sin\left(k\times\frac{\pi}{2}\right)\cdot\sin(k\omega t)$$

式中，A 为幅值。可将上式编入 Matlab 程序。可以用此表达式用 Matlab 仿真描述变换器运行过程。

例如，设定频率、采样时间和幅值如下：

$$f_S=5000;\ T_S=\frac{1}{f_S};\ V_{TMax}=48$$

要显示全部波形，步长至少是采样时间 T_S 的一半，并在此上降低 10 倍以得到足够的数据点。

$$t=0:T_S/20:10$$

用以上参数可以使 Matlab 程序生成 10s 的波形。可以用循环语句重复等式，利用级数 $\sum_{k=1,3,5}^{\infty}$ 将其加到一起。

3.11　采用恒等式法编写 Matlab 程序产生三角波。假设峰值电压为 48V，频率为 1kHz。画出波形图。

3.12　编写 Matlab 程序仿真图 3-63 的逆变器运行。

假设 $V_{idc}=560\text{V}$，$V_{C(max)}=220\text{V}$，$f_e=60\text{Hz}$，调制比 $0.5 \leqslant M_a \leqslant 1.0$，调频指数 M_f 从 2～20 变化。

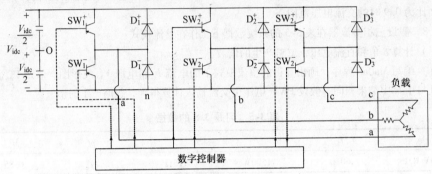

图 3-63　三相逆变器线性和过调制运行

求解下列问题：

ⅰ）线电压基波有效值与输入直流电压之比（$V_{(line-line(RMS))}/V_{idc}$）

ⅱ）画出 $M_f=2$ 和 $M_f=20$ 时，$V_{(line-line(RMS))}/V_{idc}$ 与 M_a 的关系曲线

3.13　单相逆变器直流源为 60V 光伏电源。逆变器为 4 开关，采用单极性整流方式，将直流电转换成 50Hz 交流电。选择以下调制比和调频指数：

ⅰ）$M_a=0.5$，$M_f=7$。

ⅱ）$M_a=0.5$，$M_f=10$。

ⅲ）$M_a=0.9$，$M_f=4$。

编写 Matlab 程序，生成逆变器输出电压 V_{an} 的波形，以表格形式分别列出并分析结果。

参 考 文 献

1. http://edisontechcenter.org/HistElectPowTrans.html. Accessed October 25, 2013

2. http://www.greatachievements.org. Accessed September 18, 2009.

3. http://en.wikipedia.org/. Accessed September 28, 2009.

4. http://web.mit.edu/newsoffice/2013/rechargeable-flow-battery-enables-cheaper-large-scale-energy-storage-0816.htm. Accessed October 20, 2013.

5. http://en.wikipedia.org/wiki/Volt. Accessed October 18, 2013.

6. http://en.wikipedia.org/wiki/Ohm.

7. Keyhani, A. (2011) *Design of Smart Power Grid Renewable Energy Systems*, John Wiley & Sons, Inc. and IEEE Publication.

8. Clayton, P.R. (2001). *Fundamentals of Electric Circuit Analysis*, John Wiley & Sons, ISBN 0-471-37195-5.

9. Mohan, N., Undeland, T., and Robbins, W. (1995) *Power Electronics*, John Wiley & Sons, Inc., New York.

10. Rashid, M.H. (2003) *Power Electronics, Circuits, Devices and Applications,* 3rd edn. Pearson Prentice Hall, Englewood Cliffs, NJ.

11. Enjeti, P. An advanced PWM strategy to improve efficiency and voltage transfer ratio of three-phase isolated boost dc/dc converter. Paper presented at: 2008 Twenty-Third Annual IEEE Applied Power Electronics, Austin, TX, February 24–28, 2010.

12. Dowell, L.J., Drozda, M., Henderson, D.B., Loose, V.W., Marathe, M.V., and Roberts, D.J. ELISIMS: comprehensive detailed simulation of the electric power industry, Technical Rep. No. LA-UR-98-1739, Los Alamos National Laboratory, Los Alamos, NM.

13. https://en.wikipedia.org/wiki/Michael_Faraday. Accessed October 8, 2015.

14. http://www.weatherwizkids.com/weather-lightning.htm. Accessed October 15, 2013.

15. Keyhani, A., Marwali, M.N., and Dai, M. (2010) *Integration of Green and Renewable Energy in Electric Power Systems,* John Wiley & Sons, Inc., Hoboken, NJ.

第 4 章

智能设备和能效监控系统

4.1 引言

能量从一种状态向另一种状态的转变过程伴随着能量损失，能量损失一般形式是热量。能量转换是物理世界的一般规律，输入能量必须等于输出能量加上由于能量转换造成的能量损失。为了收费和记账，地方供电商安装计量系统以测量用户使用的电能。在智能分布式配电系统中，当终端电能用户也生产电能时，就会使用智能净计量仪表，终端用户的电量记录也用来优化市场规划运行和参与电力市场购电和售电。计量数据为用电量或发电量增长提供数据，记录的数据为预测分布式电网中电力穿透率趋势提供数据基础。

电网的关键要件包括负荷、发电机及输配电系统。本章重点论述电网负荷，包括照明系统、空气处理电机、冰箱、电炉、计算机、电视机以及各类工业和商用负荷。电力负荷的效率在逐年提高，且一些新的电力负荷也要由电网供电。能效测量和监视系统是评估电力负荷性能的重要设备，随着智能电网技术的发展，电能和功率监视设备的能力也在日益完善。越来越多的先进计量和记录项目可以展示单个和多个负荷的电量随时间的变化曲线，这些计量仪表可以记录重要的电量相关数据，例如电压和电流波形。为了详细分析住宅、商业以及工业用电，需要详细记录有功功率、无功功率、功率因数以及相应的日期和时间。在设计分布式智能微网系统时，必须要考虑数据容量、测量方法、智能仪表以及其他能效设备的成本。

4.2 测量方法

本地供电商采取各种测量方法。标准电量仪表记录终端用户的消费电量用来计费。先进的智能仪表为电网提供了可以测量电网发电和用电的净计量，可以记录电压、电流、有功功率、无功功率（负荷功率因数）、频率，以及接入微网的电力电子负荷带来的谐波畸变。智能仪表配备有本地存储功能，且每秒能够获得 50~60 个该类数据点[1]。终端用户和本地供电商使用各种测量方法来分析负荷的效率退化（例如家用电器）以及本地电网的电能质量。

4.2.1　电量（kW·h）测量

能量计量的标准单位是千瓦时（kW·h），这个单位指的是一小时内从供电商那里获得的或送入电网的平均电量。由于从馈线获取的功率随时间变化，则电量测量值也将随之升高和降低。通过记录被试设备（Device Under Test，DUT）在一段时间内受入或送出的实际功率（千瓦数），可进行电量测量。该术语也可以用被试装置（Equipment Under Test，EUT）或被试单元（Unit Under Test，UUT）表示。所有这些术语都是用来测量产品以进行性能评估。使用输入和停止脉冲触发来规定接入时间（通常为 1h），监测仪表测量电流和电压，并计算和记录功率值（kW 或 kvar）、电压值（V）和功率因数。在实验室环境中，为测量 DUT 元件的功率，必须记录 DUT 元件的瞬时电压（V）和电流（A）。通过与 DUT 并联一个理想电压表和串联一个理想电流表可以测量电压和电流两个变量。理想电压表、电流表以及电压和电流测量的准确度都可以显示出来，将瞬时电压和电流相乘，进行结果累加并计算平均值，可以得到 DUT 的瞬时有功功率（kW）。

4.2.2　电流和电压测量

需要用电压表和电流表测量试验状态下通过设备的瞬时功率。电压表测量设备的电位差（电压），而电流表测量设备的电荷运动（电流）速率。理想电压表输入阻抗无穷大，阻抗无穷大是指：电压表的输入阻抗很大，流过电压表的电流为 0，这种电压表可以得到精确的电压读数。理想电流表的电阻为 0，可视为短路，可以准确测量通过设备的实际电流。早期的电压表和电流表是基于检流计的模拟动圈式电表，检流计是将一个指针与线圈连接而成，将该装置放在永磁场内。DUT 元件与电路串联，当电流流经绕组时，将产生电磁力，并作用于旋转绕组，指针可以显示电磁力的强度，该强度与流过 DUT 的电流成正比[2]。检流计的基本设计可以参考文献［2］。

现代化的电压表使用固态电子产品进行测量。通过测量电流敏感电阻的电压信号，可以获得电流测量值。为便于测量，可使用运行放大器将电压或电流信号转换成直流电压信号，固态测量仪表由于使用信号直接采样而更加准确。在高电压输配电系统中，不能直接使用固态设备测量电流和电压。

电压互感器被用来测量高电压，也称为“仪用互感器”，简称 PT。PT 是有两个耦合绕组的常规变压器，其中一个绕组连接到高压电路，二次绕组用来测量一个与高压绕组成比例的电压，记录低压侧的测量值。电流互感器，也称 CT，可用来测量高压线路上的电流。当测量较高的交流电压或者电流时，电压和电流互感器（PT 和 CT）使用高、低压侧之间的互磁链以降低高值信号。传感器、电压表或电流表使用低压侧测量值来显示或者记录，真正的电压或电流可通过 PT 或 CT 的匝数比 N 回算，式（4-1）为理想互感器的转换关系。

$$N = V_{\text{primary}} / V_{\text{secondary}} = I_{\text{secondary}} / I_{\text{primary}} \qquad (4\text{-}1)$$

4.2.3 50Hz 和 60Hz 频率的功率测量

为了测量产生有用功的负荷用电转换效率，也需要测量 DUT 设备的功率因数。负荷功率因数是负荷消耗的有功功率（kW）和它的总视在功率（kVA）的比值。视在功率为电压（V）和电流（A）的乘积，在高功耗下是电压（kV）和电流（A）的乘积。功率因数范围在 0~1 之间，功率因数为 1 的负荷为纯阻性负荷，例如小型取暖器和电炉。负荷功率因数是电压和电流波形信号相位差的余弦值。负荷无功功率是视在功率（kVA）与有功功率平方差（kW）的平方根。因此，如果已知有功功率、无功功率、视在功率以及功率因数角中的任意两个值，就可以推导出其他两个值。

一个确定 DUT 设备功率因数的方法是测量设备交流电压和电流过零点的相位偏移。该实验可使用电子示波器、数字传感器或记录得到：第一步，记录电压正向过零点的时间。第二步，记录电流正向过零点的时间。这两个事件的延时可确定负荷的功率因数角。如果设备运行频率为60Hz，可通过式（4-2）计算功率因数角。

$$过零点时间差 \times 60 \times 360° = 功率因数角 \qquad (4-2)$$

另外一个求设备功率因数的简单方法是测量负荷的有功功率（kW）和视在功率（kVA）。设备消耗的有功功率是瞬时电压和瞬时电流的乘积，可以通过传感器数字采样或者使用标准计量仪表测量。设备消耗的视在功率可以通过传感器数字采样或通过交流电压表或交流电流表测量。交流电表测量的是电压方均根（RMS）和电流方均根（RMS），为电压和电流峰值除以 $\sqrt{2}$。将设备的瞬时有功功率（kW）除以视在功率（kVA），可确定其功率因数。如果数据是在变电站进行数字采样的，则变电站和计算机会处理这些数据，并将数据显示，或传送给实时功率管理控制中心。

为了确保测量期间没有信息丢失，必须使用合理的数据采样。如果波形采样次数不足，则将发生信号混淆，给出的是错误的负荷耗电量图像。没必要使用高采样传感器来进行工频采样，这将会增加功率计量成本。根据成熟的信号处理方法，如果信号采样频率是波形最高频率的两倍，则可避免信号混淆。对于 60Hz 功率信号，信号采样频率应至少为 120Hz 或更高（每秒采样至少 120 次），一般的采样率范围是 1~5kHz[3]。

4.2.4 模拟到数字转换

功率监测组件将模拟信号转换为数字信号以便于数据记录和存储，数字数据和智能仪表接口进行净计量和按时定价，通常在一个测量周期内要记录多达 60 个数值。智能仪表利用数字数据及软件进行控制和上报。标准的模拟-数字转换器（Analog-to-Digital Converter，ADC）被用来进行模拟数据记录和采样。ADC 的分辨率取决于转换过程中使用的位数（bit），智能仪表通常使用 12bit 的 ADC 转换器。电压和电流测量可使用 2^{12}，也就是 4096 个离散数值。对于正弦交流波形，数字信号的一半值都是负的，表明是交替波。这种情况下，传感器输出 2048 个离散的测量数据的幅值，这些离散读数的确切值取决于转换器的范围。例如，如果计量仪表可读的最大电压幅值为 2000V，则 12bit 转换器的分辨率为 2000V/2048 = 0.9766V。

4.2.5　方均根（RMS）测量装置

在研究负荷效率的时候，方均根测量值是关键数值。可以分析负荷设备的电压、电流和功率方均根数值并用来确定负荷的效率、应力以及功率因数。许多商用智能仪表都可以记录常规正弦功率波形的方均根测量值。

P3 国际制造出一种智能仪表，可记录与电表串联（插入电表）的负荷的电压、电流、有功功率和视在功率。该电表有一块小的 LCD 界面和五个按钮，按钮可以切换显示的测量值[4]，这些电表对于使用插入式墙上电源的老式电气设备功率监测来说相当实用，2014 年这种电表成本为每个 20 美元[5]。通用电气公司（GE）生产的 EPM6000 智能仪表可以记录更多数据，例如功率因数和负荷无功功率，这些结实的电表可以用在各种地方，可以记录馈线或者电源插座的负荷数据，可以用来监视一个家庭、工商业处所或者微网的潮流和消耗功率效率，2014 年，GE 计量仪表售价为每台 1037 美元[6]。西门子生产的 SICAM P50 计量仪表可以测量电压、电流、有功功率、无功功率以及视在功率的真实方均根数值，以及负荷信号的频率，2014 年该电表价格为每台 1200 美元[7]。

4.3　能量监控系统

功率监控系统包括数据记录和可以收集和管理智能仪表测量值的分析软件，如果终端能量用户安装了发电设备并向电网注入功率，则本地供电商可使用监控系统来跟踪日内分时电价的时间及净计量。住宅、商业以及工业系统也使用监控系统来跟踪负荷的运行效率，在各种场所及微网中，智能仪表以及支撑软件提供了点对点的效率评估。通用电气公司[3,8]生产了一种智能电网运行设备，可以收集和管理来自多个电表的数据。该系统有高级计量体系（Advanced Metering Infrastructure，AMI）支撑，使用单点对多点（Point-to-Multipoint，P2MP）通信模式，连接微网中多个数据节点。在负荷设备和运行软件之间，收集的数据持续传输。GE 软件配有全能量监控系统，包括智能仪表、通信设备、数据采集器以及计算引擎，可以用来计算能量效率，并跟踪负荷运行疲劳和热压力，以及性能退化。西门子也生产性能类似的测量系统，西门子 EnergyIP 方法也使用基于 AMI 的电表数据管理系统，可以收集和管理分布式监控网络的各种数据[6,9]。

4.4　智能仪表：概念、特性和在智能电网中的作用

智能电网发展的主要挑战是建立新的、可成为终端用户和供能商之间纽带的计量系统，这些智能仪表可通过负荷控制能量的高效利用并给终端用户提供市场信息。供能商可以使用以新规范收集的受市场控制的电网运行数据，并提供高效的能量生产。通过负荷和发电计划之间，以及供电者和能量用户之间的高效双向通信，

可以实现电网系统的智能、高效。在过去十几年中，供能商的设备提供商已经开发了可以进行住宅和工商业场所的电力计费，实现电网监控、安全和电网自动化的新仪表。电网中智能仪表的渗透率快速增长，为相关方提供了有效管理能源消费的能力。安装发电装置或者储能设备的住宅可使用智能仪表跟踪市场实时电价，对流入电网节点的净潮流进行高效的运行和控制。智能仪表使用几类允许系统管理的通信和数据共享协议。各种智能仪表设计的效率、安全性及成本可以建立一个新的由市场控制的配电系统运行方式。智能仪表的持续发展对于建立分布式能量系统的高效微网至关重要[10]。

4.4.1　功率监控和调度

功率仪表的主要责任是跟踪终端用户的用电情况，用电记录可用于发电商收费。仪表流过的电能（单位为 kW·h）可被记录用来确定电能收费，智能仪表也具有这个基本特征。另外，智能仪表也具有记录各单独负荷用电的能力，一个高用电效率的建筑或工业基地可跟踪负荷用电以优化运行并减少总的能耗和浪费。工业级别的智能仪表被安装用来测量电能质量：低质量电能有过多谐波，会引起电压波动，功率谐波可以测量得到，而总谐波畸变（THD）通过计算得到[11]。总谐波畸变过大会导致机械的扭转应力，智能仪表能够跟踪工业设备的有效运行并就设备健康给出预警信号。

为测量负荷的用电数据，智能仪表必须连接至负荷的电源接口。可在负荷电源接口处放置监测装置，收集数据并传送至智能仪表用来记录和分析。由于没有必要使用和运行所有的负荷，可基于运行需要的重要性，将建筑物负荷分类。通过将电力负荷分为必要的、周期性使用的、装饰用的和非必要负荷组别，很容易分析出重要和非重要负荷的净用电量，不同负荷组别通过断路器接入不同的馈线。依据负荷总的额定功率和载流量选择监测设备的容量和类型，智能配电板的设计促进了建筑物用电监视的发展[12]。

为了对建筑物负荷进行监视和调度，智能仪表和负荷都必须具有通信能力。在智能仪表和负荷监视装置之间采用双向通信，以测量数据并把它传输至智能仪表。智能仪表控制现场监视装置，并向其发送负荷运行调度指令。目前的通信方法包括无线电频率（RF）播放、移动电话、有线以太网和无线 Wi-Fi 通信，播放策略将在 4.4.2 节中说明。新的负荷设备配置植入式监视能力[1,13]，现场监视装置受智能仪表控制，使之运行在最优效率。智能负荷的接口连接可通过智能电表或者移动电话装置中的软件控制来实现[1,14]。

旧设备也可以用智能电表和新的电网技术控制，位于设备和墙面电源之间的出口监测装置记录插入监测器的装置的用电[2,15]。本地监视器收集的数据由通信通道传输给智能仪表[16]，连接至本地监控装置上的设备可以通过邻近开关被远程开关、定时或控制。通过智能仪表控制监控装置可以进行功率调控，降低负荷未使用时的寄生功率。图 4-1 所示为电网负荷的典型监控结构。

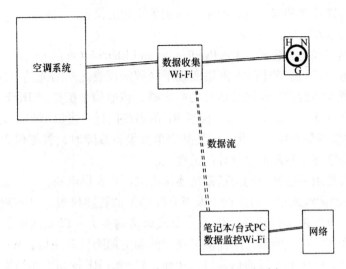

图 4-1　智能仪表的监控设备电源出口[2]

本地监控装置可以与现代智能仪表系统公用，来实现新旧家用电器的完全控制。通过智能电网互联互通，可以实现高效和基于市场的控制，使得智能仪表系统成为负荷功率监控和优化运行的有效解决方法。

4.4.2　通信系统

智能仪表配置有控制和数据存储功能，并和终端用户、本地供电商以及建筑负荷设备进行通信。通过智能仪表，用户和供电商都能够监视潮流。通信系统促进了电网的高效实时电价控制[15,16]，通过合同协议，双方也能够远程发送指令给这些设备，以调节住宅或者建筑的负荷。例如，通过供电商和终端用户之间获取更低价格的协议，在系统紧急状态的 1～5min 内，供电商可以进行负荷控制。在高负荷需求期间，这种负荷控制可以创造虚拟发电，通过转换开关时期，供电商可以更高效地实时买、卖电力，为终端用户提供较低电价。通过单独的智能仪表和当地分布式电网控制中心的突发事件通信，智能电网可以实现设备终端的实时检测，并可以在短时间内定位。现在已有使用各种通信方法，在不同终端用户与智能电网之间共享数据的多种智能仪表设计。

在多设备网络中最常使用的收发系统是无线电射频（RF）网络，该通信系统基于 RF 网络，配置一根同时连接发送端和接收端信息的发送天线。使用的无线电频率范围在 3kHz～300GHz 之间[15]。对于适当的双向通信，RF 网络可以在同一频率播送，有些制造商专门致力于使用无线网络通信的智能仪表系统。

智能仪表系统也遵从无线射频通信的 ZigBee IEEE 802.15 协议，这个 IEEE 协议用于规范近程和低功率网络的通信，即如何规避传输电磁波影响人类健康的风险。该协议确定了不同播放频率的数据传输速率。本地 RF 网络通常运行在 2.4GHz 频带，数据传输速率为 250kbit/s，每个频道的宽度为 5MHz[3,16]。选择这种常用运行点是为了获得高传输速率和安全运行频率，对于无线智能仪表的主要关注点是可能会暴露在有危害的电磁波中。

太平洋燃气和电力公司（The Pacific Gas and Electric Company，PGE）开发了一种智能仪表电力系统，使用 RF 网络实现不同智能仪表之间的通信。这个 RF 网络连接每个配置天线的设备至附近所有的收发器，该通信系统按照 IEEE 协议将数据以预定的周期发送至本地 PGE 站，配置 RF 的系统同样也可以与附近的智能仪表通信[5,7]。通过将通信系统分散化，即使某个单独设备故障时，智能仪表网络也能够维持运行，分散化是智能电网设计的关键点。

智能仪表使用一些其他的通信系统连接终端用户和供电商，一些制造商提供使用 IEEE 标准的无线通信、以太网以及 Wi-Fi 功能的智能仪表，可实现智能电网之间的通信[4]。互联网协议选项提供了分布式通信的能力：以太网通信系统为电网本地传感器和智能仪表网络之间提供了物理的和更加刚性的连接；Wi-Fi 通信系统提供了没有健康顾虑的无线通信入口。然而，较小的 RF 网络有带宽限制，且只能适应较短的播放距离。

通用电气公司提供使用电力线通信（Power Line Communication，PLC）的智能仪表，可以在本地传感器和供电商的本地网络之间实现数据传输[5,6]。PLC 通信系统可在线路上传输高频数据，线路同时也以 50Hz 或者 60Hz 频率传输功率。PLC 系统安装在传输线路的两端，可以对线路传送的高频数据进行过滤并转换。西门子提供了使用光纤电缆的智能电网设计，也可以传输传感器[5,7]收集的数据。这些光纤电缆运行在智能仪表和现场传感器之间，传感器从电网或者终端用户获取数据。敷设于地下的光纤通信系统更加安全，光纤电缆敷设在地下或者沿输电线架设；然而架空的 PLC 通信系统存在受天气情况影响或环境危害的风险，可能阻断数据传输。

很多设备配置蓝牙，以便于用移动电话进行功率监测[2,3]。通用电气公司[5,6]为移动信息传输提供了 3G 和 4G 网络方法，通过第三方网络，使用移动电话设备和蜂窝网络发送智能仪表数据可保证数据安全，移动电话设备和蜂窝网络传输提供了一种数据共享的新方法。对于建立安全可靠的智能电网来说，智能仪表系统的通信方法是设计的关键部分，高效的智能可再生能源微网必须有高效的通信，以降低成本并参与到市场控制的智能电网系统。

4.4.3 网络安全和软件

智能仪表通信系统不止需要先进的硬件和存储设备以实现各方之间的数据传输，也需要安全网络和数据处理软件。怀恶意者可以从通信系统的任何一点入手攻击智能电网，必须要设计安全网络，使信息只能在本地微网智能仪表、终端用户和区域供电商之间传送。

局域网（Local Area Network，LAN）是网络解决方案。它包括一个微网各节点互联，或者根据微网负荷大小和分布式发电的容量，通过分布式或二次输电将几个微网连接到一个本地供电商的馈线上[8]。智能仪表连接至光伏住宅用户微网上，在住宅微网和本地供电商的各方之间使用光纤或者通信电缆，可建立 LAN。物理连接可保证所有数据都在安全网络内，然而在安装期间，必须要注意确保没有安装具有分流器的"流氓硬件"，该硬件可导致后期攻击。为了分散数据流，防止与本地供电商的监视器完全断开，LAN 在每个智能仪表之间应包括多个路径。物理连接要求限制了智能电网中智能仪表的安装，为避免电缆损坏风险，也需要对 LAN 路径进行适当的保护和维修。LAN 系统非常适合单独的住宅微网，但对于更大的微网来说却不是最合适的方法。智能应用系统公司（smart utility systems）[4,13,14] 提供的以太网通信和西门子提供的光纤通信都是 LAN 的案例。

家庭局域网络（Home Area Network，HAN）是小型的、基于 IP 的区域网，可和附近设备进行通信[8]。尽管 HAN 可以包含连接通路，但使用宽带网络或者其他无线通信方式和设备连接使其有别于 LAN。HAN 网络案例包括通用电气和太平洋气电公司提供的移动电话播放、RF 网络和蓝牙连接，HAN 也降低了智能电网受到损害的风险。一个局部化的无线网络可以互联各种智能仪表，无需物理装置或电缆就可以实现数据传输。无需大量连线，这些网络就可以建立完全分布式的系统。然而，HAN 的一个缺点是提高了安全破坏和遭受黑客攻击的风险，和传统无线网络一样，如果系统没有合适的防火墙和其他的安全措施，HAN 也存在遭远程攻击风险；恶意用户可以进入、渗透甚至控制智能电网，在建设安全 HAN 的时候，设计者必须要小心这一点。

广域网（Wide Area Network，WAN）由多个 LAN 和 HAN 互联组成，这种网络一般常见于大城市。尽管 WAN 不存在于住宅智能仪表系统中，但为了连接一个城市或者更大城市中心的多个微网时，就会建立 WAN。与 HAN 中的分布式仪表的表到表连接方式类似，WAN 系统中的互联能够提高整个智能电网的冗余度。通过第三方网络，TCP/IP 协议使用防火墙、调制解调器和开关在节点之间传送数据，由此实现 WAN[6,8]。这些设备提高了整个网络的安全性。

为了和智能仪表交互，很多公司为区域微网提供了用户定制软件方法。这些程序和智能仪表系统配套安装，或者根据用户需求定做。通用电气提供了智能仪表运行套件（Smart Meter Operations Suite，SMOS），作为计量设备和本地供电商之间的中介[6]。用户可以使用软件一天内跟踪多个设备的运行，并对运行中的电气设备进行调控。图 4-2 所示为微网中 SMOS 的位置，该软件及其他类似产品可由智能仪表所有者购买，可轻松跟踪和组织网络之间传输的数据，这种程序允许用户在局部网络中很方便地与各种仪表设备进行交互并控制。通用电气公司的智能仪表运行流程图可参考文献 [6]。

目前针对住宅、商业和工业微网有很多智能电网解决办法。通过智能仪表和传感器，通信系统和控制软件可以将智能微网连接到本地电力系统，很多大供应商都可以提供智能仪表，包括西门子和通用电气公司。这些仪表可以取代标准的电网仪表，而且许多设备都具有"即插即用"的功能，可以轻松接入现有电力系统。GE 销售适

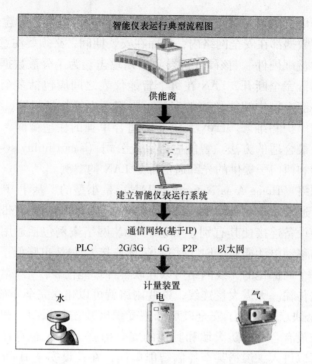

图 4-2   智能仪表运行系统流程图（改自通用电气公司智能
仪表运行系统 SMOS, 2014）

用于不同系统的各类智能仪表，已有的设计包括单相和三相仪表、以太网和 Wi-Fi 配置型号，以及适合 HAN 装置的仪表，在 2014 年，这些仪表的成本约为每个 150 美元。

西门子公司是另一个大型的能源公司，致力于研究各种前提下的智能电网解决方法。西门子提供的智能电网产品范围从单独的智能电表，到数据获取中心、软件控制和端对端微网技术，其智能仪表可使用光纤电缆或者无线移动网络轻松传输数据。西门子目前只提供三相仪表，适用于商业和工业系统，2014 年，这些仪表成本约为每个 200 美元[7]。其他一些厂家也提供微网智能仪表，由于具备 AMI 接口功能，以及适用于 LAN 或 HAN 网络的光学元件，智能应用系统公司[4]的仪表具备高效性和功能性。这些仪表还拥有更加先进的型号，包括内部备用电池和超级电容，可以在停电紧急状态期间为仪表供电。这些备用电源使得仪表能在断电前传输少量通信信息，这些信号将会向电力公司提供仪表所在位置断电预警，从而减少通信中断和修复时间。2014 年，智能应用系统公司[4]的仪表成本约为每台 140～160 美元。Echelon[9]是另外一家生产智能仪表的公司，Echelon 仪表可以同 HAN 连接，可用于中低压场景下的 WAN[5]，2014 年，Echelon 仪表成本约为每台几百美元，适用于大型电力系统或互联的微网。

4.4.4　智能电话应用

先进的智能监控系统为评估区域微网效率提供了详细且有序的方法；但这些方

法不一定适用于所有微网。只有少部分需监控负荷的住宅微网，以及光伏电站的智能仪表，可能会受益于简单的监控方法。许多独立的软件开发者正在设计可以跟踪并控制住宅微网负荷的智能电话应用，这些应用成本较低，可与微网设备无线连接，进行控制和有效监控。太平洋气电公司有一篇文章介绍了智能电话软件的应用[5]。

　　SunPower 公司[15]提供了一种用于光伏电站的苹果手机（iPhone）应用（App），可跟踪光伏电站功率输出以及每日发电量和用电量，这款应用软件可用来帮助光伏微网中光伏电站的调度和负荷控制。SunPower 介绍了智能手机应用，网页 http://www. weisersecurity. com/提供了使用 3G 网络的首页控制 App，该 App 可用来远程控制连接的微网设备，例如电灯、家用电器，以实现能源高效利用。MeterRead 公司的 App 也可代替智能仪表监控微网负荷的用电量，该 App 也可用于比较增加更高效设备的效益，例如 LED 灯，以进行能量高效监控和成本效益分析。Control 手机App 也可用于苹果手机、黑莓手机和安卓手机，对家庭设备以及无线网络连接的任何位置的设备进行远程控制。苹果能源　UFO App 配置了四个电涌保护器，可监控小时级用电量，该 App 也实时显示电价，可有效利用电能。本节提到的五种智能电话应用只是众多独立软件中的一部分，这些软件可应用于住宅、商业以及工业微网，用来监控节能指标体系[15]。

4.5　小结

　　功率监控和计量仪表自从出现后就成为电网的重要组成部分，供电商使用电力计量仪表进行用户收费、数据收集、预测和电网效率评估。智能电力仪表可提供信息给终端用户，以监控电能利用并通过高效利用降低电能成本。通过记录电压、电流波形、有功功率、无功功率和视在功率潮流、功率因数，智能仪表记录微网和每个负荷馈线的耗电情况，监控负荷，以降低微网运行成本。通过区域网络记录微网中的数据，应用在商业、工业以及公寓中的多个智能仪表可以联合起来作为一个局部微网。目前，很多公司都在进行智能电网设计的同时提供咨询和简单硬件选择服务。这些智能仪表受软件控制，提供端对端解决方案，并应用于住宅、商业和工业新能源电力微网。智能仪表作为终端用户和供电商之间的媒介，可用来收集数据、控制单个负荷、进行电能的买卖。一些现代电器，例如空调系统（HVAC）和冰箱，都配置了通信功能，可以和本地智能仪表连接；老的电气设备通过通信功能连接至智能出口计量仪表，可接入微网。开发的软、硬件促进了作为互联电网一部分的智能新能源电力微网的发展。

　　智能仪表使用一系列通信和数据获取协议来传递信息。通过有线 LAN 可建立小型的仪表网络，而更多的分布式系统使用无线电频率或者网络协议来建立 HAN。这些网络可依次通过安全防火墙以及继电器连接并建立 WAN，以支撑整个智能电网。对于住宅智能仪表，私营公司提供了各种设计和解决方案。在选择系统中使用仪表的尺寸、容量和类型时，个人和企业必须做出合理的选择，智能仪表的适当选择在微网和智能电网设计中是必要且至关重要的一点。

习　题

4.1　评估一个 1500ft^2 公寓冬天耗电量，公寓包括 3 间卧室、厨房、洗衣机以及烘干机，说明小时用电量。如果供电商智能仪表测得的 1kW·h 电价在夜间为 4 美分，白天为 8 美分，计算电气设备电能使用的成本高效运行模式。

4.2　评估 5000ft^2 家庭夏天耗电量，包括 4 间卧室、厨房、餐厅、客厅、洗衣机和烘干机，说明小时用电量。如果供电商智能仪表测得的 1kW·h 电价在夜间为 4 美分，白天为 10 美分，计算电气设备电能使用的成本高效运行模式。对于假定的日负荷曲线，计算月用电成本。

参 考 文 献

1. Whirlpool. Available at http://www.whirlpool.com/smart-appliances./. Accessed March 16, 2014.

2. Meter Plug. Available at http://meterplug.com/. Accessed March 16, 2014.

3. Wikipedia. Available at http://en.wikipedia.org/wiki/ZigBee. Accessed March 17, 2014.

4. Smart Utility Systems. Available at http://smartusys.com/hardware/. Accessed March 16, 2014.

5. Pacific Gas and Electric. Available at http://www.pge.com/en/myhome/ custo me-rservice/smartmeter/index.page. Accessed March 16, 2014.

6. General Electric. Available at http://www.gedigitalenergy.com/SmartMetering/catalog/p2mp.htm#p2mp2. Accessed February 13, 2015.

7. Siemens. Available at http://w3.siemens.com/smartgrid/global/en/Pages/Default.aspx. Accessed March 16, 2014.

8. Techopedia. Available at www.techopedia.com. Accessed March 17, 2014.

9. Echelon. Available at http://www.echelon.com/applications/smart-metering./. Accessed March 18, 2014.

10. General Electric. Available at http://www.gedigitalenergy.com/multilin/catalog/epmfamily.htm. Accessed March 21, 2014.

11. Hyperphysics. Available at http://hyperphysics.phy-astr.gsu.edu/hbase/magnetic/galvan.html. Accessed March 21, 2014.

12. P3 International. Available at http://www.p3international.com/manuals/p4400_manual.pdf. Accessed March 22, 2014.

13. Siemens. Available at http://www.energy.siemens.com/hq/en/automation/power-transmission-distribution/power-quality/power-monitoring-devices.htm. Accessed March 21, 2014.

14. General Electric. Available at http://www.gedigitalenergy.com/smartmetering/catalog/p2mp.htm. Accessed March 23, 2014.

15. Inhabitat. Available at http://inhabitat.com/5-smartphone-apps-that-will-help-you-save-energy/. Accessed March 24, 2014.

16. Siemens. Available at http://w3.siemens.com/smartgrid/global/en/products-systems-solutions/software-solutions/emeter/Pages/EnergyIP.aspx#. Accessed March 23, 2014.

第 5 章

负荷估算与分类

5.1 引言

进行智能光伏微网设计首先应进行负荷评估[1-6]，可以利用 Excel 表格记录具体的负荷或负荷预测值进行负荷估算。通过了解建筑物内的日常活动情况，可以将负荷估算扩展到日常使用中，年度和月度用电量可用于计算冬季、春季、夏季和秋季的用电量。用电量是月度负荷估算中预期负荷峰值的真实评价，通过负荷峰值估算，可以确定光伏电站的规模。

目前，能源供应商正在实施实时电价和日间电价，随着电价的不断上涨和光伏电池（PV）成本的迅速降低，光伏发电已具备商业吸引力。为了安装光伏发电厂，评估光伏发电的成本和支出，需要安装能量监控系统测量居民住宅、商业和工业场所的负荷用电和能源效率，负荷估算和负荷分类有助于计算光伏发电设备和采用发光二极管（LED）的照明系统的支出情况。

5.2 住宅的负荷估算

举一个例子，在概念设计阶段就可以估算一个标准的、面积为 2600ft^2 的居民住宅日常用电量，可以基于预期的负荷额定值估算负荷情况。图 5-1 给出了两层住宅的各区域尺寸和布局情况。房间和建筑设施进行了标记以进行电力负荷估算。带有用电设备的房间分别是门廊、起居室、餐厅、厨房、家庭活动室、三个走廊、洗衣房、车库、前厅、地下室、书房、两间卧室、一间主卧室和四间浴室。

设计阶段的第二步，可以使用 Excel 表格记录每个房间内负荷的用电量和运行时间情况，并估算所有用电设备同时运行时的总负荷峰值。表 5-1 ~ 表 5-30 给出了每个房间的负荷用电情况。

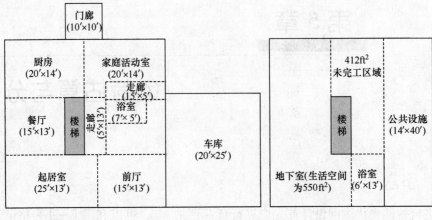

第一层(生活空间为1450ft²)　　　　　　　地下室(生活空间为550ft²)

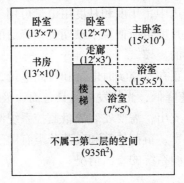

第二层(生活空间为600ft²)

图5-1　一栋2600ft²的居民住宅内部布局示意图

表5-1～表5-16列出了预期负荷情况。为确定光伏电站的规模，建筑物内的各种装置和电气设备被划分为必需负荷和非必需负荷，必需负荷在表5-1～表5-16中突出显示。Excel表格中记录了每台用电设备的额定功率以及表征设备用电量的功耗情况：如果所有用电设备同时以额定功率运行，则该住宅的负荷峰值为15380W，即约15.4kW；如果使用标准的120V电源，满足负荷峰值需要的电流约130A。因此，为保证住宅内用电设备的连续运行，应采用至少150A的主断路器。但是，考虑到供暖、通风和空调系统（Heating, Ventilating, and Air Condition, HVAC）和冰箱起动时电机产生的浪涌电流，主断路器的额定电流应为300A。

表 5-1　门廊负荷情况（冬季/夏季）

用电设备/用途	12am	1am	2am	3am	4am	5am	6am	7am	8am	9am	10am	11am	12pm	1pm	2pm	3pm	4pm	5pm	6pm	7pm	8pm	9pm	10pm	11pm
照明（3个灯泡）	0W/0W	0W/0W	0W/0W	0W/0W	0W/0W	0W/0W	0W/0W	60W/0W	60W/60W	0W/0W	0W/0W	0W/0W	0W/0W	0W/0W	0W/0W	0W/0W	0W/0W	60W/0W	60W/60W	180W/180W	60W/60W	60W/60W	60W/60W	0W/0W

表 5-2　起居室负荷情况（冬季/夏季）

用电设备/用途	12am	1am	2am	3am	4am	5am	6am	7am	8am	9am	10am	11am	12pm	1pm	2pm	3pm	4pm	5pm	6pm	7pm	8pm	9pm	10pm	11pm
照明（5个灯泡）	0W/0W	0W/0W	0W/0W	0W/0W	0W/0W	0W/0W	0W/0W	0W/0W	0W/0W	0W/0W	0W/0W	0W/0W	120W/120W	120W/120W	0W/0W	0W/0W	0W/0W	60W/0W	240W/240W	240W/240W	300W/300W	60W/60W	60W/60W	0W/0W

表 5-3　餐厅负荷情况（冬季/夏季）

用电设备/用途	12am	1am	2am	3am	4am	5am	6am	7am	8am	9am	10am	11am	12pm	1pm	2pm	3pm	4pm	5pm	6pm	7pm	8pm	9pm	10pm	11pm
照明（5个灯泡）	0W/0W	0W/0W	0W/0W	0W/0W	0W/0W	0W/0W	0W/0W	120W/120W	60W/60W	0W/0W	0W/0W	0W/0W	120W/120W	60W/60W	0W/0W	0W/0W	0W/0W	0W/60W	300W/300W	120W/120W	60W/60W	60W/0W	0W/0W	0W/0W

表 5-4 厨房负荷情况（冬季/夏季）

用电设备/用途	12am	1am	2am	3am	4am	5am	6am	7am	8am	9am	10am	11am	12pm	1pm	2pm	3pm	4pm	5pm	6pm	7pm	8pm	9pm	10pm	11pm
照明（10个灯泡）	0W/0W	0W/0W	0W/0W	0W/0W	0W/0W	0W/0W	0W/0W	360W/360W	120W/120W	0W/0W	0W/0W	180W/180W	180W/180W	180W/180W	0W/0W	0W/0W	0W/0W	360W/360W	600W/600W	360W/360W	120W/120W	120W/120W	0W/0W	0W/0W
冰箱/冰柜	725W/725W	725W/725W	725W/725W	725W/725W	725W/725W	725W/725W	725W/725W	725W/725W	725W/725W	725W/725W	725W/725W	725W/725W	725W/725W	725W/725W	725W/725W	725W/725W	725W/725W	725W/725W	725W/725W	725W/725W	725W/725W	725W/725W	725W/725W	725W/725W
洗碗机	0W/0W	0W/0W	0W/0W	0W/0W	0W/0W	0W/0W	0W/0W	0W/0W	0W/0W	0W/0W	0W/0W	0W/0W	0W/0W	0W/0W	0W/0W	0W/0W	0W/0W	0W/0W	0W/0W	0W/0W	0W/0W	0W/0W	0W/0W	0W/0W
炉子/烤箱	0W/0W	0W/0W	0W/0W	0W/0W	0W/0W	0W/0W	0W/0W	0W/0W	0W/0W	0W/0W	0W/0W	0W/0W	0W/0W	0W/0W	0W/0W	0W/0W	0W/0W	3kW/3kW	3kW/3kW	0W/0W	2kW/2kW	2kW/2kW	0W/0W	0W/0W
微波炉	0W/0W	0W/0W	0W/0W	0W/0W	0W/0W	0W/0W	0W/0W	0W/0W	0W/0W	0W/0W	0W/0W	0W/0W	1kW/1kW (15min)	0W/0W	0W/0W	0W/0W	0W/0W	0W/0W	0W/0W	0W/0W	0W/0W	0W/0W	0W/0W	0W/0W
烤面包机	0W/0W	0W/0W	0W/0W	0W/0W	0W/0W	0W/0W	0W/0W	800W/800W (15min)	0W/0W	0W/0W	0W/0W	0W/0W	0W/0W	0W/0W	0W/0W	0W/0W	0W/0W	0W/0W	0W/0W	0W/0W	0W/0W	0W/0W	0W/0W	0W/0W

表 5-5 家庭活动室负荷情况（冬季/夏季）

用电设备/用途	12am	1am	2am	3am	4am	5am	6am	7am	8am	9am	10am	11am	12pm	1pm	2pm	3pm	4pm	5pm	6pm	7pm	8pm	9pm	10pm	11pm
照明（6个灯泡）	0W/0W	0W/0W	0W/0W	0W/0W	0W/0W	0W/0W	0W/0W	120W/120W	60W/60W	60W/60W	60W/60W	60W/60W	60W/60W	60W/60W	60W/60W	60W/60W	120W/120W	120W/120W	240W/240W	240W/240W	240W/240W	120W/120W	120W/120W	0W/0W
电视机	0W/0W	0W/0W	0W/0W	0W/0W	0W/0W	0W/0W	0W/0W	150W/150W	0W/0W	0W/0W	0W/0W	0W/0W	150W/150W	0W/0W	0W/0W	0W/0W	0W/0W	0W/0W	0W/0W	0W/0W	150W/150W	150W/150W	150W/150W	0W/0W
DVD/DVR	0W/0W	0W/0W	0W/0W	0W/0W	0W/0W	0W/0W	0W/0W	25W/25W	0W/0W	0W/0W	0W/0W	0W/0W	25W/25W	0W/0W	0W/0W	0W/0W	0W/0W	0W/0W	0W/0W	0W/0W	25W/25W	25W/25W	25W/25W	0W/0W
立体音响	0W/0W	0W/0W	0W/0W	0W/0W	0W/0W	0W/0W	0W/0W	60W/60W	0W/0W	0W/0W	0W/0W	0W/0W	60W/60W	0W/0W	0W/0W	0W/0W	0W/0W	3kW/3kW	3kW/3kW	0W/0W	60W/60W	60W/60W	60W/60W	0W/0W
电话	15W/15W	15W/15W	15W/15W	15W/15W	15W/15W	15W/15W	15W/15W	15W/15W	15W/15W	15W/15W	15W/15W	15W/15W	15W/15W	15W/15W	15W/15W	15W/15W	15W/15W	15W/15W	15W/15W	15W/15W	15W/15W	15W/15W	15W/15W	15W/15W

表 5-6　走廊负荷情况（冬季/夏季）

用电设备/用途	12am	1am	2am	3am	4am	5am	6am	7am	8am	9am	10am	11am	12pm	1pm	2pm	3pm	4pm	5pm	6pm	7pm	8pm	9pm	10pm	11pm
照明（2个灯泡）	0W/0W	0W/0W	0W/0W	0W/0W	0W/0W	0W/0W	0W/0W	120W/60W	120W/60W	60W/0W	60W/0W	60W/0W	60W/0W	60W/0W	60W/0W	60W/0W	60W/0W	60W/0W	120W/60W	120W/60W	120W/60W	120W/60W	0W/0W	0W/0W

表 5-7　洗衣房负荷情况（冬季/夏季）

用电设备/用途	12am	1am	2am	3am	4am	5am	6am	7am	8am	9am	10am	11am	12pm	1pm	2pm	3pm	4pm	5pm	6pm	7pm	8pm	9pm	10pm	11pm
照明（3个灯泡）	0W/0W	0W/0W	0W/0W	0W/0W	0W/0W	0W/0W	0W/0W	0W/0W	0W/0W	0W/0W	0W/0W	0W/0W	0W/0W	180W/180W	180W/180W	0W/0W	0W/0W	0W/0W	0W/0W	0W/0W	0W/0W	0W/0W	0W/0W	0W/0W
洗衣机	0W/0W	0W/0W	0W/0W	0W/0W	0W/0W	0W/0W	0W/0W	0W/0W	0W/0W	0W/0W	0W/0W	0W/0W	0W/0W	400W/400W	0W/0W	0W/0W	0W/0W	0W/0W	0W/0W	0W/0W	0W/0W	0W/0W	0W/0W	0W/0W
烘干机	0W/0W	0W/0W	0W/0W	0W/0W	0W/0W	0W/0W	0W/0W	0W/0W	0W/0W	0W/0W	0W/0W	0W/0W	0W/0W	0W/0W	3kW/3kW	0W/0W	0W/0W	0W/0W	0W/0W	0W/0W	0W/0W	0W/0W	0W/0W	0W/0W

表 5-8　车库负荷情况（冬季/夏季）

用电设备/用途	12am	1am	2am	3am	4am	5am	6am	7am	8am	9am	10am	11am	12pm	1pm	2pm	3pm	4pm	5pm	6pm	7pm	8pm	9pm	10pm	11pm
照明（2灯泡）	120W/120W	120W/120W	120W/120W	120W/120W	120W/120W	120W/120W	120W/120W	180W/180W	120W/0W	0W/0W	0W/0W	0W/0W	0W/0W	0W/0W	0W/0W	0W/0W	0W/0W	120W/0W	120W/0W	120W/120W	120W/120W	120W/120W	120W/120W	120W/120W
车库开门器	0W/0W	0W/0W	0W/0W	0W/0W	0W/0W	0W/0W	0W/0W	0W/0W	350W/350W（总计运行5min）	0W/0W	0W/0W	0W/0W	0W/0W	0W/0W	0W/0W	0W/0W	0W/0W	0W/0W	0W/0W	0W/0W	0W/0W	0W/0W	0W/0W	0W/0W

表 5-9　前厅负荷情况（冬季/夏季）

用电设备/用途	12am	1am	2am	3am	4am	5am	6am	7am	8am	9am	10am	11am	12pm	1pm	2pm	3pm	4pm	5pm	6pm	7pm	8pm	9pm	10pm	11pm
照明（4个灯泡）	0W/0W	0W/0W	0W/0W	0W/0W	0W/0W	0W/0W	0W/0W	0W/0W	0W/0W	0W/0W	0W/0W	0W/0W	0W/0W	0W/0W	0W/0W	0W/0W	120W/0W	240W/0W	240W/120W	240W/240W	240W/240W	240W/240W	0W/0W	0W/0W

表 5-10　地下室负荷情况（冬季/夏季）

用电设备/用途	12am	1am	2am	3am	4am	5am	6am	7am	8am	9am	10am	11am	12pm	1pm	2pm	3pm	4pm	5pm	6pm	7pm	8pm	9pm	10pm	11pm
照明（15个灯泡）	0W/0W	0W/0W	0W/0W	0W/0W	0W/0W	0W/0W	0W/0W	0W/0W	300W/300W	300W/300W	300W/300W	300W/300W	300W/300W	300W/300W	300W/300W	300W/300W	300W/300W	600W/600W	600W/600W	600W/600W	600W/600W	120W/120W	120W/120W	0W/0W
计算机/打印机	210W/210W	210W/210W	210W/210W	210W/210W	210W/210W	210W/210W	210W/210W	210W/210W	430W/430W	430W/430W	430W/430W	430W/430W	580W/580W	430W/430W	430W/430W	430W/430W	430W/430W	430W/430W	430W/430W	430W/430W	210W/210W	210W/210W	210W/210W	210W/210W
电话	15W/15W	15W/15W	15W/15W	15W/15W	15W/15W	15W/15W	15W/15W	15W/15W	15W/15W	15W/15W	15W/15W	15W/15W	15W/15W	15W/15W	15W/15W	15W/15W	15W/15W	15W/15W	15W/15W	15W/15W	15W/15W	15W/15W	15W/15W	15W/15W
电视机	0W/0W	0W/0W	0W/0W	0W/0W	0W/0W	0W/0W	0W/0W	150W/150W	0W/0W	0W/0W	0W/0W	0W/0W	150W/150W	0W/0W	0W/0W	0W/0W	0W/0W	0W/0W	0W/0W	0W/0W	150W/150W	150W/150W	150W/150W	0W/0W
电玩设备	0W/0W	0W/0W	0W/0W	0W/0W	0W/0W	0W/0W	0W/0W	0W/0W	0W/0W	0W/0W	0W/0W	0W/0W	0W/0W	0W/0W	0W/0W	0W/0W	0W/0W	0W/0W	0W/0W	0W/0W	195W/195W	195W/195W	0W/0W	0W/0W
DVD/DVR	0W/0W	0W/0W	0W/0W	0W/0W	0W/0W	0W/0W	0W/0W	25W/25W	0W/0W	0W/0W	0W/0W	0W/0W	25W/25W	0W/0W	0W/0W	0W/0W	0W/0W	0W/0W	0W/0W	0W/0W	0W/0W	0W/0W	25W/25W	0W/0W

表 5-11　书房负荷情况（冬季/夏季）

用电设备/用途	12am	1am	2am	3am	4am	5am	6am	7am	8am	9am	10am	11am	12pm	1pm	2pm	3pm	4pm	5pm	6pm	7pm	8pm	9pm	10pm	11pm
照明（3个灯泡）	0W/0W	0W/0W	0W/0W	0W/0W	0W/0W	0W/0W	0W/0W	120W/0W	120W/120W	120W/120W	120W/120W	120W/120W	120W/120W	120W/120W	120W/120W	120W/120W	120W/120W	120W/120W	120W/120W	120W/120W	120W/120W	0W/0W	0W/0W	0W/0W
计算机/打印机	210W/210W	210W/210W	210W/210W	210W/210W	210W/210W	210W/210W	210W/210W	210W/210W	430W/430W	430W/430W	430W/430W	430W/430W	580W/580W	430W/430W	430W/430W	430W/430W	430W/430W	430W/430W	430W/430W	430W/430W	210W/210W	210W/210W	210W/210W	210W/210W
电话	15W/15W	15W/15W	15W/15W	15W/15W	15W/15W	15W/15W	15W/15W	15W/15W	15W/15W	15W/15W	15W/15W	15W/15W	15W/15W	15W/15W	15W/15W	15W/15W	15W/15W	15W/15W	15W/15W	15W/15W	15W/15W	15W/15W	15W/15W	15W/15W

表 5-12　卧室负荷情况（冬季/夏季）

用电设备/用途	12am	1am	2am	3am	4am	5am	6am	7am	8am	9am	10am	11am	12pm	1pm	2pm	3pm	4pm	5pm	6pm	7pm	8pm	9pm	10pm	11pm
照明（2个灯泡）	0W/0W	0W/0W	0W/0W	0W/0W	0W/0W	0W/0W	0W/0W	120W/120W	60W/60W	60W/60W	60W/60W	60W/60W	60W/60W	60W/60W	60W/60W	60W/60W	60W/60W	120W/60W	120W/60W	120W/60W	60W/60W	60W/60W	60W/60W	0W/0W
笔记本电脑充电器	50W/50W	50W/50W	50W/50W	50W/50W	50W/50W	50W/50W	50W/50W	50W/50W	0W/0W	0W/0W	0W/0W	0W/0W	0W/0W	0W/0W	0W/0W	0W/0W	0W/0W	0W/0W	0W/0W	0W/0W	0W/0W	0W/0W	50W/50W	50W/50W

表 5-13　主卧室负荷情况（冬季/夏季）

用电设备/用途	12am	1am	2am	3am	4am	5am	6am	7am	8am	9am	10am	11am	12pm	1pm	2pm	3pm	4pm	5pm	6pm	7pm	8pm	9pm	10pm	11pm
照明（4个灯泡）	0W/0W	0W/0W	0W/0W	0W/0W	0W/0W	0W/0W	0W/0W	240W/240W	60W/60W	60W/60W	60W/60W	60W/60W	60W/60W	60W/60W	60W/60W	60W/60W	60W/60W	240W/120W	240W/120W	240W/120W	120W/120W	120W/120W	120W/120W	0W/0W
电视机	0W/0W	0W/0W	0W/0W	0W/0W	0W/0W	0W/0W	0W/0W	0W/0W	0W/0W	0W/0W	0W/0W	0W/0W	0W/0W	0W/0W	0W/0W	0W/0W	0W/0W	0W/0W	0W/0W	0W/0W	150W/150W	150W/150W	150W/150W	0W/0W
笔记本电脑充电器	50W/50W	50W/50W	50W/50W	50W/50W	50W/50W	50W/50W	50W/50W	50W/50W	0W/0W	0W/0W	0W/0W	0W/0W	0W/0W	0W/0W	0W/0W	0W/0W	0W/0W	0W/0W	0W/0W	0W/0W	0W/0W	0W/0W	50W/50W	50W/50W

表 5-14　浴室负荷情况（冬季/夏季）

用电设备/用途	12am	1am	2am	3am	4am	5am	6am	7am	8am	9am	10am	11am	12pm	1pm	2pm	3pm	4pm	5pm	6pm	7pm	8pm	9pm	10pm	11pm
照明（4个灯泡）	0W/0W	0W/0W	0W/0W	0W/0W	0W/0W	0W/0W	0W/0W	240W/240W	0W/0W	0W/0W	0W/0W	0W/0W	0W/0W	240W/240W	0W/0W	0W/0W	0W/0W	0W/0W	0W/0W	0W/0W	0W/0W	240W/240W	0W/0W	0W/0W
排气扇	0W/0W	0W/0W	0W/0W	0W/0W	0W/0W	0W/0W	65W/65W	0W/0W	0W/0W	0W/0W	0W/0W	0W/0W	0W/0W	0W/0W	0W/0W	0W/0W	0W/0W	0W/0W	0W/0W	0W/0W	0W/0W	0W/0W	0W/0W	0W/0W

表 5-15　公共设施负荷情况（冬季/夏季）

用电设备/用途	12am	1am	2am	3am	4am	5am	6am	7am	8am	9am	10am	11am	12pm	1pm	2pm	3pm	4pm	5pm	6pm	7pm	8pm	9pm	10pm	11pm
冰箱	1.2kW/1.2kW	1.2kW/1.2kW	1.2kW/1.2kW	1.2kW/1.2kW	1.2kW/1.2kW	1.2kW/1.2kW	1.2kW/1.2kW	1.2kW/1.2kW	1.2kW/1.2kW	1.2kW/1.2kW	1.2kW/1.2kW	1.2kW/1.2kW	1.2kW/1.2kW	1.2kW/1.2kW	1.2kW/1.2kW	1.2kW/1.2kW	1.2kW/1.2kW	1.2kW/1.2kW	1.2kW/1.2kW	1.2kW/1.2kW	1.2kW/1.2kW	1.2kW/1.2kW	1.2kW/1.2kW	1.2kW/1.2kW
热水器	0W/0W	0W/0W	0W/0W	0W/0W	0W/0W	0W/0W	4kW/4kW	4kW/4kW	4kW/4kW	4kW/4kW	4kW/4kW	4kW/4kW	0W/0W	0W/0W	0W/0W	0W/0W	0W/0W	0W/0W	4kW/4kW	4kW/4kW	4kW/4kW	4kW/4kW	4kW/4kW	4kW/4kW
锅炉风机	750W/0W	750W/0W	750W/0W	750W/0W	750W/0W	750W/0W	750W/0W	750W/0W	750W/0W	0W/0W	400W/400W	400W/400W	400W/400W	400W/400W	400W/400W	400W/400W	400W/400W	400W/400W	400W/400W	400W/400W	750W/750W	750W/750W	0W/0W	0W/0W
空调	0W/3kW	0W/3kW	0W/3kW	0W/3kW	0W/3kW	0W/3kW	0W/3kW	0W/3kW	0W/5kW	0W/5kW	0W/5kW	0W/5kW	0W/5kW	0W/5kW	0W/5kW	0W/5kW	0W/5kW	0W/5kW	0W/3kW	0W/3kW	0W/3kW	0W/3kW	0W/3kW	0W/3kW

表 5-16　前厅负荷情况（冬季/夏季，必需负荷架出显示）

用电设备/用途	12am	1am	2am	3am	4am	5am	6am	7am	8am	9am	10am	11am	12pm	1pm	2pm	3pm	4pm	5pm	6pm	7pm	8pm	9pm	10pm	11pm
照明（3个灯泡）	0W/0W	0W/0W	0W/0W	0W/0W	0W/0W	0W/0W	0W/0W	60W/0W	60W/60W	0W/0W	0W/0W	0W/0W	0W/0W	0W/0W	0W/0W	0W/0W	0W/0W	0W/0W	60W/60W	60W/60W	0W/0W	0W/0W	0W/0W	0W/0W

表 5-17　起居室负荷情况（冬季/夏季）

用电设备/用途	12am	1am	2am	3am	4am	5am	6am	7am	8am	9am	10am	11am	12pm	1pm	2pm	3pm	4pm	5pm	6pm	7pm	8pm	9pm	10pm	11pm
照明（5个灯泡）	0W/0W	0W/0W	0W/0W	0W/0W	0W/0W	0W/0W	0W/0W	0W/0W	0W/0W	0W/0W	0W/0W	0W/0W	0W/0W	0W/0W	0W/0W	0W/0W	0W/0W	0W/0W	60W/60W	60W/60W	0W/0W	0W/0W	0W/0W	0W/0W

表 5-18　餐厅负荷情况（冬季/夏季）

用电设备/用途	12am	1am	2am	3am	4am	5am	6am	7am	8am	9am	10am	11am	12pm	1pm	2pm	3pm	4pm	5pm	6pm	7pm	8pm	9pm	10pm	11pm
照明（5个灯泡）	0W/0W	0W/0W	0W/0W	0W/0W	0W/0W	0W/0W	0W/0W	60W/60W	0W/0W	0W/0W	0W/0W	0W/0W	60W/60W	60W/60W	0W/0W	0W/0W	0W/0W	60W/60W	180W/180W	60W/60W	0W/0W	0W/0W	0W/0W	0W/0W

表 5-19　厨房负荷情况（冬季/夏季）

用电设备/用途	12am	1am	2am	3am	4am	5am	6am	7am	8am	9am	10am	11am	12pm	1pm	2pm	3pm	4pm	5pm	6pm	7pm	8pm	9pm	10pm	11pm
照明（10个灯泡）	0W/0W	0W/0W	0W/0W	0W/0W	0W/0W	0W/0W	0W/0W	120W/120W	0W/0W	0W/0W	0W/0W	0W/0W	60W/60W	60W/60W	0W/0W	0W/0W	0W/0W	120W/120W	120W/120W	60W/60W	0W/0W	0W/0W	0W/0W	0W/0W
冰箱/冰柜	725W/725W	725W/725W	725W/725W	725W/725W	725W/725W	725W/725W	725W/725W	725W/725W	725W/725W	725W/725W	725W/725W	725W/725W	725W/725W	725W/725W	725W/725W	725W/725W	725W/725W	725W/725W	725W/725W	725W/725W	725W/725W	725W/725W	725W/725W	725W/725W
洗碗机	0W/0W	0W/0W	0W/0W	0W/0W	0W/0W	0W/0W	0W/0W	0W/0W	0W/0W	0W/0W	0W/0W	0W/0W	0W/0W	0W/0W	0W/0W	0W/0W	0W/0W	0W/0W	0W/0W	0W/0W	2kW/2kW	2kW/2kW	0W/0W	0W/0W
微波炉	0W/0W	0W/0W	0W/0W	0W/0W	0W/0W	0W/0W	0W/0W	0W/0W	0W/0W	0W/0W	0W/0W	0W/0W	200W/200W	0W/0W	0W/0W	0W/0W	0W/0W	0W/0W	0W/0W	0W/0W	0W/0W	0W/0W	0W/0W	0W/0W
烤面包机	0W/0W	0W/0W	0W/0W	0W/0W	0W/0W	0W/0W	100W/100W	100W/100W	0W/0W	0W/0W	0W/0W	0W/0W	0W/0W	0W/0W	0W/0W	0W/0W	0W/0W	0W/0W	0W/0W	0W/0W	0W/0W	0W/0W	0W/0W	0W/0W

表 5-20 家庭活动室负荷情况（冬季/夏季）

用电设备/用途	12am	1am	2am	3am	4am	5am	6am	7am	8am	9am	10am	11am	12pm	1pm	2pm	3pm	4pm	5pm	6pm	7pm	8pm	9pm	10pm	11pm
照明（6灯泡）	0W/0W	0W/0W	0W/0W	0W/0W	0W/0W	0W/0W	0W/0W	0W/0W	0W/0W	0W/0W	0W/0W	0W/0W	0W/0W	0W/0W	0W/0W	0W/0W	60W/60W	120W/120W	120W/120W	120W/120W	120W/120W	60W/60W	60W/60W	0W/0W
电视机	0W/0W	0W/0W	0W/0W	0W/0W	0W/0W	0W/0W	0W/0W	0W/0W	0W/0W	0W/0W	0W/0W	0W/0W	0W/0W	0W/0W	0W/0W	0W/0W	0W/0W	0W/0W	0W/0W	0W/0W	150W/150W	150W/150W	150W/150W	0W/0W
DVD/DVR	0W/0W	0W/0W	0W/0W	0W/0W	0W/0W	0W/0W	0W/0W	0W/0W	0W/0W	0W/0W	0W/0W	0W/0W	0W/0W	0W/0W	0W/0W	0W/0W	0W/0W	0W/0W	0W/0W	0W/0W	25W/25W	25W/25W	25W/25W	0W/0W
立体音响	0W/0W	0W/0W	0W/0W	0W/0W	0W/0W	0W/0W	0W/0W	0W/0W	0W/0W	0W/0W	0W/0W	0W/0W	0W/0W	0W/0W	0W/0W	0W/0W	0W/0W	0W/0W	60W/60W	60W/60W	60W/60W	60W/60W	60W/60W	0W/0W
电话	0W/0W	0W/0W	0W/0W	0W/0W	0W/0W	0W/0W	0W/0W	0W/0W	0W/0W	0W/0W	0W/0W	15W/15W	0W/0W	0W/0W	0W/0W	0W/0W	0W/0W	15W/15W	0W/0W	0W/0W	0W/0W	0W/0W	0W/0W	0W/0W

表 5-21 走廊负荷情况（冬季/夏季）

用电设备/用途	12am	1am	2am	3am	4am	5am	6am	7am	8am	9am	10am	11am	12pm	1pm	2pm	3pm	4pm	5pm	6pm	7pm	8pm	9pm	10pm	11pm
照明（2个灯泡）	0W/0W	0W/0W	0W/0W	0W/0W	0W/0W	0W/0W	0W/0W	0W/0W	0W/0W	0W/0W	0W/0W	0W/0W	0W/0W	0W/0W	0W/0W	0W/0W	0W/0W	0W/0W	60W/60W	60W/60W	60W/60W	0W/0W	0W/0W	0W/0W

表 5-22 洗衣房负荷情况（冬季/夏季）

用电设备/用途	12am	1am	2am	3am	4am	5am	6am	7am	8am	9am	10am	11am	12pm	1pm	2pm	3pm	4pm	5pm	6pm	7pm	8pm	9pm	10pm	11pm
照明（3个灯泡）	0W/0W	0W/0W	0W/0W	0W/0W	0W/0W	0W/0W	0W/0W	0W/0W	0W/0W	0W/0W	0W/0W	0W/0W	0W/0W	0W/0W	0W/0W	0W/0W	0W/0W	0W/0W	0W/0W	0W/0W	60W/60W	0W/0W	0W/0W	0W/0W
洗衣机	0W/0W	0W/0W	0W/0W	0W/0W	0W/0W	0W/0W	0W/0W	0W/0W	0W/0W	0W/0W	0W/0W	0W/0W	0W/0W	0W/0W	0W/0W	0W/0W	0W/0W	0W/0W	0W/0W	0W/0W	400W/400W	0W/0W	0W/0W	0W/0W
烘干机	0W/0W	0W/0W	0W/0W	0W/0W	0W/0W	0W/0W	0W/0W	0W/0W	0W/0W	0W/0W	0W/0W	0W/0W	0W/0W	0W/0W	0W/0W	0W/0W	0W/0W	0W/0W	0W/0W	0W/0W	0W/0W	1.5kW/1.5kW	0W/0W	0W/0W

表 5-23　车库负荷情况（冬季/夏季）

用电设备/用途	12am	1am	2am	3am	4am	5am	6am	7am	8am	9am	10am	11am	12pm	1pm	2pm	3pm	4pm	5pm	6pm	7pm	8pm	9pm	10pm	11pm
照明（3个灯泡）	0W/0W	0W/0W	0W/0W	0W/0W	0W/0W	0W/0W	60W/60W	0W/0W	0W/0W	0W/0W	0W/0W	0W/0W	0W/0W	0W/0W	0W/0W	0W/0W	0W/0W	0W/0W	0W/0W	0W/0W	0W/0W	0W/0W	0W/0W	0W/0W
车库开门器	0W/0W	0W/0W	0W/0W	0W/0W	0W/0W	0W/0W	0W/0W	0W/0W	30W/30W	0W/0W	0W/0W	0W/0W	0W/0W	0W/0W	0W/0W	0W/0W	0W/0W	0W/0W	0W/0W	0W/0W	0W/0W	0W/0W	0W/0W	0W/0W

表 5-24　门廊负荷情况（冬季/夏季）

用电设备/用途	12am	1am	2am	3am	4am	5am	6am	7am	8am	9am	10am	11am	12pm	1pm	2pm	3pm	4pm	5pm	6pm	7pm	8pm	9pm	10pm	11pm
照明（4个灯泡）	0W/0W	0W/0W	0W/0W	0W/0W	0W/0W	0W/0W	0W/0W	60W/60W	0W/0W	0W/0W	0W/0W	0W/0W	0W/0W	0W/0W	0W/0W	0W/0W	0W/0W	0W/0W	0W/0W	0W/0W	0W/0W	0W/0W	0W/0W	0W/0W

表 5-25　地下室负荷情况（冬季/夏季）

用电设备/用途	12am	1am	2am	3am	4am	5am	6am	7am	8am	9am	10am	11am	12pm	1pm	2pm	3pm	4pm	5pm	6pm	7pm	8pm	9pm	10pm	11pm
照明（15个灯泡）	0W/0W	0W/0W	0W/0W	0W/0W	0W/0W	0W/0W	0W/0W	0W/0W	120W/120W	120W/120W	120W/120W	120W/120W	120W/120W	120W/120W	120W/120W	120W/120W	120W/120W	120W/120W	120W/120W	0W/0W	0W/0W	0W/0W	0W/0W	0W/0W
计算机/打印机	0W/0W	0W/0W	0W/0W	0W/0W	0W/0W	0W/0W	0W/0W	0W/0W	280W/280W	280W/280W	280W/280W	280W/280W	580W/580W	280W/280W	280W/280W	280W/280W	280W/280W	280W/280W	0W/0W	0W/0W	0W/0W	0W/0W	0W/0W	0W/0W
电话	0W/0W	0W/0W	0W/0W	0W/0W	0W/0W	0W/0W	0W/0W	0W/0W	0W/0W	15W/15W	0W/0W	0W/0W	0W/0W	0W/0W	0W/0W	0W/0W	0W/0W	0W/0W	0W/0W	0W/0W	0W/0W	0W/0W	0W/0W	0W/0W
电视机	0W/0W	0W/0W	0W/0W	0W/0W	0W/0W	0W/0W	0W/0W	0W/0W	0W/0W	0W/0W	0W/0W	0W/0W	150W/150W	0W/0W	0W/0W	0W/0W	0W/0W	0W/0W	0W/0W	60W/60W	60W/60W	60W/60W	60W/60W	0W/0W
电玩设备	0W/0W	0W/0W	0W/0W	0W/0W	0W/0W	0W/0W	0W/0W	0W/0W	0W/0W	0W/0W	0W/0W	0W/0W	195W/195W	0W/0W	0W/0W	0W/0W	0W/0W	0W/0W	0W/0W	0W/0W	0W/0W	0W/0W	0W/0W	0W/0W
DVD/DVR	0W/0W	0W/0W	0W/0W	0W/0W	0W/0W	0W/0W	0W/0W	0W/0W	0W/0W	0W/0W	0W/0W	0W/0W	25W/25W	0W/0W	0W/0W	0W/0W	0W/0W	0W/0W	0W/0W	0W/0W	0W/0W	0W/0W	0W/0W	0W/0W

表 5-26　书房负荷情况（冬季/夏季）

用电设备/用途	12am	1am	2am	3am	4am	5am	6am	7am	8am	9am	10am	11am	12pm	1pm	2pm	3pm	4pm	5pm	6pm	7pm	8pm	9pm	10pm	11pm
照明（3个灯泡）	0W/0W	0W/0W	0W/0W	0W/0W	0W/0W	0W/0W	0W/0W	60W/0W	120W/120W	120W/120W	120W/120W	120W/120W	120W/120W	120W/120W	120W/120W	120W/120W	120W/120W	120W/120W	60W/60W	60W/60W	60W/60W	0W/0W	0W/0W	0W/0W
计算机/打印机	0W/0W	0W/0W	0W/0W	0W/0W	0W/0W	0W/0W	0W/0W	0W/0W	280W/280W	280W/280W	280W/280W	280W/280W	580W/580W	280W/280W	280W/280W	280W/280W	280W/280W	280W/280W	0W/0W	0W/0W	0W/0W	0W/0W	0W/0W	0W/0W
电话	0W/0W	0W/0W	0W/0W	0W/0W	0W/0W	0W/0W	0W/0W	0W/0W	0W/0W	15W/15W	0W/0W	0W/0W	0W/0W	0W/0W	0W/0W	0W/0W	0W/0W	0W/0W	0W/0W	0W/0W	0W/0W	0W/0W	0W/0W	0W/0W

表 5-27　卧室负荷情况（冬季/夏季）

用电设备/用途	12am	1am	2am	3am	4am	5am	6am	7am	8am	9am	10am	11am	12pm	1pm	2pm	3pm	4pm	5pm	6pm	7pm	8pm	9pm	10pm	11pm
照明（2个灯泡）	0W/0W	0W/0W	0W/0W	0W/0W	0W/0W	0W/0W	0W/0W	60W/60W	0W/0W	0W/0W	0W/0W	0W/0W	0W/0W	0W/0W	0W/0W	0W/0W	0W/0W	0W/0W	0W/0W	0W/0W	0W/0W	0W/0W	0W/0W	0W/0W
笔记本电脑/充电器	50W/50W	50W/50W	50W/50W	50W/50W	50W/50W	50W/50W	50W/50W	0W/0W	0W/0W	0W/0W	0W/0W	0W/0W	0W/0W	0W/0W	0W/0W	0W/0W	0W/0W	0W/0W	0W/0W	0W/0W	0W/0W	0W/0W	0W/0W	50W/50W

表 5-28　主卧室负荷情况（冬季/夏季）

用电设备/用途	12am	1am	2am	3am	4am	5am	6am	7am	8am	9am	10am	11am	12pm	1pm	2pm	3pm	4pm	5pm	6pm	7pm	8pm	9pm	10pm	11pm
照明（4个灯泡）	0W/0W	0W/0W	0W/0W	0W/0W	0W/0W	0W/0W	0W/0W	120W/120W	0W/0W	0W/0W	0W/0W	0W/0W	0W/0W	0W/0W	0W/0W	0W/0W	0W/0W	0W/0W	0W/0W	120W/120W	120W/120W	60W/60W	120W/120W	0W/0W
电视机	0W/0W	0W/0W	0W/0W	0W/0W	0W/0W	0W/0W	0W/0W	0W/0W	0W/0W	0W/0W	0W/0W	0W/0W	0W/0W	0W/0W	0W/0W	0W/0W	0W/0W	0W/0W	0W/0W	150W/150W	150W/150W	150W/150W	150W/150W	0W/0W
笔记本电脑/充电器	50W/50W	50W/50W	50W/50W	50W/50W	50W/50W	50W/50W	50W/50W	0W/0W	0W/0W	0W/0W	0W/0W	0W/0W	0W/0W	0W/0W	0W/0W	0W/0W	0W/0W	0W/0W	0W/0W	0W/0W	0W/0W	0W/0W	0W/0W	50W/50W

表 5-29　浴室负荷情况（冬季/夏季）

用电设备/用途	12am	1am	2am	3am	4am	5am	6am	7am	8am	9am	10am	11am	12pm	1pm	2pm	3pm	4pm	5pm	6pm	7pm	8pm	9pm	10pm	11pm
照明（2个灯泡）	0W/0W	0W/0W	0W/0W	0W/0W	0W/0W	0W/0W	0W/0W	120W/120W	0W/0W	0W/0W	0W/0W	0W/0W	0W/0W	60W/60W	0W/0W	0W/0W	0W/0W	0W/0W	0W/0W	0W/0W	0W/0W	120W/120W	0W/0W	0W/0W
排气扇	0W/0W	0W/0W	0W/0W	0W/0W	0W/0W	0W/0W	0W/0W	65W/65W	0W/0W	0W/0W	0W/0W	0W/0W	0W/0W	0W/0W	0W/0W	0W/0W	0W/0W	0W/0W	0W/0W	0W/0W	0W/0W	0W/0W	0W/0W	0W/0W

表 5-30　公共设施负荷情况（冬季/夏季）

用电设备/用途	12am	1am	2am	3am	4am	5am	6am	7am	8am	9am	10am	11am	12pm	1pm	2pm	3pm	4pm	5pm	6pm	7pm	8pm	9pm	10pm	11pm
冰箱	0.6kW/0.6kW	0.6kW/0.6kW	0.6kW/0.6kW	0.6kW/0.6kW	0.6kW/0.6kW	0.6kW/0.6kW	0.6kW/0.6kW	0.6kW/0.6kW	0.6kW/0.6kW	0.6kW/0.6kW	0.6kW/0.6kW	0.6kW/0.6kW	0.6kW/0.6kW	0.6kW/0.6kW	0.6kW/0.6kW	0.6kW/0.6kW	0.6kW/0.6kW	0.6kW/0.6kW	0.6kW/0.6kW	0.6kW/0.6kW	0.6kW/0.6kW	0.6kW/0.6kW	0.6kW/0.6kW	0.6kW/0.6kW
热水器	0W/0W	0W/0W	0W/0W	0W/0W	0W/0W	0W/0W	0W/0W	0W/0W	0W/0W	0W/0W	0W/0W	0W/0W	0W/0W	0W/0W	0W/0W	0W/0W	0W/0W	0W/0W	3kW/3kW	3kW/3kW	3kW/3kW	3kW/3kW	3kW/3kW	3kW/0W
锅炉风机	600W/0W	600W/0W	0W/0W	0W/0W	600W/600W	600W/600W	600W/0W	0W/0W	0W/0W	0W/0W	0W/0W	0W/0W	0W/0W	600W/0W	600W/0W	600W/0W	600W/0W	600W/0W	600W/0W	0W/0W	600W/0W	600W/0W	600W/0W	600W/0W
空调	0W/3kW	0W/3kW	0W/3kW	0W/3kW	0W/3kW	0W/3kW	0W/2kW	0W/2kW	0W/2kW	0W/2kW	0W/2kW	0W/2kW	0W/2kW	0W/2kW	0W/2kW	0W/2kW	0W/2kW	0W/2kW	0W/2kW	0W/3kW	0W/3kW	0W/3kW	0W/3kW	0W/3kW

5.3 供电馈线及计量系统

必须指定供电馈线入口、供电控制面板和智能电能计量系统的位置，包括馈线的数量和每个断路器的额定参数。住宅的供电电流为300A，采用两条120V的供电线、一条中性线及一条地线，中性线可以承载电流，与主配电板内的接地点连接。住宅的光伏电站与主馈线相连，位于住宅智能电能计量系统下方的主断路器后面。

住宅的主供电由通过地下室进入建筑物的地下管线提供。供电线路由两条120V的交流电线、一条中性线和一条地线组成，供电线与电能计量系统连接，考虑到负荷连续运行最大电流，计量系统的额定电流为150A。住宅配备的主断路器额定电流为300A，在计量站和主断路器之间，采用单独的电源线将设计的住宅光伏电站与120V交流馈线相连，馈线分别与主断路器和计量系统连接。采用这种方式，光伏发电可以向住宅内的负荷供电，也可以送到主网。在主断路器和住宅内各个用电点之间，采用 10 个额定电流 15A 的断路器实现住宅内的负荷分配。图 5-2 所示为这种计量和馈线设计的示意图。

5.3.1 假定负荷情况

灯泡：60W，820lm[1]　　　　　　　车库开门器：350W

冰箱/冰柜：725W　　　　　　　　　电玩设备：195W

洗碗机：2000W　　　　　　　　　　台式电脑：280W（工作状态）/

电炉/烤箱：3000W　　　　　　　　　60W（休眠状态）

微波炉：1000W　　　　　　　　　　打印机：300W（工作状态）/150W

烤面包机：800W　　　　　　　　　　（休眠状态）

电视机：150W　　　　　　　　　　　笔记本电脑充电器：50W

DVD/DVR：25W　　　　　　　　　　浴室换气扇：65W

立体音响：60W　　　　　　　　　　独立冰箱：1200W

电话：15W　　　　　　　　　　　　热水器：4000W

洗衣机：400W　　　　　　　　　　　电炉：750W

烘干机：3000W　　　　　　　　　　空调：5000W

依据所有用电设备、公用设施和照明电器的假定用电情况，该住宅一个冬季日的总用电量为 166.5kW·h，一个夏季日的用电量为 239.3kW·h。利用这些数值，将用电量除以 24h，可以得到满足住宅每天能源需求的平均功率情况。冬季日满足住宅用电需求的小时平均输入功率为 6.94kW，夏季每日的小时平均输入功率为 9.97kW。将平均功率需求再除以住宅面积（2600ft²）可以得到住宅的单位功率密度，因此，冬季日对应的住宅单位功率密度为 2.67W/ft²，夏季日对应的住宅单位功率密度为 3.83W/ft²。

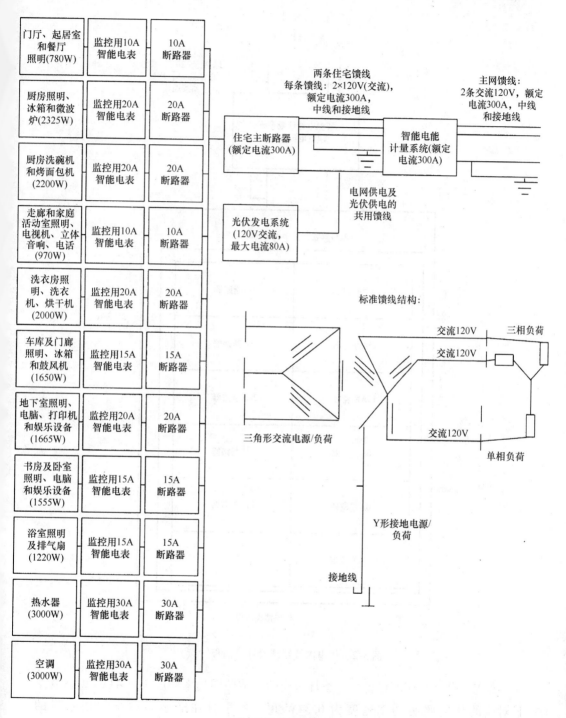

a) 供电馈线及计量系统设计

图 5-2　供电馈线系统设计及面板

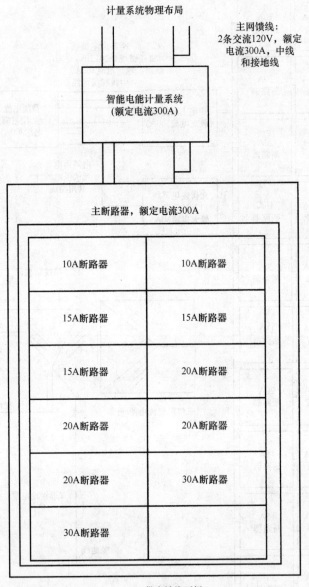

b) 供电馈线面板

图 5-2 供电馈线系统设计及面板（续）

仅考虑住宅的照明设备，冬季日对应的住宅照明功率密度为 0.41W/ft^2，夏季日对应的住宅照明功率密度为 0.34W/ft^2。冬季日住宅照明占全部用电量的 15.4%，夏季日住宅照明占全部用电量的 8.9%。进行计算时，假定照明电器均采用额定功率 60W 的灯泡，每个灯泡的光照输出均为 820lm。因此，无论夏天还是冬天，不管住宅内每天的照明设备用电量是多少，住宅的照明系统效率始终为 820lm/（60W），或 13.67LPW。另外，白炽灯是效率较低的照明设备，相比于其预期光照输出情况会占用更多的住宅能耗。

图 5-3～图 5-5 为住宅每天的能耗情况。

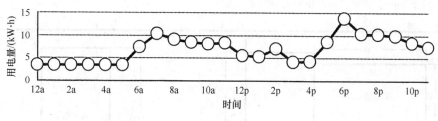

图 5-3　住宅（冬季日）用电量情况

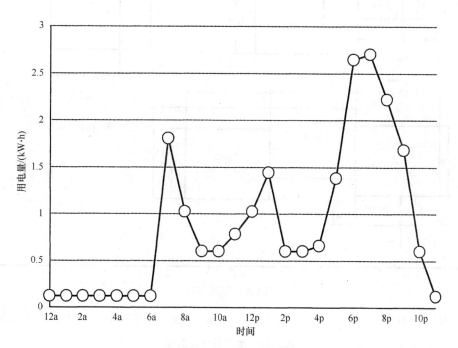

图 5-4　住宅（夏季日）照明设备用电量情况

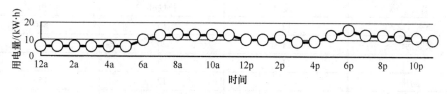

图 5-5　住宅（夏季日）用电量情况

习 题

5.1 估算图 5-6 所示居民住宅夏季日的能耗情况。此住宅有多个房间，包括 3 间卧室、家庭活动室、餐厅、厨房、两间浴室和一个地下室。住宅分为三层，最上层为卧室，中间层为生活区，地下室用于储藏。画出住宅的分时能耗量。

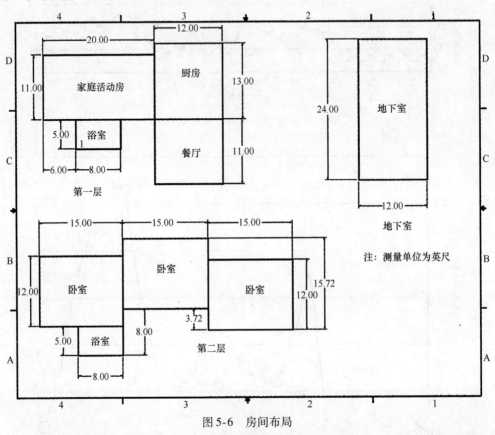

图 5-6 房间布局

表 5-31 给出了每个房间的准确尺寸和住宅的总面积。表 5-31 中给出的尺寸未考虑墙的厚度。

表 5-31 房间尺寸及面积

房间清单			
名　　称	宽度/ft	长度/ft	面积/ft²
卧室（×3）	12	15	540
家庭活动室	11	20	220
餐厅	11	12	132
厨房	13	12	156
浴室（×2）	5	8	80
地下室	24	12	288
合计			1416

5.2 估算图 5-6 所示居民住宅冬季日的能耗情况，并绘制住宅的分时能耗。

5.3 估算图 5-6 所示居民住宅夏季日的照明设备能耗情况，并绘制住宅的分时能耗。

参 考 文 献

1. Environmental Protection Agency, Energy Star. *Learn about LEDs*. http://www.energystar.gov/index.cfm?c=lighting.pr_what_are. Accessed January 20, 2014.

2. Encyclopædia Britannica. Available at http://www.britannica.com/EBchecked/topic/340594/light-emitting-diode-LED. Accessed February 16, 2014.

3. http://www.amazon.com/GE-Lighting-41028-60-Watt-4-Pack/dp/B000BPILBY#productDetails. Accessed December 18, 2014.

4. http://www.rapidtables.com/calc/light/how-lumen-to-watt.htm. Accessed January 20, 2014.

5. http://www.homedepot.com/p/Cree-60W-Equivalent-Soft-White-2700K-A19-Dimmable-LED-Light-Bulb-BA19-08027OMF-12DE26-2U100/204592770?N=5yc1vZbm79. Accessed January 20, 2014.

6. Keyhani, A. (2011). *Design of Smart Power Grid Renewable Energy Systems*, 1st edn, Wiley-IEEE Press, Hoboken, NJ, pp. 138–140.

第6章

白炽灯及发光二极管的节能和成本估计

6.1 照明

1806 年英国科学家 Humphrey Davy 发明了灯泡 (http: www. unmuseun. org/ lightbulb. htm) 和大功率弧光灯。弧光灯使用了很多年,其灯光与焊接产生的光类似,很耗电,目前弧光灯多用做探照灯。Humphrey Davy 通过充满电的电池获得电力点亮弧光灯。

随着直流发电机和电动机的发明,爱迪生 (Edison, 1847 年 2 月 11 日—1931 年 10 月 18 日) 发明了后来大批量生产的白炽灯。自 20 世纪早期开始,标准的白炽灯已用于居民采光、商务和工业系统,直至今天,白炽灯仍在使用。白炽灯中的可见光是电流流过阻值很大的盘绕灯丝产生的,盘绕灯丝比直的灯丝能更多地装入灯泡中,产生更多的光,可见光是灯丝加热导致高温热辐射产生的,但同时也会消耗更多电能。

目前,灯泡中使用的是钨丝。白炽灯的制造成本较低,但由于大量的电力用于加热而热量又白白散掉,故效率较低。

Edmund Germer (1901—1987 年) 发明了高压蒸汽灯,并改进为荧光灯。1927 年, Edmund Germer 与 Fridrich Mayer, Hans Spanner 共同申请了荧光灯专利。

1974 年,喜万年公司 (Sylvania) 和通用电气公司 (general electric company) 开发了第一个紧凑型荧光灯 (Compact Fluorescent Light, CFL)。1990 年, CFL 的性能取得实质性提高,价格降低且效率提高,逐步替代了白炽灯。CFL 比白炽灯耗能低 70%,而寿命是白炽灯的 10 倍。荧光灯是通过电力流过密闭的玻璃管激发管内气体发光的,气体电离后产生紫外光,并通过玻璃管上涂敷的磷光体转变成可见光。

发光二极管 (Light-Emitting Diode, LED) 是当今效率最高的灯。发明 LED 的三位物理学家分别是赤崎勇、天野浩和中村修二。LED 是通过半导体将电能转换为光照,灯很小,大约只有 $1mm^2$。LED 灯可把光投向特定方向的期望空间。

LED 二极管是半导体器件,用于 LED 灯中。二极管是两种半导体材料构成的

PN 结，允许电流从单一方向流过，二极管仅施加 1～2V[1] 的激活电压就会形成大电流。LED 发射光子，如同电流流过元器件。二极管 PN 结内采用不同的半导体材料会产生不同波长的光，大部分 LED 灯由不同类型的砷化镓（GaAs）组成[1]。目前，大型 LED 结构正在替代常见的白炽灯和荧光灯。每种 LED 都发出一定波长的光，白光是通过在 LED 灯组的灯泡上涂磷光体产生的[2]。LED 灯不会像荧光灯一样由于灯管刺破就坏掉，同时 LED 灯也不会逐渐失效和减弱发光。LED 光不产生热，不会被烧毁。

灯泡的效率用发光效率来衡量，是光通量与功率（W）之比。"一个光源的光通量是衡量将电能转换成可见光的效率度量。"[3] "一个具有 100% 效率的灯泡可将电能转换为可见光的效率是 683lm/W。在这种情况下，一个 60～100W 的白炽灯效率是 15lm/W，一个同样功率的 CFL 效率是 73lm/W，目前市场上替代灯泡的 LED 效率在 70～120lm/W 范围内，平均为 85lm/W。"[4]

6.2　LED、白炽灯和 CFL 灯性能对比

行业上对 LED、白炽灯和 CFL 灯的相应性能进行了对比，结果见表 6-1。

表 6-1　LED、白炽灯和 CFL 灯的住宅功率消耗

	寿命（平均）		
	白炽灯 50000h	荧光灯 1200h	LED 8000h
用电功率/W（相当于 60W 的灯泡） LED 产生每单位光（lm）的用电较少，有助于降低发电厂的温室气体排放，同时节省电费	60	13～15	16～8
每年用电千瓦时/（kW·h）（相当于 30 个白炽灯每年的用电量）	3285	767	329
每年使用费用/美元（相当于 30 个白炽灯一年的费用）	328.59	76.65	32.85

一栋 2600ft² 的建筑内的房间如图 6-1 所示，它给出了一座两层楼建筑的基本尺寸布局。每个负荷的功率消耗基于额定功率估算。利用估算的功率消耗和负荷运行时间，可以计算每个负荷的用电量（kW·h）。假设建筑中所有的电灯都是 60W 荧光灯，光通量 820lm，分别估算夏天和冬天该建筑的用电量。计算了建筑总用电量和照明用电量，计算用电数值可用于找出建筑负荷的效率，以 lm/W、W/ft² 为单位，用图 6-4～图 6-6 所示的 24h 负荷曲线表示。

利用从下列网站收集的数据估算前厅、客厅、餐厅、厨房、活动室、三个走廊、洗衣间、车库、门廊、地下室、书房、两个卧室、主卧、四个卫生间和壁橱的负荷如下：

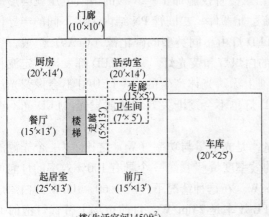

一楼(生活空间1450ft²)

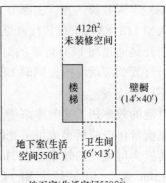

地下室(生活空间550ft²)

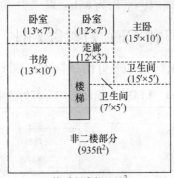

二楼(生活空间600ft²)

图 6-1　2600ft² 建筑的布局

灯泡：60W，820lm

冰箱/冰柜：725W

洗碗机：2000W

电炉/烤箱：3000W

微波炉：1000W

烤面包机：800W

电视机：150W

DVD/DVR：25W

立体音响：60W

电话：15W

洗衣机：400W

烘干机：3000W

车库开门器：350W

电子游戏机：195W

台式电脑：280W（工作状态）/60W（休眠状态）

打印机：300W（工作状态）/150W（休眠状态）

笔记本电脑充电器：50W

浴室换气扇：65W

独立冰箱：1200W

热水器：4000W

电炉：750W

空调：5000W

使用 Excel 表估算每个空间的负荷，形成每日用电量表。表中列出了各个设备。每个负荷的用电量基于运行小时数和额定功率计算。同时，可使用数据记录仪

（见第4章）中典型的日运行数据得到精确的设备用电量。对于商务和工业场所，日负荷可通过与运营商沟通该场所的每日设备使用情况得到，计算照明负荷的用电量可以典型夏季和冬季日负荷为代表。这些用电量的估算可用于计算 LED 灯替换荧光灯后节省的电量。

峰值负荷的估算是设计建筑光伏发电站容量的依据[6]，同时，对于光伏发电站，还需要考虑建筑物阳面可捕获的太阳能辐照量。

对于图 6-1 所示的建筑物，冬季日的负荷为 166.5kW·h，夏季日的负荷为 239.3kW·h。图 6-2 所示为一个夏季日的负荷曲线。

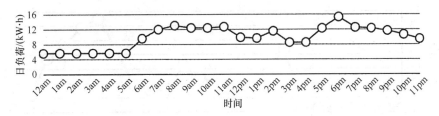

图 6-2　图 6-1 建筑物的夏季日负荷曲线

一日负荷量除以 24h 可计算建筑物的夏日和冬日平均负荷需求。冬季负荷每小时的平均用电量是 6.94kW，夏季是 9.97kW。建筑物在冬季和夏季单位功率密度是平均负荷需求除以建筑物的面积（2600/ft^2），因此该建筑物的功率密度是冬季 2.67W/ft^2，夏季 6.83W/ft^2。建筑在冬季的照明用电量占整个建筑用电量的 15.4%，夏季时占 8.9%。在此分析中，假设所有照明设备的额定光通量为 820lm，单个灯泡功率是 60W。因此，无论建筑物 24h 照明用电量是多少，也不论是夏季还是冬季，建筑物照明系统的效率始终是 820lm/（60W），或 13.67LPW。

图 6-3 所示为图 6-1 建筑物在冬季的日负荷曲线。

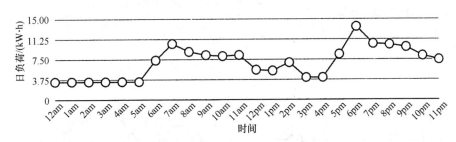

图 6-3　图 6-1 建筑物的冬季日负荷曲线

这些功率和电能是基于对建筑物负荷的很多简化计算的，这些计算表明冬季的照明电量需求较高，因为冬季 24h 光照量较小。

图 6-4 所示为夏季建筑内荧光灯照明的每日 kW·h 用电量，图 6-5 是冬季用电量。

荧光灯的效率较低，因此在住宅用电中所占比例较高。

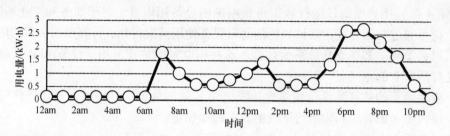

图 6-4　夏季建筑内荧光灯照明的每日 kW·h 用电量估算

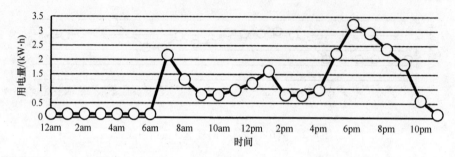

图 6-5　冬季建筑内荧光灯照明的每日 kW·h 用电量估算

图 6-6 所示为夏季建筑内 LED 灯照明的每日 kW·h 用电量，图 6-7 是冬季用电量。

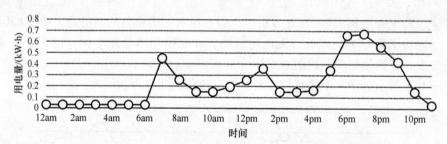

图 6-6　夏季建筑内 LED 灯照明的每日 kW·h 用电量估算

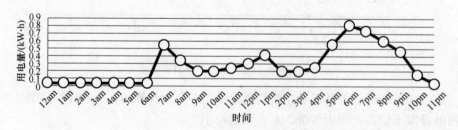

图 6-7　冬季建筑内 LED 灯照明的每日 kW·h 用电量估算

6.3　LED 节能

为分析计算节能和耗能，作以下假设：

（1）荧光灯的价格：每个 0.50 美元

（2）LED 灯的价格：每个 6 美元

（3）1kW·h 电量的价格：0.112 美元

LED 灯的节能效果可基于照明负荷进行估算。一个典型的荧光灯和 LED 灯的价格分别是 50 美分和 6 美元[7,8]。家居照明负荷包括 69 个灯泡。灯泡的使用按冬季和夏季分别进行估算。假设灯泡在冬季使用时长为 426h，夏季的使用时长为 355h。冬季和夏季灯泡的平均使用时长为 391h，乘以 365 天，得到建筑内灯泡一年的使用时间。因此，建筑内灯泡在一年内使用的总小时数是 391 乘以 365，为 142715h。假设荧光灯的寿命为 1200h，LED 灯的寿命为 50000h，那么一年需要 119 支全新的荧光灯或 3 支 LED 灯。这一分析仅为了比较，实际使用时还存在相当的变化。购买这些灯泡的平均每小时花费是灯泡数乘以灯泡价格再除以一年的小时数 8760h。每年购买荧光灯的费用是 59.90 美元，每年购买 LED 灯的费用是 18 美元。假设必须在年初购买 69 支新灯泡，那么购买灯泡的每小时费用分别是：荧光灯 0.0039 美元/h，LED 灯 0.047 美元/h。为计算建筑内照明系统每小时的使用费用，还要加上电费，每 kW·h 电 11.2 美分。用这些数据可得到建筑内荧光灯照明和 LED 灯照明每小时的费用，用美分表示。图 6-8 所示为建筑内荧光灯照明每小时的费用，图 6-9 所示为建筑内 LED 灯照明每小时的费用。

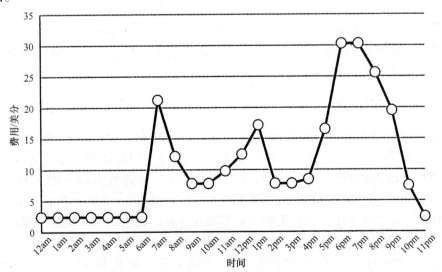

图 6-8　建筑内照明系统每小时费用（荧光灯）

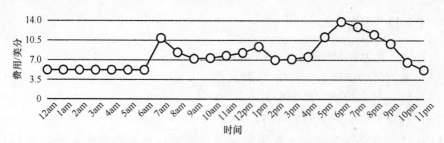

图 6-9　建筑内照明系统每小时费用（LED 灯）

6.4　LED 灯的投资回报率

假设建筑内照明系统的使用时间为 50000h，使用荧光灯和 LED 灯的投资回报率可计算如下：

$$ROI = （每年节省成本/安装成本）\times 100\% \tag{6-1}$$

荧光灯的寿命约 1200h，LED 灯的预期寿命约 50000h。建筑内安装 69 支灯泡，荧光灯的安装成本是 34.50 美元，LED 灯的安装成本是 414.00 美元。假设建筑内照明系统的使用时间是 50000h。由于荧光灯的使用寿命较短，需要更换 42 支荧光灯，费用是 21 美元；一个 LED 灯则是 6 美元。建筑内照明系统平均一年的电费是：荧光灯 8552kW·h，LED 灯 2138kW·h。1kW·h 电价是 11.2 美分，同时考虑替换灯泡的费用，荧光灯每年的使用成本是 978.82 美元，LED 灯是 245.46 美元。因此，使用 LED 每年节省的成本是使用荧光灯的成本减去使用 LED 灯的成本，两种使用成本的差是 733.36 美元。投资回报率计算如下式所示：

$$ROI = （\$733.36/\$414.00）\times 100\% \approx 177.14\%$$

投资回报率表明因 LED 灯低耗能和长寿命的特点，使用 LED 灯可以很快收回较高的采购和安装成本。

6.5　年度碳排放

采用两种照明系统的年度碳排放量计算方式相似。设一个 60W 的荧光灯一年产生 4500lb 二氧化碳，50W LED 灯一年产生 450lb 二氧化碳，则可计算两种照明系统的碳排放。这里的数据是假设灯泡一年连续开通，即 8760 小时运行。这就表明，荧光灯每 525600kW·h 产生 4500lb 二氧化碳，LED 灯每 43800kW·h 产生 451lb 二氧化碳。根据前述分析的住宅照明系统使用情况，每年建筑内使用荧光灯的耗电量是 8552kW·h，使用 LED 灯耗电量是 2138kW·h。这些数据表明住宅照明系统的年度碳排放量是：荧光灯 73.22lb，LED 灯仅 2.2lb。

参 考 文 献

1. Encyclopædia Britannica. Available at http://www.britannica.com/EBchecked/topic/340594/light-emitting-diode-LED. Accessed February 16, 2014.

2. Energy Star. Available at http://www.energystar.gov/index.cfm?c=lighting.pr_what_are. Accessed February 16, 2014.

3. Messenger, R.A. and Ventre, J. (2004). *Photovoltaic Systems Engineering*, 2nd edn, CRC Press. p. 123.

4. Luminous efficacy. Available at: http://en.wikipedia.org/wiki/Luminous_efficacy. Accessed November 10, 2014.

5. Comparison chart: LED lights vs. incandescent light bulbs vs. CFLs. Available at: http://www.designrecycleinc.com/led%20comp%20chart.html. Accessed November 10, 2014.

6. National Public Radio. Available at http://www.npr.org/blogs/money/2011/10/27/141766341/the-price-of-electricity-in-your-state. Accessed February 16, 2014.

7. Gordon Electric Supply. Available at http://www.gordonelectricsupply.com/index~text~17233~path~product~part~17233~ds~dept~process~search?gclid=CPWi8pu2yLwCFQtgMgoduHcAPA. Accessed February 16, 2014.

8. Philips. Available at http://www.1000bulbs.com/product/94243/PHILIPS-420562.html?utm_source=SmartFeedGoogleBase&utm_medium=Shopping&utm_term=PHILIPS-420562&utm_content=LED+-+R40+-+2700K+-+Warm+White&utm_campaign=SmartFeedGoogleBaseShopping&gclid=CIPD1vz837wCFa9FMgodlyAAJg. Accessed February 22, 2014.

第7章

三相电力和微电网

7.1 引言

1791年，英国科学家法拉第（Faraday）提出了感应的基本概念。法拉第（电磁）感应定律指出，改变导线线圈或绕组的磁场会在线圈中产生电压。1832年，法国人皮克西（Hippolyte Pixii）造出了第一台交流发电机。1867年，德国科学家西门子（Werner von Siemens）和英国科学家惠斯通（Charles Wheatstone）把他的发明进一步推进。1886年，一些美国科学家，包括斯坦利（William Stanley）、威斯汀豪斯（George Westinghouse）、特斯拉（Nicola Tesla）和汤姆森（Elihu Thomson），又把西门子的工作进一步改善。十九世纪九十年代，发电机的发明使得西屋、西门子、厄里康（Oerlikon）和通用等公司开始生产广泛使用的商用发电机。多相交流发电机（十九世纪九十年代）的发明者是布雷德利（C. S. Bradley，属美国）、August Haselwander（属德国）、多里沃-杜波洛夫斯基（Mikhail Dolivo-Dobrovsky，属德国/俄罗斯）和费拉里斯（Galileo Ferraris，属意大利）。

7.2 交流发电机的基本概念

发交流电需要外部能源[1]，发电有两种方法：①使用机械能；②使用太阳能和风能。机械能可以用水的动力产生，把下落的水导入涡轮机把机械能提供给发电机的机轴；机械能还可以通过燃烧煤炭或天然气或使用核反应堆产生温度和压力都适当的蒸汽来提供。法拉第感应定律指出，改变线圈或绕组的磁场可以在绕组中产生电压；该定律还指出，在时变磁场作用下，绕组会感应出电动力（EMF）。磁场会把金属铜里面的电子推向下一个原子：例如铜原子有27个电子，然而只有它的轨道上的最外两个电子才能被电动力推向下一个原子。电子流动就会产生电流。

7.3 三相交流发电机

图7-1所示的三相同步发电机是三端子设备[2,3]。机械功率从初始能源（如推动发电机轴的水力或火电机组的机械能）输入。发电机励磁绕组位于它的转子上，

在图 7-1 中，励磁绕组用 N（北极）和 S（南极）画出，图的下方表示的是以直流供电的绕组。励磁绕组通过分段铜集电环和电刷供电[3-5]。三相平衡绕组位于发电机的定子上，如这两个名称所指，定子是静止的，而转子是发电机的旋转部件。定子和转子之间的空间称为空气间隙（气隙），气隙长度是毫米（mm）级的，而转子用精心设计的轴承系统支撑，以保持气隙尽可能小，但又使定子与转子不接触（即不剐蹭）。因为气隙要设计得尽可能小，所以可以保证通过气隙和链接发电机定子的磁场最大[1]。旋转发电机气隙中的励磁绕组可以产生时变磁场，时变磁场与发电机定子的三相绕组链接[6,7]，会产生两种时变磁通。一种是穿越气隙的链接磁通，另一种是通过空气漏掉的漏磁通。链接磁通会加大励磁电感，而漏磁通会加大漏电感。感应电压和电流产生在定子绕组，定子绕组也称为电枢绕组。

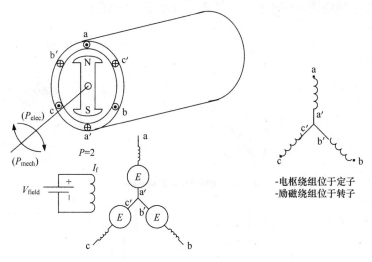

图 7-1   三相同步发电机

发电机的运行频率是机轴速度和励磁绕组磁极数的函数。

$$\omega_{elec} = \frac{P}{2}\omega_{mech} \tag{7-1}$$

式中的单位是 rad/s（弧度/秒）。

$$2\pi f_{elec} = \frac{P}{2}\omega_{mech} \tag{7-2}$$

$$\omega_{mech} = n\frac{2\pi}{60} \tag{7-3}$$

式中，n 的单位从 rad/s 转换为每分钟的转数。

$$f = \frac{P}{2}\frac{n}{2\pi}\frac{2\pi}{60} = \frac{Pn_{syn}}{120} \tag{7-4}$$

式中，P 是极数；ω_{elec} 和 ω_{mech} 代表电气速度和机械速度；n 是转速（r/min）；n_{syn} 称

为同步转速，$n_{syn} = \dfrac{120f}{P}\mathrm{Hz}$，单位 r/min。

电网研究使用无穷大母线的概念表示理想电压源[8]，无论负荷多少，理想电压源都保持电压恒定。当发电机与功率巨大的互联网相连时，情况正是这样。例如当独立发电商（Independent Power Producer，IPP）把 10MW 风力发电机接入总容量为 10000MW 的大电网时，电网的母线电压变化不超过 ±5%。同步的概念将在第 7.4 节讨论。

发电机电压表示为

$$E = KI_f\omega \tag{7-5}$$

开路感应电压 E 是发电机维度的函数，用常数 K、励磁电流 I_f 和机轴转数 ω 描述。图 7-2 是一台三相发电机的一相电路模型，感应电压用 E 表示，端子电压用 V_T 表示。发电机励磁电感没有在图 7-2 的电路模型中示出。

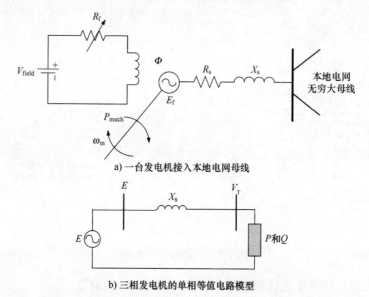

a) 一台发电机接入本地电网母线

b) 三相发电机的单相等值电路模型

图 7-2　三相发电机的一相电路模型

发电机设计为吸取少量供励磁的电流。用 X_s 表示的漏电抗称为同步电抗，因为它是在稳态同步运行状态下算得

$$X_s = \omega_e Ll \tag{7-6}$$

式中

$$\omega_e = 2\pi f_{elec} = \frac{P}{2}\omega_{mech} \tag{7-7}$$

发电机提供的功率用有功功率 P 和无功功率 Q 表示。负荷的有功和无功功率

损耗在后面的第 7.5 节讨论。

常用的励磁机有好几种：

直流励磁电流用连接到直流电源的正极性和负极性端子供电，这一系统称为励磁机[9]。励磁机包括一台位于转子上的直流发电机和两个位于定子上的电刷构件。转子上的分段铜构件称为换向器，它是旋转的。直流电流注入直流励磁绕组。这种励磁机也可以用电动机、原动机或同步电机的机轴驱动。

另一类励磁机称为基于整流励磁的励磁机。整流器可能是静止的，也可能用发电机轴旋转。整流器把交流电流转换为直流电流，它从交流发电机获取能量，再把这一能量用整流系统转换为直流。这类励磁机包括一台交流发电机，供给励磁机的功率可以是可控的，也可能是不可控的。发电机由电动机、原动机或同步电机的机轴驱动。复式整流式励磁机从同步机端子获取功率，然后用整流系统转换为直流[10]。

7.4 发电机同步到电网

图 7-3 表示的是发电机与本地电网并联运行。发电机并联运行要求所有发电机运行于同一电气频率，即同一电气速度，这称为同步运行。同步运行要求满足下列条件：

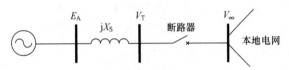

图 7-3 同步前的发电机运行

1）同步发电机的电气速度应等于电力系统发电机的电气速度。

2）发电机端电压应等于无穷大母线电压且必须处于相同的 a-b-c 相序。

满足上述条件后，可以闭合断路器，同步运行意味着同步发电机并联运行[11]。标记 V_∞ 有特殊含义，称一条母线为无穷大母线表示它的电压是恒定的，不因外部事件改变。这意味着无穷大母线可以起理想电压源的作用。图 7-4a，7-4b 和图 7-5 画出的是一台发电机连接到无穷大母线的情况。考虑一台同步发电机连接到本地电网的情况，如图 7-5 所示。

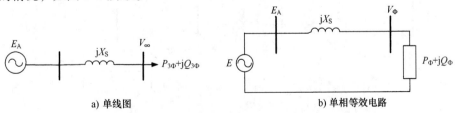

a) 单线图　　　　　　　　　　　　b) 单相等效电路

图 7-4 发电机与电力系统并联运行

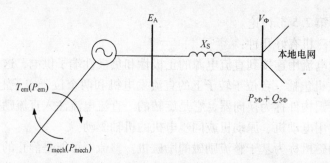

图 7-5　一台发电机运行，向本地电网注入功率

供给发电机轴的机械功率为恒定，且忽略损耗，则供给的机械功率 P_{mech} 等于注入本地电网的电气功率。

7.5　功率因数和有功功率及无功功率的概念

如果励磁电流调整为 $I_{\mathrm{f}} = I_{\mathrm{f0}}$，则励磁电压等于 E_{A}。

如果励磁电流降到一个新值 I_{f}'，则 E_{A} 会降到一个新值 E_{A}'。然而，如果 P_{mech} 保持不变，并继续降低 I_{f}，则等于机械功率的相同电气功率会注入电网。然而，E' 会降低到新值 E'''，励磁电流变化会导致无功功率和功率因数改变。例如，对于一个电阻 R 加电抗 X 的负荷，它消耗的有功功率为

$$P = I^2 R \tag{7-8}$$

负荷消耗的无功功率为

$$Q = I^2 X \tag{7-9}$$

考虑一台以滞后功率因数向本地电网供电的发电机，如图 7-6 所示。电网必须使发电与负荷平衡才能保持稳定，这一条件如图 7-7 所示。

$$\sum_{i=1}^{6} P_{Gi} = \sum_{i=1}^{6} P_{Li} + P_{\mathrm{losses}} \tag{7-10}$$

$$\sum_{i=1}^{6} Q_{Gi} = \sum_{i=1}^{6} Q_{Li} + Q_{\mathrm{losses}} \tag{7-11}$$

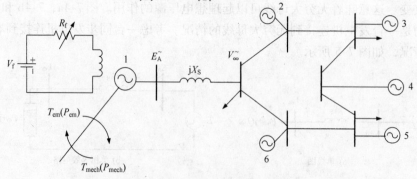

图 7-6　一台发电机运行，向本地电网注入功率

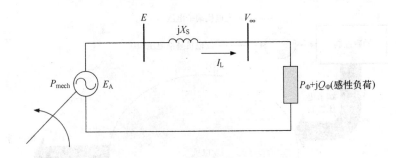

图 7-7 一台发电机向本地电网注入功率的等效电路模型

图 7-7 是一台发电机接入本地电网注入功率的情况。如果发电机以滞后功率因数运行，则励磁电压幅值大于端电压幅值（即 $|E_A| > V_\infty$）。这一情况定义为发电机过励磁运行，端电流滞后于端电压[10-12]。

要改变发电机功率因数，供给的机械功率必须保持恒定：$P_{mech} = \text{const}$，因此，机轴速度也保持恒定，即 $\omega_m = \text{const}$。把励磁电流从 I_f 降到一个新的更低值 I_f'，励磁电压也降到新的更低值 E_A'。然而，因为供给的机械功率保持不变，发电机发出的电气功率也必须保持不变。降低励磁电流 I_f，同步发电机发出的无功功率就会降低。然而发电机发出的有功功率保持不变，这就建立了一个新的运行条件，其中 $Q_{3\Phi} < Q_{3\Phi}'$。但电网控制系统会保持发电与负荷之间的平衡，从而保持了电网稳定。

要使发电机在功率因数 1（即单位功率因数）下运行，可以降低励磁电流，使端电压和端电流处于同一相位（即功率角为零）。在单位功率因数下，发电机只发出有功功率，它发出的无功功率为零，因此降低励磁电流可以使发电机运行于单位功率因数。如果再进一步降低励磁电流 I_f，端电流会领先于端电压，发电机会运行于超前功率因数，但发出相同有功功率[13,14]。

图 7-8 所示为发电机作为三端子设备运行的情况。机械功率提供给发电机，励磁电压用调压器控制，励磁电流设置为满足发电机期望的功率因数，由这些条件确定发电机的有功和无功功率。电网运行期间发电机提供的功率是受控的，使由式（7-12）和式（7-13）给出的总发电量和总负荷之间的平衡得以保持。

$$\sum_{i=1}^{6} P_{Gi} = \sum_{i=1}^{6} P_{Li} + P_{losses} \tag{7-12}$$

$$\sum_{i=1}^{6} Q_{Gi} = \sum_{i=1}^{6} Q_{Li} + Q_{losses} \tag{7-13}$$

交流电网发电机设计为生产三相交流电。三个正弦分布式绕组（线圈）设计为承载相同的电流。图 7-9 所示为三相发电机每相的对发电机中性点的电压。

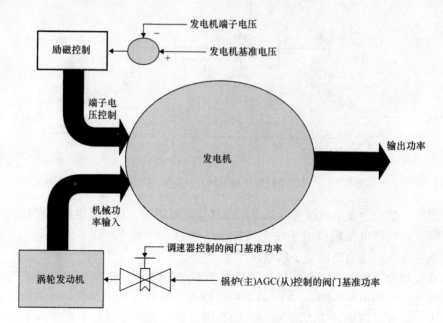

图 7-8　发电机是三端子设备

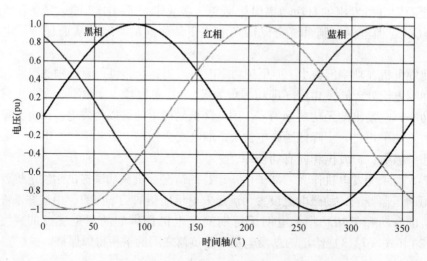

图 7-9　三相发电机的电压波形[15]

图 7-9 所示的正弦电压（或电流）是时间函数，时间轴范围 0～360°（2πrad）。全世界的电网每个都运行于固定频率，50 或 60Hz。基于通用色码惯例[16]，黑色用来表示三相系统中与以地为基准相位的相位差为零的那一相。红色表示第二相，它的相角偏离黑相 120°；蓝色表示第三相，它也偏离黑相 120°。

三相交流电网可以看做三个单相电路，最早一批交流发电机就是单相的。但是人们认识到，三相发电机可以发出三倍电力。然而，相数更多的发电机并不能成正比地发出更多电力[17]。根据图7-9，三相发电机的相电压可表示为

$$V_{ac} = \frac{460\sqrt{2}}{\sqrt{3}} \times \sin(2\pi \times 60t)$$

$$V_{ab} = \frac{460\sqrt{2}}{\sqrt{3}} \times \sin(2\pi \times 60t + 90°)$$

$$V_{bc} = \frac{460\sqrt{2}}{\sqrt{3}} \times \sin(2\pi \times 60t - 90°)$$

上述电压表达式中，线电压（线间电压）$V_{LL} = 460\text{V}$，相电压（线对中性点电压）为 $460/\sqrt{3}$；每相电压的峰值是 $460\sqrt{2}/\sqrt{3}$。

7.6　三相电网

考虑图7-10的三相四线系统。

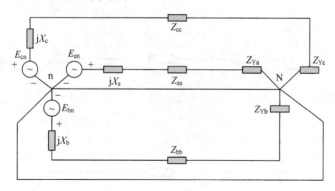

图7-10　三相四线配电系统

通常，三相系统[18-19]都设计为平衡系统。因此会使用相同的发电机、配电线路和负荷结构。因此可以得到如下规范的平衡系统：

$$X_a = X_b = X_c = X_s$$

$$Z_{aa} = Z_{bb} = Z_{cc} = Z_{line}$$

$$Z_{Ya} = Z_{Yb} = Z_{Yc} = Z_{load}$$

复数域的功率消耗为

$$S_{aa} = S_{bb} = S_{cc} = P_L + jQ_L \tag{7-14}$$

三相电压各相差120°，如图7-11所示。

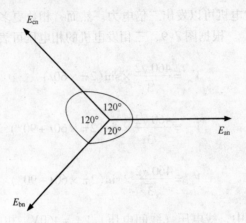

图 7-11 平衡三相电压

对于平衡发电机，通常选取 a 相为基准，其余两相与 a 相相差 120°。图 7-12 所示为平衡三相电网，由平衡三相发电机、输电线和负荷组成。

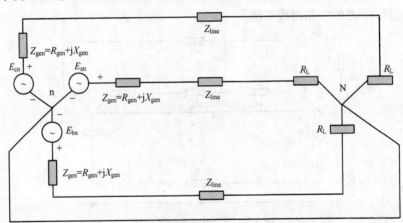

图 7-12 平衡三相电网

对于平衡三相电网，电流也是平衡的。三相电压处于一个平面，彼此相差 120°。

$$E_{ab} + E_{bc} + E_{ca} = E_n \tag{7-15}$$

式中，E_n 是中性点与地之间的电压。

同样，三相电流也处于一个平面，彼此相差 120°。因此有

$$I_a + I_b + I_c = I_n \tag{7-16}$$

如果负荷是不平衡的，则会产生 I_n。然而，对于三相平衡负荷，上述和 $I_a + I_b + I_c = 0$，所以 $I_n = 0$。

这种情况下，中性线不承载任何电流，所以可以省略。图 7-13 所示为一个三相三线配电系统。考虑图 7-14 所示的三相平衡系统。

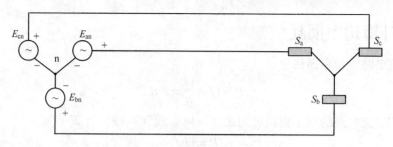

图 7-13 一个电网的三相三线配电系统

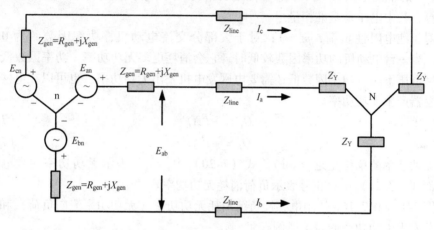

图 7-14 平衡三相电网

用以下符号表示图 7-15 中的相电压和线电压：

E_{an}，E_{bn}，E_{cn} 为线对中性点电压，即相电压；

I_a，I_b，I_c 为线电流或相电流。

因此，对于线电压，E_{ab} 相位偏离 30°，幅值为 $\sqrt{3}E$。因为电源电压是平衡的，负荷也是平衡的，所以得到的电流也是平衡的，即

$$I_a + I_b + I_c = 0 \qquad (7\text{-}17)$$

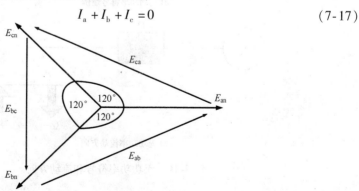

图 7-15 相电压和线电压

7.7 计算功率损耗

直流电路的功率损耗为

$$P = VI = \frac{V^2}{R} = I^2 R \tag{7-18}$$

单相交流电路的功率损耗可用式（7-18）或（7-19）计算

$$P = VIpf \tag{7-19}$$

式中，V 的单位是伏（V）；I 的单位是安培（A）；功率因数（pf）根据电压和电流计算，其中电压是基准相量。

对于纯电阻性负荷，$pf = 1$；对于大部分交流电动机，功率因数约为 $0.8 \sim 0.95$。当一台电动机的功率因数较低时，它会消耗更多无功功率。功率因数低会导致电网电压下降。功率因数低还需要电网发电机发出无功功率。也可以在电网中配置电容器产生无功功率。

$$Q_C = -I^2 X_C \tag{7-20}$$

$$Q_L = +I^2 X_L \tag{7-21}$$

无功功率的单位是乏（var）。式（7-20）中，负号表示无功功率注入电网母线；而式（7-21）中，正号表示负荷消耗无功功率。

图 7-16a 和 7-16b 使用电感性负荷消耗无功功率（无功功率流向负荷）和电容性负荷发出无功功率的表示惯例。

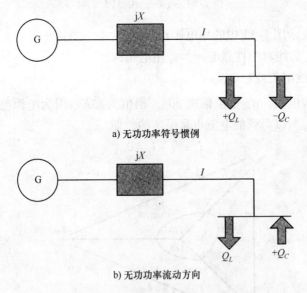

a) 无功功率符号惯例

b) 无功功率流动方向

图 7-16   无功功率符号和流动方向

纯电感性元件用 X_L 表示

$$X_L = \omega L \tag{7-22}$$

纯电容性元件表示为

$$X_C = \frac{1}{\omega C} \qquad (7\text{-}23)$$

式中，X_L 和 X_C 的单位都是欧姆（Ω）。因此，纯容性负荷是发出无功功率的电源。

感性负荷消耗的功率为

$$S = P + jQ \qquad (7\text{-}24)$$

式（7-24）表明，该负荷消费有功功率 P 和无功功率 Q。

容性负荷消耗的功率为

$$S = P - jQ \qquad (7\text{-}25)$$

式（7-25）表明，该负荷消费有功功率 P 并发出无功功率 Q。

7.8　三相电网的单线图表示法

含三相负荷的三相电网可以用单线图表示。例如图 7-17 表示一个含 Y 联结和 Δ 联结负荷的平衡三相电网。图 7-17 所示的电网可以用单线图表示，如图 7-18 所示。

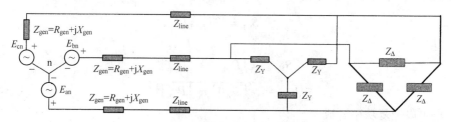

图 7-17　带两个负荷的三相电网

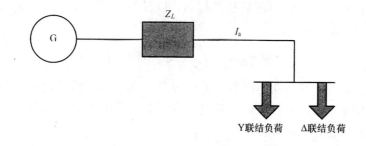

图 7-18　图 7-17 的单线图

在单线图中，电压以线电压（线对线）给出，消耗功率规定为全部三相的功率。也可以用线对中性点电压和每相消耗功率的单相等效电路表示。图 7-17 和 7-18 可以画成图 7-19 那样用 Δ 联结的 Y 等效表示。

$$S_{3\Phi} = 3S_\Phi \qquad (7\text{-}26)$$

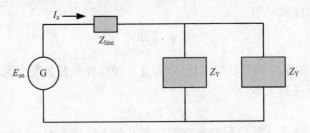

图 7-19　图 7-18 的单相等效电路

然而，相电压等于线对中性点电压，而线对线电压为

$$V_{\text{L-L}} = \sqrt{3}V_{\text{L-N}} = \sqrt{3}V_{\Phi} \tag{7-27}$$

因而，三相功率可表示为

$$S_{3\Phi} = P_{3\Phi} + jQ_{3\Phi} \tag{7-28}$$

对于三相 Y 联结系统，有

$$P_{3\Phi} = S_{3\Phi}pf$$

$$S_{3\Phi} = \sqrt{3}V_{\text{L-L}}I_{\text{L}} \tag{7-29}$$

且

$$|S_{3\Phi}|^2 = |P_{3\Phi}|^2 + |Q_{3\Phi}|^2$$

$$Q_{3\Phi} = \sqrt{|S_{3\Phi}|^2 - |P_{3\Phi}|^2} \tag{7-30}$$

还可以把复功率写成

$$S_{3\Phi} = \sqrt{(P_{3\Phi}^2 + Q_{3\Phi}^2)} \tag{7-31}$$

功率因数 pf 需要标注出滞后还是超前，以说明是消耗还是发出无功功率。功率因数也可以表示为

$$pf = \cos\theta = \frac{P}{|S|} \quad \text{超前或滞后} \tag{7-32}$$

总而言之，对于滞后功率因数，无功功率 Q 为正值。因此负荷会消耗无功功率，而相位角 θ 为正。同样，对于超前功率因数，无功功率 Q 为负值。因此，负荷会发出无功功率，负荷为容性。

例 7.1　考虑一个三相 480V，300kVA，$pf = 0.9$ 滞后的负荷，求该负荷的有功功率和无功功率。

解：

已知数据如下：

$$|S| = 300\text{kVA}$$

$$pf = \cos\theta = 0.9 \quad \text{滞后}$$

本例中，选择从 S 计算 P 和 Q。

$$P_{3\Phi} = |S_{3\Phi}|pf = 300 \times 0.9\text{kW} = 270\text{kW}$$

$$\theta = \arccos(0.9) = 25.84°$$

$$\sin\theta = 0.43589$$

$$Q_{3\Phi} = |S_{3\Phi}| \sin\theta$$

$$Q_{3\Phi} = 300 \times 0.43589\text{kvar} \approx 130.77\text{kvar}$$

$$Q_{3\Phi} = \sqrt{|S_{3\Phi}|^2 - |P_{3\Phi}|^2} = 130.77\text{kvar}$$

因为 pf 是滞后的，所以 $Q > 0$。

该负荷消耗 270kW 有功功率和 130.77kvar 无功功率。

例 7.2 考虑一个三相 480V，240kW，$pf = 0.8$ 滞后的负荷，求该负荷的有功功率、无功功率和复功率。

解：

已知数据如下：

$$P = 240\text{kW}$$

$$pf = \cos\theta = 0.8 \text{ 滞后}$$

可以从 P 计算 S 和 Q。

$$|S| = P/\cos\theta = 240\text{kVA}/0.8 = 300\text{kVA}$$

$$Q_{3\Phi} = |S_{3\Phi}| \sin\theta = 300\text{kvar} \times 0.6 = 180\text{kvar}$$

因为 pf 是滞后的，所以 $Q > 0$。

$$S = (270 + j180)\text{kVA} = 300 \angle 36.8°\text{kVA}$$

例 7.3 考虑一个三相 480V，180kVA，$pf = 0.0$ 超前的负荷，求该负荷的有功功率、无功功率和复功率。

解：

已知数据如下：

$$|S| = 180\text{kVA}$$

$$pf = \cos\theta = 0.0 \text{ 超前}$$

可以从 S 计算 P 和 Q。可计算 $P_{3\Phi}$ 和 $Q_{3\Phi}$ 如下：

$$P_{3\Phi} = |S_{3\Phi}| \cos\theta = 180\text{kvar} \times 0.0 = 0$$

$$Q_{3\Phi} = |S_{3\Phi}| \sin\theta = 180\text{kvar} \times (-1) = -180\text{kvar}$$

因为 pf 是超前的，所以 $Q < 0$。

$$S = 0 - j180\text{kvar} = 180 \angle -90°\text{kvar}$$

7.9 负荷模型

感性负荷可以用它的阻抗表示，如图 7-20 所示。

阻抗 Z_L 是感性负荷。电力系统多数负荷都是感性的。大部分工业、商业和住宅用电动机都是感应电机。图 7-20 中，负荷电压 V_L 是线对中性点电压，而 I_L 是加到负荷上的相电流。

$$Z_L = R_L + j\omega L = R + jX_L = |Z_L| \angle \theta$$

$$|Z_L| = \sqrt{R^2 + X_L^2}, \quad \theta = \arctan\left(\frac{X_L}{R}\right)$$

感性负荷的功率用该负荷消耗的有功功率和无功功率表示。

$$I_L = \frac{V_L \angle 0}{Z_L \angle \theta} = I_L \angle -\theta, \quad I_L = \frac{|V_L|}{|Z_L|} \angle -\theta$$

以负荷电压为基准相量（即 $V_L = |V_L| \angle 0$），负荷电流落后于电压，如图 7-21 所示。

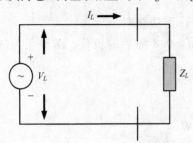

图 7-20 负荷的感性阻抗模型

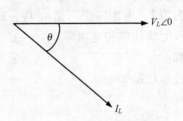

图 7-21 图 7-20 的感性负荷的
电压及其滞后的电流

负荷吸收的复功率可表示为

$$S_L = V_L I_L^* = V_L(I_L \angle -\theta)^* = |V_L| |I_L| \cos\theta + \mathrm{j} |V_L| |I_L| \sin\theta$$
$$S_L = |V_L| |I_L| \,(\mathrm{VA})$$
$$P = |V_L| |I_L| \cos\theta\,(\mathrm{W})$$
$$Q = |V_L| |I_L| \sin\theta\,(\mathrm{var})$$

复功率可表示为

$$S = P + \mathrm{j}Q$$

式中，$\theta = \arctan\dfrac{Q}{P}$，$pf = \cos\theta$ 滞后。

感性负荷模型的功率表示如图 7-22 所示。图 7-22 显示了感性负荷消耗的有功功率和无功功率。

图 7-23 是容性阻抗负荷模型。它的负荷电压也是线对中性点电压及基准相量。负荷电流是施加于负荷的相电流。

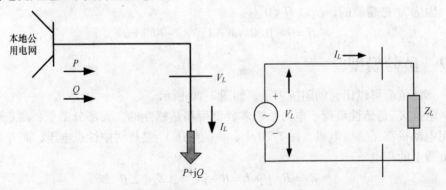

图 7-22 感性负荷的功率表示   图 7-23 容性阻抗负荷模型

$$Z_L = R - \mathrm{j}X_C = |Z_L| \angle -\theta$$

$$|Z_L| = \sqrt{R^2 + X_C^2}, \qquad \theta = \arctan\left(\frac{X_C}{R}\right)$$

$$I_L = \frac{V_L \angle 0}{Z_L \angle -\theta} = I_L \angle \theta, \qquad |I_L| = \frac{|V_L|}{|Z_L|} \angle \theta$$

负荷电压是基准相量（即 $V_L = |V_L| \angle 0$），负荷电流领先于电压，如图 7-24 所示。负荷吸收的复功率为

$$\begin{cases} S_L = V_L I_L^* = V_L \left(I_L \angle \theta\right)^* = V_L I_L \angle -\theta = |V_L| |I_L| \cos\theta - \mathrm{j}|V_L| |I_L| \sin\theta \\ S = P - \mathrm{j}Q, \theta = \arctan\left(\dfrac{Q}{P}\right) \quad \text{功率因数 } pf = \cos\theta, \text{超前} \end{cases}$$

$$(7-33)$$

因此负荷的功率模型如图 7-25 所示。负荷会消耗有功功率，而容性负荷会向当地电网提供无功功率，如图 7-25 所示。如今，越来越多的变速驱动系统由控制多种电动机的大功率变流器控制。此外，越来越多的电力电子负荷渗入电力系统，这些种类的负荷是非线性负荷，在它们的暂态和稳态运行期间，既可能是感性负荷，也可能是容性负荷。功率因数修正、电压控制和稳定都是研究很活跃的领域。

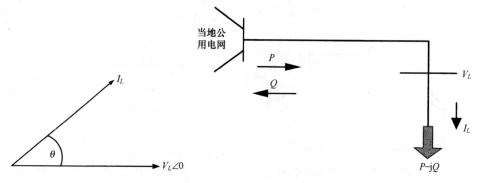

图 7-24 容性负荷的电压和电流　　图 7-25 容性负荷的功率模型

例 7.4 对于图 7-26 给出的单相感性负荷，计算它的线电流。

解：

$$\mathrm{kVA} = |V| |I_L| \times 10^3$$

$$|I_L| = 40 \times 10^3 \mathrm{A} / 220 = 181.8 \mathrm{A}$$

$$I_L = 181.8 \angle -25.8° \mathrm{A}$$

例 7.5 对于图 7-27 给出的三相感性负荷，计算它的线电流。

解：

$$\because V_{L-L} = 20 \mathrm{kV}$$

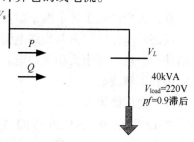

图 7-26 例 7.4 的功率模型

$$\sqrt{3}V_{L\text{-}L}I_L = 2000\text{kVA}$$

$$\therefore\ |I_L| = 2000/(\sqrt{3}\times 20)\text{A} = 57.8\text{A} \qquad I_L = 57.8\angle -25.8°\text{A}$$

$$P_{3\phi} = 2000\times\cos(25.8°)\text{kW} = 1800\text{kW}$$

$$Q_{3\phi} = 2000\times\sin(25.8°)\text{kvar} = 870.46\text{kvar}$$

例 7.6 考虑图 7-28 运行于滞后功率因数的发电机，计算系统提供的有功功率和无功功率。

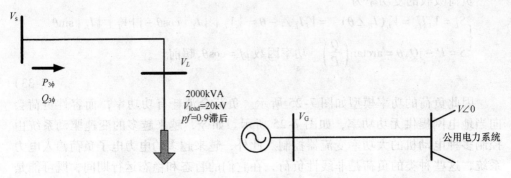

图 7-27 例 7.5 的功率模型　　　　图 7-28 以滞后功率因数运行的发电机

图 7-29 是图 7-28 的等效电路模型；图 7-30 表示了发电机的电压和电流。

$$S_{3\phi} = 3V_G I_G^* = P_{G3\phi} + jQ_{G3\phi}$$

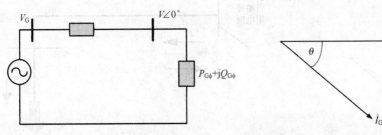

图 7-29 例 7.6 的等效电路　　　　图 7-30 V_G 和 I_G 的相量关系

7.10 电网中的变压器

现在人们已经了解了两个事实：传输功率是电压和电流的乘积；输电线损耗是流经线路的电流的平方与线路电阻的乘积。因此，以低电压传送大功率会产生非常大的功率损耗，对于大功率输电，需要提高电压降低电流。这个问题由于变压器的发明得到了解决。

7.10.1 变压器简史

在 19 世纪 80 年代发生的"电流大战"[3]中，乔治·威斯汀豪斯（George Westinghouse）（1864—1914）[21]和托马斯·爱迪生（Thomas Edison）在电力配送中使用直流（爱迪生的偏好）还是使用交流（威斯汀豪斯的主张）的问题上发生了争执。Tesla 也选择使用交流[20];因为爱迪生的设计是基于低压直流的,所以配电网络中的功率损耗非常高。法国的 Lucien Gaulard 和英格兰的 John Gibbs[21] 1881年在伦敦展示了第一台交流电力变压器[21],这一发明引起了威斯汀豪斯的兴趣。然后他在设计匹兹堡(Pittsburg)的一个交流网络时使用了 Gaulard-Gibbs 变压器和西门子的交流发电机。威斯汀豪斯理解变压器对于交流输电来说是至关重要的,因为它可以保证功率损耗能为人们接受。提高电压、降低电流可以减少输电功率损耗,最终,威斯汀豪斯确认,交流功率对于大功率输电来说更加经济,并开办了威斯汀豪斯(西屋)公司来制造交流电力设备。

7.10.2 输电电压

在 19 世纪 90 年代早期,输电电压还只有约 3.3kV;到 20 世纪 70 年代,大功率输电电压已经高达 765kV 等级。二次配电系统的标准运行电压是低电压,范围从单相的 120~240V 到三相的 208~600V。一次配电电压范围为 2.4~20kV。次输电电压范围为 23~69kV;高压输电的电压范围为 115~765kV;发电电压范围为 3.2~22kV。发电电压被升至高压用于大功率输电,然后当系统接近大城市区域的负荷中心时,电压被降至次输电电压。配电电压被用于城市内部的电力配送,住宅、商业和工业负荷的供电电压等级为 120~600V[18,19]。

图 7-31 是 PV 电源向当地分布式发电系统馈电的典型情况。PV 板的作用如同蓄电池,是直流电源,它们可以串、并联,它的最大直流运行电压是 600V。对于目前的直流配送技术来说,配送数千千瓦功率的代价非常高昂。如果以低电压配送 PV 系统等可再生能源的大功率,配电线路上产生的功率损耗会非常高。可以使用 DC/DC 变流器(即升压变流器)提高电压,然而配套的 DC/DC 变流器和直流系统保护的成本非常高。在图 7-31 所示的系统设计中,直流功率被 DC/AC 逆变器转换为交流。下一章将研究大功率变流器定容及 PV 系统设计。图 7-31 中,PV 电源的功率范围为 3~5kVA,它联到 120V 住宅系统中向住宅负荷供电,在把过剩功率回送到当地电网之前要先把它升压。

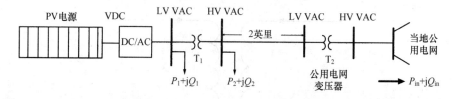

图 7-31 PV 电源向辐射状配电系统馈电

7.10.3 变压器

变压器是一个通过感性耦合绕组把电功率从一个电压等级变换到另一个电压等级的电网元件。单相变压器的每个绕组都缠绕在一个铁心上,两个绕组使用同一铁心结构被磁耦合在一起。理想变压器的输入功率与输出功率相等,这意味着输入电流乘以输入电压等于输出电流与输出电压之积，其中一个绕组用交流电源励磁。根据法拉第感应定律，时变磁场会在第二绕组感应出电压[9,17-19,22,23]。

　　一台变压器中，二次绕组的每匝电压与一次绕组相同，可以通过选择匝数比来升高电压或降低电压。对于高压输电，需要使用变压器提高电压，从而降低电流来减少输电线功率损耗。图 7-32 画出的是理想变压器，理想变压器是假定其铁心和绕组的功率损耗为零。

$$N_1 I_1 = N_2 I_2 \qquad (7\text{-}34)$$

$$\frac{V_1}{N_1} = \frac{V_2}{N_2} \qquad (7\text{-}35)$$

　　图 7-32 中，ϕ_m 表示互磁链，而 ϕ_{i1} 和 ϕ_{i2} 分别表示变压器两侧的漏磁链。互磁链会产生互感，而漏磁链会产生漏感。

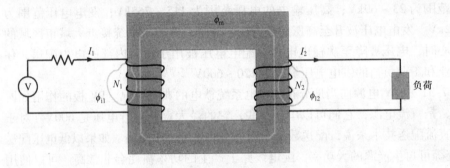

图 7-32　单相理想变压器

　　图 7-33 是理想变压器的示意图。因为理想变压器的损耗假定为零，所以输入功率与输出功率相等。

$$S_1 = V_1 I_1^* = S_2 = V_2 I_2^* \qquad (7\text{-}36)$$

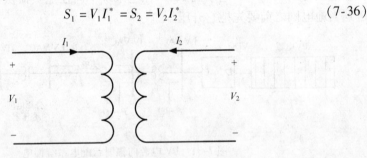

图 7-33　理想变压器示意图

　　实际变压器既有铁心损耗也有绕组损耗，如图 7-34 所示。这些损耗分别用 R_1 和 R_2 表示。这种表示法中，R_1 代表一次侧的阻性损耗，R_2 代表二次侧的阻性损耗。

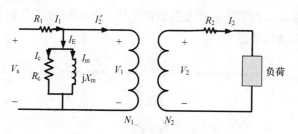

图 7-34 实际变压器的示意图

习惯上把变压器接到电源的一侧称为一次侧，把接到负荷的一侧称为二次侧。为简便起见，将按编号或电压等级称呼变压器的每一侧，即变压器的一侧为高压侧，而另一侧为低压侧。

$$I_E = I_m + I_c$$

式中，电流 I_E 称为励磁电流，它有两个分量 I_m 和 I_c，电流 I_m 称为励磁电流，而 I_c 称为铁损电流。

$$X_m = \omega L_m \tag{7-37}$$
$$N_1 I_2' = N_2 I_2 \tag{7-38}$$

式中，L_m 表示励磁电感，该电感可从互感和每个线圈的自感计算。

$$V_s = V_m \cos\omega t \tag{7-39}$$

$$\overline{V}_s = \frac{V_m}{\sqrt{2}} \angle 0°$$

$$I_m = \frac{V_s \angle 0°}{jX_m} = \frac{V_s}{X_m} \angle -90° \tag{7-40}$$

在交流配电电路中，电源电压可用式（7-39）表示，励磁电流可通过式（7-40）算得。图 7-35 是完整的变压器模型，该模型显示了变压器的一次电阻和漏抗和二次侧的漏抗及绕组的电阻。铁心损耗和励磁电抗分别用 R_C 和 X_m 表示，放在一次侧。

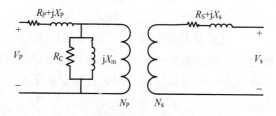

图 7-35 实际变压器的完整示意图

$$X_p = \omega_e L_{lp}, \qquad X_s = \omega_e L_{ls}, \qquad X_m = \omega_e L_m$$

式中，L_{lp}、L_{ls} 和 L_m 分别代表变压器一次绕组漏感、二次绕组漏感和互感。

因为变压器设计为励磁电流很小（为负荷电流的 2% ~ 5%），所以变压器的并联励磁元件可视为非常大的阻抗；在变压器的电压计算中可以把它们省掉。图 7-36 是电压分析中使用的变压器模型。

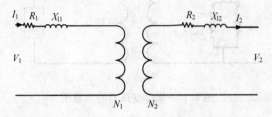

图 7-36　电压分析中使用的变压器等效模型

图 7-36 中，电阻 R_1 代表 1 号绕组的电阻，X_{11} 代表同一绕组的漏抗。同样，R_2 和 X_{12} 代表 2 号绕组的电阻和漏抗。在这种表示法中，为保持通用性，一次绕组和二次绕组的表示被省略，每侧都可以连接到负荷或电源。

图 7-37 是与图 7-36 等效的变压器模型。其中两绕组的阻抗都折算到 1 号侧。假定 1 号侧是高压侧，2 号侧是低压侧。然后图 7-37 可重新标记如下。

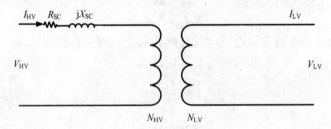

图 7-37　变压器等效模型

上述等效电路模型可用以下公式描述

$$\frac{V_{HV}}{N_{HV}} = \frac{V_{LV}}{N_{LV}} \tag{7-41}$$

$$N_{HV}I_{HV} = N_{LV}I_{LV} \tag{7-42}$$

图 7-37 中的 R_{sc} 和 X_{sc} 分别为变压器的短路电阻和短路电抗，这两项可以从变压器短路试验求得。短路试验是把变压器的一侧短路，施加一个额定电压 5% ~ 10% 的电压，再测量短路电流。施加电压可以调节，使测得的短路电流等于负荷的额定电流。短路试验可视为一项负荷试验，因为试验反映了额定负荷条件。

$$Z_{sc} = R_{sc} + jX_{sc} \tag{7-43}$$

$$R_{sc} = R_1 + a^2 R_2 \tag{7-44}$$

$$X_{sc} = X_{11} + a^2 X_{12} \tag{7-45}$$

式中，$a = \dfrac{V_{HV}}{V_{LV}} = \dfrac{N_{HV}}{N_{LV}}$。

7.11　微电网系统建模

作为本章目标的一部分，将开发微电网系统的模型表示（见图 7-38）。图 7-39 中，PV 系统加 DC/AC 逆变器用 PV 电源表示。

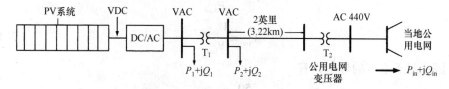

图 7-38　辐射状配电馈线单线图

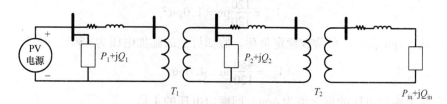

图 7-39　辐射状微电网配电馈线阻抗模型图

用图 7-39 的模型计算负荷电压需要进行一系列计算，因为涉及的变压器很多，而且需要注意要分析的是变压器的哪一侧。首先需要从上述模型中消去变压器，要做到这一点，需要把系统基于相同的电压基值和电流基值归一化。为理解归一法，先要介绍标幺值系统。

7.11.1　标幺值系统

在介绍标幺值系统（pu）的概念之前，先要引进额定值即标称值的概念[18,19]。要理解额定值，可以考虑一个灯泡，例如考虑一个 50W 的灯泡。灯泡的功率和电压额定值如图 7-40 那样印在灯泡上。

灯泡厂家告诉我们，如果在灯泡上施加 120V 电压，它消耗的功率为 50W。根据以上数值，可以计算灯泡的阻抗。

$$R_{灯泡} = \frac{V^2}{P} = \frac{(120)^2}{50}\Omega = \frac{14400}{50}\Omega = 288\Omega$$

还可以知道，如果给灯泡加额定电压 4 倍的 480V 电压，灯丝会更亮，但灯泡可能会爆炸。因此，额定值也告诉我们电器安全运行的条件。

设置以下数值[⊖]：

图 7-40　一个灯泡的额定值

⊖　以下各式中，下标 base 代表基值，rated 代表额定值，actual 代表实际值。——译者注

$$P_{base} = 50W = P_{rated}$$
$$V_{base} = 120V = V_{rated}$$

使用这些值对灯泡的运行条件进行归一化

$$P_{pu} = \frac{P_{actual}}{P_{base}} \tag{7-46}$$

$$V_{pu} = \frac{V_{actual}}{V_{base}} \tag{7-47}$$

因此对于本节的灯泡，有

$$P_{pu} = \frac{50}{50}pu = 1.0pu$$

$$V_{pu} = \frac{120}{120}pu = 1.0pu$$

因此，1pu 表示满负荷或额定负荷。假如灯泡的施加电压为 480V，则

$$V_{pu} = \frac{480}{120}pu = 4.0pu$$

负荷上施加电压的标幺值为 4pu，即额定电压的 4 倍。

如果说负荷的负载为一半，则它的负荷标幺值为 0.5pu。如果说负荷电压高于额定电压 10%，则意味着电压为 1.10pu。

在标幺值系统中，电压、电流、功率、阻抗和其他电气量都表示为相对于它的标幺基值。即

$$标幺值 = \frac{实际值}{基值} \tag{7-48}$$

习惯上，选择两个基本量来定义一个标幺值系统，通常选择电压和功率作为基本量。

假定

$$V_b = V_{rated} \tag{7-49}$$
$$S_b = S_{rated} \tag{7-50}$$

然后计算电流和阻抗的基值

$$I_b = \frac{S_b}{V_b} \tag{7-51}$$

$$Z_b = \frac{V_b}{I_b} = \frac{V_b^2}{S_b} \tag{7-52}$$

标幺值为

$$V_{pu} = \frac{V_{actual}}{V_b} \tag{7-53}$$

$$I_{pu} = \frac{I_{actual}}{I_b} \tag{7-54}$$

$$S_{pu} = \frac{S_{actual}}{S_b} \tag{7-55}$$

$$Z_{pu} = \frac{Z_{actual}}{Z_b} \tag{7-56}$$

$$Z\% = Z_{pu} \times 100\% \quad \text{基值 Z 的百分数} \tag{7-57}$$

例 7.7　一个灯泡的额定值为 120V，500W。计算灯泡的阻抗标幺值和百分数，并画出标幺值等值电路。

解：

根据额定功率和额定电压，可算得灯泡的电阻为

$$P = \frac{V^2}{R} \Rightarrow R = \frac{V^2}{P} = \frac{(120)^2 \Omega}{500} = 28.8\Omega$$

$$pf = 1.0 \quad Z = 28.8 \angle 0° \Omega$$

选择基值为

$$S_b = 500\text{VA}$$

$$V_b = 120\text{V}$$

算得阻抗基值为

$$Z_b = \frac{V_b^2}{S_b} = \frac{(120)^2 \Omega}{500} = 28.8\Omega$$

阻抗标幺值为

$$Z_{pu} = \frac{Z}{Z_b} = \frac{28.8 \angle 0°}{28.8}\text{pu} = 1\angle 0°\text{pu}$$

百分数阻抗为

$$Z\% = 100\%$$

标幺值等效电路如图 7-41 所示。

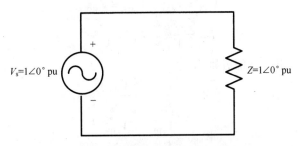

$V_s = 1\angle 0° \text{ pu}$　$Z = 1\angle 0° \text{ pu}$

图 7-41　例 7.7 的等效电路

例 7.8　一个灯泡的额定值为 120V，500W（见图 7-42）。如果施加在灯泡上的电压是额定值的 2 倍，计算通过灯泡的电流。使用标幺值法。

解：

$$V_b = 120\text{V}$$

$$V_{\text{pu}} = \frac{V}{V_{\text{b}}} = \frac{240\angle 0°}{120} = 2\angle 0°\,\text{pu}$$

$$Z_{\text{pu}} = 1\angle 0°\,\text{pu}$$

标幺值等效电路如下（见图 7-42）：

$$I_{\text{pu}} = \frac{V_{\text{pu}}}{Z_{\text{pu}}} = \frac{2\angle 0°}{1\angle 0°} = 2\angle 0°\,\text{pu}$$

$$I_{\text{b}} = \frac{S_{\text{b}}}{V_{\text{b}}} = \frac{500}{120}\text{A} \approx 4.167\text{A}$$

$$I_{\text{actual}} = I_{\text{pu}}I_{\text{b}} = 2\angle 0° \times 4.167\text{A} = 8.334\angle 0°\,\text{A}$$

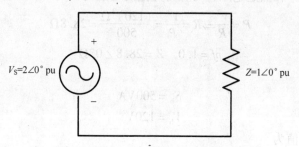

图 7-42　例 7.8 的标幺值等效电路

单相电路的标幺值系统为

$$S_{\text{b}} = S_{1-\phi} = V_{\phi}I_{\phi} \tag{7-58}$$

式中

$$V_{\phi} = V_{\text{线对中性点}} \tag{7-59}$$

$$I_{\phi} = I_{\text{线电流}} \tag{7-60}$$

对于变压器，选择的基值为

$$V_{\text{bLV}} = V_{\phi\text{LV}} \qquad V_{\text{bHV}} = V_{\phi\text{HV}} \tag{7-61}$$

$$I_{\text{bLV}} = \frac{S_{\text{b}}}{V_{\text{bLV}}} \qquad I_{\text{bHV}} = \frac{S_{\text{b}}}{V_{\text{bHV}}} \tag{7-62}$$

变压器两侧的阻抗基值分别为

$$Z_{\text{bLV}} = \frac{V_{\text{bLV}}}{I_{\text{bLV}}} = \frac{(V_{\text{bLV}})^2}{S_{\text{b}}} \tag{7-63}$$

$$Z_{\text{bHV}} = \frac{V_{\text{bHV}}}{I_{\text{bHV}}} = \frac{(V_{\text{bHV}})^2}{S_{\text{b}}} \tag{7-64}$$

$$S_{\text{pu}} = \frac{S}{S_{\text{b}}} = V_{\text{pu}}I_{\text{pu}}^{*} \tag{7-65}$$

$$P_{\text{pu}} = \frac{P}{S_{\text{b}}} = V_{\text{pu}}I_{\text{pu}}\cos\theta \tag{7-66}$$

$$Q_{\text{pu}} = \frac{Q}{S_{\text{b}}} = V_{\text{pu}}I_{\text{pu}}\sin\theta \tag{7-67}$$

如果变压器数量为两个或更多，则需要把阻抗模型归一化到同一基值。可以进行如下选择：

选择 1

$$S_{\mathrm{b1}} = S_{\mathrm{A}} \qquad V_{\mathrm{b1}} = V_{\mathrm{A}}$$

于是

$$Z_{\mathrm{b1}} = \frac{V_{\mathrm{b1}}^2}{S_{\mathrm{b1}}} \qquad Z_{\mathrm{pu1}} = \frac{Z_{\mathrm{L}}}{Z_{\mathrm{b1}}}$$

选择 2

$$S_{\mathrm{b2}} = S_{\mathrm{B}} \qquad V_{\mathrm{b2}} = V_{\mathrm{B}}$$

于是

$$Z_{\mathrm{b2}} = \frac{V_{\mathrm{b2}}^2}{S_{\mathrm{b2}}}, \qquad Z_{\mathrm{pu2}} = \frac{Z_{\mathrm{L}}}{Z_{\mathrm{b2}}}$$

$$\frac{Z_{\mathrm{pu2}}}{Z_{\mathrm{pu1}}} = \frac{Z_{\mathrm{L}}}{Z_{\mathrm{b2}}} \frac{Z_{\mathrm{b1}}}{Z_{\mathrm{L}}} = \frac{Z_{\mathrm{b1}}}{Z_{\mathrm{b2}}} = \frac{V_{\mathrm{b1}}^2}{S_{\mathrm{b1}}} \frac{S_{\mathrm{b2}}}{V_{\mathrm{b2}}^2}$$

$$Z_{\mathrm{pu2}} = Z_{\mathrm{pu1}} \left(\frac{V_{\mathrm{b1}}}{V_{\mathrm{b2}}} \right)^2 \left(\frac{S_{\mathrm{b2}}}{S_{\mathrm{b1}}} \right) \tag{7-68}$$

　　一般把作为标称值（额定值）给出的值称为"原（old）"值，而作为共用基值选择的值称为"新（new）"值。使用这种表示法，原基值与新基值之间的变换可表示为

$$Z_{\mathrm{pu,new}} = Z_{\mathrm{pu,old}} \left(\frac{V_{\mathrm{b,old}}}{V_{\mathrm{b,new}}} \right)^2 \left(\frac{S_{\mathrm{b,new}}}{S_{\mathrm{b,old}}} \right) \tag{7-69}$$

　　可以使用标幺值概念定义变压器的标幺值模型。考虑下面图 7-43 显示的分别折算到低压侧和高压侧的变压器模型等效电路。

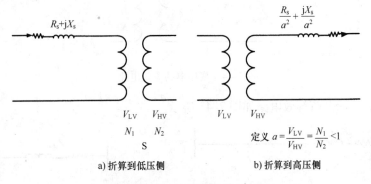

a) 折算到低压侧　　　　b) 折算到高压侧

图 7-43　单相变压器的等效电路

变压器的基值选择如下：

$$V_{\mathrm{b1}} = V_{\mathrm{LV,rated}} \tag{7-70}$$

$$S_{b} = S_{rated} \qquad (7\text{-}71)$$

于是可以计算新的共用基值下的电压基值。

$$V_{b2} = \frac{V_{HV}}{V_{LV}} V_{b1} = \frac{1}{a} V_{b1}$$

$$Z_{b1} = \frac{V_{b1}^2}{S_b} \qquad Z_{b2} = \frac{V_{b2}^2}{S_b}$$

$$\frac{Z_{b1}}{Z_{b2}} = \frac{V_{b1}^2}{V_{b2}^2} = \frac{V_{b1}^2}{\left(\dfrac{1}{a} V_{b1}\right)^2} = a^2$$

标幺值阻抗为

$$Z_{pu1} = \frac{R_s + jX_s}{Z_{b1}}$$

$$Z_{pu2} = \frac{\dfrac{R_s}{a^2} + j\dfrac{X_s}{a^2}}{Z_{b2}} = \frac{\dfrac{R_s}{a^2} + j\dfrac{X_s}{a^2}}{\dfrac{Z_{b1}}{a^2}} = \frac{R_s + jX_s}{Z_{b1}}$$

根据以上关系，可以看出，变压器的标幺值阻抗是相同的，即

$$Z_{pu1} = Z_{pu2}$$

变压器的每相等效电路如图 7-44 所示。其中 R_s 和 X_s 代表折算到低压侧的变压器参数。$a = \dfrac{V_{LV}}{V_{HV}} = \dfrac{N_1}{N_2} < 1$。

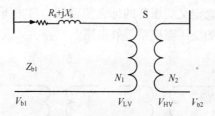

图 7-44　变压器的等效电路

变压器的标幺值等效电路如图 7-45 所示。

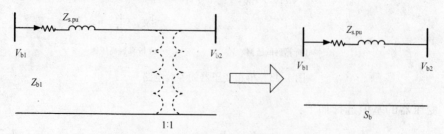

图 7-45　图 7-44 的标幺值等效电路

例 7.9 一台单相变压器的额定参数为 200kVA，200/400V，短路电抗为 10%。计算功率因数为 1 且额定电压为 400V 情况下变压器满负荷的电压变化。

解：

令

$$V_{b2} = 400V$$

$$S_b = 200kVA$$

于是

$$S_{负荷,pu} = 1\angle 0° pu$$

$$X_{s,pu} = j0.1 pu$$

标幺值等效模型如图 7-46 所示。

额定电压为

$$V_{负荷,pu} = 1\angle 0° pu$$

$$I_{负荷,pu} = \left(\frac{S_{负荷,pu}}{V_{负荷,pu}}\right)^* = \left(\frac{1\angle 0°}{1\angle 0°}\right)^* = 1\angle 0° pu$$

式中，*表示共轭。

$$
\begin{aligned}
V_{电源,pu} &= V_{负荷,pu} + I_{pu}X_{s,pu} \\
&= 1\angle 0° + 1\angle 0° \times j0.1 \\
&= 1 + j0.1 = 1.001\angle 5.7° pu
\end{aligned}
$$

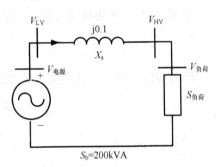

图 7-46 例 7.9 的标幺值等效电路

满载下的标幺值负荷电压为

$$V_{pu,满载} = V_{负荷,pu} = 1\angle 0° pu$$

当切断负荷（空载）并设置电源电压为 $1.001\angle 5.7° pu$ 时，空载电压为

$$V_{pu,空载} = V_{P,pu} = 1.001\angle 5.7° pu$$

因此，根据定义，电压变化（VR，voltage regulation）为

$$VR = \frac{|V_{pu,空载}| - |V_{pu,满载}|}{|V_{pu,满载}|} \times 100\%$$

计算得

$$VR = \frac{1.001 - 1.0}{1.0} \times 100\% = 0.1\%$$

下面将标幺值系统的概念扩展至三相系统。这一扩展非常简单，可以把三相系统视为连接为三相系统的三个单相电路。

对于三相系统，按与前面相同的方法选择 S_b 和 V_b，但功率基值代表三相功率，而电压基值等于线间电压。即

$$S_b = S_{三相} = 3S_{一相} \tag{7-72}$$

$$S_b = 3V_\Phi I_\Phi \tag{7-73}$$

式中的相电压为

$$V_\Phi = V_{线对中性点} = \frac{V_L （线电压）}{\sqrt{3}} \tag{7-74}$$

因此

$$V_\Phi = \frac{V_L}{\sqrt{3}} \quad 且 \quad I_\Phi = I_{线电流} = I_L \tag{7-75}$$

由式（7-73）和式（7-75）可得

$$S_b = 3\frac{V_L}{\sqrt{3}}I_L = \sqrt{3}V_L I_L \tag{7-76}$$

对于三相变压器，高压（HV）侧和低压（LV）侧的电压基值选择为

$$V_{bLV} = V_{L(LV)} \quad V_{bHV} = V_{L(HV)} \tag{7-77}$$

因此，三相系统的功率基值可表示为

$$S_b = \sqrt{3}V_{b(LV)}I_{b(LV)} = \sqrt{3}V_{b(HV)}I_{b(HV)} \tag{7-78}$$

低压（LV）侧和高压（HV）侧的电流基值分别为

$$I_{bLV} = \frac{S_b}{\sqrt{3}V_{b(LV)}} \quad I_{bHV} = \frac{S_b}{\sqrt{3}V_{b(HV)}} \tag{7-79}$$

用与前面一样的方法定义三相系统每相的 Z_b。因此，

$$Z_{bLV} = \frac{V_{\Phi LV}}{I_{\Phi LV}} \tag{7-80}$$

且

$$V_{\Phi LV} = \frac{V_{bLV}}{\sqrt{3}} \quad I_{bLV} = \frac{S_b}{\sqrt{3}V_{b(LV)}}$$

由以上各式可得

$$Z_{bLV} = \frac{V_{bLV}}{\sqrt{3}} \times \frac{\sqrt{3}V_{bLV}}{S_b}$$

最后，阻抗基值由以下各式给出

$$Z_{bLV} = \frac{(V_{bLV})^2}{S_b} \tag{7-81}$$

$$Z_{bHV} = \frac{(V_{bHV})^2}{S_b} \tag{7-82}$$

功率的标幺值定义为三相系统功率除以 S_b，即

$$S_{pu} = \frac{S_{3\Phi}}{S_b} = \frac{\sqrt{3}V_L I_L^*}{\sqrt{3}V_b I_b} = V_{pu}I_{pu}^* \tag{7-83}$$

再重申，阻抗基值为

$$Z_b = \frac{V_{b\Phi}}{I_{b\Phi}} = \frac{V_{b\Phi}^2}{S_{b\Phi}} = \frac{3V_{b\Phi}^2}{3S_{b\Phi}} = \frac{3V_{b\Phi}^2}{S_{b3\Phi}}$$

把相电压用线电压替换，可得到式 7-84 所示的用线电压表示的阻抗基值

$$Z_b = \frac{\left(\frac{V_{bL-L}}{\sqrt{3}}\right)^2}{S_{b\Phi}} = \frac{V_{bL-L}^2}{3S_{b\Phi}} = \frac{V_{bL-L}^2}{S_{b3\Phi}} \tag{7-84}$$

7.12   三相变压器建模

三相变压器阻抗的图示与三个单相变压器相同。首先讨论三相变压器是如何构成的[9,17-19,22,23]，三相变压器可以由三个单相变压器构成。图 7-47 画出的是由三个单相变压器构成的三相变压器。

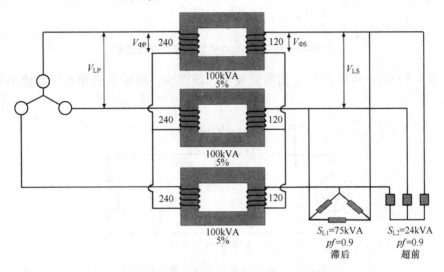

图 7-47   三个单相变压器联结为 Y-Y 联结的三相变压器组

图 7-47 中，每个单相变压器的额定参数为 240V/120V，100kVA，短路电抗为5%，其基值为变压器额定电压和额定功率。三个单相变压器的连接方式是 Y-Y 联结，组成的三相变压器组的额定线电压为$\sqrt{3} \times 240$V 和$\sqrt{3} \times 120$V，300kVA，短路电抗为5%。图 7-47 电路的单线图如图 7-48 所示，它的线电压为

$$V_{LP} = 240 \times \sqrt{3}V = 415.2V$$

$$V_{LS} = 120 \times \sqrt{3}V = 207.6V$$

图 7-49 是图 7-48 电路的单相等效电路，该图中短路电抗在高压侧以实际值给出（单位 Ω）。

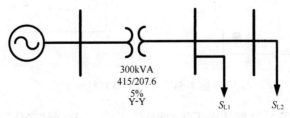

图 7-48   图 7-47 电路的单线图

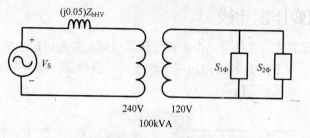

图 7-49　图 7-48 电路的单相等效电路模型

图 7-50 是图 7-49 的标幺值等效模型，该图中，功率基值和电压基值如图中所示。

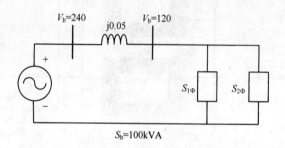

图 7-50　图 7-49 电路的标幺值等效电路

另一种重要的三相变压器类型是中性点接地的 Y- D 联结，如图 7-51 所示。该图显示了绕组耦合：如标注为 N_{P1} 的绕组与 N_{S1} 绕组耦合；同样，N_{P2} 与 N_{S2} 耦合，N_{P3} 与 N_{S3} 耦合。

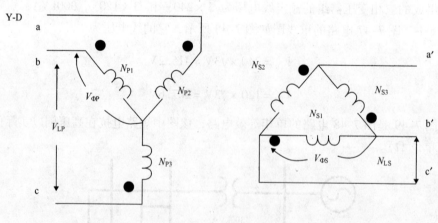

图 7-51　三相 Y- D 联结

图 7-52 表示了 Y- D 联结变压器的相移。因为 Y- D 联结变压器存在相移，所以它们除非相序适当，否则不能并联。因此，在把两台 Y- D 变压器联结之前，读者

会争论是要研究 IEEE 关于变压器并联的标准，还是按产业实践经验[22]。图 7-51
中的大黑点表示每个绕组的对应正极性端。所以建议读者复习电路课内容来理解黑
点的含义。

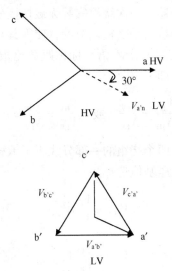

图 7-52　Y-D 变压器中的 30°相移

7.13　分接头切换变压器

图 7-53 是一台三相分接头切换变压器。负荷分接头切换变压器（Load Tap
Changer，LTC）有两类。如果分接头在带负荷情况下切换，则这种变压器称为有
载分接头切换（Tap Changer Under Load，TCUL 或 On-Load Tap Changer，OLTC）。
对于无载分接头切换变压器，分接头切换需要在不接负荷时进行。

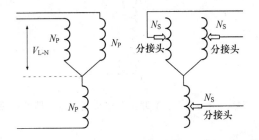

图 7-53　三相 Y-Y 联结分接头切换变压器的示意图

分接头切换变压器的构造是在几匝之后引出一个连接点，这类变压器可以进行
电压调节。分接头可以只在一个绕组上，也可以两个绕组上都有。

电力系统的电压稳定性是负荷类型的函数。感性负荷吸取滞后电流，会导致负
荷电压下降；容性负荷吸取超前电流，会导致负荷电压上升。电容器、电抗器及有

载分接头切换变压器等电压控制元件被用来调节电网母线电压。如果使用分接头切换，分接头分接点通常放在电流较小的高压侧，因为这会降低触头处理电流的要求。然而，变压器也可能在两个绕组上都有分接头切换。

在配电网中，降压变压器在一次绕组安装无载切换分接头，在二次绕组安装有载切换分接头。通常高压分接头是受控调节的，使得其与次输电电压匹配。

对于 LTC 变压器需要定义几个术语。标称匝数比指一次绕组和二次绕组的所有线匝都承载电流的情况。即

$$\frac{V_{HV}}{N_{HV}} = \frac{V_{LV}}{N_{LV}} \quad 或 \quad \frac{V_{HV}}{V_{LV}} = \frac{N_{HV}}{N_{LV}} = a$$

非标称匝数比指一个或两个绕组的一部分线匝不承载电流的情况。

使用标称匝数比时，电压基值选择为

$$V_{bHV} = \frac{V_{HV}}{V_{LV}} V_{bLV}$$

$$V_{bLV} = \frac{V_{LV}}{V_{HV}} V_{bHV}$$

例 7.10 一台单相分接头切换变压器的一次匝数为 2000，二次侧的匝数变化情况（$N_{sec\ max} = 7300$ 匝，$N_{sec\ min} = 5300$ 匝）如图 7-54 所示。假定一次电压最大值为 36.4kV，计算二次电压的最大值和最小值。

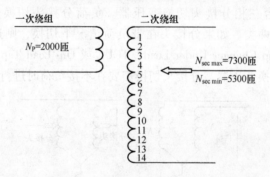

图 7-54 一台三相 Y- Y 联结分接头切换变压器的示意图

解：

$$\frac{V_P}{N_P} = \frac{36.4 \times 10^3 V}{2000\ 匝} = 18.2V/匝$$

$$\frac{V_P}{N_P} = \frac{V_{sec}}{N_{sec\ max}} = 18.2V/匝 = \frac{V_{sec}}{7300\ 匝}, \quad V_{sec} = 132.86kV$$

$$\frac{V_\mathrm{P}}{N_\mathrm{P}} = \frac{V_\mathrm{sec}}{N_\mathrm{sec\,min}} = 18.2\,\mathrm{V/匝} = \frac{V_\mathrm{sec}}{5300\,匝}, \qquad V_\mathrm{sec} = 96.46\,\mathrm{kV}$$

因此，二次电压可以在 96.46 ~ 132.86kV 变化。

7.14 输电线建模

电力大部分通过三相系统输送[9,17-19,22,23]。每相使用的导线都有电阻、电感和电容。在电网分析中，对输电系统建模时，需要开发分布式电阻、电感和电容的模型，用每英里（mile）⊖或每千米（km）参数的集中参数模型表示。输电线路的作用是在设计电压下承载电流。输电线路的电压根据线路必须承载的功率值（通常以 MVA 为单位）确定。电流额定值根据导线尺寸和它的热额定值确定。通常，导线尺寸用它截面积的圆密尔⊖（Circular Mil，CM）面积表示。圆密尔（CM）的定义是

$$\mathrm{CM} = d^2 \tag{7-85}$$

式中，d 是导线直径。

因此，1mil = 0.001in，反之，1in = 1000mil。而导线截面积 A 可表示为

$$A = d^2\,\mathrm{CM}$$

CM 也被制造商用来表示不同级别的导线和电缆。

输电线的电感和电容是导线电流和电压产生的磁场和电场作用的结果。对地电导（$G = 1/R$）通常很小，因为与地线和导线附近其他金属元件耦合的漏磁链产生的漏电流非常小，这一电导通常忽略不计。构建输电线模型需要 R、L 和 C 的参数，线路电感可通过流经导线的电流产生的磁链来计算，线路电容可通过沿导线的电压分布计算。

圆柱形实芯导线既有内电感，也有外电感[8,19]。

图 7-55 是两线输电线。它的总电感（H/m）为

$$L = 4 \times 10^{-7} \ln \frac{D}{r'} \tag{7-86}$$

式中，$r' = re^{-1/4} = 0.7788r$。

r' 称为导线的几何平均半径（Geometric Mean Radius，GMR）。

两根电压不同的带电导线的作用如同电容器。它的电容可通过导线电荷和导线之间以及对地的标幺值电压差来计算。中性点导线是接地的，然而由于中性点导线接地，所以它通常不承载电流，除非发生了如高压导线偶然接地故障。通过基本电磁计算可求得图 7-56 所示的两导线之间的电容为[17]

⊖ 英里（mile），英制长度单位，1mile = 1.609344km。——译者注

⊖ 密尔和圆密尔都是英制单位，1mil = 2.54 × 10⁻⁵m，1CM = 5.067 × 10⁻¹⁰m²。——译者注

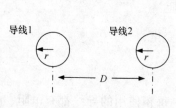

图 7-55　两线输电线

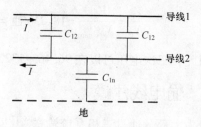

图 7-56　两导线之间及对地的电容

$$C_{12} = \frac{0.0388}{2\ln\dfrac{D}{r}}\mu F/mile \qquad (7\text{-}87)$$

式中，D 是两导线之间的距离；r 是导线半径；$1\mu F = 10^{-6}F$。

$$C_{1n} = \frac{0.0388}{\ln\dfrac{D}{r}}\mu F/mile \qquad (7\text{-}88)$$

以上两式中，C_{12} 是两导线之间的电容；C_{1n} 是导线对中性点电容。在输电线建模中，关注的是等值容抗 X_c。中性点导线的容抗（单位 $\Omega/mile$）为

$$X_C = \frac{1}{2\pi fC} = \frac{4.10}{f} \times 10^6 \times \ln\left(\frac{D}{r}\right)\Omega/mile \quad \text{对中性点}$$

$$(7\text{-}89)$$

式中，f 是频率；C 是电容，单位 F。

图 7-57 表示的是间距均衡的三相输电线。三相输电线的电感为

$$L_a = 2 \times 10^{-7} \times \ln\left(\frac{D}{r'}\right)H/m \qquad (7\text{-}90)$$

由于各导线之间是对称的，所以 $L_a = L_b = L_c$。

使用分裂导线的三相输电线用于高电压大功率输电，如图 7-58 所示。

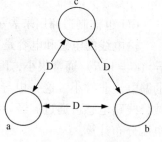

图 7-57　间距均衡的
三相输电线的电感

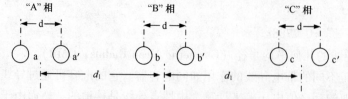

图 7-58　使用分裂导线的三相输电线

对于分裂导线，可使用等效间距 D_{eq}。因此，电感 L 的计算公式为

$$L = 2 \times 10^{-7} \times \ln\frac{D_{eq}}{D_s^6}H/m \qquad (7\text{-}91)$$

式中

$$D_{eq} = \sqrt[3]{d_1 \times d_1 \times 2d_1} = d_1 \sqrt[3]{2} \qquad (7-92)$$

$$D_s^6 = \sqrt[4]{D_{aa}D_{aa'}D_{a'a}D_{a'a'}} \qquad (7-93)$$

$$D_s = D_{aa} = 0.7788r \qquad (7-94)$$

D_s 定义为三相线路的分裂相导线的 GMR。

通常，一相分裂导线的导线间距表示为 $D_{a'a'} = D_s$。很多厂家都把 D_s 值以表格形式给出。

$$D_s^6 = \sqrt[4]{D_s D_s dd} = \sqrt{D_s d} \qquad (7-95)$$

式中，D_s 是三相线路中一组分裂导线的导线束 GMR。

三相输电线的电容可以用同样方法计算：

$$C_{正序} = C_{12} = \frac{2\pi\varepsilon}{\ln \dfrac{D_{eq}}{D_{sc}^6}} \qquad (7-96)$$

$$D_{eq} = \sqrt[3]{d_1 d_1 2d_1} = d_1 \sqrt[3]{2} \qquad (7-97)$$

$$D_{sc}^6 = \sqrt{rd} \qquad (7-98)$$

由于在输电杆塔之间建造均衡间距导线造价昂贵，所以输电线路都建成导线非对称间距的，然而各相间距接近，并且进行换位。这是指每经过几基杆塔的几英里之后，各相位置交换。图 7-59 画出的就是换位的三相输电线。

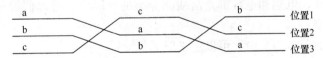

图 7-59 换位三相输电线

因为换位线路的相间距几乎相等，可以认为这种三相线路的各相电阻、电感和电容都是相等的。

$$L = 2 \times 10^{-7} \times \ln \frac{D_{eq}}{D_s^6} \mathrm{H/m} \qquad (7-99)$$

$$D_{eq} = \sqrt[3]{D_{12}D_{23}D_{31}} \qquad (7-100)$$

$$X_L = 2\pi f L \qquad (7-101)$$

三相线路对中性点的电容为

$$C_n = \frac{2\pi\varepsilon\varepsilon_r}{\ln\left(\dfrac{D_{eq}}{D_s}\right)} \mathrm{F/m} \quad 对中性点 \qquad (7-102)$$

式中，ε 是自由空间的介电常数，$\varepsilon = 8.85 \times 10^{-12}$；而 ε_r 是空气的相对介电常数，等于 1。

60Hz 下，X_C 的计算公式为

$$X_C = 29.7 \times \ln\left(\frac{D_{eq}}{D_s}\right) k\Omega/mile \quad \text{对中性点} \tag{7-103}$$

在电容计算中，D_s 是导线外半径。

历史上，输电线路参数由导线制造商计算，并列成表格供设计人员使用，然而现在已经有了可以进行各种间距的输电线的参数计算及线路设计的软件包。这里介绍如何在本书的设计问题中使用表格选择线路电抗参数以及线路充电容抗。

通常，多数制造商使用 GMR 值计算线路参数，以英尺和英里或米和千米为单位。感抗的计算公式是

$$X_L = 2.02f \times 10^{-3} \times \ln\left(\frac{D_{eq}}{D_s}\right)\Omega/mile \tag{7-104}$$

式中，D_{eq} 是导线间距。

GMR 一般等同 D_s，某些导线制造商列出的导线数据是标准间距 1 加间距 D 的数值：

$$X_L = 2.02f \times 10^{-3} \times \ln\left(\frac{1}{GMR}\right) + 2.02f \times 10^{-3}\ln D\,\Omega/mile \tag{7-105}$$

式中，GMR 和 D 的单位都必须是英尺，f 的单位是赫兹。

然而，因为 1mile = 1.6km，所以在计算感抗时很容易把它变换为公制表示。上述公式中，第一项是 1ft 间距的感抗，第二项是间距因数的感抗。

可以预见到，电感和电容都是沿线路分布的。因此，可以假设如图 7-60 所示的分布参数模型。

在输电线的分布模型中，可以定义以下各量：

$$z = R + j\omega L\ (\Omega/m) \quad \text{单位长度串联阻抗}$$
$$y = G + j\omega C \quad \text{单位长度并联导纳}$$
$$Z = zl\ (\Omega) \quad l = \text{线路长度，单位 m}$$
$$Y = yl\ (\Omega^{-1})$$

图 7-61 画出的是输电线的集中参数模型。这一模型的参数可用导线制造商提供的输电线数据算得。

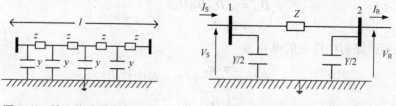

图 7-60　输电线路的分布模型　　　　图 7-61　输电线的一般模型

应该指出，这里的讨论只限于架空线。介绍的只是与架空导线选择和电网分析设计有关的最基本概念。尽管这一介绍非常简单，但读者可以了解微电网设计是基

于选择电网元件然后进行分析以获得期望性能来进行的。通贯全书的设计中，要多次用到这一概念。

最后，必须指出，如果选用绝缘电缆，则选择过程是非常复杂的。绝缘电缆中，绝缘内产生的热量是最重要的问题：电缆的选择不仅要基于它必须承载的负荷电流，还需要能在偶发短路产生的大幅值暂态即故障电流下安全运行。不会进一步讨论这一问题，但读者可以参考其他文献[19]。

一定要记住，线路的载流能力是导线的热额定。它能输送的功率基于线路的额定电压。线路的额定电压根据绝缘要求以及导线间距的设计来确定，因此需要先选择电压，然后计算线路的功率承载能力。

线路电流按下式确定

$$I_{\mathrm{L}} = \frac{S}{\sqrt{3}V_{\mathrm{L-L}}pf}$$

式中，S 是潮流；$V_{\mathrm{L-L}}$ 是线间电压；pf 是功率因数。

导线选择首先根据选择线路的载流容量；然后需要考虑线路的电压降和损耗。因此，视设计要求，可以选取载流容量较高的导线。

例 7.11 三相发电机向电网供电的功率为 1MW，功率因数 0.9 滞后。发电厂距当地电网 15mile。使用钢芯加强铝导线（Aluminum Steel Conductor Reinforced，ASCR）的架空线数据，进行以下计算：

ⅰ）如果输电电压为 460V，选择输送该功率的 ASCR 架空导线。如果负荷电压规定为 AC 460V，那么发电机电压是多少？

ⅱ）如果输电电压为 3.3kV，选择输送该功率的 ASCR 架空导线。如果负荷电压规定为 AC 3.3kV，那么发电机电压是多少？

ⅲ）如果输电电压为 11.3kV，选择输送该功率的 ASCR 架空导线。如果负荷电压规定为 AC 11.3kV，那么发电机电压是多少？

ⅳ）计算每一设计中的有功功率损耗和无功功率损耗，把计算结果列表，并加以讨论。

解：

系统的单相等效电路如图 7-62 所示。

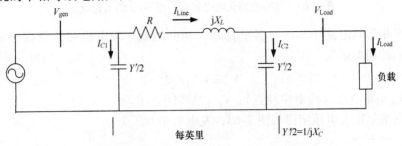

图 7-62　例 7.11 系统的单相等效电路

负荷电流为

$$I_{\text{load}} = \frac{S}{\sqrt{3} \times V_{\text{L-L}} pf}$$

式中，S 是潮流；$V_{\text{L-L}}$ 是负荷的线间电压；pf 是负荷的功率因数。

ⅰ）负荷电压为 460V 时，负荷电流为

$$I_{\text{load}} = \frac{1 \times 10^6 \text{A}}{\sqrt{3} \times 460 \times 0.9} = 1394\text{A}$$

因为导线承载的电流为 1.39kA，选择 $CM = 1590\text{kCmil}$ 的导线。这种导线的电阻为 25℃下 $0.0591\Omega/\text{mile}$。

ⅱ）电抗为 $0.359\Omega/\text{mile}$，容抗为 $0.0814\Omega/\text{mile}$。如图 7-62，把上述值的一半用于输电线的等效 π 型模型中，以它们的电纳 $Y'/2 = 1/jX_C$ 表示。因此，

$$X_C = \frac{0.0814}{2}\text{M}\Omega/\text{mile} = 0.0407\text{M}\Omega/\text{mile}$$

图 7-62 中，线路充电电流为[⊖]

$$I_{C1} = \frac{V_{\text{load}}}{jX_C} \times 距离 = \frac{460/\sqrt{3}}{j0.0407 \times 10^6} \times 15\text{A} = 97.88\angle 90°\text{mA}$$

可以看出，线路充电电流是毫安级的，与负荷电流相比可以忽略。因此，图 7-62 的单相等值电路可简化为图 7-63。忽略线路充电电抗，因为它们与负荷阻抗相比非常大。从图 7-63 可以看出，线路电流 I_{line} 等于负荷电流 I_{load}：

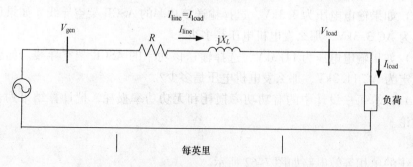

图 7-63 忽略线路充电电容后，图 7-62 的简化电路

在单相等效电路中，所有各量都是一相的数值。发电机和负荷都假定为丫联结，它们的相电压为

$$V_{\text{ph}} = V_{\text{L-L}}/\sqrt{3}$$

式中，V_{ph} 是相电压（线对中性点）；$V_{\text{L-L}}$ 是线间电压。

根据基尔霍夫电压定律和图 7-63，发电机相电压为

⊖ 原文把下式结果误写为 97.81.82∠90°mA。已改正。——译者注

$$V_{gen} = V_{load} + I_{line}(R + jX_L)$$

$$= \frac{460}{\sqrt{3}}\text{V} + 1394\angle - \arccos0.9 \times 15 \times (0.0591 + j0.359)\text{V}$$

$$= 7767\angle 53.21°\text{V}$$

发电机线电压为 $V_{L-L} = \sqrt{3}V_{gen} = \sqrt{3} \times 7767\text{V} = 13.5\text{kV}$。

功率损耗为

$$S_{loss} = 3I_L^2 Z = 3 \times 1394^2 \times 15 \times (0.0591 + j0.359)\text{VA}$$

$$S_{loss} = P_{loss} + jQ_{loss} = (5.16 + j31.41) \times 10^6\text{VA}$$

因此，有功功率损耗为 $P_{loss} = 5.16\text{MW}$，无功功率损耗为 $Q_{loss} = 31.41\text{Mvar}$。

从上述分析可以看出，功率损失相当大。下面，选择线路电压 3.3kV 来输送功率给负荷。

ⅲ）负荷电压为 3.3kV 时，负荷电流为

$$I_{load} = \frac{1 \times 10^6\text{A}}{\sqrt{3} \times 3.3 \times 10^3 \times 0.9} = 194\text{A}$$

因为导线承载的电流为 194A，选择 CM 为 266.8kCmil 的导线。这种导线的电阻为 25℃下 0.350Ω/mile，导线串联电抗为 0.465Ω/mile，并联容抗为 0.1074MΩ/mile。

如图 7-62，把上值的一半用于输电线的等效 Π 型模型中，以它们的电纳 $Y'/2 = 1/jX_C$ 表示。因此

$$X_C = \frac{0.1074}{2}\text{MΩ/mile} = 0.0537\text{MΩ/mile}$$

图 7-62 所示的充电电流为[⊖]

$$I_{C1} = \frac{V_{load}}{jX_C} \times \text{距离}$$

$$= \frac{3.3 \times 10^3/\sqrt{3}}{j0.0537 \times 10^6} \times 15\text{A} = 0.532\angle 90°\text{A}$$

完全可以忽略线路充电电流，因为它与负荷电流相比非常小。把基尔霍夫电压定律用于图 7-62 的电路，可得到发电机相电压为

$$V_{gen} = V_{load} + I_{line}(R + jX_L)$$

$$= \frac{3300\text{V}}{\sqrt{3}} + 194\angle - \arccos0.9 \times 15 \times (0.350 + j0.465)\text{V}$$

$$= 3.5\angle 53.21°\text{kV}$$

发电机线电压为

$$V_{L-L} = \sqrt{3}V_{gen} = \sqrt{3} \times 3.5\text{kV} = 6.06\text{kV}$$

⊖ 原书中下式的表达方式和结果数值都有错误，已改正。——译者注

功率损耗为

$$S_{loss} = 3I_L^2 Z = 3 \times 194^2 \times 15 \times (0.350 + j0.465) \text{VA}$$

$$= (0.57 + j0.78) \times 10^6 \text{VA}$$

$$S_{loss} = P_{loss} + jQ_{loss}$$

因此，有功功率损耗为 $P_{loss} = 0.57\text{MW}$，无功功率损耗为 $Q_{loss} = 0.78\text{Mvar}$。

可以看出，提高输电电压可以降低功率损耗。下面将评估，如果线路电压选择为 11.3kV，功率损耗情况会如何。

ⅳ）负荷电压为 11.3kV 时，负荷电流为

$$I_{load} = \frac{1 \times 10^6 \text{A}}{\sqrt{3} \times 11.3 \times 10^3 \times 0.9} = 57\text{A}$$

选择与ⅱ）相同的导线。对于 57A，导线电阻为 0.350Ω/mile，导线串联电抗为 0.465Ω/mile，并联容抗为 0.1074MΩ/mile。

因此

$$X_C = \frac{0.1074}{2} \text{MΩ/mile} = 0.0537\text{MΩ/mile}$$

图 7-62 电路的线路充电电流为

$$I_{C1} = \frac{V_{load}}{jX_C} \times 距离 = \frac{\frac{11.3 \times 10^3}{\sqrt{3}} \times 15\text{A}}{0.0537 \times 10^6} = 1.82\angle 90°\text{A}$$

这种情况下，线路充电电流与负荷电流幅值已经有可比性了，因此不能忽略线路充电电抗。把基尔霍夫电流定律用于图 7-62 的电路，线路电流为

$$V_{gen} = V_{load} + I_{line}(R + jX_L)$$

$$= \frac{11300\text{V}}{\sqrt{3}} + 56.2\angle -24.2° \times 15 \times (0.350 + j0.465)\text{V}$$

$$= 6.96\angle 1.95°\text{kV}$$

发电机线电压为

$$V_{L-L} = \sqrt{3}V_{gen} = \sqrt{3} \times 6.96\text{kV} = 12.1\text{kV}$$

功率损耗为

$$S_{loss} = 3I_L^2 Z = 3 \times 56.2^2 \times 15 \times (0.350 + j0.465)\text{VA}$$

$$S_{loss} = P_{loss} + jQ_{loss} = (49.8 + j66) \times 10^3 \text{VA}$$

因此，有功功率损耗为 $P_{loss} = 49.8\text{kW}$，无功功率损耗为 $Q_{loss} = 66.0\text{kvar}$。线电压为 11.3kV 时，功率损耗相当低。

ⅴ）各种电压等级下的有功和无功损耗见表 7-1。

表 7-1 不同线电压等级下的有功和无功损耗

电压/kV	有功功率/MW	无功功率/Mvar
0.460	5.16	31.41
3.3	0.57	0.78
11.3	0.050	0.066

从表 7-1 可以看出，提高输电电压可以大大降低损耗。

例 7.12 如果例 7.11 中的发电机是 PV 场，而且希望 PV 母线运行于 1.0 功率因数，那么需要在 PV 母线或负荷母线上加多少无功功率，如果功率以 3.3kV 输送？

解：

例 7.11 中，负荷功率为 1MW，功率因数为 0.9 滞后。

所以，功率因数角为 arccos0.9 = 25.84°。

负荷的额定视在功率为

$$S_{\text{load}} = \frac{P}{pf} = \frac{1}{0.9}\text{MVA} = 1.11\text{MVA}$$

因此，负荷消耗的无功功率为

$$Q = 1.11\sin0.9 = 0.48\text{Mvar}$$

由表 7-1，输电线的无功功率损失为

$$Q = 0.78\text{Mvar}$$

所以消耗的总无功功率为

$$Q_{\text{消耗}} = (0.78 + 0.48)\text{Mvar} = 1.26\text{Mvar}$$

线路充电电容会向系统提供一定无功功率。线路充电电容提供的无功功率为（见图 7-65）

$$Q_{\text{发出}} = \left(\frac{V_{\text{gen}}^2}{X_C} + \frac{V_{\text{Load}}^2}{X_C}\right) \times 距离 = \frac{(6.06 \times 10^3)^2 + (3.3 \times 10^3)^2}{0.0537 \times 10^6} \times 15\text{var}$$

$$= 13.3\text{kvar}$$

发电机提供的净无功功率为 $Q_{\text{gen}} = Q_{\text{消耗}} - Q_{\text{发出}} = (1.26 - 0.013)\text{Mvar} \approx 1.25\text{Mvar}$

因此，PV 母线必须提供 1.25Mvar 的无功功率。换句话说，必须有 1.25Mvar 的容性负荷接到 PV 母线。

7.15 建设一个电网系统

电网是一个把电力从供电商向用户配送的输电和配电系统网络，电网使用很多方法来发电、输电和配电。20 世纪 70 年代能源危机之后，1978 年出台的联邦公共事业管理政策法案（Public Utility Regulatory Policies Act，PURPA）[24,25] 的目标是提高能效和电力供给的可靠性，PURPA 要求电网对小型独立发电商（IPP）敞开大门。电力行业解除监管之后，很多电力公司的发电部门都作为单独的业务来运营，新的发电公司作为 IPP 进入电力市场，IPP 发出的电力被电力企业以批发价购进。如今，发电站属于 IPP、电力公司和政府，最终用户被接入配电系统，以零售价购电。

电力公司被称为互联的输电线路捆绑在一起，互联电网被用来进行电力公司之间的电力传送，互联电网也被电力公司用来支持和提高电网可靠性，以实现稳定运行和降低成本。如果一个电力公司由于不可预见的事件导致电力短缺，它可以通过互联输电系统从邻近电网购电。

建设一个大容量发电站，比如说 500MW 等级的，可能花费 5 ~ 10 年。建设这样的发电站之前，必须获得政府的许可。在决定建厂之前，利益相关方、本地电力公司和 IPP 需要进行经济评估，决定发电厂寿命期间的电力成本，好与其他生产商的电价比较。

图 7-64 所示是一个绿色能源高度渗透的互联电网。电力行业解除监管的情况下，电网发电量和电力成本取决于供给和需求。在美国和世界上大部分国家，互联电网都已解除监管并向所有发电商开放。互联电网的控制由一个独立系统运营商（Independent System Operator，ISO）保持。该 ISO 主要关注保持电力系统负荷和发电的平衡，以确保系统稳定。该 ISO 通过控制和调度成本最低的发电机组使发出的电力与系统负荷匹配来履行它的职能。

历史上，电厂远离人口密集区域，电厂建在有水和燃料（通常是煤炭）的地方。建设大容量发电厂是要利用它的规模经济性，发出的电力电压范围在 11kV ~ 20kV，然后，在接入大容量互联输电网之前，这一电压被进一步提高。

高压输电线路的电压范围为 138kV ~ 765kV，这些线路大部分是架空线。然而在大城市，人们也使用地下电缆。线路使用铜或铝，大容量输电的主要关注是输电线的功率损耗，它以导线电阻发热的形式耗散。线路输送能力用电压幅值乘以电流幅值表示，对于相同功率，使用高压可以减小电流和导线截面积，从而降低线路损耗。大容量输电线就像能源行业的州际高速公路，在高压线路的关键位置互联，把大量功率转送出去。电压 110kV ~ 132kV 的高压线路称为次输电线，图 7-65 中，次输电线向工厂和大型工业用户供电。配电系统的作用是承载功率向馈电线路和终端用户供电，配电变压器连接到输电系统或次输电系统的高压侧。配电线路使用的电压降低到 69kV 以下，配电电压范围为 120V、208V、240V、277V 和 480V，配电系统的供电电压取决于负荷的运行容量，较大的商用负荷运行于 480V。在智能电网中，由独立发电商和商业、工业和居民用户拥有的发电电源以各种电压等级向电网供电。

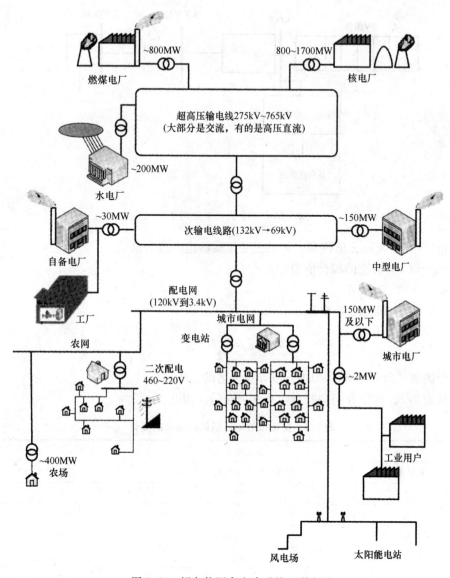

图 7-64 绿色能源高度渗透的互联电网

例 7. 13 考虑下面的三相放射状 PV 配电系统。

假定负荷 1 是 5kW 三相负荷,功率因数 0.85 超前;负荷 2 是 10kW 三相负荷,功率因数 0.9 滞后。额定电压 110V,电压变化范围 10%。假定一个 PV 电源的额定电压为直流 120V,变压器是理想的。

如果幅值调制指数可以从 0.7～0.9 控制,每级 0.05。进行以下计算:

ⅰ)变压器低压侧额定值(LV)。

ⅱ)变压器高压侧额定值(HV)。

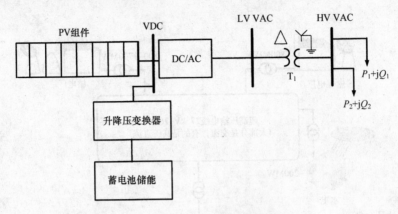

图 7-65　一个光伏微电网系统

iii）PV 系统标幺值模型，如果把变压器额定值选为基值。

iv）该 PV 系统的标幺值模型。

解：

i）对于 DC/AC 逆变器

$$V_{\rm L-L,rms} = \frac{\sqrt{3}}{\sqrt{2}} M_{\rm a} \frac{V_{\rm dc}}{2}$$

令调制指数介于 0.7 ~ 0.9，以寻找合适的电压。

从表 7-2，可以看到调制指数 0.9 最合适。因此

表 7-2　交流母线电压随调制指数的变化

直流电压 120V		
调制指数 Ma	交流母线电压（低压侧）/V	交流母线电压（高压侧）/V
0.70	51.4	110
0.75	55.1	110
0.80	58.8	110
0.85	62.5	110
0.90	66.1	110

$$V_{\rm L-L,rms} = \frac{\sqrt{3}}{\sqrt{2}} M_{\rm a} \frac{V_{\rm dc}}{2} = \frac{\sqrt{3}}{\sqrt{2}} \times 0.9 \times \frac{120}{2} {\rm V} = 66.13 {\rm V}$$

ii）负荷 1 的千伏安为

$$\frac{5{\rm kVA}}{0.85} \approx 5.88 {\rm kVA}$$

pf 角度：$\arccos 0.85 = 31.78°$，超前

负荷 2 的千伏安为

$$\frac{10\text{kVA}}{0.9} \approx 11.11\text{kVA}$$

$$pf \text{ 角度：arccos} 0.9 = 25.84°，滞后$$

ⅲ）选择一台理想变压器。它的额定电压是 70V/110V。变压器容量应大于或等于它供电的总负荷。

因此，负荷 1 的容量标幺值

$$S_{pu1} = \frac{5.88}{20}\text{pu} \approx 0.29 \angle 31.78°\text{pu}$$

负荷 2 的容量标幺值

$$S_{pu2} = \frac{11.11}{20}\text{pu} \approx 0.556 \angle -25.84°\text{pu}$$

ⅳ）对于 DC-AC 逆变器：

DC 侧基值 =（DC 侧电压/AC 侧电压）× AC 侧基值为

$$\frac{120}{66.13} \times 70\text{V} \approx 127.02\text{V}$$

因此，逆变器 DC 侧标幺值

$$\frac{120}{127.02}\text{pu} \approx 0.94\text{pu}$$

逆变器 AC 侧标幺值为

$$\frac{66.13}{70}\text{pu} \approx 0.94\text{pu}$$

图 7-65 所示的微电网可以作为孤立电网运行，因为它的储能系统可以储存 PV 发出的能量。图 7-66 是图 7-65 的标幺值模型，它可以与本地电网供应商的电网并联运行。

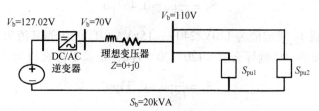

图 7-66 图 7-65 的标幺值模型

例7.14 考虑图 7-67 的三相放射状微电网 PV 系统。

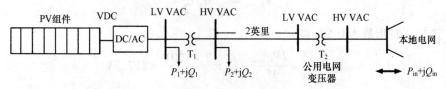

图 7-67 一个与本地电网并联运行的放射状微电网 PV 系统

221

假定一个 PV 向一个农场的两台潜水泵供电。负荷 1 的额定值为 5kVA，120V；负荷 2 的额定值为 7kVA，240V。假定负荷电压变化为 10%，幅值调制指数为 0.9。配电线路电阻为 $0.04\Omega/\text{mile}$，电抗为 $0.8\Omega/\text{mile}$。假定公用电网电压为 460V。

进行以下计算：

ⅰ）变压器 T_1 低压侧额定值。

ⅱ）变压器 T_2 高压侧额定值。

ⅲ）PV 系统标幺值模型，以变压器 T_2 额定值为基值，假定以选定额定值为基值的变压器阻抗为 10%。

解：

变压器 T_2 选为基准，额定电压为 240V/460V。它必须从低压侧向负荷供电，且容量要大于接到它的负荷。选择额定容量 15kVA（ $>(5+7)\text{kVA}=12\text{kVA}$ ）的变压器，并选择这一容量为基值。

输电线侧的基值为 240V 和 15kVA。

输电线路阻抗等于长度乘以单位长度阻抗。

$$Z_{\text{line}} = 2 \times (0.04 + \text{j}0.8)\Omega = (0.08 + \text{j}1.6)\Omega$$

输电线路阻抗基值为

$$Z_{\text{b,trans}} = \frac{V_{\text{base}}^2}{VA_{\text{base}}} = \frac{240^2}{15 \times 10^3}\Omega = 3.84\Omega$$

输电线路阻抗标幺值为

$$Z_{\text{pu,trans}} = \frac{Z_{\text{trans}}}{Z_{\text{b,trans}}} = \frac{0.08 + \text{j}1.6}{3.84}\text{pu} = (0.02 + \text{j}0.42)\text{pu}$$

负荷 2 的标幺值为

$$S_2 = \frac{7}{15}\text{pu} \approx 0.467\text{pu}$$

选择变压器 T_1 额定值为 120V/240V，15kVA。T_1 低压侧基值为 120V。

因此，逆变器 AC 侧标幺值 $=120/120=1\text{pu}$，负荷 1 标幺值为

$$S_1 = \frac{5}{15}\text{pu} \approx 0.33\text{pu}$$

变压器阻抗为 j0.10pu。

对于 DC-AC 逆变器

$$V_{\text{L,rms}} = \frac{\sqrt{3}}{\sqrt{2}} M_a \frac{V_{\text{dc}}}{2}$$

选择调制指数为 0.9，则

$$V_{\text{dc}} = \frac{\sqrt{2}}{\sqrt{3}} \times \frac{2V_{\text{L,rms}}}{M_a} = \frac{\sqrt{2}}{\sqrt{3}} \times \frac{2 \times 120\text{V}}{0.9} = 217.7\text{V}$$

DC 侧基值 = （DC 侧电压/AC 侧电压）× AC 侧电压基值

DC 侧电压基值为

$$\frac{217.7}{120} \times 120\text{V} = 217.7\text{V}$$

因此，逆变器 DC 侧标幺值为

$$\frac{217.7}{217.7}\text{pu} = 1\text{pu}$$

例 7. 15　计算最低输出电压，如果切换频率设置为 5kHz。假定逆变器额定值为 AC 207. 6V，60Hz，100kVA。

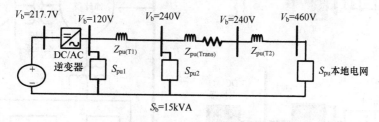

图 7-68　图 7-67 的标幺值模型

解：

$$V_{\text{rated}} = 207.6\text{V}, \qquad \text{kvar} = 100\text{kVA}, \qquad f = 60\text{Hz}$$

逆变器交流侧电压为

$$V_{\text{peak}}\sin(2\pi ft) = 207.6\sqrt{2} \times \sin(2\pi \times 60t) = 293.59\sin(2\pi \times 60t)$$

式中，$V_{\text{peak}} = 293.59\text{V}$。

对于使用正弦脉宽调制的三相逆变器，线间电压峰值为 $V_{\text{L-L,peak}} = M_{\text{a}} \times \sqrt{3} \times \dfrac{V_{\text{dc}}}{2}$

因此

$$V_{\text{dc}} = \frac{2}{\sqrt{3}} \times \frac{V_{\text{L-L,peak}}}{M_{\text{a}}}$$

对于运行于 M_{a} 最大值 1 的逆变器，最低直流电压为

$$V_{\text{dc,min}} = \frac{2}{\sqrt{3}} \times \frac{V_{\text{L-L,peak}}}{M_{\text{a,max}}} = \frac{2}{\sqrt{3}} \times \frac{293.59\text{V}}{1} = 339.01\text{V}$$

因此，最低直流电压为 $V_{\text{dc}} = 339.01\text{V}$。

7.16　可再生能源系统的微电网

图 7-69 所示为一个与本地公用电网并联运行的社区微电网系统。变压器 T_1 电压范围为 AC 240V/AC 600V，把 PV 系统连接到公用电网模型系统的变压器 T_2 的额定值把电压提升到公用电网本地变电站 AC 母线电压。

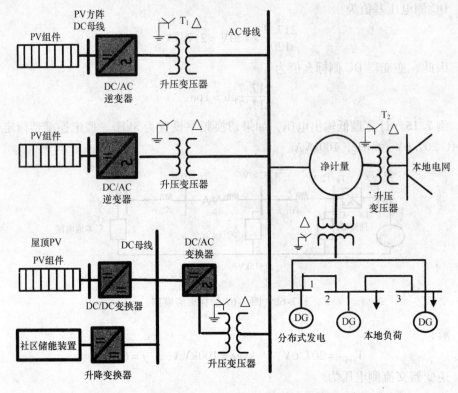

图 7-69　一个连接到本地公用电网的社区微电网配电系统单线图

例 7.16　考虑图 7-70 所示的微电网。它由一个 PV 发电站供电，其 AC 母线电压为 120V，逆变器调制指数为 0.9。

进行以下计算：

ⅰ）线路阻抗标幺值。

ⅱ）变压器 T_1 和 T_2 阻抗标幺值。

ⅲ）负荷标幺值模型。

ⅳ）等效阻抗标幺值，并画出阻抗图。假定负荷电路电压基值为 240V，S_b 为 500kVA。

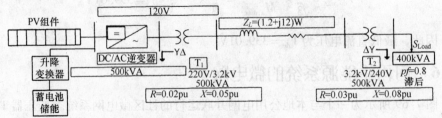

图 7-70　例 7.16 的微电网

解：

按规范选择电压基值和功率基值。对于电网侧，有

$$V_b = 240V, \qquad S_b = 500kVA$$

负荷标幺值为

$$S_{pu(Load)} = \frac{400}{500} \angle - arccos0.8 = 0.8 \angle -36.87° pu$$

T_2 的阻抗标幺值与它的额定值相同，为 $0.03 + j0.08$。

输电线阻抗基值为

$$Z_{b\_3200} = \frac{V_b^2}{S_b} = \frac{(3200)^2 \Omega}{500 \times 10^3} = 20.48\Omega$$

输电线阻抗标幺值算得为

$$Z_{输电线,pu} = \frac{Z_{输电线实际值}}{Z_{b\_3200V}} = \frac{1.2 + j12}{20.48}pu = (0.058 + j0.586)pu$$

T_1 的阻抗标幺值也与它的额定值相同，为 $0.02 + j0.05$。

对于逆变器

$$V_{L,rms} = \frac{\sqrt{3}}{\sqrt{2}} M_a \frac{V_{dc}}{2}$$

$$V_{dc} = \frac{\sqrt{2}}{\sqrt{3}} \times \frac{2V_{L,rms}}{M_a} = \frac{\sqrt{2}}{\sqrt{3}} \times \frac{2 \times 120V}{0.9} = 217.7V$$

$$直流侧基值 = (直流侧电压/交流侧电压) \times 交流侧电压基值$$

$$= \frac{217.7}{120} \times 120V = 217.7V$$

因此，逆变器直流侧标幺值 = $217.7/217.7 = 1$

阻抗标幺值图如图 7-71 所示。

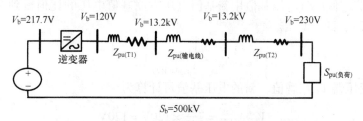

图 7-71　图 7-70 的标幺值模型

例 7.17　考虑图 7-72 的微电网。假定 PV 电站发出功率为 175kW，变压器 T_1 额定值为 5% 阻抗，240V/120V，75kVA；变压器 T_2 额定值为 10% 阻抗，240V/460V，150kVA。假定三相逆变器调制指数为 0.8，升压变流器占空比为 0.6。

进行以下计算：

（i）变压器 T1 和 T2 的标幺值和负荷标幺值模型。

（ⅱ）标幺值等效阻抗和阻抗图。

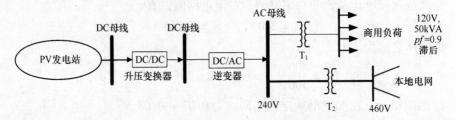

图 7-72　例 7.17 的单线图

解：

功率基值选为 1000kVA，公用电网侧电压基值选为 460V。

即

$$V_{bnew} = 460V, \quad S_{bnew} = 1000kVA$$

因此，对于 460V 电压，新的阻抗基值为

$$Z_{b460V} = \frac{V_b^2}{S_b} = \frac{(460)^2 \Omega}{1000 \times 10^3} = 0.2116\Omega$$

对于新的阻抗基值，T_2 的阻抗为

$$Z_{pu\_new} = Z_{pu\_old} \times \left(\frac{V_{b\_old}}{V_{b\_new}} \right)^2 \frac{S_{b\_new}}{S_{b\_old}}$$

$$Z_{pu\_new-T2} = 0.1 \times \left(\frac{460}{460} \right)^2 \times \frac{1000}{150} = 0.67pu$$

T_1 的原值是它的铭牌额定值。根据新选定的基值可计算 T1 的标幺值阻抗为

$$Z_{pu\_new-T1} = 0.05 \times \left(\frac{240}{240} \right)^2 \times \frac{1000}{75} = 0.67$$

变压器 T_1 低压侧电压基值用新基值电压占原基值电压的比值得到（低压侧或高压侧皆可），即

$$V_{b\_new(LV)} = \frac{V_{b\_new(HV)}}{V_{b\_old(HV)}} V_{b\_old(LV)}$$

使用变压器 T_1 铭牌值，新的电压基值可计算为

$$V_{b\_new(LV)} = \frac{240}{240} \times 120V = 120V$$

负荷标幺值为

$$S_{pu(Load)} = \frac{50}{1000} \angle - \arccos 0.9 = 0.05 \angle -25.84°$$

对于逆变器

$$V_{L,rms} = \frac{\sqrt{3}}{\sqrt{2}} M_a \frac{V_{dc}}{2}$$

$$V_{dc} = \frac{\sqrt{2}}{\sqrt{3}} \times \frac{2V_{L,rms}}{M_a} = \frac{\sqrt{2}}{\sqrt{3}} \times \frac{2 \times 240V}{0.8} = 489.9V$$

直流侧基值 =（直流侧电压／交流侧电压）× 交流侧电压基值

$$= \frac{489.9}{240} \times 240V = 489.9V$$

因此，逆变器直流侧标幺值 = 489.9/489.9 = 1

现在，对于 DC/DC 变流器

$$V_O = \frac{V_{in}}{1 - 占空比}$$

$$V_{in} = (1 - 占空比) \times V_O = (1 - 0.6) \times 489.9V = 195.96V$$

低压侧基值为

低压侧电压基值 =（低压侧电压／高压侧电压）× 高压侧电压基值

$$= (195.96/489.9) \times 489.9V = 195.96V$$

因此，逆变器直流侧电压标幺值 = 195.96/195.96 = 1。

图 7-72 的标幺值模型如图 7-73 所示。

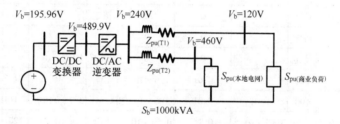

图 7-73　图 7-72 的标幺值模型

本章说明了如何将电路理论和电力电子的基础知识用于电网建模和设计，研究了负荷阻抗的含义、负荷的功耗模型、电气设备的额定值、单相和三相变压器的建模。此外还探讨了标幺值系统的基本概念，了解了如何开发标幺值模型——以可再生能源为电源的三相配电系统。

下一章将研究电网运行的概念、智能微电网的运行、智能电网可再生能源系统的设计以及能源监控和能效。

习　　题

7.1　假定 $a = 120 + j100$，$b = 100 + j150$，$c = 50 + j80$。进行以下复数运算：

ⅰ）$(a \times b)/c$。

ⅱ）$(a/b) \times c$。

ⅲ）$(a - b)/(c - a)$。

7.2　$V = 120\cos(377t + 5°)$。如果用一块电压表测量这一电压，电压表的读数值会是多少？用极坐标形式表示这一电压。

7.3 交流电机（特别是变压器和感应电机）的运行可借助图 7-74 的 T 型电路进行研究。假定频率为 60Hz，电路元件见表 7-3。所有复数都用极坐标形式表示。分析第 1～12 组元件的情况。分别显示计算步骤。

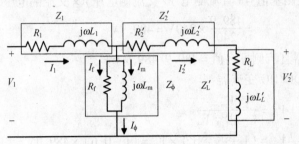

图 7-74   7.3 题的等值电路

表 7-3   7.3 题电路元件

	R_1	L_1	R_f	L_m	R_2'	L_2'	R_L	L_L	V_1	V_2	I_1	I_2'	I_f
1	1	0.01	1000	8	1	0.01	待定		480	?	?	?	?
2	1	0.01	1000	8	1	0.01	200	0	480	?	?	?	?
3	0.02	0.00265	待定		0	0	待定		1	?	?	?	?
4	0.02	0.00265	待定		0	0	1		1	?	?	?	?
5	0.02	0.00265	待定		0	0	0.707	1.875×10^{-3}	?	?	?	?	?
6	0	0	100	0.1	0.01	106×10^{-6}	1		1	?	?	?	?
7	0	0	100	0.01	0	106×10^{-6}	1.414	3.75×10^{-3}	1	?	?	?	?
8	0.3	1.33×10^{-3}	待定	3.45×10^{-2}	0.15	0.56×10^{-3}	7.35	0	127	?	?	?	?
9	10	5.2×10^{-2}	待定	0	0	200	0.4		500	?	?	?	?
10	0.15	2.54×10^{-3}	待定	1.57	6.24×10^{-3}	98.5	0.178		240	?	?	?	?
11	0.3	0.003	1	4.25×10^{-2}	0.2	0.003	10		440	?	?	?	?
12	0.3	0.003	0	4.25×10^{-2}	0.2	0.003	1		380	?	?	?	?

7.4   假定负荷三相平衡。每相负荷定值为 120Ω，相位角 10°，负荷为 Y 联结。额定电压为 240V 的三相平衡电源向该三相负荷供电。进行以下运算：

ⅰ）画出该负荷的三相电路。

ⅱ）计算该负荷消耗的有功功率和无功功率。

7.5   假定单相负荷的电感为 10mH，电阻为 3.77Ω，接到 60Hz，120V 的电源。计算负荷消耗或发出的有功功率和无功功率。

7.6   假定单相负荷的电容为 10mF，电阻为 2.0Ω，接到 60Hz，120V 的电源。计算负荷消耗或发出的有功功率和无功功率。

7.7   一个单相负荷在 220V，功率因数 0.9 滞后条件下消耗的功率为 10kW。它从电源汲取的电流的幅值和相位角都是多少？如果另有一个额定功率为 10kW，功率因数为 0.8 超前的单相负荷并联接到同一电源，那么从电源汲取的电流又是多少？以极坐标形式给出答案。

7.8　一台单相变压器的额定值为 200kVA，120V/200V，短路电抗 5%。从高压侧计算该变压器的电抗，并画出单相等效电路。

7.9　计算第 7.7 题的标幺值模型。功率和电压基值分别取 400kVA 和 440V。

7.10　三台单相变压器每台的额定值为 460V/13.2kV，400kVA，短路电抗 5%。这三台单相变压器接为三相 Y-Y 联结的变压器。进行以下计算：

ⅰ）三相 Y-Y 联结变压器的高压侧及低压侧的额定电压及额定容量。

ⅱ）计算三相变压器的标幺值模型。

7.11　一组三相 Y-Y 联结的 30Ω 阻性负荷，用阻抗为 1 + j10Ω 的馈电线接到第 7-10 题变压器的低压侧。进行以下计算：

ⅰ）给出三相等效模型。

ⅱ）给出单线图。

ⅲ）基于变压器额定值计算标幺值模型。

7.12　三台单相变压器每台的额定值为 460V/13.2kV，400kVA，短路电抗 5%。这三台单相变压器接为三相 Y-D 联结的变压器。进行以下计算：

ⅰ）三相 Y-D 联结变压器的高压侧及低压侧的额定电压及额定容量。

ⅱ）计算三相变压器的标幺值模型。

7.13　一组三相 Y-Y 联结的 30Ω 阻性负荷，用阻抗为 1 + j10Ω 的馈电线接到第 7.12 题变压器的低压侧。进行以下计算：

ⅰ）给出三相等效模型。

ⅱ）给出 Y 联结等效电路的一相。

ⅲ）画出单线图。

ⅳ）基于变压器额定值计算标幺值模型。

7.14　三台单相变压器每台的额定值为 460V/13.2kV，400kVA，短路电抗 5%。这三台单相变压器接为三相 D-D 联结的变压器。进行以下计算：

ⅰ）三相 D-D 联结变压器的高压侧及低压侧的额定电压及额定容量。

ⅱ）给出三相等效模型。

ⅲ）给出 Y 联结等效电路的一相。

ⅳ）基于变压器额定值计算标幺值模型。

7.15　一组三相 D-D 联结的 30Ω 阻性负荷，用阻抗为 1 + j10Ω 的馈电线接到第 7.14 题变压器的低压侧。进行以下计算：

ⅰ）给出三相等效模型。

ⅱ）给出 Y 联结等效电路的一相。

ⅲ）给出单线图。

ⅳ）基于变压器额定值计算标幺值模型。

7.16　平衡三相三线馈电系统的负荷也是三相平衡的，如图 7-75 所示。

每盏灯的额定值为 100W，120V。馈电线的线电压为 240V，带负荷后保持不变。求馈电线的电源电流和电源供给的功率。

ⅰ）计算 a 相的线电流。

ⅱ）计算电源供给的有功功率和无功功率。

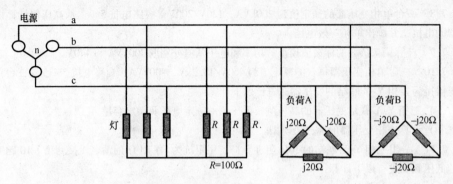

图 7-75　第 7.16 题的三相示意图

7.17　考虑图 7-76 所示的三相配电馈线系统。

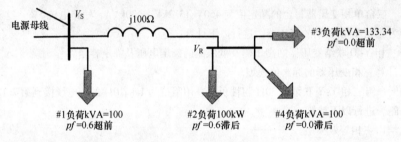

图 7-76　第 7.17 题的单线图

对于三相系统，给出的所有电压都是线电压，它的复功率也都是三相功率。

进行以下计算：

ⅰ）求电源电压 V_S，如果 V_R 保持 4.4kV 不变。（线电压 V_R = 4.4kV）

ⅱ）电源电流和电源的功率因数。

ⅲ）电源提供的总复功率。

ⅳ）要使电源母线的功率因数达到 1，需要在电源母线接多少无功功率？

7.18　假如三相变压器低压侧是 Y 联结接地的，高压侧是 D 联结绕组，如图 7-77 所示。分接头切换绕组的低压侧为 2000 匝，高压绕组侧的匝数是变化的。假定高压绕组侧的最大匝数为 7300，最小匝数为 5300，低压侧绕组电压设定为 36.4kV。计算高压侧可以保持的最高线电压。

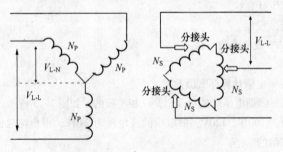

图 7-77　第 7.18 题的接线图

7.19 写一篇文章论述一个回收期为 25 年的 1MW 太阳能系统的资本金成本。假定燃煤电厂的成本为 0.10 美元/（kW·h），而 PV 的发电成本约为 0.25~0.40 美元/(kW·h)。

7.20 三相发电机的额定值为 480V，400kVA，接到额定值为 3.2kV/480V，200kVA，短路电抗 10% 的变压器，通过 1 + j20Ω 线路为负荷供电。在负荷处，使用 150kVA，7% 电抗的变压器把电压从 3.2kV 降到 220V。负荷处电压保持在 220V。进行如下计算：

（ⅰ）画出单线图。

（ⅱ）以基值 200kVA 和 480V 分别计算标幺值等效电路。

（ⅲ）计算发电机需要的电压，这一设计是否可行？

7.21 考虑图 7-78 所示的微电网。三相变压 T_1 额定值为 500kVA，220V/440V，电抗 3.5%。微电网由一个 PV 发电站的交流母线供电。它的直流母线额定电压为 540V。配电线路长 10mile，串联阻抗 0.1 + j1.0Ω/mile，本地负荷 100kVA，440V。该微电网用变压器 T_2 接入本地电网。变压器额定值 440V/13.2kV，8% 电抗。假定本地电网电压基值为 13.2kV，容量基值为 500kVA。计算微电网系统的标幺值阻抗图。

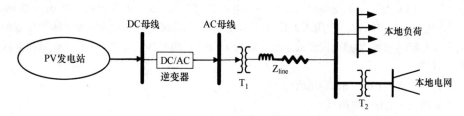

图 7-78 第 7.21 题的单线图

7.22 考虑图 7-79 所示的微电网。假定逆变器交流母线电压为 240V，变压器 T_1 额定值为 5% 阻抗，240V/120V，150kVA。变压器 T_2 额定值为 10% 阻抗，240V/3.2kV，500kVA。两个本地负荷额定值 100kVA，功率因数为 0.9 滞后。逆变器调制指数 0.9。

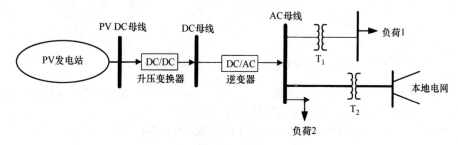

图 7-79 第 7.22 题的单线图

进行以下计算：

（ⅰ）DC 母线电压和逆变器额定值。

（ⅱ）对于所需的逆变器 DC 母线电压，升压变流器 PV 母线的输入电压和输入电流额定值。

（ⅲ）微电网 PV 发电站容量。

（ⅳ）微电网的标幺值模型。

7.23 对于图 7-79 所示的第 7.22 题，假定逆变器直流母线电压为 800V。变压器 T_1 额定值为 9% 阻抗，400V/220V，250kVA；变压器 T_2 额定值为 10% 阻抗，400V/13.2kV，500kVA。负

荷 1 额定值为 150kVA，功率因数 0.85 滞后；负荷 2 额定值为 270kVA，功率因数 0.95 超前。

进行以下计算：

ⅰ）调制指数和逆变器额定值。

ⅱ）对于所需的逆变器 DC 母线电压，升压变流器 PV 母线电压和输入电流。

ⅲ）微电网 PV 发电站的最低容量。

7.24 对于图 7-79 所示的第 7.22 题，假定变压器 T_1 额定值为 5% 阻抗，400V/120V，150kVA；变压器 T_2 额定值为 10% 阻抗，240V/3.2kV，500kVA。逆变器调制指数为 0.9。选择功率基值为 500kVA，电压基值为 600V。本地电网内电抗为 0.2pu，基值为 10MVA 和 3.2kV。假定微电网不带负载。

进行以下计算：

ⅰ）标幺值等效阻抗模型。

ⅱ）如果逆变器母线发生平衡三相故障，故障电流是多少？

7.25 考虑图 7-80 所示的微电网。三相变压器参数为 500kVA，440V/3.2kV，标幺值电抗为 3.5%，由 PV 发电站的交流电源供电。输电线长度为 10mile，串联阻抗为 $0.01 + j0.09\Omega/$mile。本地负荷为 250kVA。使用 3.2/13.2kV 的变压器向本地电网注入平衡功率。该变压器的标幺值电抗为 8%。假定本地电网侧的电压基值为 13.8kV，功率基值为 500kVA，DC 母线电压为 800V。计算：

ⅰ）逆变器和 PV 电站的额定值。

ⅱ）微电网的标幺值阻抗图。

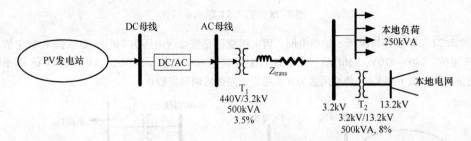

图 7-80 第 7.25 题的单线图

7.26 考虑一个三相 DC/AC 逆变器，其母线额定电压为 600V。假定在放电周期 DC 母线电压会下降到 350V。确定 AC 母线电压范围和相应的调制指数。

考虑一个三相整流器以整流模式运行，它的系统数据见表 7-4。

表 7-4 第 7-26 题的数据

V_{AN}	f_1	P	X	pf	M_a
120V RMS	60Hz	1500W	15Ω	1	0.85

进行以下计算：

ⅰ）求角度 δ 和直流联络电压。忽略产生的谐波。

ⅱ）编写一个 Matlab 程序来仿真整流运行，画出电流 I_a 和电压 V_{an}，考虑 V_{PMWa} 和 δ 为已知，其数值与（ⅰ）的结果相同。假定 PMW 电压从进入的 AC 功率计算。忽略产生的谐波。

7.27　一个三相整流器，供电相电压 120V，交流电源与整流器之间的电抗是 11Ω。写出一个 Matlab 程序，求保持 V_{DC} 为 1200V 不变所需的调制指数，如果输入功率因数角从 −60° 变化到 60°。假定系统供给的有功功率保持 5.5kW 不变。

7.28　开发一个图 7-81 给出的 DC/AC 逆变器的 Matlab 实验平台。

假定 $V_{\text{idc}} = 560\text{V}$（DC），$V_{C(\max)} = 220\text{V}$，$f_e = 60\text{Hz}$，调制指数 $0.5 \leqslant M_a \leqslant 1.0$，$M_f$ 从 2 变到 20。进行以下计算：

（ⅰ）线电压基频分量（RMS）与输入 DC 电压 V_{idc} 之比（$V_{\text{(line-line(RMS))}} / V_{\text{idc}}$）；

（ⅱ）画出作为 M_a 函数的 $V_{\text{(line-line(RMS))}} / V_{\text{idc}}$ 图象，$M_f = 2$ 和 $M_f = 20$。

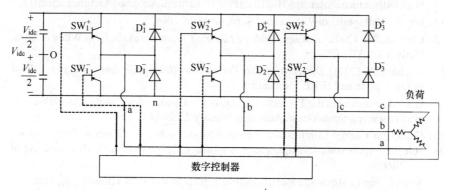

图 7-81　三相变流器的线性运行和超调制运行

7.29　考虑一个 60V 的 PV 电源。用有 4 个开关的单相逆变器把 DC 变换为 AC 50Hz，使用单极方案。选择以下调制指数：

ⅰ）$M_a = 0.5$，$M_f = 7$；

ⅱ）$M_a = 0.5$，$M_f = 10$；

ⅲ）$M_a = 0.9$，$M_f = 4$。

写出一个 Matlab 程序，生成逆变器的 V_{an}、V_{bn} 和 V_{cn} 电压波形。制表并讨论结果。

参 考 文 献

1. http://edisontechcenter.org/generators.html#history. Accessed October 18, 2013.

2. Enjeti, P. (2010) An advanced PWM strategy to improve efficiency and voltage transfer ratio of three-phase isolated boost dc/dc converter. Paper presented at: 2008 Twenty-Third Annual IEEE Applied Power Electronics; February 24–28, 2010; Austin, TX.

3. Dowell, L.J., Drozda, M., Henderson, D.B., Loose, V.W., Marathe, M.V., Roberts, D.J. ELISIMS: comprehensive detailed simulation of the electric power industry, Technical Rep. No. LA-UR-98-1739. Los Alamos National Laboratory, Los Alamos, NM.

4. Chapman, S. (2003) *Electric Machinery and Power System Fundamentals,* McGraw Hill, New York.

5. Complex numbers. Available at http://en.wikipedia.org/wiki/Complex_number#History_in_brief. Accessed December 20, 2003.

6. Keyhani, A., Marwali, M.N., and Dai, M. (2010) *Integration Of Green And Renewable Energy in Electric Power Systems,* John Wiley & Sons, Hoboken, NJ.

7. Mohan, N., Undeland, T., and Robbins, W. (1995) *Power Electronics*, John Wiley & Sons, New York.

8. Rashid, M.H. (2003) *Power Electronics, Circuits, Devices and Applications*, 3rd edn, Pearson Prentice Hall, Englewood Cliffs, NJ.

9. Grainger, J. and Stevenson, W.D. (2008) *Power Systems Analysis*, McGraw Hill, New York .

10. http://www.greatachievements.org. Accessed September 18, 2009.

11. http://edisontechcenter.org/HistElectPowTrans.html. Accessed October 25, 2013.

12. http://en.wikipedia.org/. Accessed September 28, 2009.

13. Clayton, P.R. (2001) *Fundamentals of Electric Circuit Analysis*, John Wiley & Sons. ISBN 0-471-37195-5.

14. Keyhani, A. (2011) *Design of Smart Power Grid Renewable Energy Systems*, John Wiley & Sons and IEEE Publication.

15. U.S. Environmental Protection Agency. Clean Air Act. Available at http://www.epa.gov/air/caa/. Accessed January 25, 2009.

16. California Energy Commission. Energy Quest. Glossary of Energy Terms. Available at http://www.energyquest.ca.gov/glossary/glossary-i.html#i. Accessed April 18, 2009.

17. 3-Phase Power Resource Site. Available at http://www.3phasepower.org. Accessed January 28, 2009.

18. Majmudar, H. (1965) *Electromechanical Energy Converters*, Allyn & Bacon, Boston, MA.

19. El-Hawary, M.E. (1983) *Electric Power Systems: Design and Analysis*, Reston Publishing, Reston, VA.

20. Nikola Tesla. Available at http://en.wikipedia.org/. Accessed September 28, 2009.

21. A Century of Innovation-Electrification National Academy of Engineering. Available at http://www.greatachievements.org. Accessed September 18, 2009.

22. Elgerd, O.I. (1982) *Electric Energy System Theory: An Introduction,* 2nd edn, McGraw-Hill, New York.

23. IEEE Brown Book. (1980) *IEEE Recommended Practice For Power System Analysis*, Wiley-Interscience, New York.

24. War of Currents. Available at wikipedia.org/wiki/. Accessed January 28, 2009.

25. U.S. Energy Information Administration. Independent Statistics and Analysis. Available at www.eia.doe.gov. Accessed September 18, 2009.

第 8 章

风能微电网系统

8.1 引言

历史学家估计，早在公元前 3200 年风能便被用于船舶航行[1]，伊朗（波斯）开发出第一个用于提水和研磨谷物的风车[1]。1891 年丹麦研制了第一台用于发电的风电机组[2]，现在丹麦超过 20% 的电力来自风能，丹麦风电产业占全球市场的比重为 27%。

捕获的风能由机械能经由法拉第感应定律的经典过程转换为电能[3]。图 8-1 为美国能源部（Department of Energy，DOE）发布的 2004～2008 年按照资源分类的能源消耗分布图[4,5]。

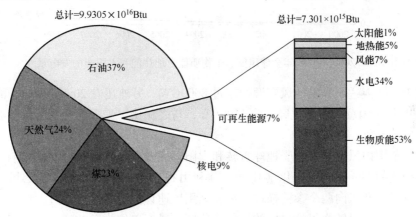

图 8-1　美国 2004～2008 年按资源划分的能源消耗

虽然可再生能源发电量仍处于较低水平，但 2000 年以后美国的可再生能源（不包括水电）发电量已经增长了近三倍。2008 年可再生能源（不包括水电）累计装机容量为 41.9GW，风电累计装机容量 26GW，差不多是 2000 年风电累计转机容量（2.6GW）的 10 倍。2007～2008 年，风电和光伏的累计装机容量增长率分别为 61% 和 44%。

美国能源部（Department of Energy，DOE）[6]下属的国家可再生能源实验室（National Renewable Energy Laboratory，NREL）致力于可再生能源的研究、开发、

推广及规划。NREL 提供美国各个区域的风资源数据；位于不同地理区域的读者可访问 NREL 的网页获取所属区域的风电数据。

8.2 风力发电

风能是储量最丰富的能源之一[6-14]，也是全球范围内发展速度最快的可再生能源，如图 8-2 所示。通过改进机组和变流器的设计，风力发电成本显著降低，从 1980 年的 37 美分/(kW·h) 降至 2008 年的 4 美分/(kW·h)。2008 年，全球风力发电量为 331.6TW·h，占全球总发电量的 1.6%，仅次于水电（18.6%），居第二位[○]，而光伏发电占全球总发电量的比例仅为 0.1%。

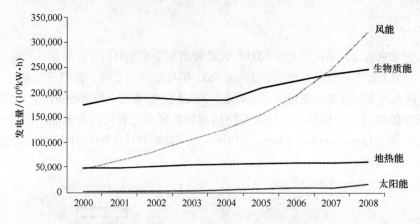

图 8-2 2000 ~ 2008 年全球风能、生物质能、地热能和太阳能的发电量[4]

仅美国陆上适于开发的风资源便超过 8000GW，另外还有 2000GW 的浅海风资源。2008 年美国总电力装机容量为 1109GW，与之相比，美国未开发的风资源规模大概是它的 8 倍。

全球范围内风况的变化受地球自转和太阳辐照及受热的季节性变化影响。陆地和海洋受热的差异及地形变化（比如山脉和山谷）可以影响局部地区的风况。风况通常由风速和风向两个参数描述。风速利用风速计测定，可以通过测量风速计旋转的角速度并加以转换得到对应的风的线速度，风速单位为 m/s 或 mile/h，特定位置的风能储量取决于平均风速。首先记录 1 年时间内的风速测量数据，然后将其与邻近位置的可用长期风速测量数据进行比较进行风速和场地的风能储量预测。

图 8-3 为 NREL 发布的美国毗连区域风资源分布图[6]。此图根据各地区的年平均风速和 60m（164ft）塔筒高度的风功率密度得出，它可用于场地初始评估。沿海地区风能储量高，然而美国 90% 的可利用的风资源位于 8 个大草原州[6]的风带上。常见的风资源分类见表 8-1。

○ 译者注：这里指居可再生能源发电量的第二位，化石燃料发电和核电未包括在内。

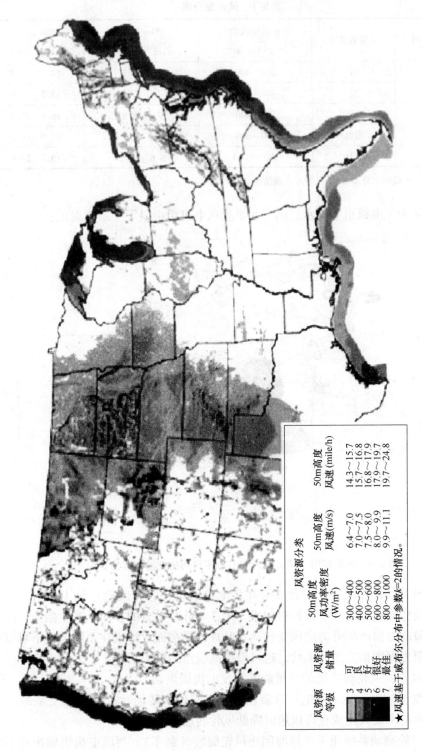

风资源等级	风资源储量	50m高度风功率密度(W/m²)	50m高度风速(m/s)	50m高度风速(mile/h)
3	可	300~400	6.4~7.0	14.3~15.7
4	良	400~500	7.0~7.5	15.7~16.8
5	好	500~600	7.5~8.0	16.8~17.9
6	很好	600~800	8.0~9.9	17.9~19.7
7	最佳	800~1000	9.9~11.1	19.7~24.8

★ 风速基于威布尔分布中参数k=2的情况。

图8-3 按地区分类的美国风资源图[15]

表 8-1　风资源分类

风资源等级	风资源储量	50m 高度风功率密度/（W/m²）	50m 高度风速①/（m/s）	50m 高度风速①/（m/h）
3	可	300～400	6.4～7.0	14.3～15.7
4	良	400～500	7.0～7.5	15.7～16.8
5	好	500～600	7.5～8.0	16.8～17.9
6	很好	600～800	8.0～8.8	17.9～19.7
7	最佳	800～1000	8.8～11.1	19.7～24.8

① 风速基于威布尔分布参数[15]等于 2 的情况。

图 8-4 为风电机组系统示意图。水平轴风电机组由以下子系统组成：

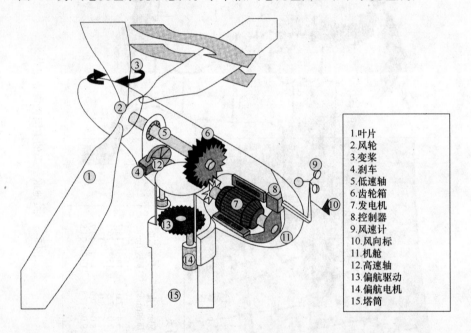

1.叶片
2.风轮
3.变桨
4.刹车
5.低速轴
6.齿轮箱
7.发电机
8.控制器
9.风速计
10.风向标
11.机舱
12.高速轴
13.偏航驱动
14.偏航电机
15.塔筒

图 8-4　风电机组系统（图片来自国家可再生能源实验室供）[6-8]

（1）叶片：两个或三个叶片安装在风电机组轮毂的（风轮）轴上，它们由高密度环氧树脂或玻璃纤维复合材料制成。风在与叶片垂直的方向上产生阻力，并在与叶片一致的方向产生升力使风轮转动。叶片的横截面设计成在不同风速下可以尽可能降低阻力而增加升力的形状，这可以提高机组的输出功率。

（2）风轮：风轮转换风的机械能并为发电机提供动力。

（3）变桨控制系统采用电机或液压机构。它用来转动叶片（即改变桨距）使风机捕获的功率最大化或在高风速时降低风轮转速。

（4）风轮制动系统用于维修时阻止风轮旋转（刹车）。当风电机组输出功率太低或太高时，某些先进的机组在切入风速及切除风速附近采用液压制动系统。

（5）低速轴：用于将转速在 30 ~ 60r/min 的风轮上的机械功率传导至齿轮箱。

（6）齿轮箱：用来连接低速轴和高速轴，并将转速提升至发电机适用的转速 1200 ~ 1600r/min。由于齿轮箱有产生噪声、成本高、摩擦损耗和维护复杂等缺点，因此一些机组设计不使用齿轮箱。

（7）发电机：适用于风电机组的感应发电机或永磁发电机。

（8）控制器：用于调整和控制机组的电气及机械运行。

（9）风速计：用于测量风速并将测量信号发送至控制器。

（10）风向标：是一种用来指示风向的仪器。风向标用于确定风向并将风向信号发送至控制器，在风向变化时，控制器通过偏航系统调整风力机头锥对准正确的风向。

（11）机舱：是用于放置机轴、发电机、控制器和风轮制动装置的防风雨、流线型密封舱。

（12）高速轴：用于齿轮箱和发电机转子间的机械连接。

（13）偏航驱动：利用偏航电机或液压机构使机舱和风轮适应风向变化。

（14）偏航电机：用于转动机舱及其内部部件。

（15）塔筒：用于抬高风机并支撑风轮叶片和机舱。机组塔筒一般为管状，高度大致与风轮直径相等，不过为避免湍流影响要求塔筒高度最低为26m。

8.3 风力发电机

风力发电机在技术和装机容量上都发展迅速[15]，多年来，带齿轮箱的常规风电机组系统占据了风电市场的主导地位。风电机组根据其速度特性可以分为定速或变速机组两类：

风电机组的转速通常比较低，一般风电机组用发电机可分为两类：①绕线型转子绕组和②笼型感应发电机。这种系统采用与直接联网的定速笼型感应发电机（Squirrel Cage Induction Generator，SCIG）连接的多级齿轮系统。

图 8-5a 为定子及转子绕组的分布图。图中定子绕组和转子绕组表示为集中分布，但实际上定子绕组和转子绕组为近似正弦分布式绕组，这些绕组的轴线相互之间相差120°。正弦分布的定子绕组角度用 ϕ_s 表示，而正弦分布的转子角度用 ϕ_r 表示，θ_r 为转子绕气隙旋转时的转子角度。

当定子绕组励磁电流为对称的三相正弦电流时，每相绕组产生脉动正弦矢量磁场，磁场方向与绕组轴方向一致并指向图 8-5a 所示磁场幅值最大的位置。三相绕组矢量磁场分布等效于单相正弦矢量磁场分布。对于一台两极电机，如果定子绕组励磁电流源频率为60Hz，则两极矢量磁场的同步速为3600r/min。图 8-6 为由笼型感应发电机（SCIG）组成的微电网系统示意图。

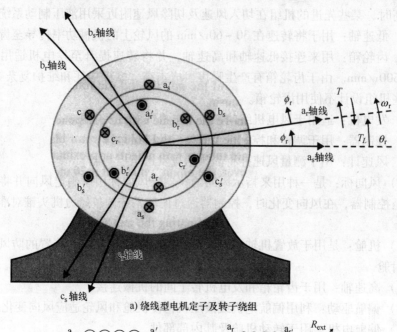

a) 绕线型电机定子及转子绕组

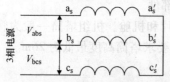
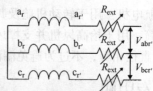

b) 等效电路图[14,16]

c) 绕线转子绕组[17]

图 8-5　感应

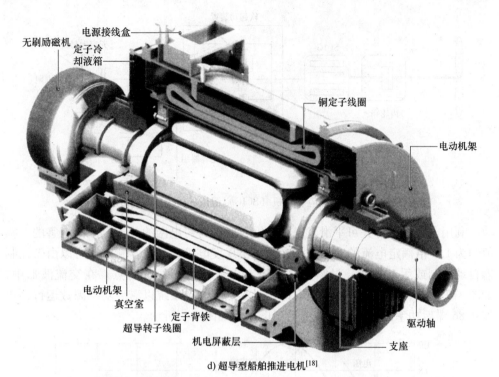

电源接线盒

无刷励磁机

定子冷
却液箱

铜定子线圈

电动机架

电动机架

真空室

定子背铁

超导转子线圈

机电屏蔽层

驱动轴

支座

d) 超导型船舶推进电机[18]

e) 带旋转变压器的双馈感应发电机剖视图[19]

发电机类型

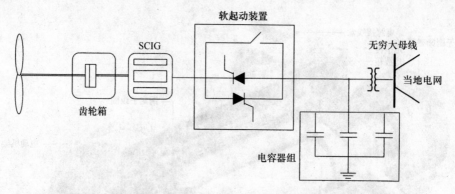

图 8-6　由笼型感应发电机（SCIG）组成的微电网系统示意图

利用电力电子开关可平滑发电机并网及脱网时对电网的冲击，限制有害的、幅值约为 1.6 倍额定电流的冲击电流，从而实现发电机软起动。断路器可以由微控制器自动控制或手动控制，过零点是电压（电流）为零的瞬时点。在交流波形中，如图 8-7 所示，一个周波内一般有两个过零点。假设系统以滞后功率因数运行，比如 0.86 滞后功率因数，则电流滞后于电压，如图 8-7 所示。

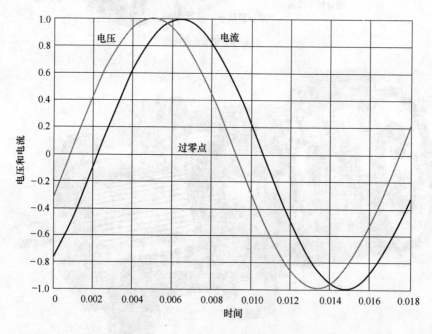

图 8-7　交流电源以 0.86 滞后功率因数供电时的过零点

软启动断路器可以由微控制器或数字信号处理器控制。软启动断路器在电压过零点闭合，在电流过零点断开。软启动开关还可以保护机组的机械部件如齿轮箱及轴承避免因受大的冲击力而损伤。感应发电机在同步速以上运行 2s 后，软启动开

关利用可控晶闸管将电网在其正弦电压过零点与感应发电机相连。[译注]

8.4 感应电机建模

对于绕线型转子的三相圆形感应电机，其定子由三相绕组组成，转子绕组也由三相绕线绕组组成。笼型感应电机的转子没有绕线绕组，而是有一个通常由铝铸造的笼。

对于发电机的稳态数学建模[20,21]，假设定子绕组和转子绕组对称。对于笼型感应电机的情况，假设转子用一个等效绕组表示。设计时各相定子绕组采用的导线线径相同且在电机定子中占据相等空间，这种做法同样适用于转子绕组。为理解流过绕组的电流与产生的磁场分布之间的关系，需要知晓电机定子、转子和电机气隙中磁场分布的关系。首先回顾一下图 8-8 中所示矩形结构线圈的磁场分布的基本原则，这些内容有助于理解电感和感应现象的基本概念，这些概念将在本章后面内容中用到。

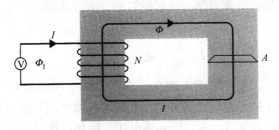

图 8-8 一个电感器绕组

根据电磁学的基本原理，磁场强度用符号 H 表示，单位为 A/m，磁场强度与磁心长度的乘积等于线圈匝数 N 与流过绕组的电流 I 的乘积，即

$$Hl = NI \tag{8-1}$$

磁场强度 H 和磁通密度 B（单位为 Wb/m^2），以及铁磁材料磁导率 μ 之间的基本关系可表述为

$$H = \frac{B}{\mu} \tag{8-2}$$

式中，$\mu = \mu_r \mu_0$，$\mu_0 = 4\pi \times 10^{-7} H/m$，其中 μ_r 为相对磁导率。例如，空气的相对磁导率为 1，而铁的相对磁导率在 26000 ~ 360000 之间。因此 μ 是 $B = \mu H$ 的斜率，其中 H 为磁场强度。磁力线分布在图 8-8 中所示矩形结构内，磁通等于磁通密度和铁心截面积 A 的乘积，即

$$\Phi = BA \tag{8-3}$$

磁通 Φ 代表链接绕组的磁力线，单位为韦伯（Wb）。漏磁通 Φ_1 代表在周围介质而不是铁芯结构中的分散磁力线。

如果假定漏磁通为零，则磁场强度 H 与铁心平均长度的乘积等于磁动势 mmf，

　　㊀　译者注：原文误为"发电机"与"感应发电机相连"。

如式（8-4）所示。

$$Hl = \text{mmf} \tag{8-4}$$

因此，磁动势等于绕组匝数与流过绕组的电流的乘积 NI，此磁动势产生的磁通与磁场强度为 H 的情况相同。

将磁场强度 H 代入式（8-4），可以得到定子、转子和气隙内的磁通如下：

$$\Phi \frac{l}{\mu A} = \text{mmf} \tag{8-5}$$

$$\Re = \frac{l}{\mu A} \tag{8-6}$$

式（8-6）给出了磁阻的定义。磁阻性质与电阻类似，它和磁通经过的介质尺寸有关。

$$\Phi R = \text{mmf} \tag{8-7}$$

磁阻与电感成反比，而电感与绕组匝数的二次方成正比，L 表示图 8-8 中所示线圈的电感

$$L = \frac{N^2}{R} \quad \text{或} \quad L = \mu \frac{N^2 A}{l} \tag{8-8}$$

为理解磁导率，需要了解磁滞现象。磁滞回线反映被试验铁磁材料的磁化特性，磁滞回线显示了铁心由铁磁材料制成的绕组外施电压与流过绕组的电流之间的关系。感应产生的磁通密度（B）用外施电压、磁场强度（H）和绕组中流过的电流计算。它通常称为 $B\text{-}H$ 曲线，图 8-9 为磁滞回线示意图，磁滞回线通过测量外部电压变化时铁磁材料的磁通得到。

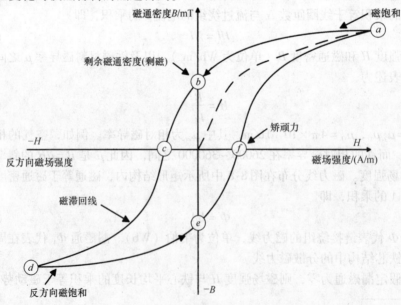

图 8-9　磁滞回线示意图[19]

随着外施电压增加，先前未被磁化的铁心材料沿着图 8-9 所示虚线受磁，导致电流和磁场强度 H 增大。外施励磁电流越大，产生的磁场强度越大，H 增加，磁通密度也更大，B 增加。然而对于 a 点，外施电压增大时产生的磁通不一定随之增加，a 点位置取决于铁磁材料的类型。如图 8-9 所示，在磁饱和点处开始反向过程，记录的电压和电流反映磁通密度和磁场强度从 a 点移动至 b 点。在该点，即使外施电压降低至零，铁磁材料中仍有残留磁通。这一点称作磁滞回线的剩磁，它反映了铁磁材料的剩磁（顽磁）特性。当外施电压的方向改变时，记录的磁通密度和磁场强度移动至 c 点，在这一点，磁通减小至零，它被称为磁滞回线的矫顽点。当外施电压的方向为反方向时，铁磁材料在反方向上磁饱和，进而达到 d 点。当外施电压再在正方向上增加并达到一定值时，磁场强度 H 越过零点，磁滞曲线到达 e 点。如果外施电压继续增加，磁场强度 H 在正方向上继续增加，磁场密度 B 回到零点。如果外施电压重复相同的循环，则上述过程重复进行。但如果上述过程反向进行，磁滞回线不会回到初始位置。去除残磁和铁磁材料磁化都需要外部作用力[22]。

图 8-10 所示为绕组外施电压变化时磁滞回线族的轨迹。如果将磁滞回线的顶点，A、B 连接起来就得到正常励磁曲线。图 8-11 为正常磁化曲线。

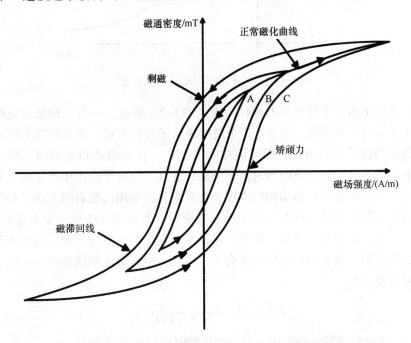

图 8-10　绕组外施电压变化时的磁滞回线族示意图[22]

由于 $B = \mu H$，因此如式（8-9）所示，磁导率 μ 是磁滞回线的斜率。

$$\mu = \frac{B}{H} \tag{8-9}$$

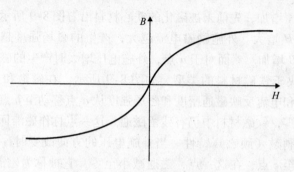

图 8-11　正常磁化曲线

在励磁曲线的线性区域，根据式（8-8），电感呈线性。图 8-12 所示为铁心饱和时矩形铁心的电感变化情况。

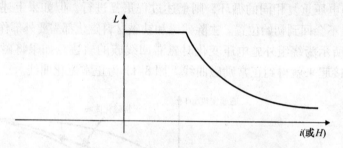

图 8-12　铁心磁饱和时电感变化示意图

图 8-8 所示为一个简单矩形构件。根据图 8-5b 所示，一台三相感应电机的定子和转子中各有 3 个绕组。定子的 3 个绕组绕定子周长布置，相互间隔 120°；转子的 3 个绕组绕转子周长布置，相互同样间隔 120°。作为电动机运行时，定子由三相交流电源供电。时变交流电源对定子励磁，并在每相定子绕组中产生时变磁通密度和电感。尽管计算圆柱形结构的电感更加复杂，但采用高级有限元法并构造定子结构的离散元件可以计算这些元件中的磁通情况。但有限元法属于更复杂的课题，本书将不涉及。根据对电感器的研究，可以推断定子的电感与直径、绕组匝数、定子材料的磁导率、截面积和励磁电流有关。因此，由交流电源励磁的 a-a′绕组的磁通密度可以表示为

$$B_a(\theta_r, t) = B(t)\cos\left(\frac{p}{D}\theta_r\right) \tag{8-10}^{\ominus}$$

式中 $B(t)$ 是由外施的 a 相电压 $v_a(t)$ 产生的时变磁通密度为

$$B(t) = B_{max}\cos\omega_s t \tag{8-11}$$

式中，ω_s 为电源频率，$\omega_s = 2\pi f$；θ_r 为环绕定子周长的角度；p 为极数；D 为直径，

　　⊖　译者注：原书此章极数用大写 P 表示，与书中其他地方的通用表示法不一致，且与表示功率的大写 P 混同，所以都改为以小写 p 表示。

$\dfrac{p}{D}\theta_r$ 角度，其单位为弧度（rad）。

例如，当 $\theta_r = 0$ 时 $B_a(x,t) = B_{max}$。

而且 $\theta_r = 2\pi D/p$，式（8-10）可以改写为

$$B_a(x,t) = B(t)\cos\left(\dfrac{P}{D}\dfrac{2\pi D}{p}\right) = B_{max} \tag{8-12}$$

将式（8-12）代入式（8-10），可得到式（8-13）。

$$B_a(x,t) = \hat{B}\cos\omega_s t\cos\left(\dfrac{p}{D}\theta_r\right) \tag{8-13}$$

对式（8-13）使用余弦公式，可得到式（8-14）。

$$\cos\alpha\cos\beta = \dfrac{1}{2}\big[\cos(\alpha-\beta)+\cos(\alpha+\beta)\big]$$

$$B_a(x,t) = \dfrac{\hat{B}}{2}\cos\left(\dfrac{p\theta_r}{D}-\omega_s t\right) + \dfrac{\hat{B}}{2}\cos\left(\dfrac{p\theta_r}{D}+\omega_s t\right) \tag{8-14}$$

对于绕组 b-b′ 和 c-c′ 可以得到如式（8-15）和式（8-16）所示的相同表达式。

$$B_b(x,t) = \hat{B}\cos\left(\omega_s t-\dfrac{2\pi}{3}\right)\cos\left(\dfrac{p\theta_r}{D}-\dfrac{2\pi}{3}\right) \tag{8-15}$$

$$B_c(x,t) = \hat{B}\cos\left(\omega_s t-\dfrac{4\pi}{3}\right)\cos\left(\dfrac{p\theta_r}{D}-\dfrac{4\pi}{3}\right) \tag{8-16}$$

考虑到磁通密度为矢量，可以将 a 相、b 相和 c 相产生的磁通密度叠加，进而得到如式（8-17）所示三相电路产生的总磁通。

$$B_{tot}(x,t) = B_a(\theta_r,t) + B_b(\theta_r,t) + B_c(\theta_r,t) \tag{8-17}$$

$$B_{tot}(x,t) = \dfrac{3}{2}\hat{B}\cos\left(\dfrac{p\theta_r}{D}-\omega_s t\right) \tag{8-18}$$

式（8-19）给出了电机气隙内部磁通密度的峰值。

$$B_{tot} = \dfrac{3}{2}\hat{B} \tag{8-19}$$

转子绕组分布在转子结构内。定子绕组流过气隙的时变总磁通密度将转子绕组链接起来，在转子绕组中产生感应电压。下面分析两种情况下转子感应电压的情况：①电机停转；②电机空转。

1. 电机停转

$B_{tot}(\theta_r,t)$ 为电机中的总磁通分布，磁通线的频率为

$$\omega_s = 2\pi f_s \tag{8-20}$$

式中，f_s 为定子频率。

此磁通分布可视为在电机气隙内分布的磁力线，其等效机械转速为

$$\omega_{mech}(\text{等值}) = \dfrac{2}{p}\times\omega_s \tag{8-21}$$

机械转速也称为同步速。

$$\omega_{syn} = \frac{2}{p} \times \omega_s \tag{8-22}$$

短接转子绕组并假定转子受限制而保持静止，则定子内的磁力线分布会穿过电机气隙与转子绕组链接，在转子绕组的 a 相、b 相、c 相感应出电压。在转子绕组中产生的电流会在转子绕组中产生转子磁通，把转子绕组 a 相、b 相、c 相产生的磁通相加，可得

$$B_R(x,t) = B_{aR}(x,t) + B_{bR}(x,t) + B_{cR}(x,t)$$

$$= \frac{3}{2}\hat{B}\cos\left(\frac{p\theta_r}{D} - \omega_{stator}t\right) \tag{8-23}$$

由于电机停转，电机转速为零，因此转子频率与定子频率相同。事实上，此时感应电机的运行与一台三相变压器类似；不过，在支撑齿轮系统并将定子和转子用很小的气隙隔离起来的转子圆柱形结构内，定子和转子绕组相互耦合。

2. 电机空转

假设电机转子空转。令转子转速为 ω_m，则转子总磁通分布 $B_R(x, t)$ 的机械转速如式（8-24）中所示

$$\omega_r(mech) = \omega_{syn} - \omega_m \tag{8-24}$$

式中，$\omega_r(mech)$ 为转子机械转速，由于电机空转，其数值等于同步速与电机主轴转速之间的差值。

转子磁通的电气转速如式（8-25）所示。

$$\omega_r = \frac{p}{2}\omega_r(mech) = \frac{p}{2}(\omega_{syn} - \omega_m) \tag{8-25}$$

$$\omega_r = 2\pi f_r$$

式中，f_r 为转子感应电压（电流）的频率。

定子磁通的总磁通分布 $B_s(\theta_r, t)$ 的等效机械转速为 ω_{syn}。两极电机的定子磁通分布如图 8-13 所示。相对于转子，两极电机转子的总磁通分布 $B_R(\theta_r, t)$ 对应的转子转速为 $\omega_{syn} - \omega_m$；相对于定子，两极电机转子的总磁通分布 $B_R(\theta_r, t)$ 对应的转子转速为 ω_m（机械转速）。

如图 8-13 所示，电机的两个磁通之间有一个角度差。作为电动机运行时，ω_{syn} 和 ω_m 旋转方向一致且 $\omega_{syn} > \omega_m$。

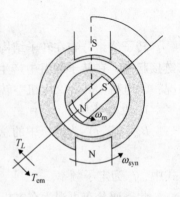

图 8-13　两极电机
磁通分布示意图

8.4.1　转差率计算

$$\omega_r = \frac{p}{2}(\omega_{syn} - \omega_m) \tag{8-26}$$

先乘以 ω_{syn}（定子电气转速）再除以 ω_{syn}，得

$$\omega_r = \frac{\omega_{syn} - \omega_m}{\dfrac{2}{p}\omega_{syn}}\omega_{syn} \tag{8-27}$$

定义

$$s = \frac{\omega_{syn} - \omega_m}{\omega_{syn}} = 转差率 \tag{8-28}$$

$$\omega_r = s\omega_{syn} \quad 即 \quad f_r = sf \tag{8-29}$$

式中，ω_{syn} 和 ω_m 的单位为 rad/s。

转差率可根据式（8-30）计算得到

$$s = \frac{n_{syn} - n_m}{n_{syn}} \tag{8-30}$$

$$n_{syn} = \frac{120f_s}{p} \tag{8-31}$$

式中，n_{syn} 为同步转速，单位为 r/min；n_m 为转子转速，单位为 r/min。

8.4.2　感应电机等效电路

图8-14所示为一台三相丫联结定子和转子绕组。当电机作为电动机运行时，定子与三相电源直接相连或通过频率可变的 PWM 变流器相连，转子短接或外接电阻。作为电动机运行时，电机转速低于同步速，电机用于承载机械载荷。而作为风电发电机运行时，机械能由风提供，发电机转速高于同步速。为研究电机运行过程，需要建立电机的等效电路模型。在图8-15和图8-16中，定子绕组用下标"1"表示，转子绕组用下标"2"表示。下面对两种运行状况进行分析：①电机停转；②电机空转。

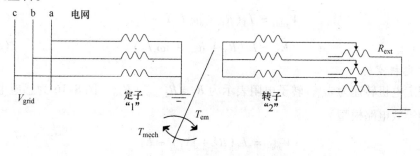

图8-14　转子电路中带外接电阻 R_{ext} 的绕线转子型感应电机等效电路

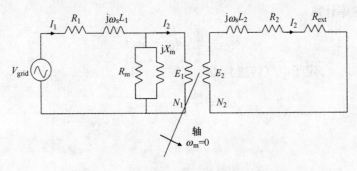

图 8-15　感应电机停转时的等效电路模型

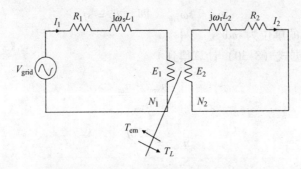

图 8-16　感应电机空转时的等效电路模型

1. 电机停转

假定电机停转，机轴转速为零（$\omega_m = 0$）。利用绕组解耦建模时使用的方法，可以得到图 8-15 所示单相对地等效电路图。

电机设计使用的励磁电流值很小，通常情况下，励磁电流小于额定负载电流的 5%。这要求作为净励磁阻抗的励磁电抗 X_m 和电阻 R_m 起大阻抗的作用。因此可以忽略并联元件。在这种情况下，可以得到以下表达式：

$$I_1 = I_2' \tag{8-32}$$

$$\tilde{V}_{grid} = \tilde{I}_1(R_1 + j\omega_a L_1) + \tilde{E}_1 \tag{8-33}$$

$$\tilde{E}_2 = \tilde{I}_2(R_2 + R_{ext} + j\omega_s L_2) \tag{8-34}$$

2. 电机空转

假定电机转速为 ω_m，转子电阻表示为 $R_2 = R_{2,rotor} + R_{ext}$。图 8-16 为感应电机空转时的等效电路模型。

$$\tilde{V}_{grid} = \tilde{I}_1(R_1 + jX_1) + \tilde{E}_1 \tag{8-35}$$

$$\tilde{E}_2 = \tilde{I}_2(R_2 + j\omega_r L_2) \tag{8-36}$$

式中，R_1 为每相的定子电阻；$nX_1 = \omega_s L_1$ 为每相的定子电抗；I_1 为定子电流（线电流）；E_1 为每相的感应电动势。

令

$$a = \frac{N_1}{N_2} \tag{8-37}$$

$$I_1 = \frac{I_2}{a} \tag{8-38}$$

根据法拉第感应定律，感应电压 e_1 和 e_2 的表达式如下：

$$e_1 = N_1 \frac{\mathrm{d}\Phi}{\mathrm{d}t} = N_1 \Phi_{\max} \cos(\omega t + \theta_1) \tag{8-39}$$

$$e_2 = N_2 \frac{\mathrm{d}\Phi}{\mathrm{d}t} = s N_2 \Phi_{\max} \cos(\omega t + \theta_2) \tag{8-40}$$

则 E_1 和 E_2 的有效值可表示为

$$E_1 = \frac{N_1 \Phi_{\max}}{\sqrt{2}}, \quad E_2 = \frac{s N_2 \Phi_{\max}}{\sqrt{2}} \tag{8-41}$$

E_1 和 E_2 之比为

$$E_2 = s N_2 \frac{E_1}{N_1} = s \frac{E_1}{a} \tag{8-42}$$

I_2 和 I_1 之间的关系可以表示为

$$\tilde{I}_2 = a \tilde{I}_1 \tag{8-43}$$

利用上述关系，可以将转子侧的变量折算至定子侧，进而得到折算至定子侧的感应电机等效电路模型。

$$\tilde{E}_2 = \tilde{I}_2 (R_2 + \mathrm{j}\omega_r L_2) \tag{8-44}$$

$$s \frac{\tilde{E}_1}{a} = a \tilde{I}_1 (R_2 + \mathrm{j}\omega_r L_2) \tag{8-45}$$

式（8-45）[⊖] 乘以 a 再除以 s，可得

$$s \tilde{E}_1 = \tilde{I}_1 (a^2 R_2 + \mathrm{j} s a^2 X_2) \tag{8-46}$$

$$\tilde{E}_1 = \tilde{I}_1 \left(\frac{a^2 R_2}{s} + \mathrm{j} a^2 X_2 \right) \tag{8-47}$$

式（8-47）表示了折算至定子侧的转子电路变量。式（8-48）给出了定子一相电路的变量。

$$\tilde{V}_{\mathrm{grid}} = \tilde{I}_1 (R_1 + \mathrm{j}\omega_s L_1) + \tilde{E}_1 \tag{8-48}$$

将式（8-47）代入式（8-48），可得

$$\tilde{V}_{\mathrm{grid}} = \tilde{I}_1 (R_1 + \mathrm{j} X_1) + \tilde{I}_1 \left(a^2 \frac{R_2}{s} + \mathrm{j} a^2 X_2 \right) \tag{8-49}$$

⊖ 译者注：原文此处和后面误写了一些公式编号，译文中已直接改正，不再一一标出。

根据式（8-50）中的变量定义改写成式（8-49）。

$$R_2' = a^2 R_2, \qquad X_2' = a^2 X_2 \tag{8-50}$$

$$\tilde{V}_{\text{grid}} = \tilde{I}_1 \left[\left(R_1 + \frac{R_2'}{s} \right) + \text{j}(X_1 + X_2') \right] \tag{8-51}$$

图 8-17 和图 8-18 给出了折算至定子侧的感应电动机等效电路图。

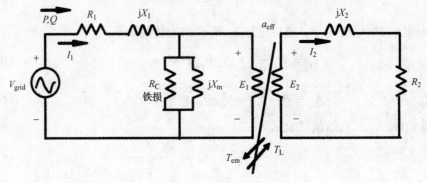

图 8-17　励磁电感折算至定子侧的感应电机等效电路模型

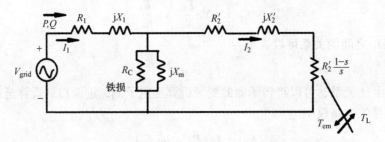

图 8-18　转子电路变量折算至定子侧的感应电机等效电路模型

8.5　感应电机潮流分析

如式（8-52）所示，输入功率可以由输入电压和流入电机的电流计算。

$$P_{\text{i}} = 3\text{Re}\{V_1 I_1^*\} \tag{8-52}$$

穿过电机气隙（见图 8-17）的功率可以由输入功率减去定子导线电阻损耗和铁心损耗得到，如式（8-53）所示。

$$P_{\text{AG}} = 3P_{\text{i}} - 3(I_1^2 R_1 + P_{\text{C}}) = 3 \, |I_2|^2 \, \frac{R_2'}{s} \tag{8-53}$$

式中，P_{C} 为图 8-18 中等效电阻 R_{C} 产生的铁心损耗。

从式（8-53）可看出，气隙功率也可以由转子电流 I_2 的二次方和 R_2'/s 计算得到。

当电机以电动机模式运行时，传送至机轴的功率可以去除转子损耗后得到。

$$P_{\text{em}} = P_{\text{AG}} - 3I_2^2 R_2' \tag{8-54}$$

将气隙功率代入式（8-54），可以得到式（8-55）。

$$P_{em} = 3I_2'^2 \frac{R_2'}{s} - 3I_2'^2 R_2' = 3I_2'^2 \left(\frac{R_2'}{s} - R_2' \right) \tag{8-55}$$

$$P_{conv} = P_{em} = 3I_2'^2 R_2' \left(\frac{1-s}{s} \right) \tag{8-56}$$

因此，传送至机轴的电磁功率可以表示为气隙功率的函数，如式（8-57）所示。

$$P_{em} = 3I_2'^2 \frac{R_2'}{s}(1-s) = P_{AG}(1-s) \tag{8-57}$$

图 8-19 所示为功率从定子流向电机机轴的潮流分布图。所示潮流分布包括输入功率 P_i，气隙功率 P_{AG}，电磁功率 P_{em} 以及传递至机轴的输出功率 P_o。

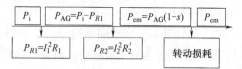

图 8-19 感应电机潮流

感应电机有三种运行状态，它可以以电动机、发电机或电磁制动状态运行。为说明这些运行区域，需要研究电机转矩与转速之间的关系。

利用式（8-58）以及图 8-15 所示的电机模型，首先需要计算电机转矩与输入电压之间的关系。图 8-20 为忽略励磁部件后感应电机的等效电路图。

$$P_{em} = T_{em}\omega_m \tag{8-58}$$

式中，ω_m 为机轴转速；T_{em} 为驱动主轴的转矩；P_{em} 为供给电机的功率。

P_{em} 可以通过电网流入电机的电流计算。由于忽略了励磁部件，因此电流 I_1 等于 I_2'。

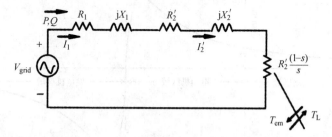

图 8-20 以电动机状态运行的感应电机等效电路图（从定子端子看去的，忽略励磁部件）

$$V_{grid} = I_1 \{ (R_1 + R_2) + j(X_1 + X_2') \} \tag{8-59}$$

根据式（8-59），可以计算电流 I_1 为

$$|I_1|^2 = \frac{|V_{grid}|^2}{\left(R_1 + \dfrac{R_2'}{s} \right)^2 + (X_1 + X_2')^2} \tag{8-60}$$

供给转子的转矩如式（8-61）所示。

$$T_{em} = \frac{3}{\omega_m}\left(\frac{1-s}{s}\right)R_2'|I_1|^2 \qquad (8-61)$$

机轴转速也可以用式（8-62）表示。

$$\omega_m = \omega_{sync}(1-s) \qquad (8-62)$$

将式（8-62）代入式（8-61），得到机轴转矩与输入电压之间的关系如式（8-63）所示。

$$T_{em} = \frac{3}{\omega_{sync}}\frac{R_2'}{s}\frac{|V_{grid}|^2}{\left(R_1 + \frac{R_2'}{s}\right)^2 + (X_1 + X_2')^2} \qquad (8-63)$$

研究输入电压保持恒定的情况时，不同外接电阻阻值下的电机特性很有意义。认真研究式（8-63），可得出以下结论：

（1）当转差率为0时，轴转速 ω_m 等于同步速 ω_{sync}，产生的电磁转矩为0。

（2）当转差率 $s = 1$，即机轴转速为0（刚起动）时可得到停转转矩（起动转矩）。

（3）如果利用控制器调整外接电阻的阻值，最大转矩值对应的主轴转速将发生变化。

如果主轴转速可以控制在很宽范围内，则电机可以在不同的速度区间内运行。电机用作感应发电机时，可以捕获风能并将产生的功率注入当地电网。

在感应电机转矩与转速关系曲线上有三个明显的特征点：①机轴转速为零时的启动转矩；②机轴转速等于磁通的同步速时，产生的转矩为零（见图8-21）；③最大转矩点。为计算最大转矩，需要确定式（8-63）中转矩表达式对转差的导数，将其设定为零。

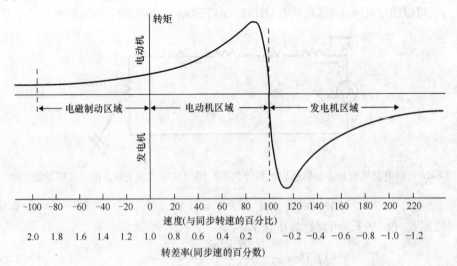

图 8-21 感应电机的不同运行状态

$$\frac{\mathrm{d}T_{\mathrm{m}}}{\mathrm{d}s} = 0 \tag{8-64}$$

式（8-65）给出了对应的最大转差率

$$s_{\max} = \pm \frac{R_2'}{\sqrt{R_1^2 + (X_1 + X_2')^2}} \tag{8-65}$$

式（8-66）是计算得到的最大转矩

$$T_{\max} = \pm \frac{3}{2\omega_{\mathrm{sync}}} \frac{|V_{\mathrm{grid}}|^2}{\left[R_1 \pm \sqrt{R_1^2 + (X_1 + X_2')^2}\right]} \tag{8-66}$$

式（8-65）表明，转矩最大时对应的转差率与转子电阻成正比。式（8-66）表明，最大转矩与转子电阻无关，但是与输入电压的二次方成正比。

8.6 感应发电机运行

绕线转子型感应电机的定子与笼型感应电机的定子类似。但它转子的出线通过集电环及电刷引出，用于转矩和转速控制。对于转矩控制，集电环上不施加功率。电机起动时外部电阻与转子绕组串联来限制起动电流。如果没有外部电阻，起动电流会是额定电流的数倍。取决于电机容量，起动电流可以达到满载电流的 $3 \sim 9$ 倍。电机起动完成瞬间外部电阻短接，外部电阻也可用于控制电机转速和起动转矩。感应电机转差率为负值表示电机以发电机状态运行，发出的功率注入当地电网[23]。感应发电机转子励磁需要无功功率，需要的无功功率可通过以下几种方式提供：

（1）电机励磁及起动时作为电感使用。这时，风力机提供机械功率使电机转速增加至同步速以上。电机独立运行时，可以使用感应电机并在机端并联电容器组，驱动电机使其转速增大超过同步速，此时电机以感应发电机方式运行。电容器组有助于在转子导体产生感应电流，发出交流电流。由于电容器是并联的，因此负荷可以与电容器组接线相连接。只要转子绕组中存在剩磁，就可以用这种方法起动独立运行的电机。不过，电机也可以使用直流电源，如在极短时间内使用 12V 蓄电池励磁。

（2）感应发电机的转子电阻可以通过快速电力电子控制器迅速调整。电机转速变化（从而使转差率变化）提供了在不同风速下增加从风中捕获功率的能力。如果转子绕组可以外接电阻，则通过发电机转子绕组相连的外接电阻，可以调整转差率。只有当风电机组的载荷增大时才使用外接电阻产生需要的转差率。

图 8-22 为感应发电机等效电路图。外接电阻和最大转矩及停转转矩的关系可以通过改变转子电路外接电阻阻值的方法进行研究。研究这种关系的 Matlab m- 程序文件见例 8.1。

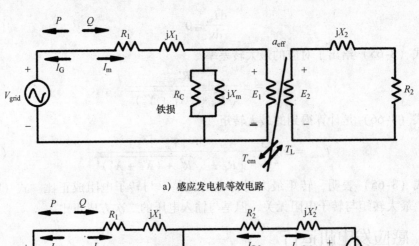

a）感应发电机等效电路

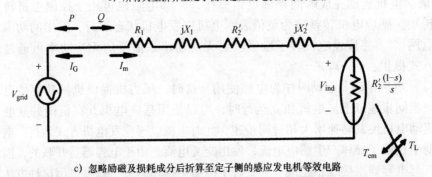

b）所有矢量折算至定子侧的感应发电机的等效电路

c）忽略励磁及损耗成分后折算至定子侧的感应发电机等效电路

图 8-22　感应发电机等效电路图

　　风电机组风轮转动产生的功率通过传动链传递至发电机，传动链包括发电机组主轴、齿轮箱和发电机高速轴。风速的正常范围并不太高，而且随时间、季节变化。例如，一台三相、2 极发电机可以与 60Hz 当地电网直联，运行转速为 3600r/min。如果电机极数增多，则电机转速可以降低。比如，如果电机极数分别为 4、6 或 8，则电机转速可以相应降低至 1800r/min、1200r/min 和 900r/min。由风电机组供电的电网需要更高的风速以使发电机运行在 900～3600r/min 转速范围内。为降低发电机转速，可以增加电机极数。不过，设计多极数发电机会导致电机尺寸增大，进而使电机体积和重量增加。可以利用齿轮系统将风力机的低速、高转矩转换为高速、低转矩。在讨论齿轮概念之前，需要理解如何将线速度转化为角速度。

根据物理学基本原理，线速度和角速度之间的关系为

$$V = r\omega \tag{8-67}$$

式中，V 为线速度，单位为 m/s；r 为半径，单位为 m；ω 为角速度，单位为 rad/s。

将角速度 ω 的单位换算为 r/min，则

$$\omega = N \frac{2\pi}{60}$$

式中，N 为每分钟转数。

式（8-67）可改写为

$$V = N \frac{2\pi}{60} r \tag{8-68}$$

式中，V 的单位为 m/s，N 的单位为 r/min，r 的单位为 m。

可以再将上式改写为

$$N = V \times \frac{60}{2\pi r} \tag{8-69}$$

式中，V 的单位为 m/s，r 的单位为 m，N 的单位为 r/min；式（8-69）中 V 的单位也可以为 ft/s，r 的单位为 ft，N 的单位为 r/min。

如果速度以英里/时（mile/h）表示，则式（8-69）可改写为

$$\frac{5280}{3600} V = \frac{\pi r N}{30} \tag{8-70}$$

式中，V 的单位为 mile/h，r 的单位为 ft，N 的单位为 r/min。

式（8-70）中，1mile = 5280ft，1h = 3600s。所以式（8-70）可改写为

$$N = \frac{14.01 V}{r} \tag{8-71}$$

风速为 10mile/h（14.67ft/s）时对应的转速为 124.2r/min。

风电机组在风轮转速低于 120r/min 的情况下利用齿轮传动系统捕获风能。齿轮箱的运行与变换器类似。齿轮箱可以进行转速和转矩转换。

$$T_{\text{input}} \omega_{\text{input}} = T_{\text{output}} \omega_{\text{output}} \tag{8-72}$$

式中，T_{input} 和 T_{output} 为转矩，单位为 N·m；ω_{input} 和 ω_{output} 的单位为 rad/s。

为进行转矩转速转换，需要使用齿轮传动系统，齿轮箱设计有很多传动齿。

$$齿轮变比 = \frac{输入轮齿数}{输出轮齿数} = \frac{T_{\text{input}}}{T_{\text{output}}} \tag{8-73}$$

齿轮箱将风电机组风轮的低速、高转矩功率转换为发电机转子的高速、低转矩功率。功率范围在 600kW ~ 1.5MW 之间的风电机组使用的齿轮箱变比在 1 ~ 100 之间。图 8-23 为齿轮变速机理示意图。

例 8.1　分析三相 Y 绕线转子式感应电机以发

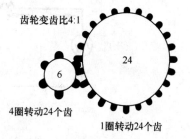

图 8-23　齿轮变速机理示意图

电机状态与当地电网并联运行情况。电机额定参数为220V，60Hz，14kW，8极，电机参数如下：

定子电阻（R_1）为0.2Ω/相，定子电抗（X_1）0.8Ω/相；

转子电阻 R'_2 为0.13Ω/相，转子电抗为0.8Ω/相。

忽略励磁电抗和铁心损耗。

进行以下分析：

ⅰ）给出单线图和单相等效模型。

ⅱ）如果原动机转速为1000r/min，确定当地电网与风电机组之间的有功功率和无功功率交换情况。如果风电机组以功率因数1运行，需要在电机定子终端配备多大容量的电容器组？

ⅲ）给出不同外接电阻阻值对应的转矩-转速特性曲线。

解：

$$同步转速\ N_s = \frac{120f}{P} = \frac{120 \times 60}{8}r/min = 900r/min$$

$$转子转速\ N_r = 1000r/min$$

$$转差率\ s = \frac{N_s - N_r}{N_s} = \frac{900 - 1000}{900} \approx -0.111$$

对图8-24b中所示电路使用基尔霍夫电压定律，则采用电动机惯例时的电流为

$$I_m = \frac{V_{grid}}{R_1 + R'_2/s + j(X_1 + X'_2)}$$

$$= \frac{220/\sqrt{3}}{0.2 - 0.13/0.111 + j(0.8 + 0.8)}A = 67.88\angle -121.22°A$$

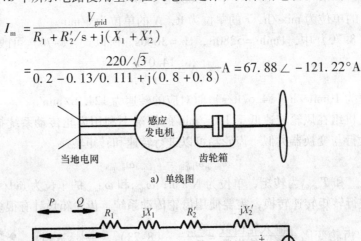

a）单线图

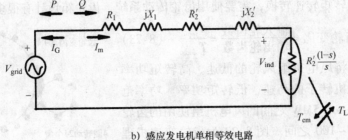

b）感应发电机单相等效电路

图8-24　感应发电机单相图和等效电路

作为电动机运行时，潮流从电网流向感应电机；作为发电机运行时，有功功率的流向与电动机运行时相反。利用电动机惯例并计算电流，电流相角大于 90°，这意味着电流的方向与图 8-26b 中以发电机惯例计算的电流方向相反。

采用发电机惯例时，从感应发电机流向电网的电流为

$$I_G = 67.88 \angle 180 - 121.22°\text{A} = 67.88 \angle 58.77°\text{A}$$

感应电压为

$$V_{\text{ind}} = \frac{1-s}{s} R_2' I_G$$

$$= \frac{1 - (-0.111)}{-0.111} \times 0.13 \times 67.88 \angle 58.77°\text{V} = 88.25 \angle 58.77°\text{V}$$

忽略机械损耗，由供给的风能机械功率产生的电功率为

$$S_{\text{ind}} = 3 V_{\text{ind}} I_G^* = 3 \times 88.25 \angle 58.77° \times 67.88 \angle -58.77°\text{VA} = (17.93 + \text{j}0)\text{kVA}$$

从 S_{ind} 可看出感应发电机发出了有功功率。不过，它并不发出无功功率，无功功率由电网提供。

感应发电机发出的功率注入到本地电网中，一些功率损耗在定子及转子电阻上。

注入电网的复功率为

$$S_{\text{grid}} = 3 V_{\text{grid}} I_G^* = 3 \times \frac{220}{\sqrt{3}} \angle 0° \times 67.88 \angle -58.77°\text{VA} = (13.41 - \text{j}22.12)\text{kVA}$$

感应发电机向电网注入 13.41kW 有功功率，但从电网吸收 22.12kvar 无功功率。

在感应发电机机端接入一个三相 Y 联结的电容器组。当以功率因数 1 运行时，电容器组必须提供感应发电机需要的无功功率。

$$C_p = \frac{3 V_{\text{grid}}^2}{2\pi f Q} = \frac{3 \times (220/\sqrt{3})^2 \text{mF}}{2\pi \times 60 \times 22.12 \times 10^3} = 5.8\text{mF}$$

图 8-25 为由电容器组就地提供无功补偿的笼型感应发电机示意图。令外接电阻的阻值从 0 以 0.25Ω 的步长增加至 0.75Ω，电机转速从 0 增加至同步速。在下述 Matlab 测试平台中，对不同的外接电阻 R_{ext} 阻值进行图表分析。图 8-26 为采用发电机惯例时，不同外接电阻对应的电机转矩特性示意图。

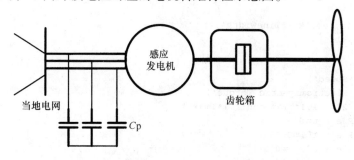

图 8-25　由电容器组就地提供无功补偿的笼型感应发电机

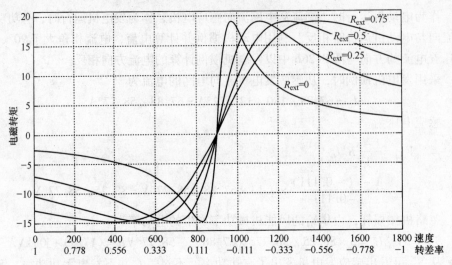

图 8-26　采用发电机惯例时，不同外接电阻对应的电机转矩特性示意图

```
%TORQUE vs SPEED
clc; clear all;
v1=220/sqrt(3);
f=60;
P=8;
r1=0.2;
x1=0.8;
r2d=0.13;
x2d=0.8;                    %The electrical quantities are defined
ws=120*f/P;
Tmax=-(3/2/ws)*v1^2/(r1+sqrt(r1^2+(x1+x2d)^2))
Tmax_gen=-(3/2/ws)*v1^2/(r1-sqrt(r1^2+(x1+x2d)^2))
w=0:1:2*ws;
for r_ext=0:0.25:0.75      %the value of external resistance is varied
   Tstart=-(3/ws)*((r2d+r_ext)/1)*v1^2/((r1+(r2d+r_ext)/1)^2
          +(x1+x2d)^2)
   smax=(r2d+r_ext)/sqrt(r1^2+(x1+x2d)^2)
   for j = 1:length(w)
      s(j)=(ws-w(j))/ws;
      Tem(j)=-(3/ws)*((r2d+r_ext)/s(j))*v1^2/((r1+(r2d+r_ext)/
             s(j))^2+(x1+x2d)^2);
   end
   plot(w,Tem,'k','linewidth',2)
   hold on;
end
grid on;
xlabel('Speed')
ylabel('Electromagnetic Torque')
axis([0 2*ws 1.1*Tmax_gen 1.1*Tmax])
gtext('R_e_x_t=0')
gtext('R_e_x_t^,=0.25')
gtext('R_e_x_t^,^,=0.5')
gtext('R_e_x_t^,^,^,=0.75')
```

结果见表8-2。

表8-2　例8.1的结果

外接电阻/Ω	起动转矩/(N·m)	最大转矩对应的转差率	最大转矩/(N·m)
0.00	-2.62	0.08	
0.25	-7.06	0.24	-14.84（电动机）
0.50	-10.43	0.39	19.04（发电机）
0.75	-12.70	0.55	

　　除了潮流方向是从驱动电机轴转动的风电流向电网之外，感应发电机的运行方式与感应电动机的运行方式相同。因此，感应发电机向当地电网注入或提供功率。采用电动机惯例时，电流的正方向为从电源流向电动机；采用发电机惯例时，电流的正方向为从电动机机端电压流向当地电网。这意味着采用电动机惯例而电机以发电机模式运行时电流的符号为负。

　　例8.2　对于例8.1中的电机，电机以相同供电电压与当地电网相连，采用电动机惯例给出速度范围在 1000 ~ 2000r/min 之间时的转矩-转差率特性曲线。写出 Matlab M 文件程序并画图。

　　解：
例8.2对应的 Matlab M 文件程序如下：

```
%TORQUE vs SPEED
clc; clear all;
v1=220/sqrt(3);
f=60;
P=8;
r1=0.2;
x1=0.8;
r2d=0.13;
x2d=0.8;                %The electrical quantities are defined
ws=120*f/P;
w=-1000:0.2:2000;
for j = 1:length(w)
    s(j)=(ws-w(j))/ws;
    Tem(j)=(3/ws)*(r2d/s(j))*v1^2/((r1+r2d/s(j))^2+(x1+x2d)^2);
end
plot(w,Tem,'k','linewidth',2)
hold on;
grid on;
xlabel('Speed')
ylabel('Electromagnetic Torque')
```

对应图形见图8-27。

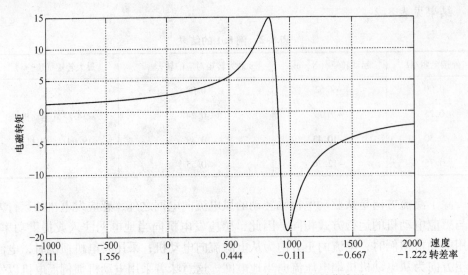

图 8-27　例 8.2 中感应电机转矩与速度关系曲线图

从上例可得出以下结论

ω_{syn} 和 ω_{m} 旋转方向一致且 $\omega_{\text{syn}} > \omega_{\text{m}}$ 时：这种情形是感应电机以电动机状态运行的工况。

在这一区域，由于 ω_{syn} 和 ω_{m} 的旋转方向一致，因此式（8-70）中转差率的计算结果为正值。

$$s = \frac{\omega_{\text{syn}} - \omega_{\text{m}}}{\omega_{\text{syn}}} \tag{8-74}$$

$$R_{\text{eff}} = \frac{1-s}{s} R_2' \tag{8-75}$$

ω_{syn} 和 ω_{m} 旋转方向一致但 $\omega_{\text{syn}} < \omega_{\text{m}}$ 时，这种情况代表感应电机以发电机状态运行，此时 ω_{syn} 和 ω_{m} 的旋转方向一致。因此，这时机械功率由外部动力源提供给发电机轴，$\omega_{\text{m}} > \omega_{\text{syn}}$，转差率为负值（$s < 0$），代表以发电机状态运行。此时，式（8-71）给出的转子等效有效电阻为负值（见图 8-22），对应的功率（转矩）也为负值。这意味着机械功率驱动电机转动，电机再将其定子终端的电功率注入电网。图 8-28 为感应电机作为发电机运行时的示意图。

电机以发电机状态运行可以归纳为：

（1）$\omega_{\text{m}} > \omega_{\text{syn}}$。

（2）ω_{m} 和 ω_{syn} 的旋转方向一致。

（3）发电机方式：电功率通过定子终端注

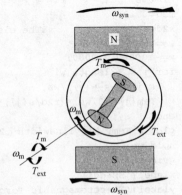

图 8-28　感应电机作为
发电机运行时的示意图

入电网。

（4） $s = \dfrac{\omega_{syn} - \omega_m}{\omega_{syn}} < 0$。

转差率为负表示电机以发电机状态运行。

当 ω_{syn} 与 ω_m 旋转方向相反时，电机以电磁制动方式运行。当感应电动机在正常条件下运行，电机转差率为正值且在稳定范围内（$0 < s < s_{max}$）时，将定子任意两端子互换可以使电机以电磁制动模式运行。定子端子互换会使定子旋转磁场反向。相对于定子磁场，转子转速 ω_m 可以视为负值。此时，$s > 1$，功率损耗为负，表示机械能正转化为电能，定子和转子绕组注入的功率均转化为定子电阻上的热能。电机的这一运行区域称为电磁制动区域。

例 8.3 一台 8 极 60Hz 感应电机，转速为 1000r/min 时气隙功率为 3kW。转子铜耗为多大？

解：

图 8-29 为感应发电机单相等效电路图。

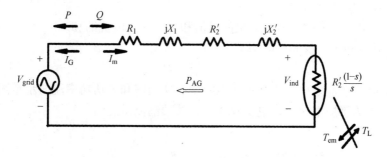

图 8-29 感应发电机单相等效电路

气隙功率为

$$P（\text{对转子的输入功率}） = P_{AG\Phi} = 3 \left| I_2 \right|^2 \frac{R_2'}{s}$$

转子铜耗为

$$P_{rotor\ loss} = 3 \left| I_2 \right|^2 R_2'$$

因此

$$\frac{P_{rotor\ loss}}{P_{rotor\ in} = P_{AG}} = \frac{3 \left| I_2 \right|^2 R_2'}{3 \left| I_2 \right|^2 \dfrac{R_2'}{s}} = s$$

转子功率损耗 $P_{rotor\ loss}$ 是气隙功率的 s 倍，s 为转差率。

$$P_{rotor\ loss} = s P_{AG}$$

采用电动机惯例时，$P > 0$ 表示电机消耗功率。

采用发电机惯例时，$P > 0$ 表示电机发出功率。

同步转速为 $N_{syn} = 120\dfrac{f}{P} = 120 \times \dfrac{60}{8} r/min = 900 r/min$

转差率为 $s = \dfrac{N_{syn} - N_m}{N_{syn}} = \dfrac{900 - 1000}{900} \approx -0.11$

电机以感应发电机状态运行。

因此，采用发电机惯例时，气隙功率应反向，转子功率损耗为

$$P_{rotor\ loss} = -sP_{AG} = 0.111 \times 3000W = 333kW$$

例 8.4 一台三相，6 极，丫联结感应发电机，额定参数为 400V，60Hz，运行转速为 1500r/min，输出电流为 60A，功率因数为 0.866 滞后。电机与当地电网并联运行。定子铜耗为 2700W，旋转损耗为 3600W。

进行以下分析：

ⅰ）确定感应发电机与电网之间的有功功率和无功功率潮流情况。

ⅱ）如果感应发电机以功率因数 1 运行，需要为感应发电机提供多大容量的无功功率？

ⅲ）计算发电机的效率。

ⅳ）确定定子电阻、转子电阻的阻值和定、转子电抗的和。

ⅴ）计算转子提供的机电功率。

解：

图 8-30 为感应发电机单相等效电路中有功功率和无功功率流向示意图。

图 8-31 为感应电机以发电机模式运行时的潮流示意图。

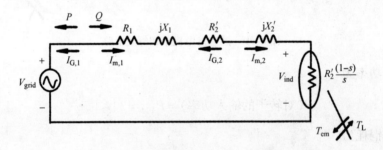

图 8-30　感应发电机单相等效电路图

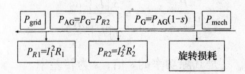

图 8-31　感应电机以发电机模式运行时的潮流示意图

$$\text{同步转速} \quad N_{\text{syn}} = 120\,\frac{f}{P} = 120 \times \frac{60}{6}\,\text{r/min} = 1200\,\text{r/min}$$

$$\text{转差率} \quad s = \frac{N_{\text{syn}} - N_{\text{m}}}{N_{\text{syn}}} = \frac{1200 - 1500}{1500} = -0.2$$

定子终端的有功功率为

$$P_{\text{grid}} = 3V_{\text{L-N}}I_s\cos\theta = 3 \times \frac{400}{\sqrt{3}} \times 60 \times 0.866\,\text{W} = 36000\,\text{W}$$

定子终端的无功功率为

$$Q_{\text{grid}} = 3V_{\text{L-N}}I_s\sin(\arccos\theta) = 3 \times \frac{400}{\sqrt{3}} \times 60 \times \sin(\arccos0.866)\,\text{var} = 20786\,\text{var}$$

当以功率因数 1 运行时，需要就地补偿的无功功率容量与定子终端无功功率一致，即 $Q_{\text{grid}} = 20786\,\text{var}$

定子铜耗 $P_{R1} = 2700\,\text{W}$。

气隙功率为

$$P_{\text{AG}} = P_{\text{grid}} + P_{R1} = (36000 + 2700)\,\text{W} = 38700\,\text{W}(3\phi)$$

固定损耗 $P_{\text{rotational loss}} = 3600\,\text{W}$

输入机械功率，令 P_{G} 为转子提供的机电功率

$$P_{\text{mech}} = P_{\text{G}} + P_{\text{rotational}} = (1 - s)P_{\text{AG}} + P_{\text{rotational}}$$
$$= (1 - (-0.25))38700\,\text{W} + 3600\,\text{W} = 51975\,\text{W}$$

$$\text{效率} \quad \eta = \frac{P_{\text{elec}}}{P_{\text{mech}}} = \frac{36000}{51975} \times 100\% \approx 0.6926 \times 100\% = 69.26\%$$

$$\text{定子电阻} \quad R_1 = \frac{P_{R1}}{3I^2} = \frac{2700}{3 \times 60^2}\,\Omega = 0.25\,\Omega$$

按发电机惯例计算

转子铜耗为 $\quad P_{R2} = -sP_{\text{AG}} = -(-0.25) \times 38700\,\text{W} = 9675\,\text{W}$

转子电阻为 $\quad R_2' = \frac{P_{R2}}{3I^2} = \frac{9675}{3 \times 60^2}\,\Omega \approx 0.90\,\Omega$

转子和定子电抗之和为

$$X = X_1 + X_2' = \frac{Q_{\text{grid}}}{3I^2} = \frac{20786}{3 \times 60^2}\,\Omega = 1.92\,\Omega$$

转子提供的机电功率为

$$P_{R2'} = -3I^2\frac{1-s}{s}R_2' = -3 \times 60^2\frac{1-(-0.25)}{-0.25} \times 0.9\,\text{W} = 48600\,\text{W}$$

8.7　动态特性

前面对感应电机的稳态运行情况进行了分析。而进行动态分析时，需要用一组微分方程建立电机模型。对于定子绕组，3 个耦合绕组绕定子正弦分布。如果这些

耦合绕组用它们的自感或互感表示，可以得出一组 3 个时变微分方程。类似地，可以得到转子绕组的 3 个时变微分方程。电磁转矩可以用非线性代数方程表示，转子的动态特性可以用电动机转速的微分方程表示。因此，感应电机的动态特性可以用 7 个微分方程和 1 个代数方程表示。感应电机的动态建模是更复杂的问题，读者进行分析时需要参考补充文献。本节将对图 8-32 ~ 图 8-34 所示动态分析结果进行研究。

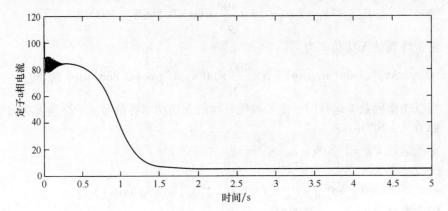

图 8-32　感应电机空载起动时的定子电流

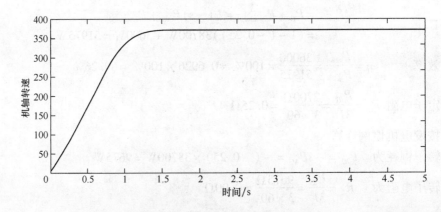

图 8-33　感应电机空载起动时的轴转速

图 8-32 所示为感应电机的起动过程。与预期结果一样，电机定子电流在达到稳态电流之前有多个周波的暂态震荡过程。由电网提供的稳态电流为电机励磁，由于电机为空载运行，因此电能最终转换为热能消耗掉。

图 8-33 为从静止（起动）到低于同步速的空载速度下电机轴转速情况。图 8-34 为电机的暂态震荡过程。从该图可以看出，电机经过 0.4s 的振荡过程，然后达到其最大转矩。感应电机在正常区间运行时低于电机最大转速。图 8-34 给出了电机作为电动机运行的状态。由于电机模拟状态是从静止起动至空载运行，电机可以产生足够的转矩支撑电机电阻及转动损耗。

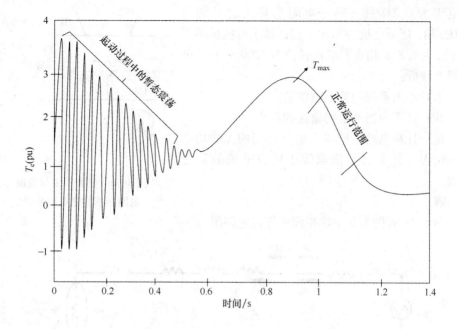

图 8-34 感应电机的动态特性（定子参考坐标系）

图 8-35 为由感应电机组成的微电网系统示意图，图中感应电机以发电机状态运行。

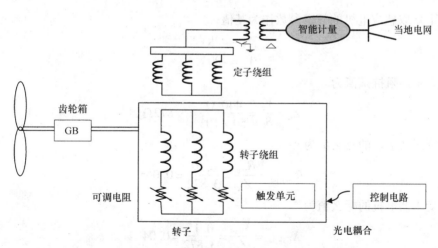

图 8-35 由感应电机组成的微电网系统，
电机以感应发电机状态运行并向当地电网注入功率

例 8.5 分析图 8-36 给出的微电网系统，系统数据如下：

变压器额定电压为 440V/11kV，电抗为 0.16Ω，电阻为 0.02Ω，额定容量为 60kVA。感应电机额定参数为 440V，60Hz，三相，8 极；50kVA，440V，60Hz；定

子电阻为 $0.2\Omega/$相；转子电阻折算至定子侧为 $0.2\Omega/$相，定子电抗为 $1.6\Omega/$相；转子电抗折算至定子侧为 $0.8\Omega/$相。发电机转速为 $1200\text{r}/\min$。进行以下分析：

ⅰ）给出系统的标幺值模型。

ⅱ）计算向当地电网输送的功率。

ⅲ）计算电网与感应发电机之间的无功功率潮流情况。计算时基值取等于感应电机的额定参数。

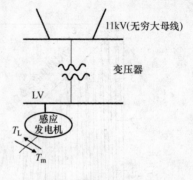

图 8-36　例 8.5 中与当地电网相连的微电网系统

解：

图 8-37 为例 8.5 中单相标幺等效电路图。

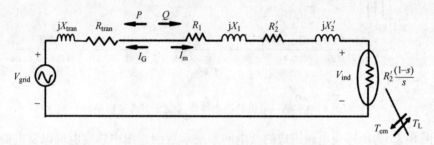

图 8-37　例 8.5 中单相标幺等效电路图

ⅰ）取感应电机的额定参数作为基值

$$S_b = 50\text{kVA}$$

$$V_b = 400\text{V}$$

系统的阻抗基值为

$$Z_b = \frac{V_b^2}{S_b} = \frac{440^2\Omega}{50 \times 10^3} = 3.872\Omega$$

变压器电阻的标幺值为

$$R_{\text{tran,pu}} = \frac{R_{\text{tran}}}{Z_b} = \frac{0.02}{3.872} = 0.005$$

变压器电抗的标幺值为

$$X_{\text{tran,pu}} = \frac{X_{\text{tran}}}{Z_b} = \frac{0.15}{3.872} = 0.04$$

定子电阻的标幺值为

$$R_{\text{s,pu}} = \frac{R_s}{Z_b} = \frac{0.2}{3.872} = 0.052$$

折算至一次侧的转子电阻标幺值为

$$R'_{\text{r,pu}} = \frac{R'_{\text{r}}}{Z_{\text{b}}} = \frac{0.2}{3.872} = 0.052$$

定子电抗的标幺值为

$$X_{\text{s,pu}} = \frac{X_{\text{s}}}{Z_{\text{b}}} = \frac{1.6}{3.872} = 0.413$$

折算至一次侧的转子电抗标幺值为

$$X'_{\text{r,pu}} = \frac{X'_{\text{r}}}{Z_{\text{b}}} = \frac{0.8}{3.872} = 0.207$$

ⅱ）同步转速 N_{s} 为

$$N_{\text{s}} = \frac{120f}{p} = \frac{120 \times 60}{8}\text{r/min} = 900\text{r/min}$$

转差率 s 为

$$s = \frac{N_{\text{s}} - N}{N_{\text{s}}} = \frac{900 - 1200}{900} = -0.333$$

式中，N 为电动机轴（转子）转速，单位为 r/min。

转子电压频率为

$$f_{\text{r}} = sf_{\text{s}}$$
$$f_{\text{r}} = 0.333 \times 60\text{Hz} = 20\text{Hz}$$

供电电压 440V 为 1pu

电流基值

$$I_{\text{b}} = \frac{VA_{\text{b}}}{\sqrt{3}V_{\text{b}}} = \frac{50 \times 10^3\text{A}}{\sqrt{3} \times 440} = 65.61\text{A}$$

阻抗标幺值

$$Z_{\text{pu}} = \sqrt{(R_{\text{s,pu}} + R_{\text{tran,pu}} + R'_{\text{r,pu}}/s)^2 + (X_{\text{s,pu}} + X_{\text{tran,pu}} + X'_{\text{r,pu}})^2}$$
$$= \sqrt{(0.052 + 0.005 - 0.052/0.333)^2 + (0.413 + 0.04 + 0.207)^2} = 0.667$$

功率因数角为

$$\arctan\left(\frac{X_{\text{s,pu}} + X_{\text{tran,pu}} + X'_{\text{r,pu}}}{R_{\text{s,pu}} + R_{\text{tran,pu}} + R'_{\text{r,pu}}/s}\right)$$
$$= \arctan\left(\frac{0.413 + 0.04 + 0.207}{0.052 + 0.005 - 0.052/0.333}\right) = 98.54°$$
$$Z_{\text{pu}} = |Z_{\text{pu}}| \angle \theta = 0.667 \angle 98.54°$$

采用电动机惯例，定子电流标幺值为

$$I_{\text{pu}} = \frac{V_{\text{b}}}{Z_{\text{pu}}} = \frac{1}{0.667 \angle 98.54°} = 1.499 \angle -98.54°$$

采用电动机惯例时的电流有名值为

$$I_{\text{m}} = I_{\text{b}}I_{\text{pu}} = 65.61 \times 1.499\text{A} = 98.35 \angle -98.54°\text{A}$$

因此 $I_\mathrm{m} = 98.35 \angle -98.54°\mathrm{A}$

由于该角度大于 90°，因此潮流方向是从感应发电机流向当地电网。

采用发电机惯例时，电流反向，如图 8-38 的 I_G 所示。

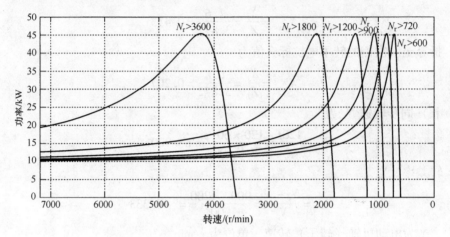

图 8-38　极数可变感应发电机不同转速下的功率-速度关系曲线

因此，采用发电机惯例时的电流为
$$I_G = 98.35 \angle 180° - 98.54°\mathrm{A} = 98.35 \angle 81.46°\mathrm{A}$$

流入电网的有功功率为
$$P_\mathrm{grid} = \sqrt{3}V_\mathrm{grid}I_G\cos\theta = \sqrt{3} \times 440 \times 98.35 \times \cos81.46°\mathrm{W} \approx 11130\mathrm{W}$$

变压器内损耗的有功功率为 $P_\mathrm{loss} = 3I_G^2 R_\mathrm{trans} = 3 \times 98.35^2 \times 0.02\mathrm{W} \approx 580\mathrm{W}$

因此，感应发电机注入变压器的有功功率为
$$P = P_\mathrm{grid} + P_\mathrm{loss} = (11130 + 580)\mathrm{W} \approx 11710\mathrm{W}$$

注入电网的无功功率为
$$Q_\mathrm{grid} = \sqrt{3}V_\mathrm{grid}I_G\sin\theta = \sqrt{3} \times 440 \times 98.35 \times \sin81.46°\mathrm{var} = 74121\mathrm{var}$$

变压器的无功损耗为 $Q_\mathrm{loss} = 3I_G^2 X_\mathrm{trans} = 3 \times 98.35^2 \times 0.15\mathrm{var} \approx 4353\mathrm{var}$

因此，感应发电机消耗的无功功率为
$$Q = Q_\mathrm{grid} + Q_\mathrm{loss} = (74121 - 4355)\mathrm{var} = 69766\mathrm{var}$$

例 8.6　分析一台三相丫联结绕线转子式感应电机。电机额定参数为 220V，60Hz，16hp[⊖]；电机的极数可以从 2 ~ 12 极之间变化以适应风速变化。

电机参数如下：
$$R_1 = 0.2\Omega/相,\qquad X_1 = 0.4\Omega/相$$
$$R_2' = 0.13\Omega/相,\qquad X_2 = 0.4\Omega/相$$

给出通过改变电机极数适应风速变化的电机的功率-速度对应曲线。

⊖　译者注：1hp = 745.700W。

以下 Matlab m 文件可表示上述电机的运行情况。

```
%POWER vs SPEED
clc;
v1=220/sqrt(3);
f=60;
P=2;
r1=0.2;
x1=0.4;
r2d=0.13;
x2d=0.4; % The electrical quantities are defined
for P=2:2:12 % The no. of poles is varied from 2 to 12
    ws=120*f/P;
w=0:.2:7200; % The value of speed is varied till synchronous speed
for i=1:length(w)
    s(i)=(ws-w(i))/ws;
    Tem(i)=(3/ws)*(r2d/s(i))*v1^2/((r1+r2d/s(i))^2
        +(x1+x2d)^2);
    Po(i)=-Tem(i)*w(i)/1000;  % Power in kW
end
plot(w,Po)
hold on;
end
axis([0 7200 0 50])
grid on;
set(gca,'XDir','reverse')
xlabel('Speed (rpm)')
ylabel('Power (kW)')
```

图 8-38 是极数可变的感应发电机在不同转速下的功率与速度的关系。

8.8 双馈感应发电机

电机按照机械能至电能的转换过程中使用的绕组数量分类。单馈电机只有一个绕组，笼型感应电机与能量转换系统相关的绕组也只有一个。双馈电机与能量转换相关的绕组有两个。绕线式双馈感应发电机（Double- Fed Induction Generator, DFIG)[23]是唯一一种在给定运行频率下以额定转矩运行时有双重同步速的电机。在 DFIG 中，流经励磁支路的电流和转矩电流是正交矢量。设计采用转子励磁的电机不大可取，因为这需要附属的换相系统、集电环和电刷将电流引入转子绕组，而且它的维护成本高，不过，这类电机定子功率因数可以达到 1。转子电压的频率和幅值与式（8-30）中的转差率成正比，原则上，DFIG 静止时可看作一个变压器。

如果 DFIG 产生转矩并以电动机状态运行，转子消耗功率。静止时注入定子的功率全部转化为定子和转子上的热能。当转速较低时，由于馈电电流主要用于产生励磁电流而作为电动机或感应发生机的功率转换过程并未发生，因此 DFIG 的效率很低。如果 DFIG 在同步速以上运行，机械功率同时注入定子和转子。因此，与单馈电机相比，这种类型的电机可以产生双重功率，效率也更高。

当 DFIG 在同步速以下运行时，定子绕组发出电功率且部分发出功率又反馈至转子。当 DFIG 在同步速以上运行时，转子绕组和定子绕组均向电网提供电功率。不过，同样容量的 DFIG 电机产生的转矩并不高于单馈电机，获得的额定功率更高是因为转速更高且磁通未弱化。

图 8-38 为 DFIG 系统示意图，图中所示 DFIG 为一台绕线转子型感应发电机（Winding Rotor Induction Generator，WRIG），其定子绕组与电网直接相连。DFIG 有两组并列的 AC/DC 变流器单元，尽管这些变流器共同动作，但它们的额定功率却不一定完全一样。

转子绕组与转子侧的 AC/DC 变流器和电网侧的 DC/AC 变流器相连⊖。这种背靠背式的变流器以含共用直流母线的双向功率变频器方式运行。图 8-39 的变压器有两个二次绕组；一个与定子相连，另一个与转子相连。转子侧变流器可以在直流母线电压较低的条件下使转子励磁，通过变流器独立控制转子励磁电流可以实现有功功率和无功功率的解耦控制，因此这种 DFIG 可以进行无功功率控制。DFIG 可以向电网提供（或从电网吸收）无功功率。控制方法基于变速/变桨调节，采用两级分级控制：风速过大时，控制器可以用于跟踪风电机组的运行点以限制风电机组运行功率；此外，控制器还控制注入电网的无功功率和风电机组消耗的无功功率。功率监控控制器控制桨距角，使风电机组以额定功率运行，同时速度控制器控制发电机轴转速以确保发电机在安全范围内运行。不过，在风速较低时，转速控制器将尽可能提高机组输出功率并提高发电机效率，因此发电机转速根据风速的缓慢变化进行调整。

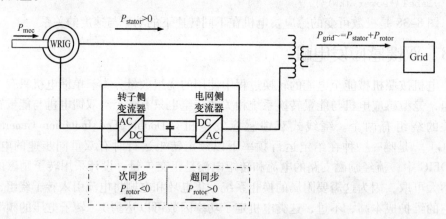

图 8-39　由双馈感应绕线转子型发电机组成的微电网系统

作为 DFIG 系统的固有部分，发电机定子端电压一般较低，它通过升压变压器将最高达 70% 的发电机输出功率馈入电网。DFIG 系统的一个显著缺点是发电机内部存在杂散电流，这些电流会加速发电机轴承损坏。可以采取的保护措施包括设计

⊖ 译者注：原文为"电网侧 AC/DC 变流器和转子侧 DC/AC 变流器"有误，也与图 8-39 不一致。现改为"转子侧 AC/DC 变流器和电网侧 DC/AC 变流器"。

专门的发电机轴承和/或密封轴承保护罩以避免杂散电流的不利影响。

　　与常规感应发电机相比，绕线转子型 DFIG 有一系列优势。由于转子绕组由变流器控制，感应发电机可以发出或吸收无功功率。因此，当电网电压受到扰动时，DFIG 可以通过提供无功功率支持的方式提高电力系统的稳定性。作为 DFIG 系统的固有部件，发电机定子将剩余的 70% ~ 76% 总功率直接注入电网。通常定子电压为 690V，风能微电网系统通过升压变压器与本地电网相连。DFIG 系统可以设计成适用于 60Hz 和 50Hz 电力系统，但不同的电网条件要求发电机运行要适应特定的运行情况。然而，DC/AC 变流器的控制是一个复杂课题，本书将不涉及，对绿色节能系统涉及的变流器控制感兴趣的读者可参阅文献 [24]。与绕线转子型感应发电机相比，笼型感应发电机的制造成本更低且设计相对简单；它们稳定性好、性价比高，在风能微电网系统中广泛应用。

8.9　无刷双馈感应发电机系统

　　无刷双馈感应发电机系统[25]的定子设计成有两组极对数不同的多相绕组结构。其中一组定子绕组设计为功率绕组并与电网相连，第二组绕组由一个变流器供电并控制能量转换过程，发电机通过调整与变流器相连绕组的频率进行控制。由于两组绕组的极对数不同，因此与电网相连的绕组将在与风力机转子对应的速度范围内产生低频磁感应。无刷双馈感应发电机系统不能有效利用磁心，双绕组结构使定子体积与同功率等级的其他电机相比要大。图 8-40 为由无刷双馈感应发电机组成的微电网示意图。

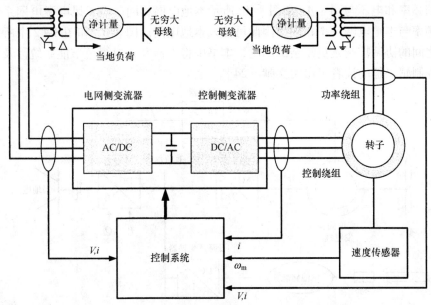

图 8-40　由无刷双馈感应发电机组成的微电网

8.10 变速永磁发电机

此类发电机可在变化风速下运行。它含一个"全"功率 AC/DC 及 DC/AC 变流器，直流功率通过 DC/AC 逆变器逆变并与升压变压器相连，然后如图 8-41 中所示那样接入本地电网。

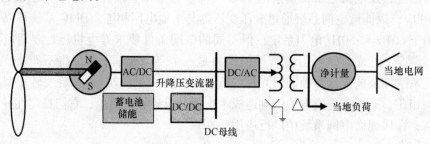

图 8-41　由变速永磁风力发电机组成的微电网

图 8-41 所示变速感应发电机产生幅值和频率均可变的交流电压。由于发电机发出的频率与本地电网频率不相等，变频发电机的输出功率不能直接注入本地电网。因此，频率变化的交流电压先通过 AC/DC 整流器进行整流（见图 8-41）。图 8-40 所示直流母线可通过一个升降压变换器给储能系统充电。图 8-42 所示为一个变速发电机，其中发电机的励磁绕组的供电来自微电网交流母线经过 AC/DC 整流器整流得到的直流功率。由于风机输入的机械功率随时间变化，因此发电机的输出功率也会随时间变化。DC/AC 逆变器用于将直流功率转换为交流功率，转换后功率的频率和电压与图 8-41 和图 8-42 所示本地电网相同。由于风电微电网系统的运行频率与本地电网频率相同，因此可接入本地电网。图 8-41 和图 8-42 中所示变流器之间的协调控制是更复杂的问题，本书中将不涉及，对绿色节能系统涉及的变流器控制感兴趣的读者可参阅文献 [24]。

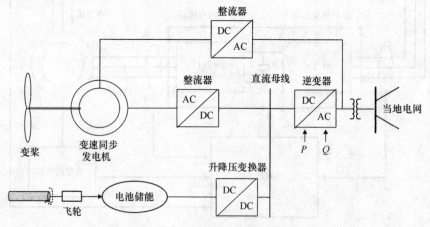

图 8-42　由多级同步发电机组成的微电网

8.11　变速同步发电机

同步发电机的转子以同步速旋转[22,25]。对于同步发电机，定子绕组感应电压的频率由下式决定：

$$\omega_{syn} = \frac{2}{P}\omega_s$$

如果 $p = 2$，则 $\omega_{syn} = \omega_s$，则感应电压的频率为

$$\omega_s = 2\pi f_e$$

如果风速变化，感应电压也会随时间变化，其频率也会相应成比例增加，图 8-43 给出了此类基于风电的微电网系统。不过，在发电机并入本地电网之前，发电机必须旋转在同步速。根据给定场地的预期风速，发电机可设计为带齿轮系统。通过调节齿轮变比使发电机转速保持在同步速[10]，从而使发电机定子感应电压频率与本地电网频率保持一致。

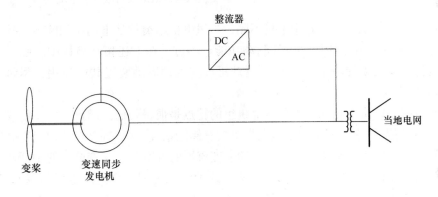

图 8-43　变速同步发电机

8.12　带与电网隔离变换器的变速发电机

另一类风电机组的发电机系统包括一台电气励磁机和一台双馈感应发电机。与常规双馈感应发电机系统不同，这类发电机带一个变流器。由于自带励磁电机，它可以使功率变流器隔离，不与电网直联。就是说，定子是唯一的联网输出。这种方法与常规 DFIG 的联网方式不同。常规 DFIG 的发电机转子功率也通过功率变流器馈入电网。

图 8-44 所示为带与电网隔离变流器的变速风电机组发电机。第一个变流器为 DC/AC 逆变器，用于向 DFIG 的转子回路馈电。不过，在这种拓扑结构下，第二个变流单元是一个 AC/DC 整流器，需要由外部励磁电机供电（见图 8-44）。

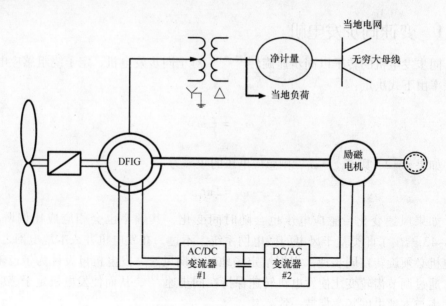

图 8-44   由带电网隔离变流器的变速风电机组组成的微电网系统

此外，与同步电机或异步电机不同，当风电机组突然从电网中切除或风速突然增大时，DFIG 本身不能提供电气制动功能。不过，在上述拓扑结构中，励磁电机可以提供电气制动的功率[12]。电气制动可以与气动制动装置共同作用，尽量减少转矩峰值荷载。

与常规发电机组相比，这种风电机组的特点是惯量较低，因此，它不能参与电力系统的负荷-频率调节。如果风电机组配有储能系统，则它们可以参与负荷-频率控制。变速风电机组采用基于背靠背功率变流器的方案设计。变流器的中间直流母线可以实现电机和电网之间的电气解耦。这种解耦为利用变速风电机组参与负荷-频率控制提供了新的机会[13]。

例 8.7   一台运行电压为 AC 690V 的 600kW 变速风力发电机选择 AC/DC 整流器和 DC/AC 逆变器。电网侧电压为 1000V。

解：

瞬时线电压的峰值为

$$V_{L-L,peak} = \sqrt{2}V_{L-L,rms} = \sqrt{2} \times 690V = 975.7V$$

因此，直流侧整流器额定电压应≥975.7V。

令整流器额定电压为直流侧 1000V，交流侧 690V，逆变器也可根据交流侧额定电压为 1000V 选取。整流器和逆变器的额定功率均为 600kW。

本章讨论了感应电机建模及分别作为电动机和发电机运行的情况：当微电网系统采用感应电机作为电源时，需要当地电网提供励磁电流以支撑电机以发电机状态运行；如果基于风能的微电网系统与当地电网相连，则电网将提供励磁电流。因此，电网设计时应考虑风能微电网系统运行时的无功功率（var）需求。

　　本章回顾了双馈感应发电机、变速感应发电机和变速永磁发电机的内容[23,24]。变流器的协调控制问题更加复杂，本书中将不涉及，对绿色节能系统涉及的变流器控制感兴趣的读者可参阅文献 [24]。

<h1 style="text-align:center">习　　题</h1>

　　8.1　考虑图 8-45 中给出的风能微电网系统。系统的当地负荷额定容量为 100kVA，额定功率因数为 0.8 滞后。

　　三相变压器额定参数为：11kV/0.44kV，300kVA，$X = 0.06$pu；感应发电机参数为：440V，60Hz，3 相，8 极；定子电阻为 0.08Ω/相；转子电阻折算至定子侧为 0.07Ω/相；定子电抗为 0.2Ω/相；转子电抗折算至定子侧为 $X_2 = 0.1\Omega$/相。计算以下内容：

　　ⅰ）容量基值为 300kVA、电压基值为 440V，计算对应的等效标幺电路模型。

　　ⅱ）机轴转速为 1200r/min 时对应的机轴机械功率。

　　ⅲ）注入当地电网的功率数值。

　　ⅳ）电网和当地微电网之间的无功功率潮流情况。

　　ⅴ）为使当地电网功率因数为 1，应在当地电网配置多大容量的无功补偿装置？

　　8.2　图 8-46 所示微电网系统由感应发电机供电。系统带的当地负荷额定容量为 100kVA，额定功率因数为 0.8 滞后。三相变压器额定参数为：11kV/0.44kV，300kVA，阻抗电压 6%。感应电机额定参数为：440V，60Hz，3 相，8 极，500kVA；定子电阻为 0.1Ω/相；转子电阻折算至定子侧为 0.1Ω/相；定子电抗为 0.8Ω/相；转子电抗折算至定子侧为 0.4Ω/相。计算以下内容：

　　ⅰ）容量基值为 300kVA，电压基值为 440V，计算标幺值潮流模型和短路模型。

　　ⅱ）如果感应发电机转速为 1000r/min，转子频率为多少？

　　ⅲ）分析微电网系统与当地电网之间的有功功率和无功功率交换。

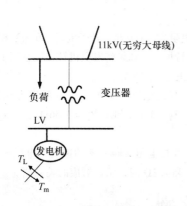
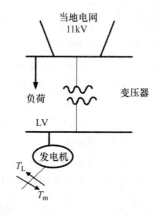

图 8-45　习题 8.1 的系统示意图　　　　图 8-46　习题 8.4 的系统示意图

　　8.3　一台 6 极绕线转子型感应电机额定参数为：60Hz，380V，160kVA；感应电机的定子电阻与折算至定子侧的转子电阻相同，均为 0.8Ω/相，定子电抗和转子电抗均为 0.6Ω/相；发电机轴转速为 1500r/min。确定当发电机转速为 1800r/min 时转子电路外接电阻的阻值。

　　8.4　一台 400V、3 相、丫联结的感应发电机参数如下：

$$\overline{Z}_1 = (0.6 + j1.2)\,\Omega/\text{相}$$
$$\overline{Z}_2' = (0.5 + j1.3)\,\Omega/\text{相}$$

该发电机与当地电网相连。进行以下计算：

ⅰ）发电机可提供的最大有功功率。

ⅱ）感应发电机与当地电网之间的无功功率潮流情况。

8.5　设计一台由变化风速提供动力的 15kW 风力发电用发电机。设计的系统应能提供 AC 220V、单相交流功率，计算直流母线电压。

8.6　与 8.5 问题相同，但风力发电系统需要提供额定电压为 210V 的三相交流电源，计算直流母线电压。

8.7　设计一台由变化风速提供动力的 2MW 风力发电系统。直流母线额定电压为 DC 600V；配电盘离当地电网 5 英里；当地电网为三相交流，额定电压为 34.5kV。假定额定功率因数为 0.8 滞后。

输电线参数见表 8-3，变压器参数为：460V/13.2kV，250kVA 时，阻抗电压为 10%；13.2kV/34.5kV，1MVA 时，阻抗电压为 8.5%。

表 8-3　13.2～132kV 电压等级单相中性回线线路模型

导线[①]	直流电阻/(Ω/km)	电抗 L/(Ω/km)	电纳 C/(S/km)	额定电流/A
Magpie	1.646	j0.755	j1.45e-7	100
Squirrel	1.3677	j0.78	j8.9e-7	130
Gopher	1.0933	j0.711	j7.7e-7	150

① 表 8-2 第 1 列的导线名称（型号）[Magpie（喜鹊），Squirrel（松鼠），Gopher（囊地鼠，产自北美的一种地鼠）] 意义不明，可以理解为三种不同导线。——译者注

根据以上参数进行下列分析：

ⅰ）给出单线图。

ⅱ）根据发电机额定数据给出标幺值模型。

8.8　绕线转子型 6 极 60Hz 感应发电机，定子电阻为 1.1Ω/相，转子电阻为 0.8Ω/相，运行转速为 1350r/min。在所有转速范围内原动机转矩均保持恒定，如果将发电机转速调整至 1800r/min，需要在转子回路中插入多大阻值的电阻？忽略电机漏感 X_1 和 X_2。

8.9　考虑三相丫联结绕线转子型感应发电机，额定电压为 220V，额定频率为 60Hz，额定功率为 16 马力，8 极。电机参数为：$R_1 = 1\Omega$/相，$X_1 = 1.6\Omega$/相；$R_2' = 0.36\Omega$/相，$X_2 = 1.8\Omega$/相。该发电机与当地电网相连。

编写 Matlab 仿真程序，表示转子电路插入不同外接电阻时转差率和速度与电机转矩之间的关系。当外接电阻阻值分别为 0.0Ω、0.4Ω、0.8Ω 和 1.2Ω 时，给出对应的关系图。

参 考 文 献

1. Wikipedia. History of Wind Power. Available at http://en.wikipedia.org/wiki/Wind_Energy}History. Accessed August 10, 2009.

2. Technical University of Denmark. National Laboratory for Sustainable Energy. Wind Energy. Available at http://www.risoe.dk/Research/sustainable_energy/wind_energy.aspx. Accessed July 11, 2009.

3. California Energy Commission. Energy Quest. Chapter 6: Wind energy. Available at http://www.energyquest.ca.gov/story/chapter16.html. Accessed June 10, 2009.

4. U.S. Department of Energy, Energy Information Administration. Official Energy Statistics from the US Government. Available at http://www.eia.doe.gov/energyexplained/index.cfm?page=us_energy. Accessed September 10, 2009.

5. U.S. Department of Energy. U.S. installed wind capacity and wind project locations. Available at http://www.windpoweringamerica.gov/wind_installed_capacity.asp. Accessed December 5, 2010.

6. Justus, C.G., Hargraves, W.R., Mikhail, A., and Graber, D. (1978) Methods of estimating wind speed frequency distribution. *Journal of Applied Meteorology*, **17**(3), 350–353.

7. Jangamshetti, S.H. and Guruprasada Rau,V. (1999) Site matching of wind turbine generators: a case study. *IEEE Transactions in Energy Conversion*, **14**(4), 1537–1543.

8. Jangamshetti, S.H. and Guruprasada Rau, V. (2001) Optimum siting of wind turbine generators. *IEEE Transactions of Energy Conversion*, **16**(1), 8–13.

9. Quaschning, V. (2006) *Understanding Renewable Energy Systems*, Earthscan, London.

10. Freris, L. and Infield, D. (2008) *Renewable Energy in Power Systems*, Wiley, Hoboken, NJ.

11. Patel, M.K. (2006) *Wind and Solar Power Systems: Design, Analysis, and Operation*, CRC Press, Boca Raton, FL.

12. Hau, E. (2006) *Wind Turbines: Fundamentals, Technologies, Application and Economics*, Springer, Heidelberg.

13. Simoes, M.G., and Farrat, F.A. (2008) *Alternative Energy Systems: Design and Analysis with Induction Generators*, CRC Press, Boca Raton, FL.

14. AC Motor Theory. Available at http://www.pdftop.com/ebook/ac+motor+theory/. Accessed December 5, 2010.

15. U.S. Department of Energy, National Renewable Energy Laboratory. Available at http://www.nrel.gov/. Accessed October 10, 2010.

16. HSL Automation Ltd. Basic motor theory: squirrel cage induction motor. Available at http://www.hslautomation.com/downloads/tech_notes/HSL_Basic_Motor_Theory.pdf. Accessed October 10, 2010.

17. Tatsuya, K. and Takashi, K. (1997) IEEE: A Unique Desk-top Electrical Machinery Laboratory for the Mechatronics Age. Available at http://www.ewh.ieee.org/soc/es/Nov1997/09/INDEX.HTM. Accessed December 10, 2010.

18. Bretz, E. (2004) IEEE Spectrum: Superconductors on the High Seas. Available at http://spectrum.ieee.org/energy/renewables/winner-superconductors-on-the-high-seas. Accessed December 19, 2010

19. Wenping, C., Ying, X., and Zheng, T. (2012) Wind Turbine Generator Technologies, Advances in Wind Power, Dr. Rupp Carriveau (Ed.), ISBN: 978-953-51-0863-4, InTech, DOI: 10.5772/51780. Available at http://www.intechopen.com/books/advances-in-wind-power/wind-turbine-generator-technologies. Accessed December 15, 2010.

20. Krause, P., and Wasynczuk, O. (1989) *Electromechanical Motion Devices*, McGraw-Hill, New York.

21. Majmudar, H. (1966) *Electromechanical Energy Converters*, Allyn & Bacon, Reading, MA.

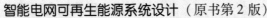

22. Sung, S.W.F., and Rudowicz, C. A closer look at the hysteresis loop for ferromagnets Available at http://arxiv.org/ftp/cond-mat/papers/0210/0210657.pdf. Accessed December 5, 2010.

23. Pena, R., Clare, J.C., and Asher, G.M. (1996) Doubly fed induction generator using back-to-back PWM converters and its application to variable-speed wind-energy generation. *IEE Proceedings of Electric Power Applications*, **143**(3), 231–241.

24. Keyhani, A., Marwali, M., and Dai, M. (2010) *Integration of Green and Renewable Energy in Electric Power Systems,* Wiley, Hoboken, NJ.

25. 1999 European Wind Energy Conference: Wind energy for the next millenium. Proceedings of the European Wind Energy Conference, Nice, France, 1–5 March 1999. London: Earthscan; 1999.

26. Boldea, I. (2005) The electric generators handbook. *Variable Speed Generators,* CRC Press, Boca Raton, FL.

第 9 章

智能电网的市场运营

本章从系统角度介绍智能电网设备及其功能，并综述智能电网运行概况。本章的主要内容包括感知、测量、集成通信和智能电表的基本概念，实时定价、计算机网络控制的智能电网、高渗透率绿色能源接入互联电网、间歇性能源以及电力市场。

9.1　引言

现今的电网最初是在 19 世纪初设计的，如今已经演变成通过输电线路系统连接成千上万个发电站及负荷中心的大型互联网络[1-3]。电力系统设计基于电网负荷中心的长期负荷预测，后者是根据电网服务的社区预期需求而发展起来的。为了反映电网实时运行的特点，开发了系统分析模型。在智能电网系统中，大量微电网作为互联电网的一部分在运行，例如具有当地储能系统及负荷的住宅光伏系统（PV）应该是智能电网系统中最小的微电网之一[4]。为了理解未来智能电网设计和运行的新模式，就需要理解当今电网的运行和设计成本[4-5]。

本章将引入发电机运行、负荷-频率控制、潮流、输电线路的潮流限制等基本概念，以及负荷系数计算和它对智能电网及微电网运行的影响。对电网运行基本概念的理解将有助于设计一个从当地电网分离出来、作为独立系统运行的微电网。

9.2　电网运行

电网运行的目标是：以可接受的电压和频率，满足适当的安全性、可靠性及可接受的对环境的影响——对电网设备不造成损害、并以最低的成本提供连续的高质量服务[5-6]。

图 9-1 中，箭头方向指出了实现目标的优先顺序。提供环境可接受的、安全、可靠及承担最低成本的高质量服务是电力系统运行的主要目标。然而，在紧急情况下电网运行可以不考虑经济性约束条件，而是关注给电力用户供电的安全性和可靠性，同时维持电网的稳定。

术语连续供电的意思是"安全及可靠的供电"。正像这里所说的，安全意味着一旦发生事故，电网能恢复到它的初始状态、并且提供与事故前质量相同的电能。

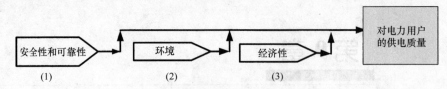

图 9-1　相互关联的电网运行目标

例如图 9-2 的电网中，若母线 2 和母线 4 的连接线路停运，如果电力系统仍然能对所有负荷供电，它就是安全的；同时如果它还有足够的备用去应对增长的负荷需求，这个电网就是可靠的。因此，如果图 9-2 的电网遭遇了计划的或非计划的电源停运，却仍然能给用户提供质量符合要求的电能，则它就是可靠的。

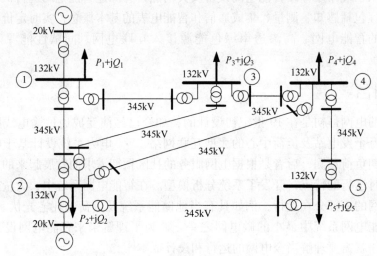

图 9-2　一个五母线电力系统

为保证安全性和可靠性，必须首先计划发电厂的设施和资源，然后进行有效管理。大电网由发电机组、输电线路、变压器和断路器等许多元件组成，随着新的绿色能源接入电网且智能电网落实到位，必须在电网运行中把 DC/DC 变换器和 DC/AC 逆变器等附加设备集成进去并制定它们的运行计划。此外还需评估电力市场结构及实时定价机制[5-6]。

起初，为了给系统负荷供电，主要目的是对于系统运行的每一秒都需要安排发电计划[6-8]。大电力系统的能源包括水电、核电、化石燃料、风能和太阳能等可再生能源，以及燃料电池、热电联产(Combined Heat and Power,CHP,也称联合发电)和微汽轮机等绿色能源组成。必须管理和协调这些电源以满足电网负荷的需求，电网负荷需求实际上具有周期特征，一个星期内有日高峰需求，一个月内有周高峰需求，一年内有月高峰需求。必须优化资源以满足每个负荷周期的高峰需求，使得电能生产和配送的总成本最低。

图 9-3 表示每 5min 采样一次的 24h 负荷变化，从图 9-3 中可看出，高峰需求是最

小电力需求的两倍。图 9-4 说明高峰电力需求发生在星期一，最小电力需求发生在星期日，电力系统运行人员必须计划电网的能源和设施以满足变化的负荷情况。

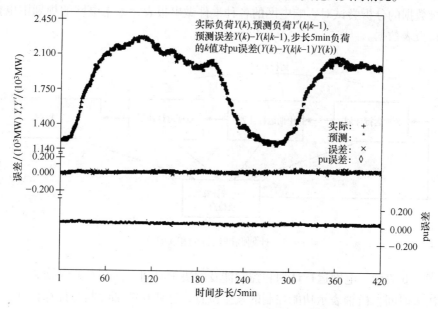

图 9-3　每 5min 采样一次的 24h 负荷变化

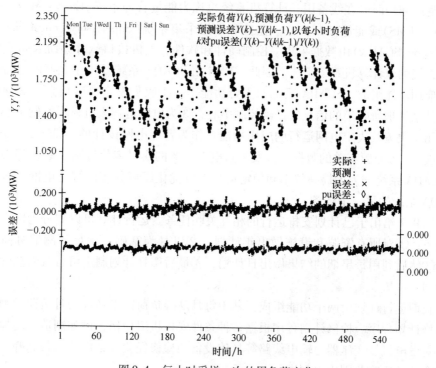

图 9-4　每小时采样一次的周负荷变化

运行计划分为三类任务——长期、中期和短期运行，如图 9-5 所示。这些运行控制涉及对分钟级系统的控制。运行报表系统记录电力系统发生的事件，并通过对所记录数据的分析尝试对影响电网的各种事件做出报表，未来电网的规划中也要使用运行报表数据。

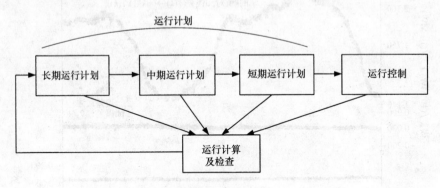

图 9-5　计划调度运行的相关任务[7]

图 9-6 表示了电网运行计划和控制涉及的决策时间。图 9-6 的纵轴表示实现功能的决策时间，横轴表示功能控制的发生位置，这些功能都编制为计算机软件。实现这些功能的硬件包括两台计算机，一台实时运行负责电网，第二台作为第一台计算机遇到问题时的在线备用。计算机系统也称为能量管理系统（Energy Management System，EMS）或能量控制中心。监控和数据采集系统（Supervisory control and data acquisition，SCADA）由数据采集、控制硬件和软件、人机接口软件系统及带有实时操作系统的双计算机系统组成。因此，EMS 由 SCADA 系统及用于电网的运行和控制的应用功能组成。SCADA 系统的主要功能是：①收集整个电网信息；②通过电网通信系统把所收集的信息发送给控制中心；③为电网运行人员显示控制中心的数据，用于决策及决定电网运行的应用功能。作为智能电网设计的一部分，与风能、太阳能 PV 等能源有关的数据、以及来自电力市场的实时定价等附加数据都必须进入 SCADA 系统。为了提高效率和稳定运行，应优化广域分布的智能电网，这也是 SCADA 系统的另一个任务。

图 9-7 给出了已计划安排运行的相互关联任务。运行计划可以划分为四个不同的任务：①对所有资源和设施做出年计划；②以月为基础，满足预测的月高峰负荷；③然后利用每星期的结果做出日计划；④最后用日计划制定可行且安全的每小时计划。

长期运行计划由两个功能组成：基于每月高峰负荷需求估计的月负荷预测程序和检修计划程序。检修计划程序根据多种条件安排机组检修，例如制造商的检修建议、对发电机、变压器、输电线路等具体设备的检修经验等，以使得月高峰负荷需求在合理的风险范围内得到满足。

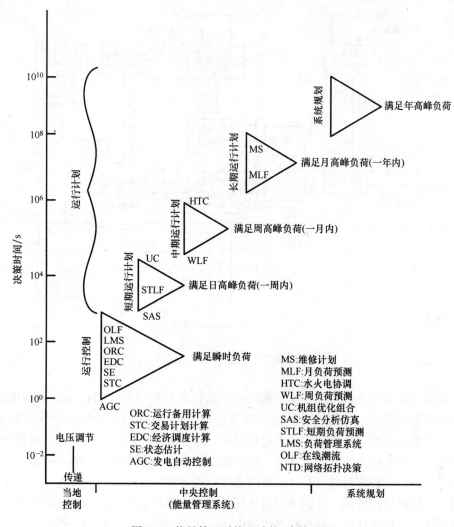

图 9-6 能量管理系统及功能/决策时间

　　以周为基础的资源和设施的计划是通过中期运行计划完成的，此任务由两个功能组成，即周负荷预测程序及水火电协调程序。周负荷预测程序估计一个月内每周的高峰负荷；水、火、电协调程序确定水电和火电机组运行的最优计划，使火电机组消耗的燃料数量最少，并满足系统的周负荷需求。由于可再生能源固有的间歇性，随着可再生能源在电网中使用的日益增加，运行计划会变得高度复杂。此外，由于实时定价的实施，随着电力用户对每小时定价做出反应，运行计划会变得更加复杂。在智能电网规划运行中这些问题正在受到关注。

　　以每日为基础的资源和设施计划是通过短期运行计划完成的，短期运行计划由短期负荷预测程序、安全分析仿真程序和机组优化组合程序组成。短期负荷预测程序估计下一个 168h 的每小时负荷需求；机组优化组合程序即经济发电计划，也被

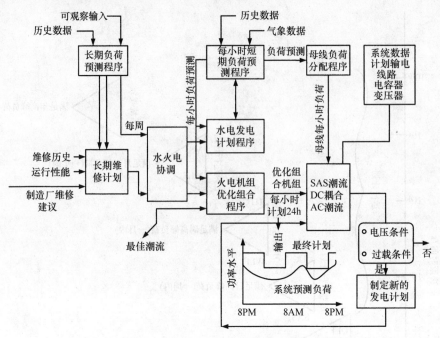

图 9-7　已计划安排运行的相关关联任务

称作排序法或预调度，它基于由长期或中期运行计划规定的不同机组的可利用性，确定要提交给系统运行的发电机组，以满足下一个 24～168h 的每小时预测负荷。此外，机组优化组合功能决定了火电机组启、停的顺序，以保证满足每小时预测的电网负荷的发电能力适度但不过量。应该提及的是，由于预测负荷的不确定性，按惯例，计划的附加容量可以是已同步的或在短期内准备好同步的两者之一，这个超额的容量称作运行备用，后面还要讨论到。安全分析仿真程序是一套面向调度员的交互程序，它用于计算系统负荷母线的电压。短期运行计划的最后一项是安全分析仿真功能。安全分析仿真功能基于机组优化组合程序和每小时母线负荷预测做出的每小时发电计划，计算系统母线电压。如果对于预期每小时负荷、发电计划及预期或已计划的系统结构，计算得出的运行条件不可接受，就要改变系统配置（如改变变压器抽头或发电计划），并重新进行计算。一旦确定了经济可行的每小时发电计划，已规划的系统运行将传递给运行控制，运行控制要努力满足如前节所描述的系统分钟级需求。在电网规划和运行中母线负荷计算很重要，它也称为潮流计算，第10 章将讨论它的作用。

　　在解除管制的电力市场，许多合同在买卖双方之间提前执行，例如已经开发了基于系统预测负荷需求的日前市场，在合同递送到买方和终端用户至少 24h 之前供电[9-10]。

9.3 纵向及市场化结构的电网

图 9-8 表示一个纵向组合的电网，它可以追溯到 Thomas Edition 时代[1-2]，本质上是一个网络结构，大型发电站位于煤炭或水电资源可得之处。电力首先供给大城市的电力用户，然后通过辐射状的配电系统送到农村地区。当今电网的电能流动基本上是单向的——从发电站到居民、商业和工业用户。因为多数发电站都位于具有煤炭资源或水电资源的偏远地方，电力必须通过高压输电系统和次输电系统送到终端用户。传输到负荷的功率损耗可通过系统潮流计算来估计，美国 2004 年此项损耗大约超过 265，180，000TW·h[3]。

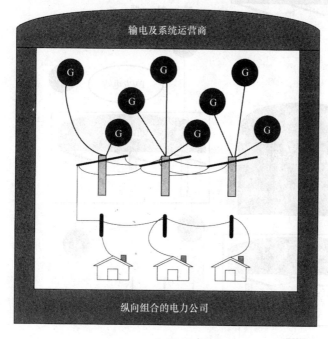

图 9-8 纵向组合的电网

如果电网遭遇发电站突然停运，或从发电站到负荷中心的承载大负荷的关键线路跳闸，这样的损失会造成电力突然短缺。这会导致系统运行人员不能使电能的生产与需求匹配，从而导致电网产生功率振荡。如果系统运行人员不能使电能生产与消费匹配，电网就会失稳，继电保护会将设备切除造成区域停电。

图 9-9 表示一个市场结构化的电网。在这个结构中，独立系统运营商(Independent System Operator, ISO)负责系统运行，ISO 能量管理计算机系统计算维持互联电网可靠运行所必需的运行备用[7-9]。ISO 操作员运行电网的根据是北美电力可靠性理事会(North American Electric Reliability Council, NERC)[9-10]的政策 1 发电控制和性能标准。这份文件规定了运行备用要求[11-19]，根据 NERC 的要求，"每个控制区域的运行电源要具备足够的运行备用，要考虑以下因素：如预测误差、发电和

输电设备不可用、发电机组的数量和容量、系统设备强迫停运率、计划检修、调节要求、区域及系统负荷多样性"[2]。如果发生电源或负荷丢失，ISO操作员应采取适当措施以稳定电网。附加发电的形式是旋转备用[7-9]，旋转备用定义为已准备好由系统操作员调度的同步发电。旋转备用投入的时间通常是5~10min，备用功率也可以是离线待命的形式，以及通过合同规定的由用户中断的负荷。

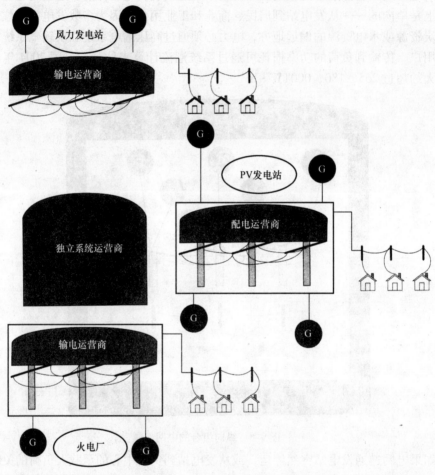

图9-9　市场结构化的电网

9.3.1　谁在控制电网

第一个想问的问题是：谁在控制电网？电网控制是什么意思？控制的意思是采取一种方式达到预期的结果。电网有三方面的利益相关者：①电能消费者；②电能生产者；③将电能传递给消费者的设施（电网）。

当电能消费者夜晚关闭电灯时，这个控制动作是控制电能消耗，减少电能的使用。存储在旋转发电机高质块中的动能会关注用能情况的这一微小变化。而发电机转速的降低会带来频率的降低。在美国，ISO通过计算机控制系统设置频率控制点在 60 Hz，通过控制增加发电量使发电机转速恢复到同步转速，电网频率回到设定点。当频率恢复到设定点，电网中负荷功率加上线路消耗功力等于发电功率，这是电网稳定运行的基本规律。

$$发电功率(注入电网) = 用电功率 + 线路损耗$$

当不符合电力守恒定律（上述定律），电网不再同步运行，一些发电机可能会减速而另一些发电机可能会升速，电网中的保护设备会由于电网中设备受损而跳开电路开关，造成电网大停电。

这些概念可总结为以下电网运行。当电网负荷增加，系统频率下降，频率的下降体现为发电机同步转速的下降。故电网负荷增加越多，发电机同步转速和频率越下降。如同一辆车向山上行驶，向上行驶使车承受更多的负荷，因此为了保持车速，必须要推进油门使用更多的燃油。当频率下降时，ISO 运营商调用最便宜的发电机发出更多电力，向电网输送更多功率。电网频率不断变化，电能消费者通过变化电力需求控制电网频率变化。例如当夜晚电力需求减少，向电网中输送的电力必须降低以保持系统频率的稳定。ISO 运营商通过计算机控制调整电网中的发电量以跟随负荷变化。

- 负荷增加，电网频率下降；
- 负荷减少，电网频率上升。

可见，显然是终端电力用户共同控制着系统负荷。当用户在接通或断开用电装置时，瞬间就会对系统产生冲击。电网控制系统必须对负荷变化做出响应，增加或减少发电功率以平衡总发电功率和总负荷功率。这种控制称为负荷跟踪，在 ISO 计算机控制中的负荷频率控制下发生[11]。

在结构市场化的电网系统中，ISO 负责控制电网。所有股东、电网公司、独立电力生产者、市政电力公司等都在电力市场规则下运作，输送电力到电网来获取最高的经济利润。为获得最优价格，所有股东都必须研究系统负荷廓线及预期需求，以取得最大利润。然而，ISO 在电力市场中有效利用电力的同时，在运行电力系统时仍然要保证电力系统稳定性。

本书仅介绍对于理解由许多微电网组成的电力系统十分重要的功能。微电网系统的每条母线（节点）都既有负荷也有电源。为了理解这个概念，需要更详细地理解电网的运行控制。

9.4　电网运行控制

运行控制的主要功能是满足秒级及分钟级为基础的瞬时负荷[6-8]，其中的某些功能如下：

（1）负荷频率控制（Load Frequency Control，LFC）。

（2）自动发电控制（Automatic-Generation Control，AGC）。

（3）网络拓扑确定（Network Topology Determination，NTD）。

（4）状态估计（State Estimation，SE）。

（5）在线潮流和意外事故研究。

（6）交易计划（Schedule of Transactions，ST）。

（7）经济调度计算（Economic Dispatch Calculation，EDC）。

（8）运行备用计算（Operating Reserve Calculation，ORC）。

（9）负荷管理系统（Load Management System，LMS）。

运行控制的决策时间，是从 LFC 中不到一个周波的动态响应到对于自动发电控制的 1～10s，对于经济调度计算的 5～10s；最长是对于负荷管理系统的 1s～30min[8-10]。然而，随着智能电网具有高穿透率的可再生绿色能源和配备智能电表系统，将会遇到更复杂的电力系统。下面几节将研究 LFC 功能和自动发电控制，其他功能将留给读者使用本章末尾的参考资料及互联网资源[1-4]自己学习。

9.5　负荷-频率控制

负荷-频率控制（LFC）也称为调速器响应控制环，如图 9-10 所示。一旦电力系统的负荷需求增加，发电机转速就降低，从而降低了系统频率；同样，当系统的负荷需求减少时，发电机转速增加，因此提高了系统频率。为了维持电网稳定必须持续进行电力系统频率控制。

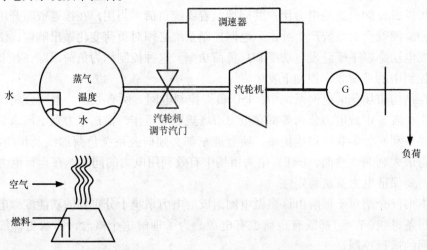

图 9-10　调速器控制系统[11]

在交流电网中，所有电源都并联运行并把所有发电功率注入电网，这意味着所有电源在相同系统频率下运行。美国的系统运行频率是 60Hz，世界其他地区是 50Hz⊖。发电机运行在系统频率下，它们都是同步的，并以相同的同步速运行，所有发电功率都注入电网。同步转速可以由下式计算：

⊖　译者注：实际上，额定频率采用 60Hz 的国家不止美国一个，美国之外的国家也并非都采用 50Hz。大致情况是：南北美洲国家多采用 60Hz；亚洲、欧洲、大洋洲和非洲国家多采用 50Hz，但都有不少例外。

$$\omega_{\text{syn}} = \frac{2}{p}\omega_{\text{s}} \qquad\qquad (9\text{-}1)^{\ominus}$$

式中，$\omega_{\text{s}} = 2\pi f_{\text{s}}$，$f_{\text{s}}$ 为系统频率。

n_{syn} 用每分钟转速（r/min）表示，可以表示为

$$n_{\text{syn}} = \frac{120 f_{\text{s}}}{p} \qquad\qquad (9\text{-}2)$$

式中，p 为极数；f_{s} 为发电机频率。

因此，对于一个运行在 60Hz（$f = 60$Hz）、两磁极的发电机，机轴以 3600r/min 旋转。如果原动机转速较低，如水电机组，发电机磁极数更多。例如若 $p = 12$ 且机组仍运行于 60Hz，则原动机的转速就是 600r/min。

同步运行意味着电网中的所有发电机以相同的频率运行，且所有电源都并联运行，即所有的发电机组都运行在系统频率下，与每个原动机的转速无关。交流系统中，电能不能储存，只能在系统的电感和电容之间交换、在负荷中消耗。因此，为了使交流系统运行在稳定频率下，交流电源产生的电力必须等于系统的负荷。然而，系统中的负荷是由电力用户控制的。如前所述，当电灯关闭时系统负荷减小，电灯打开时系统负荷增加。对于负荷变化的响应，系统是通过存储在转子中巨大质块的惯性能量平衡的。而在每个瞬时，为保持稳定运行，供给电网的电量是与负荷消耗的电量加损耗平衡，这个概念可由下式表达：

$$\sum_{i=1}^{n_1} P_{\text{G}i} = \sum_{i=1}^{n_2} P_{\text{L}i} + P_{\text{losses}} \qquad\qquad (9\text{-}3)$$

式中，$P_{\text{G}i}$ 是发电机 i 发出的功率；$P_{\text{L}i}$ 是负荷 i 消耗的功率；n_1 是系统中发电机的数量；n_2 是系统中负荷的数量；输电线路损耗记为 P_{losses}。

正如所预期的，当时刻 t 电网负荷需求增加时，系统频率会降低，因为电力系统在这一时刻会比在时刻 $t\text{-}k$ 有更多负荷，这里 k 为时间步长，事实上这正是最开始发生的事情。但系统中有称为负荷—转速控制的反馈环。当系统频率下降，即原动机机轴转速降低时，反馈环会增加输入功率以使系统发电总功率与系统负荷总功率匹配，这称为调速器系统控制：为增加输入功率，调速器增大调节汽门开度，从而使发电机轴加速。因此，随着系统负荷的增加，所产生的附加功率使得电网的发电总功率与电网的负荷总功率相匹配，电网仍以其同步转速运行。

调速器控制使汽轮机轴转速保持在期望的同步速不变，以使系统以同步频率发电。为了保证锅炉和汽轮机的安全，锅炉控制系统控制用蒸汽压力和蒸汽温度表示的蒸汽参数。锅炉控制系统控制调节汽门在给定位置以使蒸汽压力和温度在其规定范围内。图 9-11 表示锅炉控制系统。当系统负荷变化时，调速器反馈控制了汽轮机轴的转速，调速器反馈增大或减小调节汽门开度，而增大或减小调节汽门开度由蒸汽参数决定，只要锅炉蒸汽参数在期望范围内，调节汽门就可以不动作。

$\ominus$　译者注：原著式（9-1）、式（9-2）和下面几处电机的极数 p 误用 P 表示，与功率符号混淆。

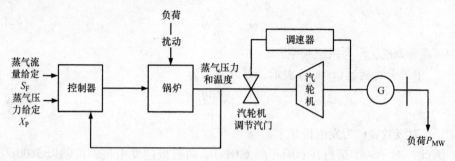

图 9-11　锅炉控制系统

系统发电与系统负荷匹配由两种控制方法实现，即汽轮机跟踪控制和锅炉跟踪控制。汽轮机跟踪控制中，汽轮发电机负责控制节流阀压力，控制调节汽门在规定范围内保证蒸汽参数，即蒸汽压力和温度在安全范围内。负荷功率需求对应于蒸汽流量需求，由锅炉控制。当发出阶跃增加负荷控制命令时，这个控制命令发给锅炉，锅炉控制系统则增加燃料比、给水和送风量，即增加节流阀压力。节流阀压力改变由汽轮机控制系统测量，调节汽门由汽轮机控制系统控制。增大调节汽门开度增加蒸汽流量，增加发电机的有功出力。注意，当调节汽门开度增大、蒸汽流量增加时，汽轮机轴加速，但因发电机与电网同步且电网负荷已经增加，所产生的有功功率注入到电力系统中，电网负荷总功率与发电总功率之间建立了新的平衡，因此维持了系统频率，所有并网的发电机都以同步转速运行。

在锅炉跟踪控制中[11]，锅炉负责控制节流阀压力，有功负荷需求由汽轮发电机控制。在这种控制模式中，由负荷需求的阶跃变化引起的发电阶跃增加直接反映到调节汽门。负荷需求增加时，调节汽门开度增大，蒸汽流量及发电机的有功出力增加。然而，锅炉正在控制节流阀压力，如果压力的减小超出锅炉调节范围，为维持压力，锅炉控制系统就认为汽轮机的控制行为无效。上面所提出的两种控制系统都能够给出满意的控制特性，锅炉跟踪控制响应较快、应用广泛；汽轮机控制系统响应较慢，但它能对锅炉提供保护，并能在锅炉获得能量之前确保蒸汽达到要求的参数。

从电网稳定运行考虑，除频率控制外，还必须控制发电机机端电压及功率因数。图 9-12 表示了蒸汽轮机-发电机的电压调节器。正如前面指出的，调速器控制汽轮机的调节汽门，即控制进入汽轮机的蒸汽流量。进入汽轮机的蒸汽流量是发电机轴上的一次机械功率。图 9-12 给出了位于发电机转子侧的发电机励磁系统。发电机机端电压由电压调节器控制，励磁电压根据调节器设定值(V_{ref})加在发电机励磁绕组上。

通过把机械功率施加到由直流电流供电的转子绕组上，电机气隙中建立了时变磁场，基于法拉第电磁感应定律，在定子绕组内感应电压，又因为发电机与电力系统同步，功率注入系统。图 9-13 表示了在蒸汽发电厂运行方面必须理解的主要概

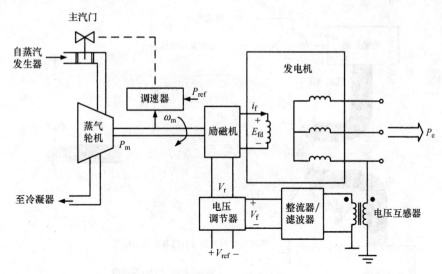

图 9-12　蒸汽轮机-发电机的电压调节和汽轮机调速器控制

念，发电机是三端设备，通过调整发电机的磁场电流可控制发电机的机端电压。

开路感应电压 E 是与电机规格有关的变量，由常数 K、磁场电流 I_f 和轴转速 ω 决定。

$$E = KI_f\omega \tag{9-4}$$

通过调整励磁电流，发电机可以运行在超前或滞后功率因数。由发电机发出的无功功率 Q_G 必须等于全部无功负荷及输电线路的无功损耗之和。

$$\sum_{i=1}^{n_1} Q_{Gi} = \sum_{i=1}^{n_2} Q_{Li} + Q_{losses} \tag{9-5}$$

式中，Q_{Gi} 是发电机 i 发出的无功功率；Q_{Li} 是负荷 i 消耗的无功负荷；Q_{losses} 为无功损失$^{\ominus}$。

这里正式引入在电力系统规划、设计和运行中两个重要的分析研究。

（1）潮流研究。对于给出的计划系统发电和系统负荷，以及计划的系统元件如输电线路和变压器，计算系统的母线电压和输电线路潮流。这些条件由式（9-3）及式（9-5）表示。通常把母线电压作为系统状态，表示每条母线上的电压幅值和相角。潮流计算中关注系统注入模型，发电机阻抗并不包括在电力系统注入模型中，该模型描述在发电机端子注入到输电线路网络模型的功率。

（2）短路电流研究。对于给定系统模型、母线电压及负荷，计算如果故障发生时可能在系统中流动的平衡及不平衡故障电流。一旦故障发生，基于这项研究计算断路器可能经受的短路电流，这项研究还为整定继电保护系统提供了整个系统的故障电流水平。短路电流研究中，必须把电源的输入内阻抗包括在内，故障发生时

$\ominus$　译者注：原文的式（9-5）与下面的说明不一致，现已改正。

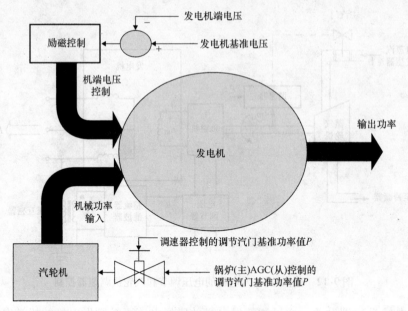

a) 视为三端设备的发电机

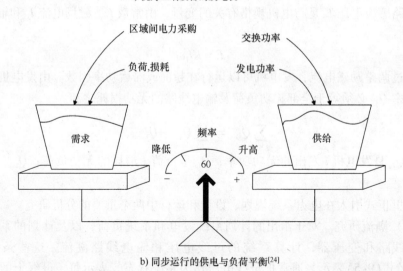

b) 同步运行的供电与负荷平衡[24]

图 9-13　视为三端设备的发电机和同步运行的供电与负荷平衡[24]

它可以限制故障电流。不考虑电源的输入内阻抗，故障电流会是无穷大，这是不实际的，因为在电流达到非常大之前，电源就会着火。

　　回到发电机运行。在图 9-13a 中，第二个终端把机械功率供给发电机轴，并且建立时变的发电机气隙磁通，气隙磁通链接到发电机定子绕组，产生机端电压。发电机输出功率注入电力系统，注入功率及功率因数由磁场电流及机端电压控制，本章稍后将讨论这个问题。

电力系统运行的动态范围从启动——→暂态情况，到稳态运行，动态持续时间可能从几个周波到几分钟。当发电机励磁电流被改变到对应一个新电压设定值时，发电机励磁控制系统可能遭受的动态扰动从几个周波到几秒。当电网由于发电机跳闸发生运行中断时，电力系统会出现动态稳定问题，如果电网能够提供所需功率使系统发电总功率与系统负荷总功率平衡，电网就能够稳定。图 9-13b 显示了电网的平衡运行，例如一台发电机跳闸，电网内的所有机组的调速器将对所需功率的缺失（对应系统频率的下降）做出反应，并将附加功率注入电网以使发电与系统负荷匹配。

可以根据对电网的影响辨识不同的动态问题：

（1）电气动态和励磁控制可能持续几个周波到几秒。

（2）调速器和 LFC 动态过程可以从几秒到几分钟。

（3）原动机和供电控制系统动态过程可能持续几分钟，原动机指汽轮机发电系统。

9.6　自动发电控制

上节说明了 LFC 中锅炉和调速器的功能。正如以上指出的，必须随着负荷的变化一直调整提供给系统的功率，使系统发电功率与系统负荷和损耗平衡，保持系统运行于额定电压和额定频率。

系统负荷的一般规律是白天缓慢增加、夜晚降低。发电成本并非对所有机组都是相同的，因此会分配更多的电力给价格最低的机组。此外，几条线路把一个电网与它相邻的电网连接起来，这些线路称为联络线。联络线的进出功率根据签署的协议控制，当功率通过联络线从一个电力系统输出到相邻的电力系统时，送出功率被认为是负荷；反之，当输入功率时，此功率被认为是发电。通过联络线的潮流控制在双方商定的计划中预先规定，它以安全运行和经济交易为依据。为了控制传输联络线的潮流和系统频率，定义区域控制误差（Area Control Error, ACE）的概念如下：

$$ACE = \Delta P_{TL} - \beta \Delta f \tag{9-6}$$

式中

$$\begin{cases} \Delta P_{TL} = P_{sch} - P_{Actual} \\ \Delta f = f_s - f_{Actual} \end{cases} \tag{9-7}$$

式中，P_{sch} 为两个电力网络间的计划潮流；P_{Actual} 为两个电力网络间的实际潮流；f_s 为基准频率，即额定频率；f_{Actual} 为实际测得的系统频率；β 为频率偏差系数。

AGC 软件控制的设计目标是：

（1）使区域发电与区域负荷相匹配，即使联络线功率交换与发电计划和系统频率控制相匹配。

（2）将变化负荷分配给各发电机，使运行成本最低。

以上条件也要服从考虑电网安全所可能引入的附加约束，如线路或发电站损耗。

图9-14给出了自动发电控制（AGC）框图。第一个目标涉及辅助控制器和联络线偏差的概念，字母β定义为偏差系数，它是一个实施AGC时设置的调整系数。系统负荷的很小变化也会使系统频率产生成正比的变化，因此区域控制误差（$\text{ACE} = \Delta P_{\text{TL}} - \beta \Delta f$）可以给出每个区域负荷变化的大致情况，并指导该区域辅助控制器操作汽轮机调节汽门。为了得到有意义的调节（即减小ACE至零），系统负荷需求每几秒采样一次。达到第二个目标的方法是负荷每几分钟（$1 \sim 5\text{min}$）采样一次、并把变化负荷在不同机组间分配以使运行成本最低。假设在每个经济调度周期内负荷需求保持为常数，为了实现以上目标，几乎所有的AGC软件都以机组控制为依据。对于机组i，在时刻K的理想发电状况通常每2s或4s采样一次，由式（9-8）给出

$$P_{\text{D}}^i(K) = P_{\text{E}}^i(K) + P_{\text{R}}^i(K) + P_{\text{EA}}^i(K) \tag{9-8}$$

式中，$P_{\text{E}}^i(K)$、$P_{\text{R}}^i(K)$和$P_{\text{EA}}^i(K)$分别是机组i在时刻K理想发电状况的经济、调节和事故辅助分量。

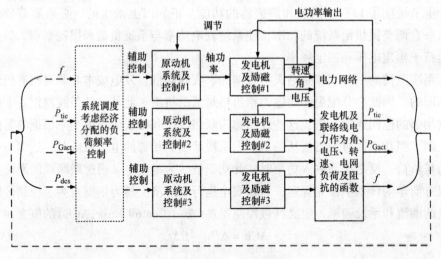

图9-14　自动发电控制（AGC）

图9-15b说明了电网控制的存储惯性能量及能量管理时间尺度的概念。发电机组转子中存储的惯性能量把能量提供给高频负荷变化，高频负荷如图9-3所示。简单地说，当电力用户关灯时，负荷跌落产生高频负荷波动。当然，大量电力用户关灯会产生高频及低频负荷波动，低频负荷波动有很明显的负荷上升或下降趋势。负荷变化由AGC控制，如图9-15c所示。AGC及系统运行人员跟踪电网负荷，在响应负荷变化时，AGC控制输入能量进入电网。

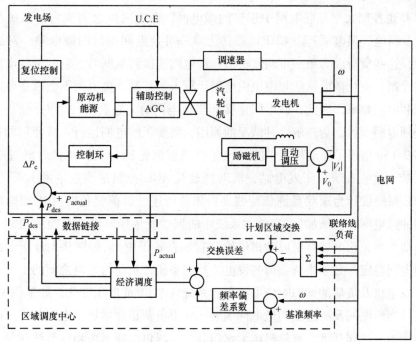

a) 含经济调度的负荷频率控制系统示意图

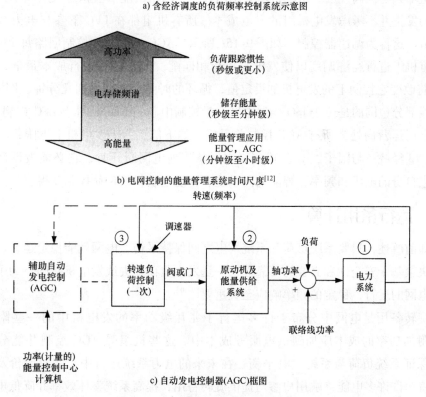

b) 电网控制的能量管理系统时间尺度[12]

c) 自动发电控制器(AGC)框图

图 9-15　负荷频率控制、能量管理系统时间尺度和 AGC 框图

AGC 也控制大型互联电网中连接的微电网，微电网概念表现为一些负荷及光伏发电、风电、热电联产（CHP）等作为单一可控电网运行的微电源。对当地电网来说，这些负荷成为单一可调度负荷。微电网连接到电网时，它的母线电压由当地电网控制，而且微电网的频率也由电网运行人员控制。微电网不能改变电网的母线电压和电网频率，因此，微电网连接到当地电网时，它就变成了电网的一部分，也会受到电网干扰。为理解这种情况的原因，需要了解电网运行人员使用的控制系统。图 9-15a 描述了原动机、供能（汽轮机或燃汽轮机）及调速器（转速负荷控制）系统。这些系统位于发电站，辅助控制及 AGC 控制是当地电网 EMS 的一部分。LFC 系统设计为跟踪系统负荷波动。如前所述，负荷变化时（比如连接到当地电网的微电网负荷增加），存储在系统中的惯性能量释放以补充能量缺额，使发电与负荷平衡，这个能量由原动机供给（存储在转子中），如图 9-15b 所示。为保持当地电网稳定，必须维持负荷与发电之间的平衡，负荷与发电之间的平衡受到扰动时，发电机及负荷的动态响应可能引起系统频率和/或电压变化，如果振荡持续，就会导致当地电网及所连接的微电网崩溃。如果负荷迅速增加、电网频率下降，蒸汽机组增大蒸汽阀开度、水轮机增大水门开度，以供给能量去稳定系统频率，这个动作的发生并不考虑发电机组的发电成本。所有机组都在 LFC 下参与电力系统频率调节，这称为调速器控制，如图 9-15c 所示。AGC 下的辅助控制回路每 1～2min 对所有机组进行经济调度以使发电与负荷相匹配，同时使总运行成本最低，因此 AGC 将改变它控制下的发电机的设定值，循环的时间尺度在 1 到几分钟。图 9-15c 中虚线部分包围的是位于 ISO 当地电网能量控制中心的 AGC。对于 LFC 控制，ISO 从发电厂运营商处为所有 AGC 控制单元接收如下信息：①发电机上下限；②速率极限；③经济参与因子[23]。然而当微电网从当地电网断开时，它必须被设计成能控制它自身的电压和频率，智能电网系统和智能电表将使负荷控制变得容易。

9.7　运行备用计算

如前所述，只要系统负荷和系统发电之间保持平衡，电网就能稳定运行。运行备用决策基于安全性和必要的可靠性，一旦发生负荷损失或发电机跳闸，为了稳定互联电网的运行，稳定的频率响应至关重要[9-10]。

旋转备用是电网中分布于许多运行于兆瓦级功率的发电机中的一些附加功率，附加功率的成本应加到供电服务成本中。这些机组受 AGC 控制并能分配功率以保证系统负荷与系统发电平衡。在未来的电力系统运行中，实时定价及智能电表将允许许多电能终端用户参与提供旋转备用，提高系统整体效率并降低电网运行成本。

9.8　智能电网的基本概念

传统电网中，对电力用户收取固定电价，然而白天高峰负荷期间发电成本最高[15-16]。除了紧急情况下必须降低部分负荷，需要用负荷平衡电网发电外，传统电力系统运行不对负荷进行控制。因此许多设备仅在高峰负荷需求期间短时间内使用，在日常运行期间是闲置的。

为使智能电网系统高效设计和运行，必须安装通信系统、计算机网络、传感器及智能电表等实质性的基础设施，以削减电价最高时的系统高峰负荷。智能电网引入传感、监视和控制系统，借助实时定价机制向终端用户告知任意时刻的电能实时成本，同时可为电网设备管理提供监测功能和初始故障跟踪、高级保护。智能计量的高级控制系统给电能用户提供响应实时电价的能力，因此智能电网为使用可再生绿色能源及为大都市负荷中心适度应对突发事件提供了平台，它可以预防由于人为事件或环境灾难造成的互联电网完全中断，并允许互联电网解体成更小的区域电网群。此外智能电网能使每个电能用户做出使用光伏、风能、燃料电池及热电联产（CHP）发电的选择而成为电能生产者，并通过智能电表连接买卖电能从而参与电力市场。

美国及许多其他国家的大型电力系统都以巨大的互联电力网运行。北美电力可靠性理事会（NERC）[9]的使命是保证美国大电网的可靠性和安全性，图 9-16 表示了北美电力可靠性理事会的分布地域。

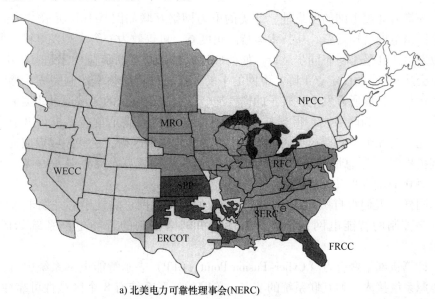

a) 北美电力可靠性理事会(NERC)

图 9-16　北美电力可靠性理事会（NERC）和北美电力可靠性公司（NRC）[24]

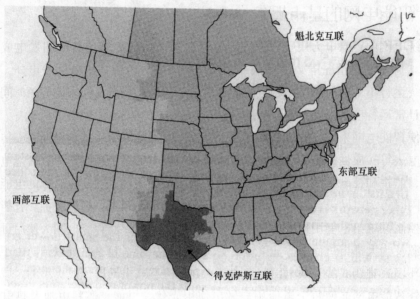

b) 北美电力可靠性公司(NRC)[24]

图9-16　北美电力可靠性理事会（NERC）和北美电力可靠性公司（NRC）[24]（续）

ERCOT—得克萨斯电力可靠性理事会　FRCC—佛罗里达可靠性协调理事会

MRO—中东部可靠性组织　NPCC—东北电力协调理事会股份有限公司

RFC—可靠性第一公司　SERC—东南⊖可靠性公司　SPP—南方电力联营股份有限公司

WECC—西部电力协调理事会[1-3]

为提升北美电网的可靠性，北美的电力网络互联如图9-16b所示[24]。每个区域电网由电网公司运营，从技术运行的角度看，可等效为一个大型发电机，所有的等效发电机几乎是稳态同步运行。如前所述，如果总互联负荷功率超过供电功率，频率会从60Hz的设定点下降。电网的平衡运行通过负荷频率控制完成，感应电机变频运行并存储所有发电机转子的惯性能。这些缺少电量的区域通过北美电网的高压传输线（称为联络线）得到其他电网区域的支持以满足负荷需求。出于核算目的，北美有几个平衡授权点通过买售电计划管理电网平衡，这些授权点成为可靠性协调机构[24]，紧急情况下的电力交换由可靠性机构核算。频率误差的典型单位是兆瓦每0.1Hz(MW/(0.1Hz))。

同样，人们很自然地期望NERC授权的美国电网可靠性中心开发未来的计算机网络控制的智能电网系统。未来计算机网络控制的智能电网系统如图9-17所示。

计算机网络融合点（Cyber-Fusion Point，CFP）表示智能电网系统中可再生绿色能源系统接入大型互联系统的节点。美国的互联系统有8个区域性可靠性中心，

⊖　译者注：原文误写为SERC，应为South East。

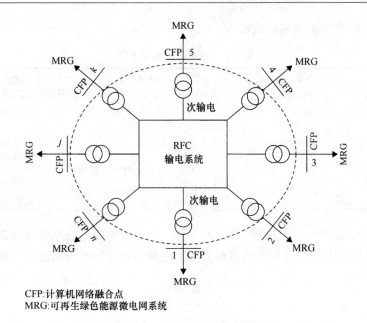

CFP:计算机网络融合点
MRG:可再生绿色能源微电网系统

图 9-17　计算机网络控制的智能电网

如图 9-16 所示。预计会有很多可再生能源微电网与区域可靠性中心，如可靠性第一公司（RFC）输电系统连接。CFP 是系统节点，它从上游即互联网接收数据，向下游即微电网可再生绿色能源（Microgrid Renewable Green Energy，MRG）系统及它联系的智能电表系统发送数据。CFP 节点是估计并控制网络状态的系统智能节点，在节点上就如何运行当地 MRG 系统做出经济决策。CFP 也评估 MRG 系统是否应作为一个独立电网系统运行，即作为从大的互联网系统分离出来的一个电网系统运行。计算机网络系统是通信系统的主干网，用以收集互联网系统状态的数据，计算机网络的安全对于电网安全至关重要。图 9-17 表示了这样一个未来的计算机网络结构化电网。

双向通信是智能电网能量系统的关键特征，它使终端用户能根据预期的实时电量价格调整非必要活动的能源使用时间。从智能电表获得的信息使电网运行人员能更迅速地发现电力运行中断、并随着一天内电价变化平稳地响应实时电价的需求波动[10-15]。

智能电网的计算机网络控制是电气和计算机工程中许多学科研究的课题。它要求控制系统使用分布、自治及智能控制器分析电网特性。计算机网络系统通过传感器、智能电网及微电网状态进行在线学习，控制系统分析系统可能的、即将发生的故障。通过传感器的测量和监视，根据不断变化的运行条件和新设备的实时数据，计算机网络控制系统管理电网行为。随着电价和可靠性的变化，系统使用电子开关控制多重 MRG 系统。

最后，计算机网络控制的智能电网要求消费者支付所生产电力的实时电价。

表 9-1 是2009 年各类电源的成本[3]。

表 9-1　2009 年发电成本[3]

电源	成本美分/(kW·h)	典型用途	典型装机容量
太阳能（PV）	20 ~ 40	基荷电源	1 ~ 10000kW
微型燃气轮机	10 ~ 15	可用作基荷、峰荷及余热发电 农村（离网）电力	30 ~ 300kW
燃料电池	10 ~ 15	适用于运输基荷	1 ~ 200kW
风电机组	5 ~ 10		5 ~ 10MW
内燃机	1.5 ~ 3.5	技术成熟，历史悠久，可用作 备用或峰荷	50kW ~ 5MW
中心发电	1.7 ~ 3.7	基荷/峰荷发电	500 ~ 3000MW

图 9-18 表示 24 小时内馈线负荷的变化，其最大负荷是最小负荷的 2 倍。如前文所述，当地电力公司必须使用多种类型的电源使系统发电与系统负荷相匹配。

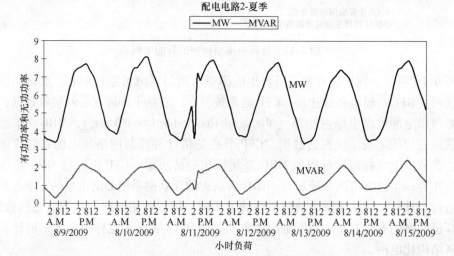

图 9-18　中西部电力公司配电馈线的每小时负荷[7]

进入该负荷中心的潮流由 345kV 和 138kV 输电系统供电。区域负荷需求由额定值为 138kV/69kV/12kV⊖变压器的第 2 和第 3 绕组满足。工业负荷以 138kV/69kV/23kV 供电，母线负荷是接到 23kV 的变压器一次绕组功率，功率从高压系统流到低压系统。因此，可以把母线负荷定义为 138kV 和/或 345kV 的变压器负荷。

影响负荷需求和实时电价的重要因素是气候及对负荷需求迅速增加的保证。为了把受气候影响的母线负荷分离出来，气候条件正常时使用平均母线负荷；把气候条件在正常水平以上时的数据剔除。图 9-19 是由中西部电力公司提供的一个合成的每小时负荷序列[16]。$\{Y(\cdot)\}$ 的递归均值和方差可用式 (9-9) 及(9-10) 计算。

⊖　译者注：原文为 138/69/12，缺少计量单位 kV。

$$\overline{Y}(K+1) = \overline{Y}(K) + \frac{Y(K+1) - \overline{Y}(K)}{K+1} \qquad (9\text{-}9)$$

$$\sigma y^2(K+1) = \frac{K}{K+1}\sigma y^2(K) + \frac{[Y(K+1) - \overline{Y}(K+1)]^2}{K+1} \qquad (9\text{-}10)$$

气候对负荷序列的影响，假日及无法预见的情况引起的负荷需求序列会高于或低于给定的正常平均负荷廓线，要从已记录的数据中剔除。剔除由于气候引起的气候影响负荷需求分量$\{Y_R(\cdot)\}$后，会产生一个新的序列，记为正常负荷序列$\{Y_N(\cdot)\}$。气候条件对负荷的影响与温度、湿度、风速和照度有关。然而为了说明基本概念，图中仅使用了温度加权平均、最高和最低温度，因此这里气候条件对负荷的影响仅用温度表示。每天当温度T超出舒适范围$T_{min} < T < T_{max}$时，对气候敏感的负荷就表示出来。这里T_{min}和T_{max}分别是舒适温度范围的下限和上限。当温度在舒适范围内，而且没有发生断电或特殊事件，不会引起负荷突然变化时，就意味着正常的、非气候敏感负荷序列$\{Y_N(\cdot)\}$等于序列$\{Y_R(\cdot)\}$。

图9-19给出了第10～13周的母线负荷序列$\{Y_R(\cdot)\}$和$\{Y_N(\cdot)\}$。可以看出，当每天气温正常时，气候敏感负荷序列$\{Y_R(\cdot)\}$和正常负荷(非天气敏感)序列$\{Y_N(\cdot)\}$的每周廓线大体相同。而日气温较高时，气候影响负荷会叠加到$\{Y_N(\cdot)\}$序列上。

计算方法的根据是计算气温和记为Y_{PW}的纯气候影响负荷分量两者的平均关系。序列$\{Y_{PW}(\cdot)\}$是生成的，而$\{Y_{PW}(\cdot)\}$的每一项都是给定气温下负荷的纯气候敏感分量的均值。

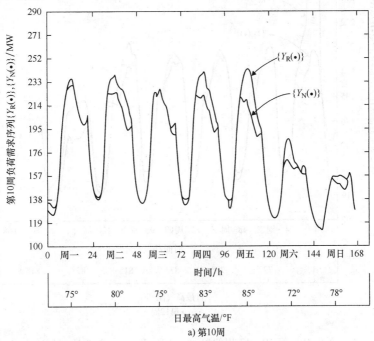

图9-19 第10～13周的$\{Y_R(\cdot)\}$和$\{Y_N(\cdot)\}$曲线[16]

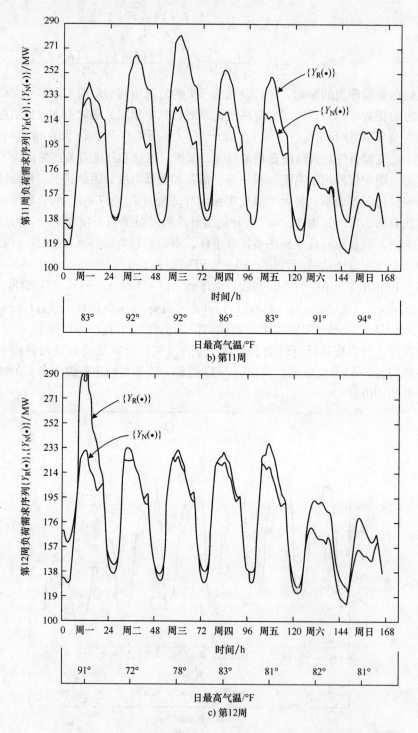

b) 第11周

c) 第12周

图 9-19　第 10 ~ 13 周的 $\{Y_R(\cdot)\}$ 和 $\{Y_N(\cdot)\}$ 曲线[16]（续）

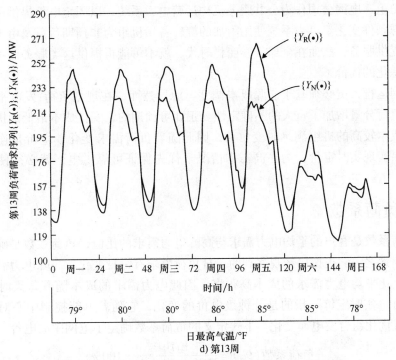

图 9-19　第 10~13 周的 $\{Y_R(\cdot)\}$ 和 $\{Y_N(\cdot)\}$ 曲线[16]（续）

图 9-20 表示在不同气温条件下负荷的纯气候影响分量的均值及标准偏差（ $\pm 2\sigma_{PW}$ ）。图 9-20 描述了负荷的纯气候敏感分量。在 80~82°F、84~87°F 及 93°F 以上时气候敏感负荷序列已经饱和。

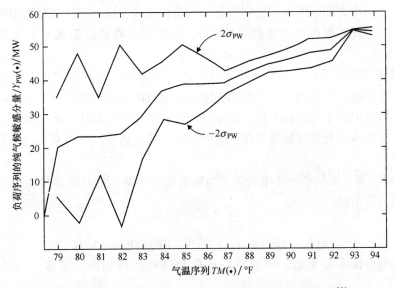

图 9-20　纯气候敏感负荷相对于温度的均值及标准偏差[7]

历史上，电网公司作为公共服务机构运营电力系统，以固定电价提供可靠电力而不考虑条件变化。电力系统使用附加的旋转备用机组为非预期负荷及由于设备故障断电提供服务，然而在全球气候变化时代，就不可能再提供这类服务而不付出环境严重恶化的代价了[5]。

电网运行人员必须基于能源成本调度电源，然而，在规划负荷-发电平衡时气候敏感负荷分量增加了重大的不确定性。正如可预期的，安排成本最低的机组满足基荷，成本较高的机组满足时变负荷，因此随着负荷需求变化，电价是连续变化的。如果实现实时定价，为在高需求情况下优先保证可靠供电，就必须使用变化电价。

9.9 负荷系数

负荷系数是客户的平均电力需求与高峰电力需求的比值，负荷系数是确定电价的重要因素之一。正像已经观察到的，日负荷需求有每日变化，高峰电力需求的成本实际上比平均电力需求的成本高很多，因此电力需求的成本随着每天时间在变化。术语"实时定价"指的是分钟级电价的变化，它随着电能控制中心对已计划的发电机优化组合发电而变化。下式定义的负荷系数确定了电网中的电价

$$负荷系数(\%) = \frac{平均功率}{高峰负荷功率} \times 100\% \qquad (9-11)$$

式中，平均功率定义为一个时间周期内的功率消耗值；而高峰负荷功率定义为在相同周期内最大功率消耗值。

负荷系数可以以每日、每月和每年为周期计算，对于系统规划，负荷系数以每月或每年为基础计算。设备投资必须使系统能够应对最大需求，因此人们希望最大需求较低；另一方面，因为产生的收益与平均需求成正比，所以又希望得到的平均需求较高。因此理想的负荷系数是接近1，它使得高峰负荷需求与平均需求互相接近。

应理解"功率因数"与"负荷系数"之间的差别：功率因数决定了负荷有功和无功功率消耗，在电网中广泛使用的感应电动机的功率因数是滞后的；负荷系数是在一个周期内以千瓦计的平均功耗除以最严重情况下的功耗，因此负荷系数决定了在那个周期内供电单位输送单位电能的成本。换句话说，负荷系数说明了电网的运行效率。

例9.1 某工业场所一年电力需求为恒定值100kW，计算给该场所提供一年电量用户的负荷系数。

解：

$$电量 = 8760h/yr \times 100kW = 876000kW \cdot h/yr$$

因为电力需求是常数，所以平均负荷和高峰负荷相同，该客户的负荷系数是100%。

图 9-21 给出了例 9.1 的 24 小时负荷曲线。

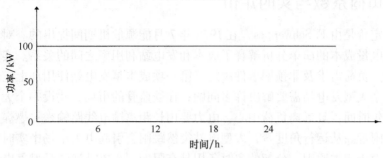

图 9-21 例 9.1 的 24h 负荷

例 9.2 某商业场所一天 12h 的高峰负荷需求为 200kW，其余时间平均负荷需求为 50kW。计算给该场所提供一年电量的客户负荷系数，并解释对工业场所（例 9-1）和商业场所提供电量的相关成本。

解：

$$平均功率 = \frac{\sum 功率_i \times 时间_i}{\sum 时间_i} = \frac{200 \times 12 + 50 \times 12}{12 + 12} kW = 125 kW$$

$$负荷系数 = \frac{平均电力}{高峰负荷电力} \times 100\% = \frac{125}{200} \times 100\% = 62.5\%$$

当负荷系数接近 1（100%）时，发电厂是高效的。负荷系数越低给负荷供电的成本越高。

低负荷系数的商业场所，如负荷系数在 50% 左右，电网为该场所供电就需要安装 2 倍于工业场所的设备和资源，低负荷系数意味着必须调整电价以弥补额外成本。因为商业场所和工业场所使用的电量相同，所以两个场所支付的电价相同，然而智能电表与实时定价相结合可以对提高效率及负荷需求控制提供激励，鼓励作为股东的用户在高峰电力需求期间控制负荷，将使用时间移到电价有利的时间段。而且终端用户对参与安装当地风能和光伏等绿色能源也会有很高积极性。

图 9-22 给出了例 9.2 中的 24h 负荷曲线。

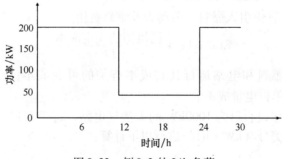

图 9-22 例 9.2 的 24h 负荷

9.10 负荷系数与实时定价

实时定价是由 F. Schweppes[8] 在 1978 年 7 月能源危机期间提出的。对供电部门输送单位电量成本的简单分析解释了成本和发电站利用率之间的关系。实时电价由负荷系数、负荷需求及非预期事件决定。第一项成本是发电站使用加上它的运行成本：建一个大型发电站需要解决许多问题；在受监管的市场，建设一个大型发电站要花若干年时间，且远离负荷中心，电力要用长距离输电线路输送；燃煤电站通常建在煤矿附近。从运行角度看，大型电站突然跳闸会引起电力市场中实时电价的即时变化，由于成本原因，分配的实时备用是有限的。小电站通常是燃气电站，它们建设周期短，且建设成本可以比较准确地估算。燃气电站可以靠近负荷中心，因为这些电站占地有限。而且如果电站靠近负荷中心，电力不需要用长距离线路输送，电站的系统损耗较低。这些电站通常系统安全性更好、可靠性更高，当这些电站突然运行中断时，几乎不会产生有害后果。联合循环机组由于其高效性，非常令人满意热电联产设施有吸引力的原因是它的额定值通常较低；可再生能源发电站有吸引力的原因也是它的运行成本低。因为电源种类繁多并且与之相关的成本不同，所以实时电力的成本是变化的，并需要随供给系统负荷的电源变化来确定。

例 9.3 假设建设一个 1000kW 容量的光伏电站，每千瓦造价 500 美元，终端用户以全部容量运行一年，如果投资的全部成本要在 2 年内收回，2 年内光伏电站平均一天运行 6h，且发电成本忽略不计，计算每千瓦时电量的成本。

解：

$$1 年消费电量 = 容量 \times 时间(h)$$
$$= 1000kW \times 365 \times 6h = 2190MW \cdot h$$
$$设 1kW \cdot h 电量的价格 = x 美元/kW \cdot h$$

投资成本 = 容量 × 单位容量成本 = 1000 × 500 美元 = 500000 美元

因此，2 年消费的电量为 2190MW·h × 2 = 4380MW·h

设每千瓦时电量成本为 x，则 $4380 \times 10^3 x = 500000$

$$x = \frac{500000 美元}{4380 \times 10^3 kW \cdot h} \approx 0.1142 美元/(kW \cdot h)^{\ominus}$$

在负荷系数计算中引入燃料、劳动力及维修费用。

$$EUC = VC + \frac{已摊销的固定成本}{LF} \tag{9-12}$$

式中，VC 项是与燃料和电站运行其它成本有关的可变成本；EUC 表示用美分/（kW·h）表示的单位电量成本。

例 9.4 假设建设容量为 1000kW 的天然气电站，每千瓦造价 300 美元，假设可变成本 VC 为 2 美分/（kW·h）。进行以下计算：

㊀ 译者注：原文误为$0.1142kW·h。

ⅰ）若以安装容量的100%一天24h供电5年，计算终端用户的电量成本。

ⅱ）若一天内以安装容量的100%供电12h，一天的其余时间以安装容量的50%供电，连续供电5年，计算终端用户的电量成本。

ⅲ）画出单位电量成本与负荷的系数图，负荷系数（LF）从0到1。

解：

$$投资成本 = 容量 \times 单位容量造价$$
$$= 1000 \times 300 \, 美元 = 300000 \, 美元$$

全部容量5年时间提供的电量 $= 1000 \times 24 \times 365 \times 5 MW \cdot h = 43800 MW \cdot h$

如果把投资费用分摊到5年，摊销的固定成本为

$$\frac{300000 \, 美元}{43800 \times 10^3 kW \cdot h} \approx 0.007 \, 美元/(kW \cdot h)$$

ⅰ）负荷系数 $= 1$

$$EUC = VC + \frac{已摊销固定成本}{LF}$$

$$EUC = \left(0.02 + \frac{0.007}{1}\right) 美元/(kW \cdot h) = 0.027 \, 美元/(kW \cdot h)$$

ⅱ）

$$平均功率 = \frac{\sum 功率_i \times 时间_i}{\sum 时间_i}$$

$$= \frac{1000 \times 1 \times 12 + 1000 \times 0.5 \times 12}{12 + 12} kW = 750 kW$$

$$负荷系数 = \frac{平均功率}{高峰负荷功率} = \frac{750}{1000} \times 100\% = 75\%$$

$$EUC = \left(0.02 + \frac{0.007}{0.75}\right) 美元/(kW \cdot h) \approx 0.029 \, 美元/(kW \cdot h)$$

ⅲ）为了计算相对于负荷系数 LF 从 0~1 的单位电量成本，开发了一个 Matlab 的 M 文件如下：

```
% PLOT OF EUC
clc; clear all;
LF=0.01:.01:1;        % defining the range of load factor
VC=0.02;              % variable cost
A_FC=0.007;           % amortized fixed cost
EUC=VC+A_FC./LF;      % defining EUC in $/kWh
EUC=EUC*100;          % converting into cents/kWh
plot(LF,EUC)
grid on;              % labeling the axes
xlabel('Load Factor');
ylabel('EUC (in cent/kWh)');
title('EUC vs Load Factor');
Plot:
```

从题的解及图中可以看出，EUC 随负荷系数降低迅速增加，这是因为当负

荷系数较小时，电站容量未被充分利用。实时定价考虑了电网负荷系数及旋转备用成本，旋转备用是在线运行的，如果系统遭受意外事故，能保持系统运行在稳定运行状态。图9-23 给出了例 9.4 中成本(美分/(kW·h))与负荷系数的关系。

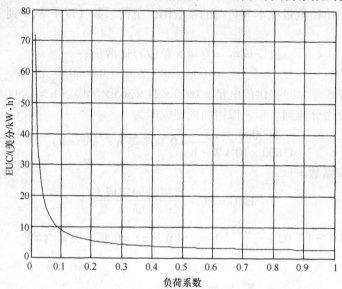

图 9-23　例 9.4 中成本(美分/kW·h)与负荷系数的关系

9.11　计算机控制的智能电网

　　计算机网络控制的智能电网包含许多微电网形式的分布式发电站。微电网在设备的设计、运行和通信方面结合了智能负荷控制设备[13-14]，这就使得电力终端用户和为其服务的微电网能更好地控制能源使用。如果电力终端用户选择节电方式，就可以关掉冰箱、洗衣机、洗碗机及微波炉这些智能电器，把智能建筑物中的这些智能电器同能量管理系统相连接就可以做到这一点。这项技术将使电力终端用户能控制他们的用电成本。同智能电表及智能电器结合的高级通信能力使拥有这些工具的电力终端用户能利用实时电价及以激励为基础的负荷控制。而且紧急减负荷能够以轮换方式为基础，通过关掉上百万空调的办法在几分钟内完成。随着实时定价的推进，电力终端用户会有很高的积极性安装绿色发电设施，成为电能生产者。一旦实时电价确立，预计商业及工业单位自己会发电，并把过剩电力卖回电网。

　　计算机网络控制的智能电网技术有三个要素：传感和测量工具、智能变送器、集成通信系统[13-14]。这些要素使用相位测量技术[15-16]及状态估计[17]，通过测量线路潮流、母线电压的幅值和相角，监视电力系统状态。采用的技术基于高级数字技术，如微控制器/数字信号处理器。数字技术推动了广域监视系统、实时线路评估、及与实时热评估系统结合的温度监视等技术。

变送器是传感器和执行器，在智能电网系统的计算机自动控制的数据采集和监视中起着核心作用。智能变送器是结合了数字传感器、处理单元和通信接口的器件，智能变送器/控制器接受标准化的命令并发出控制信号。智能变送器/控制器也能基于变送器接口的反馈信息就地实现控制操作，在智能电网监测及控制的嵌入式控制系统中，低成本智能变送器的利用正在迅速增加。

实时双向通信正在智能电网系统中提供可行的新范例，它使终端用户可以安装绿色能源，并通过净计量将电量反卖给电网，客户可以签署不同级别的服务。供应商提供的实时电价智能电表推动了客户之间的通信，客户可以通过互联网账户跟踪电量的使用。为达到预期目的，期望电价可以在互联网上一天前发布，把实时电价提供给终端用户并使他们知道，当能源系统供应紧张时，减少其用电量可以省钱[16-17]。

智能电表允许系统运行人员控制系统负荷，负荷控制最终会为形式为可再生绿色能源的当地发电提供新的市场。随着智能电表（即净计量系统）的安装，终端用户能用可再生能源自己发电，并把多余的电力卖给当地电网。

随着更多客户使用净计量系统，能源需求会发生实质性改变。居民、商业和工业企业将作为独立电力生产者安装光伏系统，使用风电场、微型发电技术及储能[18]。自备可再生能源发电和 CHP 的智能建筑物的能量管理系统可能是未来的趋势，随着高级净计量系统的安装，系统的每个节点都将能买卖电力。在智能电网系统中，使用实时电价会使控制频率和联络线偏差更容易。当电网运行于事故情况时，实时定价将提供反馈信号作为低频减载经济决策的基础，以支持对智能电网的直接稳定控制。实时定价可以与需求响应相结合，实时匹配系统负荷需求和发电量，这将有助于协调需求，平抑能源使用的突然变化。如果需求侧突然需求没有被满足，将会导致电网级联崩溃。在需求侧响应控制中，不增加旋转备用发电的成本也能消除这些尖峰波动，还可以减少维护并延长设备寿命。通过使用智能电表编制程序、并仅在电价最便宜时运行低优先级家庭电器，电力用户可以缩减电费账单。

图 9-24 表示截至 2009 年 4 月美国智能电表的安装情况。

图 9-17 画出了 MRG 系统。MRG 系统的能量管理系统 EMS 与位于居民、商业及工业客户场所的个体智能电表通信。智能电表使用以太网 TCP/IP 传感器、变送器及通信协议，控制如空调系统、电炉、电采暖器、电加热器、冰箱、洗衣机及烘干机等负荷，如图 9-25 所示。

MRG 系统的 EMS 智能结从当地智能电表接收所连接负荷的状态信息。MRG 系统的 EMS 根据实时定价信号及正常、报警或事故电网信号控制各种客户负荷。通常 EMS 从电网及即时信息系统（Open Access Same-time Information System，OASIS）[1-6]获得信息。基于实时定价编制智能电表程序以控制客户场所的负荷，负荷的 EMS 控制与来

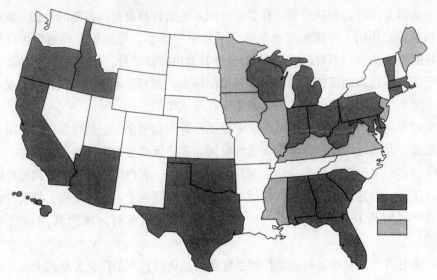

图 9-24　表示由投资者所有的电力公司和某些公共电力公司的智能电表配置、计划配置，以及已提出的配置（http：//www. edisonfoundation. net/IEEE；截至本书稿完成[⊖]，大约 6 千万用户已经安装了智能电表[1]）。图中深色区域表示智能电表配置大于终端用户的 50%，浅色区域表示智能电表配置小于终端用户的 50%。

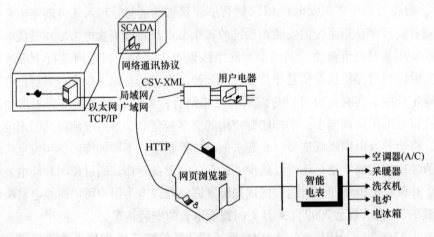

图 9-25　适于负荷控制的以太网 TCP/IP 传感器、变送器及通信协议

自 EMS 及客户预建立的合同标准的输入信号有关。MRG 微电网的 EMS 有能力降低客户的负荷并且响应当地电网的运行条件。

　　智能微电网系统由各种可再生绿色能源发电及与其有关联的功率变换器、高效率变压器和储能系统组成[18]。

　　⊖　译者注：此处的书稿完成日期为原著书稿完成日期。

9.12 智能电网的发展

煤炭发电对全球变暖和环境压力的影响正在改变电网的运行和设计，电力工业正在经历对发电、输电和配电的基础设施的发展产生长远影响的变革。最基本的改变是基于分布式监视、自动化和控制以及新传感器等级的提高，在新的分布式发电规划中包含可再生绿色能源。电网控制将依赖从每个非集中控制的微电网收集的数据和信息，反之微电网和互联电网将能够作为更可靠、有效及安全的供电方运行。

电网及微电网技术有许多要素。适应、自治的非集中控制对变化条件做出响应。预测算法捕捉广域电网状态（相位测量）[16]并能辨识潜在停电。系统也能提供实时定价及在客户、电力网络和电力市场之间互动的市场结构，因此，智能电网提供了一个使可靠性、可用性、有效性及经济性最大化的平台，对防御袭击以及自然发生的供电中断具有更高的安全性。

高级计量基础设施的实现可以为电力终端用户提供实时定价。同时可再生能源的渗透正在为已连接到当地电网的微电网自治控制或本地控制提供平台，分布式自治控制将通过故障诊断、隔离及恢复来保证可靠性。自治控制和实时定价还使供电电压损失最小化，实现了高效率，并减小了即插即用电动汽车的高峰负荷供电需求。成熟的储能技术将给社区提供能量存储，这也成为微电网控制的另一个要素，为电力用户成为电能生产者提供可能性。为了从智能电网获得收益，这些交互技术要求对系统进行协同建模、仿真及分析。表 9-2 给出了目前电网与智能电网的对比。

表 9-2 目前电网与智能电网的比较

	目前电网	智能电网
系统通信	局限于电力公司	范围扩大，实时的
与电力用户的交互	局限于大电力用户	高密度双向通信
运行及维护	手动及调度	分布式监控、诊断，可预测
发电	集中的	集中与分布的、可持续的可再生资源及储能
潮流控制	有限	更广泛
可靠性	基于稳态、离线模型及仿真	前瞻的、实时预测，更实际的系统数据
恢复	手动	非集中控制
拓扑	主要为辐射状	网络状

9.13 智能微电网可再生和绿色能源系统

图 9-26 及图 9-27 是 MRG 系统的直流及交流结构示意图。MRG 系统也包含计算机网络通信系统，它由用于监视、控制和追踪系统的正常、报警、事故及恢复状态的智能传感器组成。

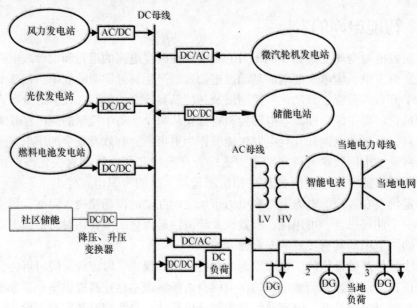

图9-26 微电网可再生和绿色能源（MRG）分布式发电（DG）系统的直流结构

　　MRG 系统的智能电表连接到大型互联电网中（见图 9-17）。MRG 系统也被设计成能提供智慧网络优化的管理者，它允许基于定价信号及网络强度控制各类客户负荷。智能电表通过改变电力使用控制客户方的装置，当电价在规定水平之上时，智能电表能降低客户负荷并允许分布式发电并网，EMS 可在它控制之下同智能电表进行双向通信，微电网 EMS 接收来自所有模块（负荷及电源）的状态和电力信号，EMS 也能够基于天气预报、负荷预测、机组可用性及电力销售交易等变量，控制微电网进、出它的宿主当地电网的潮流。

　　MRG 系统提供了定义分布式发电（Distributed Generation，DG）运行的新范例。MRG 系统被设计成作为单一可控系统运行的一群负荷和微电源。对于当地电网，这个群成为能在秒级响应的单一可调度负荷。智能微电网的互联点用一个节点表示，微电网在这个节点连接到当地电网，如图 9-26 及图 9-27 所示。这个节点也称为当地边际定价点（Local Marginal Pricing，LMP）[5-6]，此节点的价格（成本）代表当地电量的价值。电网（供电实体）努力为电力用户可靠供电，最大效益要求低成本、充分供应及稳定运行。图 9-26 及图 9-27 示出了智能电网技术关注的两种结构，因为它们具有便于即插即用的能力。在上述结构中，绿色能源，如燃料电池、微汽轮机、光伏电站、风电场等可再生能源，使用统一的可互换变流器，可连接到直流母线或交流母线。

　　MRG 系统必须能够以两种模式运行：①与当地电力系统同步运行；②一旦失去电力系统，以孤岛方式运行。在孤岛方式运行中，MRG 系统作为自治微电网运行，控制微电网频率及母线电压；当 MRG 系统连接到电网时，MRG 系统使用主、从控制技术运行，这里"主"指的是当地电网的 EMS，"从"指的是 MRG 微电网。如果 MRG 系统突然从当地电网分离，MRG 会保持稳定，并从控制器接管 LFC 及电压控制。对于大容量 MRG 系统，电网与 MRG 系统之间的购电协议考虑了有功及无功功率的交换。MRG 系统能够控制它的负荷，并从当地电网接受"价格信号"及/或"事故运行信号"，调整它的有功及无功出力。MRG 系统有适当的降负荷硬件以响应价格信号，它能使次要负荷轮流交替运行以使重要负荷不脱网。然而，因为在当前技术条件下当地电网的扰动不能预测，一旦当地电网失电，MRG 系统若不能迅速从当地电网断开，就可能维持不住稳定。为提供预测模型追踪系统状态并提供分布式智能控制技术，对 MRG 系统计算机网络监视及控制的进一步研究正在进行中。

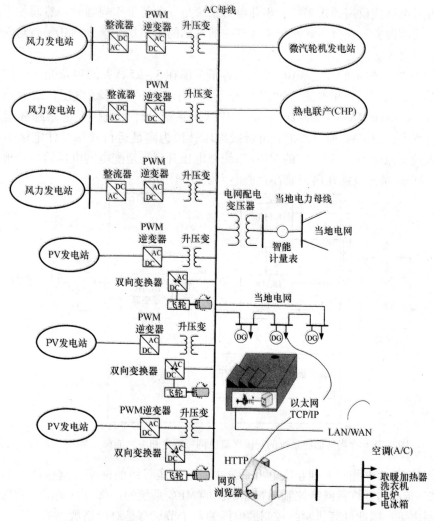

图 9-27 微电网可再生和绿色能源（MRG）分布式发电系统（DG）的交流结构

图9-26 及图9-27 中，EMS 控制无穷大母线电压及系统频率。从控制器控制逆变器交流母线电压和逆变器电流，因此 MRG 系统逆变器的从控制器必须能够运行在超前、滞后功率因数，或在功率因数为 1 时，控制有功及无功功率。在小型可再生能源系统中，逆变器功率因数被控制为 1，它把电压控制，即无功功率控制留给当地电网的 EMS。

图9-26 及图9-27 中的 MRG 系统有许多风力发电站、光伏电站等分布式电源，这样一个系统的电力容量在 1 ~ 10MW。用升压变压器把交流电压升高以减少电量损失，在把功率注入当地电网之前，把电压升到 34.5 ~ 69kV，所选电压等级与分布式发电（DG）的容量有关。如图 9-28 所示，储能系统可以存储可再生能源，在每天 24h 负荷循环中，存储的电能可用于应对负荷需求波动。因为电网开发投资相当高并且电网建设需要很多年，因此电力系统是提前若干年规划的。然而如果把可再生绿色能源安装在分布式系统中，其提前规划的时间是几个月到几年，与安装设施的容量有关。

图9-28 中所示的住宅 MRG 系统由容量范围在 5 ~ 25kVA 的屋顶光伏组成，容量大小与屋顶可用面积有关。DC/DC 升压器用于提升直流母线电压，最大功率点跟踪（Maximum Power Point Tracking，MPPT）系统设计使光伏发电跟踪和运行在最大功率点。DC/AC 逆变器把直流母线电压转换为满足运行频率及住宅区额定电压要求的交流电压。图 9-28 的 MRG 系统把电压升到当地配电网电压后与当地电网连接，MRG 系统也能在白天储存直流电力供夜间使用。

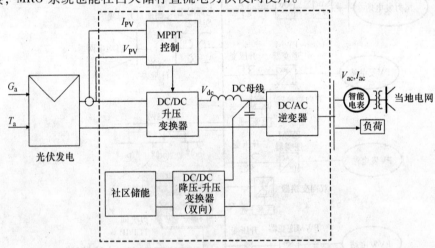

图 9-28　含当地储能系统的居民区微电网可再生和绿色能源（MRG）系统

图9-27 为电能注入到互联电力系统中所有电压等级的网络，这些注入节点是图9-27 所示的计算机网络控制的智能电网的 MRG 系统的一部分。负荷在智能电表的控制之下，因此计算机网络控制的电网的每个节点都是对价格敏感的。

高穿透率可再生绿色能源可以在如图 9-29 所示的所有电压等级接入电网。

（美国）许多州已经颁布了使用可再生能源的政策，要求到 2025 年之前投资者拥有的电力公司提供电力的 25% 需从可再生能源及高级能源获得。某些州规定，太阳能光伏发电应占全部电量的 0.5%，从 2009 年开始，对不符合太阳能发电标准的每 MW·h 罚款 450 美元，对不符合其他标准的每 MW·h 罚款 45 美元。这些标准可以通过购买可再生能源信用证（Renewable Energy Credit，REC）得到满足，每个 REC 等于 1MW·h 可再生能源电量，产品购买者也可以把 REC 销售到 REC 市场。撰写本书时，当前的 REC 流通值大约是 37.50 美元，预计太阳能 REC 的销售价格还会更高[1-5]。

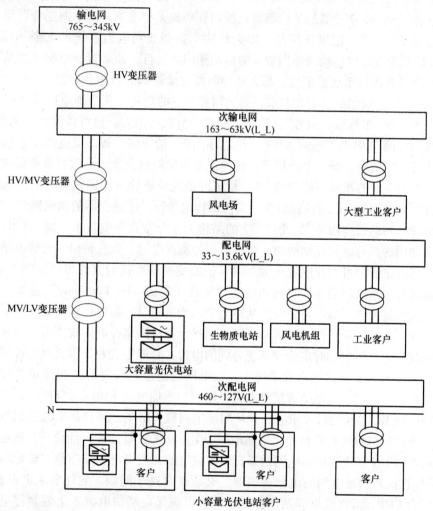

图 9-29 具有高穿透率可再生能源的智能电网

智能 MRG 系统有许多优点，它准许个体提供他/她自己的能源需求，这种电力终端用户的参与被称为"能源民主化"。它允许他们把负荷特性与自己的发电相匹配，从而使这类微电网不会受互联电网电力失效的影响。智能 MRG 技术有能力辨识潜在的稳定问题，实时信息使 MRG 系统能从互联电网中分离出来以"孤岛"方式运行。正常同步运行时，为了控制系统负荷并避免全系统范围的断电，具有电网智能监视的互联智能电网能够控制和管理互联电网。

当智能微电网 DG 连接到电网时，智能微电网的 DG 电站应使用主从控制技术运行。主控制器是电力系统的 EMS，EMS 控制微电网与当地电网的连接节点处的无穷大母线电压。图 9-27 中，智能电网 DG 通过变压器连接到电力系统。从控制器控制微电网逆变器的交流母线电压（母线电压的幅值与相角）及逆变器电流，因此，微电网 DG 逆变器的从控制器也控制有功和无功功率。微电网逆变器设计为运行在功率因数 1，把电压控制，即无功功率控制放到电力系统的 EMS 中完成。或者 DG 的逆变器以超前功率因数、滞后功率因数运行。如果智能电网突然从当地电网分离且须维持系统稳定性，那么从控制器就接管 LFC 及电压控制。

"智能"一词指的是下列要求：微电网控制它的负荷，从当地电网接受"价格信号"和/或"事故运行信号"，调整它的有功与无功出力。也可以使用其他设计，如在当地电网 EMS 与微电网 EMS 二者之间的净计量通信。智能微电网应有适当的硬件配置去降负荷、响应电价信号，或使次要负荷轮流交替、给重要负荷供电。然而因为电力系统的扰动不能预测，DG 微电网系统应设计为能迅速从大电网退出连接而保持微电网 DG 系统的稳定性。为保证稳定运行，带逆变器的微电网储能系统必须能参与辅助服务市场[5]。图 9-27 的结构关注分布式发电技术，因为它具有易于即插即用的能力。在此结构中，绿色能源如燃料电池、微汽轮机、光伏电站及风电场等可再生能源可以使用统一的、可互换的变换器连接到直流母线。图 9-27 的结构满足许多州已经颁布的"可再生能源配置（Renewable Portfolio）"法案，此结构允许把电量卖给当地电力公司并从电力公司购买电量。需要注意的是，如果客户端的本地发电能控制负荷的话，微电网能通过计算机网络控制的智能电表或净计量进行负荷控制，提供实时定价或基于合同的电价，智能电表及计算机网络控制也示于图 9-27。此外，在大型电力系统中，微电网能通过它自身的智能计量参加大功率层次的系统控制，这里的智能计量是微电网与当地电网 EMS 的接口[20]。

微电网 DG 系统设计要求它一旦从当地电网独立出来，并且如果已经出现发电缺额，要通过甩掉次要负荷使当地微电网 DG 系统恢复到正常运行状态。稳定性是由与微电网 DG 连接的电网的坚挺程度决定的，当确定系统参数、确定微电网 DG 系统连接到当地电网的电压等级时，必须注意这个问题。它还要求微电网 DG 系统包含 CHP、微汽轮机等其他绿色能源，以确保在某些电源发生强制停电时能保证电能质量及稳定供电[21]。

传统的互联电力网络是为单向功率流动设计的。然而，当次输电网、配电网及居住区的系统能够发出更多电力时，就可能使功率反向流动，从低电压到较高电压，从而产生反向潮流，这就可能引起安全性及可靠性问题。智能电网的这些保护问题是当前研究的另一个重要课题[22]。

电网设计需要大量投资。而智能电网可以通过电力的合理定价降低运行及维护成本，这种优化的发电及输电线路规划将产生高效潮流，将减小电力损耗并提高最低成本发电机的有效利用。目前，互联电力网络在发电厂、输电线路、变电站及主要负荷中心的控制系统内有许多通信系统，能量流从发电机指向负荷中心。电力系统运行人员，通过计量潮流、测量母线电压和频率来监视系统。系统需求通过负荷频率控制及 AGC 满足，当系统需求不能得到满足时，会发生系统频率下降及电压不足、轮流停电或非受控停电。用户的电力需求总量由环境条件决定，在很大范围内变化。备用发电厂的旋转备用保持在在线备用方式以响应电力需求波动。具有独立 MRG 系统的智能电网削减了旋转备用的成本，因为其运行系统是基于实时定价的。

通过本章学习了电网的基本运行方式以如何建立电网模型用于智能电网分析和设计；同时也介绍了智能电网的主要元器件和负荷波动，包括每日运行中负荷如何波动并影响电价；着重描述了发电机和电动机内阻抗对电网故障电流的重要性。最后，学习了电网设计所需的电力潮流和短路电流的计算。后续章节中会学习智能微电网可再生能源系统的设计。

9.14 可再生能源发电对电压稳定和无功配置的影响

随着可再生能源发电、风电和光伏发电渗透率的升高，对电网运行中电压稳定和无功配置的影响越来越显著[23]。可再生能源的间歇性和大规模逆变器的使用给系统运行和设计带来较大挑战，逆变器用于控制和安排微电网中的分布式可再生能源（DER）。分布式可再生能源受逆变器控制以单位功率因数接入电网，电网控制只能由当地发电企业负责。在可再生能源的渗透率较低时，无功功率的需求通过当地发电企业在配电网安装电容器进行补偿，以保持电网母线电压在可接受的范围内。在美国，对于住宅光伏发电系统，无功功率由当地发电企业提供，一般地当地发电企业为终端用户提供服务不收费。而对于工业和商业用户，如果用户由于功率因数不足造成电压下降而需要额外补偿无功功率，则发电企业会向用户收费。大多数风电场由独立电力生产者（IPP）开发，IPP 会安装电容器补偿功率因数，特别是采用无逆变器感性发电机技术的风电机组。

在欧洲（EU），"2012 年欧洲风电新增装机容量为 11895MW（价值在 128 ~ 17.2 亿欧元）。国家可再生能源行动计划预测的 2012 年净增长为 11360MW，比实际的净增长 11688MW 少了 328MW。"（http://www.ewea.org/fileadmin/files/library/publication/statistics/Wind_in_power_annual_statistics_2012.pdf，2014 年 6 月访问）。2014 年葡萄牙风电占该国全部电力的 33%。当电网向配电网和中压电网系统提供无功功率时，将带来更多的损耗，造成电压等级的不平衡，因此潮流是从配电网向输电网传输的。欧洲要求 IPP 开发商必须在发电站安装电容器并通过并网点向电网提供无功功率。

分布式发电系统的设计必须采用分散的发电系统并参与配电网运行的无功/电压支撑。建立市场机制进行无功功率的买卖是一个方法，对于智能光伏住宅系统，并入当地发电力供应商的电网、要求缴费是趋势。

习　题

9.1　用 3000 字写一份上一年度发电成本的报告，与表 9-1 类似。描述电源类型、光伏发电、风力发电、调峰机组、实时电价。采用本书参考章节中引用的资料提供你的参考。

9.2　用 3000 字写一份关于电力平衡和频率控制技术的报告，采用本书参考章节中引用的资料提供你的参考。

9.3　假设两个电力网络间的区域控制误差（ACE）是 100MW，频率由 60Hz 下降到 59.8Hz，此时联络线潮流按计划控制。计算频率偏差系数。

9.4　如果习题 9.3 中电力网络区域 1 中出现一台发电机停机的突出事件，计算每个区域的潮流变化。

9.5　假设馈线最大负荷 8MW，平均负荷 6MW，计算其负荷系数。

9.6　假设一个月内每日负荷廊线相同，日平均负荷 170MW，峰值负荷 240MW，计算一个月的日运行馈线负荷系数。

9.7　如果例 9.13 中馈线由额定容量为 80MW 的风力发电及额定容量为 500MW 的中心发电站供电，假设风力发电的资本成本是 500 美元/kW，中心电站的资本成本为 100 美元/kW。如果除去风电维修费用 1 美分/(kW·h)外，风能资源无其他成本；中心发电站的燃料和维修成本为 3.2 美分/(kW·h)。计算 EUC，并给出使用 5 年的 EUC 图，负荷系数从 0 至 1。

9.8　如果例 9.13 中馈线由总额定容量为 2MW 的 10 个燃料电池、及总额定容量为 6MW 的 20 个微汽轮机供电。假设燃料电池的资本成本为 1000 美元/kW，微汽轮机的资本成本为 200 美元/kW。如果燃料电池的可变成本为 15 美分/(kW·h)，微汽轮机的可变成本为 2.2 美分/(kW·h)，假设运行 5 年，计算燃料资源的 EUC。画出 EUC 作为时间的函数的图形，负荷系数从 0 至 1。

参 考 文 献

1. Institute for Electric Energy. Homepage. Available at http://www.edison-foundation.net/IEE. Accessed October 7, 2010.

2. MISO-MAPP Tariff Administration. Transition Guide.

3. Energy Information Administration. Official energy statistics from the US government. Available at http://www.eia.doe.gov. Accessed October 29, 2010.

4. Carbon Dioxide Information Analysis Center. Frequently asked global change questions. Available at http://www cdiac.ornl.gov/pns/faq.html. Accessed September 29, 2009.

5. Shahidehpour, M. and Yamin, H. (2002) *Market Operations in Electric Power Systems: Forecasting, Scheduling, and Risk Management,* Wiley/IEEE, New York/Piscataway, NJ.

6. Hirst, E. and Kirby, B. Technical and market issues for operating reserves. Available at http://www.ornl.gov/sci/btc/apps/Restructuring/Operating_Reserves.pdf. Accessed January 10, 2009.

7. Keyhani, A. and Miri, S.M. (1983) On-line weather-sensitive and industrial group bus load forecasting for microprocessor-based applications. *IEEE Transactions on Power Apparatus and Systems*, **102**(12), 3868–3876.

8. Schweppe, F.C. (1978) Power systems 2000: hierarchical control strategies. *IEEE Spectrum*, **14**(7), 42–47.

9. North American Electric Reliability Council. NERC 2008 long term reliability assessment 2008–2017.

10. Wood, A.J. and Wollenberg, B.F. (1996) *Power Generation, Operation, and Control,* Wiley, New York.

11. Babcock & Wilcox Company. (1975) *Steam its Generation & Use,* 38th edn, Babcock & Wilcox, Charlotte, NC.

12. Nourai, A. and Schafer, C. (2009) Changing the electricity game. *IEEE Power and Energy Magazine,* **7**(4), 42–47.

13. Ko, W.H. and Fung, C.D. (1982) VLSI and intelligent transducers. *Sensors and Actuators,* **2**, 239–250.

14. De Almeida, A.T. and Vine, E.L. (1994) Advanced monitoring technologies for the evaluation of demand-side management programs. *IEEE Transactions on Power Systems,* **9**(3), 1691–1697.

15. Adamiak, M. Phasor measurement overview.

16. Phadke, A.G. (1993) Computer applications in power. *IEEE Power and Energy Society,* **1**(2), 10–15.

17. Schweppe, F.C. and Wildes, J. (1970) Power system static-state estimation, part I: exact model power apparatus and systems. *IEEE Transactions on Volume,* **PAS-89**(1), 120–125.

18. Ducey, R., Chapman, R., and Edwards, S. The U.S. Army Yuma Proving Ground 900-kVA Photovoltaic Power Station. Available at http://photovoltaics.sandia.gov/docs/PDF/YUMADOC.PDF. Accessed October 10, 2010.

19. Grainger, J., and Stevenson, W.D. (2008) *Power Systems Analysis,* McGraw Hill, New York.

20. Gross, A.C. (1986) *Power System Analysis,* Wiley, New York.

21. Keyhani, A., Marwali, M., and Dai, M. (2010) *Integration of Green and Renewable Energy in Electric Power Systems,* Wiley, Hoboken, NJ.

22. Majmudar, H. (1965) *Electromechanical Energy Converters,* Allyn and Bacon, Boston, MA.

23. Sakis Meliopoulos, A.P., Cokkinides, G.J., and Bakirtzis, A.G. (1999) *Load-Frequency Control Service in a Deregulated Environment,* Elsevier Publication, Decision Support Systems 24 _1999, pp. 243–250.

24. North American Electric Reliability Corporation (NRC). http://www.nerc.com/docs/oc/rs/NERC%20Balancing%20and%20Frequency%20Control%200405201-11.pdf. Accessed January 7, 2014.

补 充 文 献

Anderson, P.M. and Fouad, A.A. (1977) *Power System Control and Stability,* 1st edn, Iowa State University Press, Ames, IA.

Anderson, R., Boulanger, A., Johnson, J.A. and Kressner, A. (2008) *Computer-Aided Load Management for the Energy Industry,* Pennwell, Tulsa, OK, p. 333.

Berger, A.W. and Schweppe, F.C. (1989) Real time pricing to assist in load frequency control. *IEEE Transactions on Power Systems*, 4(3): 920–926.

Bohn, R., Caramanis, M. and Schweppe, F. (1984) Optimal pricing in electrical networks over space and time. *Rand Journal on Economics*, 18(3):360–376.

Caramanis, M., Bohn, R. and Schweppe, F. (1982) Optimal spot pricing: practice & theory. *IEEE Transactions on Power Apparatus and Systems*, PAS-101(9): 3234–3245.

Chapman, S. (2003) *Electric Machinery and Power System Fundamentals*, McGraw Hill, New York.

Dowell, L.J., Drozda, M., Henderson, D.B., Loose, V.W., Marathe, M.V. and Roberts, D.J. ELISIMS: comprehensive detailed simulation of the electric power industry, Technical Rep. No. LA-UR-98-1739, Los Alamos National Laboratory, Los Alamos, NM.

Electricity Storage Association. Technologies and applications: Flywheels. Available at http://electricitystorage.org/tech/technologies_technologies_flywheels.htm. Accessed October 10, 2010.

Elgerd, O.I. (1982) *Electric Energy System Theory: An Introduction*, 2nd edn, McGraw-Hill, New York.

El-Hawary, M.E. (1983) *Electric Power Systems: Design and Analysis*, Reston Publishing, Reston, VA.

IEEE Brown Book. (1980) *IEEE Recommended Practice for Power System Analysis*, Wiley-Interscience, New York.

Institute of Electrical and Electronics Engineers, Inc. (1999) *IEEE Std 1451.1-1999, Standard for a Smart Transducer Interface for Sensors and Actuators–Network Capable Application Processor (NCAP) Information Model*, IEEE, Piscataway, NJ.

Masters, G.M. (2004) *Renewable and Efficient Electric Power Systems*, Wiley, New York.

Nourai, A. (2002) Large-scale electricity storage technologies for energy management, in Proceedings of the Power Engineering Society Summer Meeting, Vol. 1; July 25, 2002; Chicago, IL. IEEE, Piscataway, NJ, pp. 310–315.

Schweppe, F., Caramanis, M., Tabors, R. and Bohn, R. (1988) *Spot Pricing of Electricity*, Kluwer, Alphen aan den Rijn, The Netherlands.

Schweppes, F., Tabors, R., Kirtley, J., Outhred, H., Pickel, F. and Cox, A. (1980) Homeostatic utility control. *IEEE Transactions on Power Applications and Systems*, **PAS-99**(3): 1151–1163.

第 10 章

电网和微电网的潮流分析

10.1 引言

已经明确，配电的主要目的是对规定的负荷提供额定电压和额定频率。第4章讨论了负荷频率控制；本章论述的重点是电压控制。为保证电网每条母线上的电压都在规定范围内，必须模拟系统的稳态状况，因此也必须考察作为微电网的一部分接入本地电网的可再生能源的并网以及微电网的同步运行。母线负荷电压的计算被表述为潮流问题，一旦确定了负荷电压（包括母线电压的幅值和相位），线路的潮流就可以根据线路阻抗和两端的电压来计算。这就需要把潮流分析作为一种工程工具来使用。在潮流问题的表述中，将研究如何对互联输电系统建模，本章将介绍母线导纳矩阵和母线阻抗矩阵。本章结尾部分将回顾潮流问题的三种解法：高斯-塞德尔（Gauss-Seidel）法，牛顿-拉夫逊（Newton-Raphson）法和快速解耦法（Fast-Decoupled Load Flow，FDLF）。本章还将给出几个解题实例和家庭作业，使读者能进一步加深对微电网的理解。

10.2 电网分析中的电压计算

在电路问题中，负荷阻抗和电源电压为已知，要求求出电路的潮流和每个负荷上的电压。在功率问题的电压计算中，负荷是有功功率和无功功率的消耗者。研究这一问题有两个方法：①负荷上的电压为已知，求电源电压；②电源电压为已知，计算母线负荷电压（这类问题被称为潮流或负荷潮流问题）。例10.1给出的是第一种方法。

例10.1 三相电源通过两条阻抗相等的串联电缆（$Z = 4 + \mathrm{j}15\Omega$）连接到两个三相负荷。第一个负荷是 Y 联结的，额定值为 440V，8kVA，$pf = 0.9$（滞后）；第二个负荷是 D 联结的电动机，额定值为 440V，6kVA，$pf = 0.85$（滞后）。电动机位于线路末端，它的 D 联结负载要求负载电压为440V。进行以下计算

　　i）画出单线图。

　　ii）求出需要的馈电电压。

解：

图 10-1 画出了本例的单线图。母线 3 上的线电压为 440V。

母线 3 上的电动机吸取的额定电流为

$$I_3 = \frac{6000}{\sqrt{3} \times 440} \angle - \text{arccos } 0.85\text{A} = 7.87 \angle -31.77°\text{A}$$

母线 2 上的电压为

$$V_{2,\text{ph}} = V_{3,\text{ph}} + Z_{2\text{-}3}I_3 = 440/\sqrt{3}\text{V} + (4+\text{j}15) \times 7.87 \angle -31.77\text{V} = 353.04 \angle 13.7°\text{V}$$

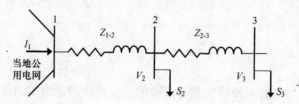

图 10-1　例 10.1 的单线图

母线 2 负荷吸取的额定电流为

$$I_2 = \frac{8000}{3 \times 353.04} \angle - \text{arccos } 0.9\text{A} = 7.55 \angle -25.84°\text{A}$$

发电机的供电电流为

$$I_1 = I_2 + I_3 = 7.55 \angle -25.84\text{A} + 7.87 \angle -31.77\text{A} = 15.39 \angle -28.87°\text{A}$$

发电机的相电压为

$$V_1 = V_2 + Z_{1\text{-}2}I_1 = 353.04 \angle 13.7\text{V} + (4+\text{j}15) \times 15.39 \angle -28.87\text{V} = 569.21 \angle 26.73°\text{V}$$

发电机的线电压为

$$\sqrt{3}V_1 = 569.21 \times \sqrt{3}\text{V} = 985.90\text{V}$$

例 10.1 并不符合实际情况。发电机电压由它的励磁系统控制，实际上，励磁电流的设置是要使发电机得到额定电压。如果发电机有两个极而且运行于 60Hz 系统的同步速，则它的转速为 3600r/min。

因此在实际问题中，需要计算的是在发电机电压和负荷消耗功率已知情况下的负荷母线电压。后一问题被称为潮流问题，它的解法更为复杂。

例 10.2　考虑图 10-2 的分布式馈电系统。假定

1）馈线阻抗 $Z_{1\text{-}2}$ 和 $Z_{2\text{-}3}$ 为已知。

2）负荷消耗的有功功率和无功功率，即 S_2 和 S_3 为已知。

3）本地电网的母线电压 V_1 为已知。

4）所有数据都是标幺值。

解：

首先对图 10-2 每个节点（母线）写出基尔霍夫电流定律，并假定从母线流出电流之和为零。即对于母线 1~3，有

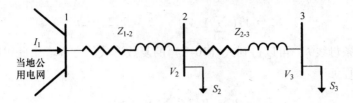

图 10-2　一个配电馈送系统的示意图

$$\begin{cases} (v_1 - v_2)y_{12} - I_1 = 0, \\ (v_2 - v_1)y_{12} + (v_2 - v_3)y_{23} + I_2 = 0 \\ (v_3 - v_2)y_{23} + I_3 = 0 \end{cases} \tag{10-1}$$

式中，$y_{12} = 1/Z_{1-2}$，$y_{23} = 1/Z_{2-3}$。

$$I_1 = \left(\frac{S_1}{V_1}\right)^*, I_2 = \left(\frac{S_2}{V_2}\right)^*, I_3 = \left(\frac{S_3}{V_3}\right)^* \tag{10-2}$$

式（10-1）可改写为

$$\left.\begin{array}{r} y_{12}v_1 - y_{12}v_2 = I_1 \\ -y_{12}v_1 + (y_{12} + y_{23})v_2 - y_{23}v_3 = -I_2 \\ -y_{23}v_2 + y_{23}v_3 = -I_3 \end{array}\right\}$$

上面的关系式可写为

$$\begin{bmatrix} Y_{11} & Y_{12} & 0 \\ Y_{21} & Y_{22} & Y_{23} \\ 0 & Y_{32} & Y_{33} \end{bmatrix} \begin{bmatrix} V_1 \\ V_2 \\ V_3 \end{bmatrix} = \begin{bmatrix} I_1 \\ -I_2 \\ -I_3 \end{bmatrix} \tag{10-3}$$

式中，$Y_{11} = y_{12}$，$Y_{12} = -y_{12}$，$Y_{21} = -y_{12}$，$Y_{22} = y_{12} + y_{23}$，$Y_{23} = -y_{23}$，$Y_{32} = -y_{23}$，$Y_{33} = y_{23}$。

矩阵方程（10.3）代表母线的导纳矩阵；它也是例 10.2 的 Y_{Bus}（母线导纳）模型。

Y_{Bus} 矩阵可表示为

$$I_{\text{Bus}} = Y_{\text{Bus}} \cdot V_{\text{Bus}} \tag{10-4}$$

如果系统有 n 条母线，则 I_{Bus} 是 $n \times 1$ 电流注入矢量，V_{Bus} 是 $n \times 1$ 电压矢量，Y_{Bus} 是 $n \times n$ 矩阵。

例 10.2 有 3 条母线，因此 Y_{Bus} 矩阵是 3×3 的，如式（10-3）和式（10-4）所示。

下面继续讨论有 n 条母线的电网的一般情况。对于每条母线 k，有

$$S_k = V_k I_k^* \quad k = 1, 2, \cdots, n \tag{10-5}$$

I_k 是从母线 k 注入电网的电流。因此，从 Y_{Bus} 矩阵的第 k 行，有

$$I_k = \sum_{j=1}^{n} Y_{kj} V_j \tag{10-6}$$

把式（10-6）代入式（10-5），可得

$$S_k = V_k \Big(\sum_{j=1}^{n} Y_{kj} V_j \Big)^* \quad k = 1, 2, \cdots, n \tag{10-7}$$

对于每条母线 k，可以得到式（10-7）的复数形式的方程。由此可得到 n 个复数非线性方程

$$P_k = \mathrm{Re}\Big\{ V_k \sum_{j=1}^{n} Y_{kj}^* V_j^* \Big\}$$

$$Q_k = \mathrm{Im}\Big\{ V_k \sum_{j=1}^{n} Y_{kj}^* V_j^* \Big\}$$

$$P_k = V_k \sum_{j=1}^{n} V_j (G_{kj} \cos\theta_{kj} + B_{kj} \sin\theta_{kj}) \tag{10-8}$$

$$Q_k = V_k \sum_{j=1}^{n} V_j (G_{kj} \sin\theta_{kj} - B_{kj} \cos\theta_{kj}) \tag{10-9}$$

式中

$$Y_{kj} = G_{kj} + jB_{kj}, \theta_{kj} = \theta_k - \theta_j$$

$$V_j = V_j (\cos\theta_j + j\sin\theta_j)$$

$$V_k = V_k (\cos\theta_k + j\sin\theta_k)$$

例 10.2 中，$n = 3$，所以可以得到 6 个非线性方程。然而，因为电网母线电压的幅值为已知且被用作相位角为零的基准相量，所以实际上得到 4 个非线性方程。

例 10.2 中，已知量还有馈线阻抗（Z_{1-2} 和 Z_{2-3}）和负荷（S_2 和 S_3）。为求出母线负荷电压，需要解 V_2、V_3、θ_2 和 θ_3 的四个非线性方程。计算完母线电压后，就可以计算当地馈电系统注入的复功率（$S_1 = P_1 + jQ_1$）。四个非线性方程为

$$\begin{cases} P_2 = V_2 \sum_{j=1}^{n} V_j (G_{2j} \cos\theta_{2j} + B_{2j} \sin\theta_{2j}) \\[2mm] P_3 = V_3 \sum_{j=1}^{n} V_j (G_{3j} \cos\theta_{3j} + B_{3j} \sin\theta_{3j}) \\[2mm] Q_2 = V_2 \sum_{j=1}^{n} V_j (G_{2j} \sin\theta_{2j} - B_{2j} \cos\theta_{2j}) \\[2mm] Q_3 = V_3 \sum_{j=1}^{n} V_j (G_{3j} \sin\theta_{3j} - B_{3j} \cos\theta_{3j}) \end{cases}$$

上述表达式代表了电网注入母线的有功功率和无功功率的基本概念。如果知道了母线注入功率，就可以解负荷母线电压。电压计算是电网设计的重要步骤。

应该理解，例 10.2 不同于例 10.1。例 10.1 是不符合实际情况的问题，因为不能指望本地电网在微电网或馈电系统的互联点提供指定的电压。然而，在例 10-2 中，本地电网的母线电压为已知，目标是设计一个能向它的负荷提供额定电压的馈电系统。

10.3　潮流问题

　　电网设计的基本问题是潮流分析[1-9]。解潮流问题可以确保设计出来的电网能以可接受的电压和频率（可接受的电压指负荷额定电压）向电网负荷配送适当的电能。例如，对于额定值为 50W，120V 的灯泡，给负荷提供的电压应为 120V，正常运行条件下偏差不得超过 5%，事故运行情况下不得超过 10%。对于标幺值的情况，要力求负荷电压为 1pu，偏离范围在 0.95~1.05pu 之内。就是说，一旦规定发电机要满足系统负荷需求，母线电压的解就必须为 (1±5%)pu。

　　如果通过负荷控制、频率控制和自动发电控制使系统负荷与发电之间达到逐秒平衡，就可以实现可接受的频率要求。对负荷来说，频率偏离额定值（美国为 60Hz，世界其他国家为 50Hz）[⊖]会给感应电机和水泵等机械负荷带来影响。如果频率下降，感应电动机的速度会下降，导致电动机过热和失效。例如，考虑由几台柴油发电机支持的电力系统，如果由于系统负荷需求过大导致运行频率下降，柴油发电机的冷却泵转速会下降，使柴油发电机冷却不足。过热的柴油发动机会被系统的超限控制系统退出运行，导致电力系统发生级联故障。因此，为维持稳定运行，系统母线负荷电压必须保持为 1pu，在事故运行条件下，偏差不得超过 10%。

　　术语潮流研究和负荷潮流研究可以互换，都是指从发电机组到负荷的功率流。解潮流问题就是"系统模型、发电和负荷计划为已知，求负荷母线电压"。

10.4　作为电力系统工程工具的潮流研究

　　如前节所讨论的，电网设计必须为电网的负荷提供额定电压。需要根据预计的输电系统、预计的发电系统和预计的母线负荷计算母线电压。在电网系统规划中，电网需要根据预期的未来负荷规划。潮流研究的主要目标是确定成本较低的具体系统设计是否能使母线电压处于可接受界限内。一般来说，电网规划要进行一系列研究，包括①发电规划；②输电系统规划；③无功功率源规划。规划研究的目的是确保所有电网都运行于它们的运行限值之内，且母线负荷电压处在可接受范围内。

　　电网运行中，要考虑以下问题。在今后 24h 内，对于所有预期母线负荷、输电系统、变压器和发电系统，母线电压都会处于它们的额定限值之内吗？如果一台变压器漏油，该变压器可以退出运行而不影响负荷电压吗？如果突然失掉一条线路，可以在其他线路都不过载的情况下满足电网负荷需求吗？

　　需要进行电网及运行规划和停电控制的潮流研究以及电力系统优化和稳定研究，以给出必要的答案。10.5 节将首先介绍电网的母线类型，进而介绍潮流问题的表述。

　　⊖　实际上，额定频率采用 60Hz 的国家不止美国一个，其他国家也并非都使用 50Hz。大致情况是：南北美洲国家多采用 60Hz；亚洲、欧洲、大洋洲和非洲国家多采用 50Hz，但都有不少例外。——译者注

10.5　母线类型

潮流问题中定义了几种母线类型。最重要的三类母线是负荷母线、发电机母线和浮游母线。图 10-3 画出的是负荷母线。

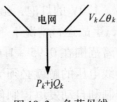

图 10-3　负荷母线

电力系统母线有 4 个变量，它们是①母线的有功功率；②母线的无功功率；③电压幅值；④相位。对于负荷母线来说，某个时间的有功功耗和无功功耗是作为预期负荷给出的，时间可规定为提前预测峰荷那一天。如果系统是提前 10 年规划的，则将该预测负荷用于母线。

图 10-4 画出的是发电机母线。这类母线被称为恒压控制母线（P-V 母线）。

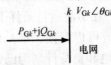

图 10-4　恒压控制（P-V）母线

P-V（电压控制）母线用于模拟发电机母线。对这类母线，除母线电压幅值外，还给出了相连发电机注入母线的功率。注入电网的无功功率和相位必须通过解潮流问题算得。然而，无功功率必须处于 P-V 母线可提供的范围内（从最小值到最大值）。

图 10-5 画出的是恒功率（P_G-Q_G）母线。这类母线代表注入电网的有功功率和无功功率为已知的发电机。然而，发电机电压幅值和相位必须通过解潮流问题计算。

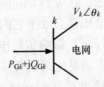

图 10-5　恒功率（P_G-Q_G）母线

图 10-6 是浮游母线，也称松弛母线。这类母线与 P-V 母线相同，但母线电压设置为 1pu，相位角设置为零。连接到浮游母线的发电机称为浮游发电机或松弛发电机。对于浮游母线，净注入电网的有功功率和无功功率是未知的，浮游母线的功

能是用发出的净注入功率平衡功耗和功率损失。浮游母线也可以视为无穷大母线，即它在理论上可以提供无穷大功率。因此，浮游母线可视为理想电压源：它可以在提供无穷大功率的同时保持电压恒定。注意，上述所有定义的含义都是相同的，可以互换使用。

图 10-6　浮游母线（松弛母线）

现在考虑光伏（PV）电站或风力发电站的微电网母线类型。从太阳或风捕捉到的能量是免费的，所以这些类型的机组是用来生产有功功率的。这意味着 PV 母线和风电场母线在功率因数为 1 的条件下运行。因此，PV 母线和风电场母线可以模拟如图 10-7。

图 10-7 画出了微电网接入本地电网时 PV 电站或风电场与母线连接的模拟情况。这一模型中，在进行微电网电压分析时，PV 电站或风电场母线发出的有功功率是已知的，且发出的无功功率假定为零。母线电压和相位通过解潮流问题算得，但应处于 PV 电站或风电场的调制指标规定的最大和最小限值之间。因此，对于 PV 母线 k，P_{Gk} 和 $V_{min} < V_k < V_{max}$ 是确定的。同时，PV 或风电机组应提供的无功功率必须在发电站的限值（最小值到最大值）之内。

图 10-7　PV 电站或风电场的母线模型

现在考虑微电网从本地电网解列的情况。这种情况下，局部微电网必须控制它的频率和母线电压。当 PV 和风电系统的微电网脱离本地电网时，PV 或风电母线可模拟如图 10-8。

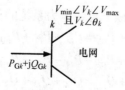

图 10-8　PV 或风电母线模型

上述模型中，母线电压幅值的最大值和最小值由逆变器的调制指标确定；发出的有功功率和无功功率也要确定。相位和电压幅值通过解潮流问题计算。然而，不带储能系统的 PV 电站对无功功率的控制能力非常有限。储能系统对逆变器的功率因数控制非常重要。使逆变器和它的储能支持系统能像汽轮机那样运行，能提供有功功率和无功功率，正是人们正在进行的建模和逆变器控制建模研究的课题。对于风电场与微电网直接联网的情况，无功功率注入控制局限于相连母线可接受电压范围内。

为使孤立微电网运行于稳定频率和电压下，必须使它的负荷与发电全时平衡。因为负荷变化是持续的，而可再生能源是间歇的，所以必须有储能系统和/或快速启动电源，如高速微型汽轮机，热电联产发电机等，作为微电网发电构成的一部分。

读者可以再读一下第 4 章，研究电网稳定运行需要考虑的因素。

在潮流问题中，电网的所有母线都要标出名称。一般来说，负荷母线模拟为恒功率模型，它的有功功率 P 和无功功率 Q 是给定的，母线电压需要由计算得出。假定流向负荷的潮流表示为注入电网的负值。发电机母线可模拟为 P_G 和 Q_G 恒定的母线或 PV 母线。发电机把代数正值的有功功率和无功功率注入电力系统网络。对于潮流问题表述来说，我们关注的是注入电网的功率；发电机内阻抗不包括在电力系统模型中。然而，对于短路研究来说，系统模型需包括发电机内阻抗在内。内阻抗会限制发电机产生的故障电流。对于可能的潮流，必须一直保持系统负荷与发电之间的平衡。这种平衡可表示为

$$\sum_{k=1}^{n_1} P_{Gk} = \sum_{k=1}^{n_2} P_{Lk} + P_{损耗} \tag{10-10}$$

式中，P_{Gk} 是发电机 k 发出的有功功率；P_{Lk} 是负荷 k 消耗的有功功率；n_1 是系统发电机的数量；n_2 是系统负荷的数量。

同样

$$\sum_{k=1}^{n_1} Q_{Gk} = \sum_{k=1}^{n_2} Q_{Lk} + Q_{损耗} \tag{10-11}$$

式中，Q_{Gk} 是发电机 k 发出的无功功率；Q_{Lk} 是负荷 k 消耗的无功功率；n_1 是系统发电机的数量；n_2 是系统负荷的数量。

考虑图 10-9 画出的系统。

图 10-9 的系统中，需要让该三母线电力系统的负荷与发电平衡。

$$\begin{cases} P_{G1} + P_{G2} = P_{L4} + P_{L3} + P_{损耗} \\ P_{G1} + P_{G2} - P_{L4} - P_{L3} - P_{损耗} = 0 \end{cases} \tag{10-12}$$

$$\begin{cases} Q_{G1} + Q_{G2} = Q_{L4} + Q_{L3} + Q_{损耗} \\ Q_{G1} + Q_{G2} - Q_{L4} - Q_{L3} - Q_{损耗} = 0 \end{cases} \tag{10-13}$$

上述公式中，假定感性负荷消耗的无功功率 $Q_{ind} > 0$，而容性负荷供给的无功功率 $Q_{cap} < 0$。

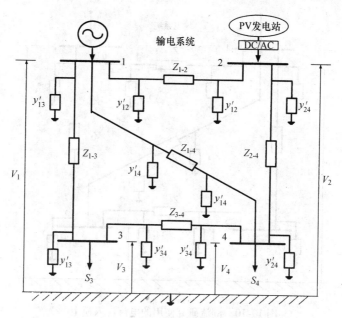

图 10-9　一个三母线微电网系统的示意图

为保证负荷与发电之间的平衡，还必须计算有功和无功功率损耗。然而，计算功率损耗需要知道母线电压，母线电压是需要从潮流公式计算的未知数。这一问题可通过定义一个电网母线，即前面说的浮游母线和它连接的浮游发电机来求解。根据定义，浮游母线是一个理想电压源，作为理想电压源，它既可以提供有功功率，也可以提供无功功率，同时又保持母线电压不变。因此，在潮流问题表述中，浮游发电机是一个无穷大有功功率和无功功率源。浮游母线电压设为 1pu，因为它是基准相量，所以相位角设置为零，即 $V_s = 1 \angle 0$。按照这种配置，接到浮游母线上的发电机可以向电网负荷提供需要的功率，而它的电压不会产生波动。当然实际上这种功率无穷大的恒压源是不存在的，然而如果接入的负荷与母线功率相比非常小，则它可以近似为理想电压源。浮游母线可以使系统负荷加系统损耗与系统发电功率达到平衡；从而保证网络中的能量得到平衡。

10.6　潮流问题的一般性表述

现在来说明电网的一个网络中的相同问题。要记住以下前提：

1）发电机提供三相平衡电压。

2）输电线路是平衡的。

3）负荷也假定是平衡的。

4）PV 或风力发电站用 PV 母线表示，母线电压有最大和最小限值。

考虑图 10-10 给出的电网注入模型。

图 10-10 中，每条母线的注入电流根据已知的注入功率和由系统数学模型算得

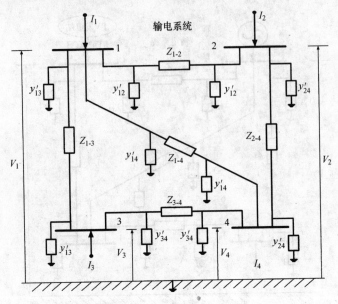

图 10-10　潮流研究使用的电流注入模型

的母线电压表示。

图 10-10 中，使用了以下规定：

- 母线电压是实际的母线对地电压标幺值。
- 母线电流是从发动机和负荷流入输电系统的净注入电流标幺值。
- 所有电流规定的正方向是流向它们相应的母线。这意味着所有发电机都注入正电流，而所有负荷都注入负电流。
- Z_{i-j} 是单相本源阻抗，也称为母线 i 与母线 j 之间的正序阻抗。下一章将讨论相序阻抗。然而，正序阻抗与本书中一直使用的平衡线路阻抗是同一个东西。
- y'_{ij} 是母线 i 与母线 j 之间的对地导纳的一半。

线路的串联本源阻抗用它们相应的本源导纳形式表示

$$y_{12} = 1/Z_{1-2}, \quad y_{13} = 1/Z_{1-3}, \quad y_{14} = 1/Z_{1-4}, \quad y_{24} = 1/Z_{2-4}, \quad y_{34} = 1/Z_{3-4} \quad (10\text{-}14)$$

因此图 10-10 的电力系统可改画为图 10-11。

图中，$y_1 = y'_{12} + y'_{13} + y'_{14}$ 为连到母线 1 的总导纳，$y_2 = y'_{12} + y'_{24}$ 为连到母线 2 的总导纳，$y_3 = y'_{13} + y'_{34}$ 为连到母线 3 的总导纳，$y_4 = y'_{14} + y'_{24} + y'_{34}$ 为连到母线 4 的总导纳。

地母线设为基准母线，对每条母线（节点）应用基尔霍夫电流定律可得

$$\begin{cases} I_1 = V_1 y_1 + (V_1 - V_2)y_{12} + (V_1 - V_3)y_{13} + (V_1 - V_4)y_{14} \\ I_2 = V_2 y_2 + (V_2 - V_1)y_{12} + (V_2 - V_4)y_{24} \\ I_3 = V_3 y_3 + (V_3 - V_1)y_{13} + (V_3 - V_4)y_{34} \\ I_4 = V_4 y_4 + (V_4 - V_1)y_{14} + (V_4 - V_2)y_{24} + (V_4 - V_3)y_{34} \end{cases} \quad (10\text{-}15)$$

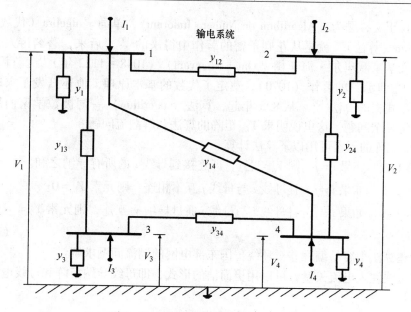

图 10-11　用导纳表示的电流注入模型

式（10-15）可改写为

$$\begin{cases} I_1 = V_1(y_1 + y_{12} + y_{13} + y_{14}) + V_2(-y_{12}) + V_3(-y_{13}) + V_4(-y_{14}) \\ I_2 = V_1(-y_{12}) + V_2(y_2 + y_{12} + y_{24}) + V_3(0) + V_4(-y_{24}) \\ I_3 = V_1(-y_{13}) + V_2(0) + V_3(y_3 + y_{13} + y_{34}) + V_4(-y_{34}) \\ I_4 = V_1(-y_{14}) + V_2(-y_{24}) + V_3(-y_{34}) + V_4(y_4 + y_{14} + y_{24} + y_{34}) \end{cases} \quad (10\text{-}16)$$

它的矩阵形式为

$$\begin{bmatrix} I_1 \\ I_2 \\ I_3 \\ I_4 \end{bmatrix} = \begin{bmatrix} Y_{11} & Y_{12} & Y_{13} & Y_{14} \\ Y_{21} & Y_{22} & Y_{23} & Y_{24} \\ Y_{31} & Y_{32} & Y_{33} & Y_{34} \\ Y_{41} & Y_{42} & Y_{43} & Y_{44} \end{bmatrix} \begin{bmatrix} V_1 \\ V_2 \\ V_3 \\ V_4 \end{bmatrix} \quad (10\text{-}17)$$

式中

$$Y_{11} = y_1 + y_{12} + y_{13} + y_{14};\ Y_{12} = -y_{12};\ Y_{13} = -y_{13};\ Y_{14} = -y_{14}$$

$$Y_{21} = Y_{12};\ Y_{22} = y_2 + y_{12} + y_{24};\ Y_{23} = 0;\ Y_{24} = -y_{24};$$

$$Y_{31} = Y_{13};\ Y_{32} = Y_{23};\ Y_{33} = y_3 + y_{13} + y_{34};\ Y_{34} = -y_{34};$$

$$Y_{41} = Y_{14};\ Y_{42} = Y_{24};\ Y_{43} = Y_{34};\ Y_{44} = y_4 + y_{14} + y_{24} + y_{34}$$

10.7　母线导纳模型

可以把母线导纳矩阵的表述规格化，这种表述被称为"算法"[10]，算法指用有限步骤顺序解题的方法。公元 825 年，波斯天文学家、数学家花剌子密（Al-Khwārizmī）写了一部题为《论用印度数字计算》的著作。他的这一著作在 12 世纪被译为拉丁文，题为《Algorithmi de Numero Indorum》，单词"algebra（代数）"和"algorithm（算法）"就是从花剌子密的著作中得来的[10]。后来，著名诗人、数学家和天文学家欧玛尔·海亚姆（Omar Khayyam）（1048～1122 年）[11]撰写了题为"代数问题演示"的著作（1070），奠定了代数的基本原理，他还开发了求取任意高阶多项式根的算法[10]。从 825 年起，算法（algorithm）一词被数学家们用来表述和求解复杂问题。这里说明求 Y_{bus} 矩阵的算法和解潮流问题。

Y_{bus} 矩阵的元素可用以下算法计算。

$$\begin{cases} \text{第 1 步，如果 } i=j \text{，则 } Y_{ii} = \sum y \text{，即连接到母线 } i \text{ 的所有导纳之和。} \\ \text{第 2 步，如果 } i \neq j \text{，且母线 } i \text{ 与母线 } j \text{ 互不相连，则元素 } Y_{ij} = 0 \text{。} \\ \text{第 3 步，如果 } i \neq j \text{，且母线 } i \text{ 与母线 } j \text{ 通过导纳 } y_{ij} \text{ 互连，则元素 } Y_{ij} = -y_{ij} \text{。} \end{cases}$$

$$(10\text{-}18)$$

上述算法很容易编程并对环绕美国东部电网的潮流问题求解。

对母线注入电流矢量，可以用更简洁的形式，即母线导纳矩阵和母线电压矢量来表示：

$$I_{Bus} = Y_{Bus} V_{Bus}$$

式中，I_{Bus} 是母线注入电流矢量；Y_{Bus} 是母线导纳矩阵；V_{Bus} 是母线电压分布矢量。

电网的 Y_{Bus} 矩阵模型是稀疏对称复数矩阵。它对应每条母线的一行的和（或一列的和）等于对基准母线的导纳。如果与基准母线没有互联，则每行的和为零。这种情况下，Y_{Bus} 矩阵是奇异矩阵，且 $\det Y_{Bus} = 0$，这种矩阵是不可逆的。

应该记得，如果在短路研究中表示 Y_{Bus} 矩阵模型，应该把发电机和电动机的内阻抗包括在内。然而，对潮流研究，用注入模型表示电网。还应该注意到，一般情况下，电网通常是通过输电线电容接地的。

10.8　母线阻抗矩阵模型

由图 10-11 可以看出，母线注入电流是通过母线导纳矩阵与母线电压相关联的，它们的关系如下：

$$I_{Bus} = Y_{Bus} V_{Bus} \tag{10-19}$$

$$V_{Bus} = Z_{Bus} I_{Bus}$$

$$Z_{Bus} = Y_{Bus}^{-1} \tag{10-20}$$

因此，Z_{Bus} 矩阵是 Y_{Bus} 矩阵的逆矩阵。现在母线电压矢量是用母线阻抗矩阵 Z_{Bus} 表示的，而 I_{Bus} 是母线注入电流矢量。

对于图 10-11 的系统，式（10-20）的阻抗矩阵可表示为

$$\begin{bmatrix} V_1 \\ V_2 \\ V_3 \\ V_4 \end{bmatrix} = \begin{bmatrix} Z_{11} & Z_{12} & Z_{13} & Z_{14} \\ Z_{21} & Z_{22} & Z_{23} & Z_{24} \\ Z_{31} & Z_{32} & Z_{33} & Z_{34} \\ Z_{41} & Z_{42} & Z_{43} & Z_{44} \end{bmatrix} \begin{bmatrix} I_1 \\ I_2 \\ I_3 \\ I_4 \end{bmatrix} \tag{10-21}$$

例 **10.3** 对于图 10-12 的电网，计算母线导纳和母线阻抗模型。

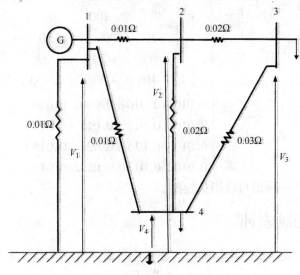

图 10-12 例 10.3 的电网

解:

导纳矩阵可按式（10-16）计算（单位均为 S，此处为数值）。

$$Y_{11} = y_1 + y_{12} + y_{14} = \frac{1}{0.01} + \frac{1}{0.01} + \frac{1}{0.01} = 300,$$

$$Y_{12} = -y_{12} = -\frac{1}{0.01} = -100, \quad Y_{14} = -y_{14} = -\frac{1}{0.01} = -100$$

$$Y_{21} = -y_{21} = -\frac{1}{0.01} = -100,$$

$$Y_{22} = y_{12} + y_{23} + y_{24} = \frac{1}{0.01} + \frac{1}{0.02} + \frac{1}{0.02} = 200,$$

$$Y_{23} = -y_{23} = -\frac{1}{0.02} = -50, \quad Y_{24} = -y_{24} = -\frac{1}{0.02} = -50,$$

$$Y_{32} = -y_{23} = -\frac{1}{0.02} = -50,$$

$$Y_{33} = y_{32} + y_{34} = \frac{1}{0.02} + \frac{1}{0.03} \approx 83.33,$$

$$Y_{34} = -y_{34} = -\frac{1}{0.03} \approx -33.33, \quad Y_{41} = -y_{14} = -\frac{1}{0.01} = -100,$$

$$Y_{42} = -y_{24} = -\frac{1}{0.02} = -50, \quad Y_{43} = -y_{34} = -\frac{1}{0.03} \approx -33.33,$$

$$Y_{44} = y_{41} + y_{42} + y_{43} = \frac{1}{0.01} + \frac{1}{0.02} + \frac{1}{0.03} = 183.33.$$

如果两母线之间没有互连，则相应的导纳矩阵元素为零。所以

$$\boldsymbol{Y}_{\text{Bus}} = \begin{bmatrix} Y_{11} & Y_{12} & Y_{13} & Y_{14} \\ Y_{21} & Y_{22} & Y_{23} & Y_{24} \\ Y_{31} & Y_{32} & Y_{33} & Y_{34} \\ Y_{41} & Y_{42} & Y_{43} & Y_{44} \end{bmatrix} = \begin{bmatrix} 300 & -100 & 0 & -100 \\ -100 & 200 & -50 & -50 \\ 0 & -50 & 83.33 & -33.33 \\ -100 & -50 & -33.33 & 183.33 \end{bmatrix}$$

$$\boldsymbol{Z}_{\text{Bus}} = \boldsymbol{Y}_{\text{Bus}}^{-1} = \begin{bmatrix} 0.010 & 0.010 & 0.010 & 0.010 \\ 0.010 & 0.017 & 0.015 & 0.013 \\ 0.010 & 0.015 & 0.027 & 0.015 \\ 0.010 & 0.013 & 0.015 & 0.017 \end{bmatrix}$$

$\boldsymbol{Z}_{\text{Bus}}$ 是例10.3电网的母线阻抗模型。

10.9 潮流问题表述

考虑图10-11表示的电网。潮流问题可用母线导纳矩阵以数学方式表述。

$$I_{\text{Bus}} = Y_{\text{Bus}} V_{\text{Bus}} \tag{10-22}$$

注入电流矢量表示净注入，其中发电机注入电流为代数正值，而负荷注入为负值。因此，如果母线连接的发电量大于连接的负荷，则它对电网的净注入为正。反之，如果母线连接的负荷大于发电功率，则净注入为负。因此，对于每条母线 k，有

$$S_k = V_k I_k^* \quad k = 1, 2, \cdots, n \tag{10-23}$$

式中，I_k 是母线 k 注入电网的电流，$I_k^* = \left(\dfrac{S_k}{V_k}\right)^* = \dfrac{(P_k + jQ_k)^*}{V_k^*} = \dfrac{P_k - jQ_k}{V_k \angle - \theta_k}$。

所以，对 $\boldsymbol{Y}_{\text{Bus}}$ 矩阵的第 k 行，有

$$I_k = \sum_{j=1}^{n} Y_{kj} V_j \tag{10-24}$$

把式（10-24）代入式（10-23），可得

$$S_k = V_k \left(\sum_{j=1}^{n} Y_{kj} V_k\right)^* \quad k = 1, 2, \cdots, n \tag{10-25}$$

式（10-24）和式（10-25）中，n 是电网的母线总数；$V_j = V_j(\cos\theta_j + j\sin\theta_j)$；$Y_{kj} = G_{kj} + jB_{kj}$，$\theta_{kj} = \theta_k - \theta_j$；$V_k = V_k(\cos\theta_k + j\sin\theta_k)$。

对于每条母线 k，可导出式（10-25）的复数表达式。由此可得到 n 个非线性复数方程式为

从导纳矩阵模型可得到注入电网的电流关系，因为它与网络的导纳模型相关，而且可以根据母线电压知道输电系统的潮流。因此，对于每条母线 k，可以得到基于母线导纳模型的如下表达式：

$$\frac{P_1 - jQ_1}{V_1^*} = Y_{11} V_1 + Y_{12} V_2 + Y_{13} V_3 + Y_{14} V_4 \tag{10-26}$$

$$\frac{P_2 - jQ_2}{V_2^*} = Y_{21}V_1 + Y_{22}V_2 + Y_{23}V_3 + Y_{24}V_4 \tag{10-27}$$

$$\frac{P_3 - jQ_3}{V_3^*} = Y_{31}V_1 + Y_{32}V_2 + Y_{33}V_3 + Y_{34}V_4 \tag{10-28}$$

$$\frac{P_4 - jQ_4}{V_4^*} = Y_{41}V_1 + Y_{42}V_2 + Y_{43}V_3 + Y_{44}V_4 \tag{10-29}$$

可以把式（10-26）~式（10-29）改写为

$$\begin{cases} P_1 - jQ_1 = Y_{11}V_1^2 + Y_{12}V_1^*V_2 + Y_{13}V_1^*V_3 + Y_{14}V_1^*V_4 \\ P_2 - jQ_2 = Y_{21}V_1V_2^* + Y_{22}V_2^2 + Y_{23}V_2^*V_3 + Y_{24}V_2^*V_4 \\ P_3 - jQ_3 = Y_{31}V_1V_3^* + Y_{32}V_2V_3^* + Y_{33}V_3^2 + Y_{34}V_3^*V_4 \\ P_4 - jQ_4 = Y_{41}V_1V_4^* + Y_{42}V_2V_4^* + Y_{43}V_3V_4^* + Y_{44}V_{44}^2 \end{cases} \tag{10-30}$$

上述方程组是非线性的复数方程。如已经说明的，系统的一条母线被选为浮游母线，它的电压幅值设为1pu；作为基准相量，它的相位角设为零。浮游母线将确保系统负荷与发电之间的平衡。在潮流问题中，负荷母线电压是未知变量，所有注入功率为已知变量。这里有 3 个解母线负荷电压的非线性复数方程。

如前面的讨论所述，一般来说，对每条母线 k，它的复数方程可写成两个用实数表示的方程。把上述表达式写成一般性表述，有

$$P_k = V_k \sum_{j=1}^{n} V_j (G_{kj}\cos\theta_{kj} + B_{kj}\sin\theta_{kj})$$

$$Q_k = V_k \sum_{j=1}^{n} V_j (G_{kj}\sin\theta_{kj} - B_{kj}\cos\theta_{kj})$$

式中

$$Y_{kj} = G_{kj} + jB_{kj}, \theta_{kj} = \theta_k - \theta_j$$

$$V_k = V_k(\cos\theta_k + j\sin\theta_k)$$

$$V_j = V_j(\cos\theta_j + j\sin\theta_j)$$

如果系统有 n 条母线，则上述方程式可写成 $2n$ 个方程式：

$$\begin{cases} f_1(V_1\cdots V_n, \theta_1\cdots\theta_n) = 0 \\ f_2(V_1\cdots V_n, \theta_1\cdots\theta_n) = 0 \\ f_n(V_1\cdots V_n, \theta_1\cdots\theta_n) = 0 \\ f_{2n}(V_1\cdots V_n, \theta_1\cdots\theta_n) = 0 \end{cases} \tag{10-31}$$

这 $2n$ 个方程式可表示为

$$F(x) = \begin{bmatrix} f_1(x) \\ f_2(x) \\ \vdots \\ f_{2n}(x) \end{bmatrix} \tag{10-32}$$

式中，矢量 $\boldsymbol{X}$ 的元素代表电压的幅值和相位。方程组（10-32）有 $2n$ 个待解非线性方程，矢量 $\boldsymbol{X}$ 可表示为

$$\boldsymbol{X}^{\mathrm{T}} = \left[V_1, \cdots, V_n, \theta_1 \cdots \theta_n \right]$$
$$= \left[x_1, \cdots, x_n, x_{n+1} \cdots x_{2n} \right]$$

10.10　解母线导纳 $\boldsymbol{Y}_{\mathrm{Bus}}$ 的高斯-塞德尔法

高斯-塞德尔（Gauss-Seidel）算法是一个迭代过程。这种方法的目标是通过重复逼近满足一组非线性方程。当所有非线性方程都以可接受的准确度得到满足，则方程组得解。对于潮流问题，当所有母线电压都收敛于 1pu，偏差小于额定电压的 5% ，且所有非线性方程都在可接受误差范围内得到满足，则方程组得解。

需要重申的是，潮流问题的主方程为

$$V_1 = 1 \angle 0 \tag{10-33}$$

$$\boldsymbol{I}_{\mathrm{Bus}} = \boldsymbol{Y}_{\mathrm{Bus}} \cdot \boldsymbol{V}_{\mathrm{Bus}} \tag{10-34}$$

$$S_k = V_k I_k^* \tag{10-35}$$

式中，$k = 1,\ 2,\ 3,\ \cdots,\ n$。

式（10-33）是浮游母线（也称松弛母线）模型，它通过系统传输损耗使系统负荷与系统发电保持平衡。当微电网接入本地电网时，选电网母线为浮游母线。这可以保证负荷、当地发电和损耗之间保持平衡。如果微电网发电不足，则平衡由电网母线维持。如果微电网发电过剩，则通过功率注入电网的方法维持平衡。式（10-34）描述对于一组母线电压来说电流或功率流过输电线路的情况。式（10-35）表示系统的每条母线的净注入功率。

$\boldsymbol{Y}_{\mathrm{Bus}}$ 的高斯-塞德尔法流程如图 10-13 所示。

在高斯-塞德尔法中，反复解式（10-31）表示的基本潮流方程。

$$V_k = \dfrac{\dfrac{P_k - \mathrm{j}Q_k}{V_k^*} - \displaystyle\sum_{\substack{j=1 \\ j \neq k}}^{n} Y_{kj} V_j}{Y_{kk}} \quad k = 2, \cdots, n \tag{10-36}$$

式（10-36）代表负荷母线电压，其电网用母线导纳矩阵表示。计算电压逼近的母线的对角线元素出现在分母中，因为母线导纳矩阵的对角线元素从不为零，所以可以保证母线电压的逼近计算。如果电网设计正确，就可以达到收敛。

式（10-37）核对是否可以用最后的母线电压近似值满足初始非线性负荷潮流公式。

$$\Delta P_k = P_{k(\text{预计值})} - P_{k(\text{计算值})} \leqslant c_P$$
$$\Delta Q_k = Q_{k(\text{预计值})} - Q_{k(\text{计算值})} \leqslant c_Q \tag{10-37}$$

例 10.4　对于图 10-14 的系统，使用 $\boldsymbol{Y}_{\mathrm{Bus}}$ 的高斯-塞德尔法求解母线电压。

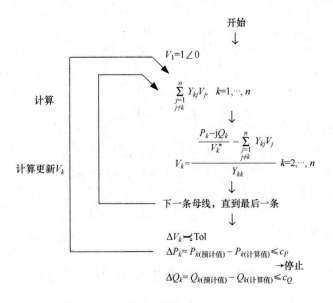

图 10-13　迭代逼近的高斯- 塞德尔法

图 10-14 中，母线 1 是浮游母线，其电压为 $V_1 = 1 \angle 0$。母线 2 的预计功率为 1.2pu。计算母线 2 和母线 3 的电压。

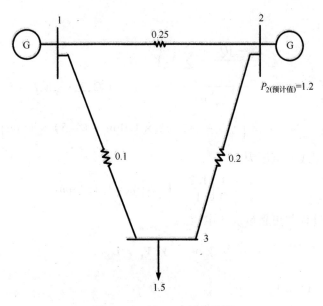

图 10-14　例 10.4 的单线图

解:
要求解上述问题，需要写出母线导纳矩阵。

$$\boldsymbol{Y}_{\text{Bus}} = \begin{bmatrix} 14 & -4 & -10 \\ -4 & 9 & -5 \\ -10 & -5 & 15 \end{bmatrix}$$

潮流模型为

$$V_1 = 1 \angle 0$$

$$\boldsymbol{I}_{\text{Bus}} = \boldsymbol{V}_{\text{Bus}} \boldsymbol{Y}_{\text{Bus}}$$

直流系统只有有功潮流。

$$I_k^* = I_k, \quad V_k^* = V_k$$

$$S_k = V_k \cdot I_k^* = V_k I_k = P_k, \; \text{且} \; Q_k = 0$$

因此，对母线 2，有

$$1.2 = V_2 I_2$$

对母线 3，有

$$-1.5 = V_3 I_3$$

对于 $i = 0$，可假定母线 2 和母线 3 的电压都是 1pu，并开始迭代逼近。

$$\boldsymbol{V}_{\text{Bus}}^{(0)} = \begin{bmatrix} 1 \\ 1 \end{bmatrix}$$

对母线 2，有

$$\sum_{\substack{j=1 \\ j \neq 2}}^{3} Y_{2j} V_j = Y_{21} V_1 + Y_{23} V_3 = -4 \times 1 + (-5) \times 1$$

然后更新 V_2

$$V_2 = \frac{\dfrac{P_2 - \mathrm{j}Q_2}{V_2} - \displaystyle\sum_{\substack{j=1 \\ j \neq 2}}^{n} Y_{2j} V_j}{Y_{22}} \quad i = 1, 2, 3, \cdots, n; j \neq i$$

$$V_2 = \frac{1}{Y_{22}} \Big[\frac{1.2}{V_2} - \{(-4) \times 1.0\text{pu} + (-5) \times 1\} \text{pu} \Big]$$

更新后的母线 2 电压为

$$V_2^{(1)} = \frac{1}{9} \Big[\frac{1.2}{1} + 4 + 5 \Big] \text{pu} = 1.1333\text{pu}$$

继续迭代过程并更新母线 3 电压。

$$\sum_{\substack{j=1 \\ j \neq 3}}^{3} Y_{3j} V_j = Y_{31} V_1 + Y_{32} V_2$$

更新母线 3 电压 V_3

$$V_3 = \frac{1}{Y_{33}} \Big[\frac{-1.5}{V_3} - [Y_{31} V_1 + Y_{32} V_2] \Big]$$

$$= \frac{1}{15} \Big[\frac{-1.5}{1.0} - \{(-10)(1) + (-5)(1.1333)\} \Big]$$

$$V_3^{(1)} = \frac{1}{15}\big[-1.5 + 10 + 5.666 \big]\,\mathrm{pu} = \frac{14.1666}{15}\,\mathrm{pu} = 0.9444\,\mathrm{pu}$$

通过计算母线 2 和母线 3 的偏差来继续进行逼近计算。

母线 2 的偏差为

$$P_{2(\text{计算值})} = \sum_{\substack{j=0 \\ j \neq 2}}^{3} V_2 I_{2j}$$

$$P_{2(\text{计算值})} = V_2 I_{20} + V_2 I_{21} + V_2 I_{23}$$

$$P_{2(\text{计算值})} = 0 + 1.1333\left(\frac{V_2 - V_1}{0.25}\right) + 1.333\left(\frac{V_2 - V_3}{0.2}\right)$$

$$P_{2(\text{计算值})} = 0 + 1.1333\left(\frac{1.1333 - 1.0}{0.25}\right) + 1.1333\left(\frac{1.1333 - 0.944}{0.2}\right) = 1.6769$$

$$\Delta P_2 = P_{2(\text{预计值})} - P_{2(\text{计算值})} = 1.2 - 1.6769$$

$$\Delta P_2 = -0.4769\,\mathrm{pu}$$

母线 3 的偏差为

$$P_{3(\text{计算值})} = \sum_{\substack{j=0 \\ j \neq 3}}^{3} V_3 I_{3j}$$

$$P_{3(\text{计算值})} = V_3 I_{30} + V_3 I_{31} + V_3 I_{32}$$

$$P_{3(\text{计算值})} = 0 + 0.944\left(\frac{V_3 - V_1}{0.1}\right) + 0.944\left(\frac{V_3 - V_2}{0.2}\right)$$

$$P_{3(\text{计算值})} = 0.944\left(\frac{0.944 - 1.0}{0.1}\right)\mathrm{pu} + 0.944\left(\frac{0.944 - 1.1333}{0.2}\right)\mathrm{pu} = -1.4221\,\mathrm{pu}$$

$$\Delta P_3 = P_{3(\text{预计值})} - P_{3(\text{计算值})} = -1.5\,\mathrm{pu} - (-1.4221)$$

$$\Delta P_3 = -0.0779\,\mathrm{pu}$$

继续进行上述过程，直至误差减少到满意值。经过 7 次迭代后，得到 $c_p = 1 \times 10^{-4}$ 的结果。计算结果见表 10-1。

表 10-1　例 10.4 的计算结果

母线编号	电压（pu）	功率偏差（pu）
2	1.078	0.63×10^{-4}
3	0.917	0.28×10^{-4}

母线 1（浮游母线）提供的功率等于总负荷减去其他母线的总发电功率加损耗。

$$P_1 = V_1 I_1 = V_1 \sum_{j=1}^{3} Y_{1j} V_j = V_1\left(Y_{11}V_1 + Y_{12}V_2 + Y_{13}V_3\right)$$

浮游母线的电压为 $1\angle 0$，该母线注入的功率标幺值为 $P_1 = 0.522\,\mathrm{pu}$。

输电线的总功率损耗为 0.223pu。

10.11 解母线阻抗 Z_{Bus} 的高斯-塞德尔法

在 Z_{Bus} 的高斯-塞德尔法中[6]，因为浮游母线定义为 $V_1 = 1\angle 0$，所以潮流问题可表示为

$$V_{Bus} = Z_{Bus}I_{Bus}$$

Z_{Bus} 确定了通过输电系统的潮流。

$$S_k = V_k I_k^*$$

Z_{Bus} 定义了注入模型。

Z_{Bus} 的高斯-塞德尔法如图 10-15 所示。

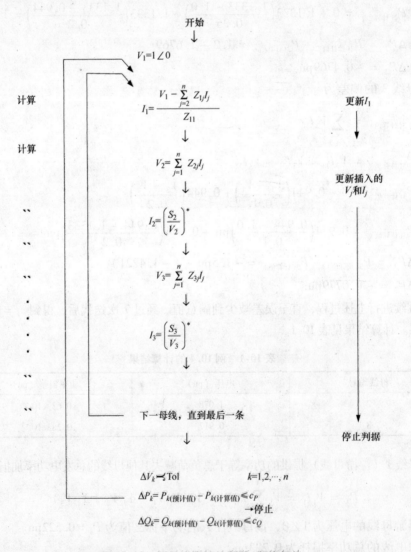

图 10-15 解母线阻抗的高斯-塞德尔法

例 10.5　考虑图 10-16 表示的系统。用 $\mathbf{Z}_{\text{Bus}}$ 的高斯- 塞德尔法求母线电压。

母线 1 是浮游母线，其电压设定为 $V_1 = 1 \angle 0$。

如果没有假想对地连线，就无法定义 $\mathbf{Z}_{\text{Bus}}$。在求解时，浮游母线是接地的，它吸取的功率要考虑在内。这一对地连接选择与线路阻抗相同的数量级。注入功率为 $S_2 = -1/2\text{pu}$，$S_3 = -1\text{pu}$，$S_4 = -1/2\text{pu}$。所有数据都用标幺值表示。

解：

对于地母线的 $\mathbf{Z}_{\text{Bus}}$ 为

$$\mathbf{Z}_{\text{Bus}} = \begin{bmatrix} 0.01 & 0.01 & 0.01 & 0.01 \\ 0.01 & 0.0186 & 0.0157 & 0.0114 \\ 0.01 & 0.0157 & 0.0271 & 0.0143 \\ 0.01 & 0.0114 & 0.0143 & 0.0186 \end{bmatrix}$$

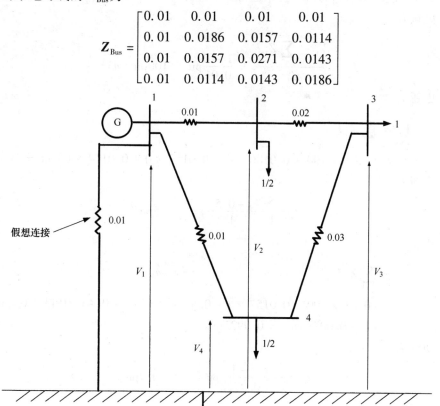

图 10-16　例 10.5 的单线图

潮流问题可表示为

$$V_1 = 1 \angle 0$$

$$\mathbf{V}_{\text{Bus}} = \mathbf{Z}_{\text{Bus}} \mathbf{I}_{\text{Bus}}$$

直流系统只有有功潮流。

$$S_k = V_k I_k^* = V_k I_k = P_k, \quad Q_k = 0$$

母线负荷和发电功率可表示为

$$-0.5 = V_2 I_2$$

$$-1.0 = V_3 I_3$$

$$-0.5 = V_4 I_4$$

第一步是计算母线电压和电流的如下高斯零（0）迭代值。

$$\boldsymbol{V}_{\text{Bus}}^{(0)} = \begin{bmatrix} 1 \\ 0 \\ 0 \\ 0 \end{bmatrix}, \quad \boldsymbol{I}_{\text{Bus}}^{(0)} = \begin{bmatrix} 0 \\ 0 \\ 0 \\ 0 \end{bmatrix}$$

对于 $\boldsymbol{V}_{\text{Bus}} = \boldsymbol{Z}_{\text{Bus}} \boldsymbol{I}_{\text{Bus}}$ 的第一行，进行如下计算。

更新 I_1

$$I_1 = \frac{V_1 - \sum_{j=2}^{n} Z_{1j} I_j}{Z_{11}} = \frac{1-0}{0.01} \text{pu} = 100 \text{pu} \quad n = 4$$

更新 V_2

$$V_2 = \sum_{j=1}^{n} Z_{2j} I_j$$

$$= (0.01 \times 100 + 0.0186 \times 0 + 0.0157 \times 0 + 0.0114 \times 0) \text{pu} = 1 \text{pu}$$

更新 I_2

$$I_2 = \frac{S_2}{V_2} = \frac{-0.5}{1} \text{pu} = -0.5 \text{pu}$$

更新 V_3

$$V_3 = \sum_{j=1}^{n} Z_{3j} I_j$$

$$= [0.01 \times 100 + 0.0157 \times (-0.5) + 0.0271 \times 0 + 0.0143 \times 0] \text{pu}$$

$$= (1 - 0.0078) \text{pu} = 0.9922 \text{pu}$$

更新 I_3

$$I_3 = \frac{S_3}{V_3} = \frac{-1}{0.9922} \text{pu} \approx -1.0079 \text{pu}$$

更新 V_4

$$V_4 = \sum_{j=1}^{n} Z_{4j} I_j$$

$$= [0.01 \times 100 + 0.0114 \times (-0.5) + 0.0143 \times (-1.0079) + 0.0168 \times 0] \text{pu}$$

$$= (1 - 0.0057 - 0.0144) \text{pu} = 0.9799 \text{pu}$$

更新 I_4

$$I_4 = \frac{S_4}{V_4} = \frac{-0.5}{0.9799} \text{pu} \approx -0.5102 \text{pu}$$

由以上计算可得

$$V_{\text{Bus}}^{(1)} = \begin{bmatrix} 1 \\ 1 \\ 0.9922 \\ 0.9799 \end{bmatrix}, \quad I_{\text{Bus}}^{(1)} = \begin{bmatrix} 100 \\ -0.5 \\ -1.0079 \\ -0.5102 \end{bmatrix}$$

更新 I_1

$$I_1 = \frac{1 - 0.01 \times (-0.5) - 0.01 \times (-1.0079) - 0.01 \times (-0.5102)}{0.01} \text{pu}$$

$$= \frac{1.02019}{0.01} \text{pu} = 102.019 \text{pu}$$

更新 V_2

$$V_2 = [0.01 \times 102.019 + 0.0186 \times (-0.5) + 0.0157 \times (-1.0079) +$$

$$0.0114 \times (-0.5102)] \text{pu}$$

$$= 0.9892 \text{pu}$$

更新 I_2

$$I_2 = \frac{S_2}{V_2} = \frac{-0.5}{0.9892} \text{pu} \approx -0.5055 \text{pu}$$

更新 V_3

$$V_3 = [0.01 \times 102.019 + 0.0157 \times (-0.5055) + 0.0271 \times (-1.0079)$$

$$+ 0.0143 \times (-0.5102)] \text{pu}$$

$$= 0.9776 \text{pu}$$

更新 I_3

$$I_3 = \frac{S_3}{V_3} = \frac{-1}{0.9776} \text{pu} \approx -1.023 \text{pu}$$

更新 V_4

$$V_4 = \sum_{j=1}^{n} Z_{4j} I_j$$

$$= [0.01 \times 102.019 + 0.0114 \times (-0.5055) + 0.0143 \times (-1.023) +$$

$$0.0186 \times (-0.5102)] \text{pu}$$

$$= 0.9903 \text{pu}$$

更新 I_4

$$I_4 = \frac{S_4}{V_4} = \frac{-0.5}{0.9903} \text{pu} \approx -0.5049 \text{pu}$$

每条母线 k 的偏差为

$$P_{(\text{计算值})k} = V_k I_k$$

$$\Delta P_k = P_{(\text{预计值})k} - P_{(\text{计算值})k}$$

对于母线 2

$$P_{2(\text{计算值})} = V_2 I_2$$

$$\Delta P_2 = P_{2(\text{预计值})} - P_{2(\text{计算值})}$$

对于母线 3

$$P_{3(\text{计算值})} = V_3 I_3$$

$$\Delta P_3 = P_{3(\text{预计值})} - P_{3(\text{计算值})}$$

继续进行上述过程，直至误差减少到满意值。经过 4 次迭代后，得到 $c_p = 1 \times 10^{-4}$ 的结果。计算结果见表 10-2。

表 10-2　例 10.5 的结果

母线编号	电压（pu）	功率偏差（pu）
2	0.99	0.1306×10^{-5}
3	0.98	0.2465×10^{-5}
4	0.99	0.6635×10^{-5}

如果误差大于满意值，就需要继续进行迭代。

上述习题的 Matlab M 程序如下：

```
The MATLAB simulation testbed for the above problem is given below:
%Power Flow: Gauss-Seidel method
clc; clear all;
tolerance= 1e-4;
N=4; % no. of buses
Y=[1/.01+1/.01+1/.01 -1/.01 0 -1/.01;
  -1/.01 1/.01+1/.02 -1/.02 0;
  0 -1/.02 1/.02+1/.03 -1/.03;
  -1/.01 0 -1/.03 1/.01+1/.03];
Z=inv(Y)
P_sch=[1 -.5 -1 -.5]'
I=[0 0 0 0]';
V=[1 0 0 0]';
iteration=0;
while (iteration <= 999)
iteration=iteration+1;
  VZ=0;
  for n=2:N
  VZ=VZ+Z(1,n)*I(n);
end
I(1)=(V(1)-VZ)/Z(1,1);
for m=2:N
  V(m)=Z(m,:)*I;
  I(m)=P_sch(m)/V(m);
end
```

```
P_calc = V.*(Y*V);
mismatch=[P_sch(2:N)-P_calc(2:N)];
if (norm(mismatch,'inf') < tolerance)
break;
end
end
P_calc(1)=P_calc(1)-V(1)^2/.01; % Subtracting the power of the fic-
titious branch
iteration
for i = 1:N
fprintf(1, 'Bus %d:\n', i);
fprintf(1, 'Voltage = %f p.u\n',V(i));
fprintf(1, 'Injected P = %f p.u\n', P_calc(i));
end
```

母线 1（浮游母线）提供的功率等于总负荷减去其他母线的总发电功率加损耗。

$$P_1 = V_1 I_1 = V_1 \sum_{j=1}^{3} Y_{1j} V_j = V_1 (Y_{11} V_1 + Y_{12} V_2 + Y_{13} V_3)$$

浮游母线的电压为 $1 \angle 0$，它的功率标幺值为 $P_1 = 102.033 \text{pu}$。

假想连线的功率损耗为 $= \dfrac{V_1^2}{z_{假想,pu}} = \dfrac{1^2}{0.01} \text{pu} = 100 \text{pu}$

因此，母线 1 实际注入功率为 $P_1 = (102.033 - 100) \text{pu} = 2.033 \text{pu}$

输电线的总功率损耗为 0.033pu。

10.12　潮流的母线导纳 Y_{Bus} 和母线阻抗 Z_{Bus} 解法的比较

对于有 n 条母线的电网，存在 n 个复数非线性方程。完整的 Y_{Bus} 或 Z_{Bus} 矩阵约有 $2n^2$ 个元素。如果所有元素都要存储，那么对于 500 条母线的系统，则存储需求就是 500000 个单元。然而，Y_{Bus} 和 Z_{Bus} 都是对称矩阵，所以只需存储上半个三角形。于是 500 条母线系统的存储要求就减为 250000 个单元。Z_{Bus} 矩阵是满矩阵，因为它的元素通常不为零。对于超大型问题来说，它的计算和存储要求是天文数量级的。而另一方面，Y_{Bus} 矩阵是稀疏矩阵，因为只有存在直接连接，即输电线或变压器位于母线 k 与 j 之间时，元素 Y_{kj} 才是非零的，零元素不必存储。因此，对于大型电力系统问题，利用这种固有的稀疏特性，存储量和计算时间都可以大大减少。Y_{Bus} 应具有严格的对角线优势。对于某些实际电网，这个条件可能不能满足。如果电网含远距离超高压（Extra-High Voltage，EHV）输电线、串联及并联补偿、异常高阻抗或极低串联阻抗、大充电电容的电缆电路，则可能需要很多次迭代。这些系统的 Y_{Bus} 对角线元素较弱。解潮流问题时，因为浮游母线电压是已知的，所以相应行和列可以从 Y_{Bus} 删除。对于 Y_{Bus} 含最小优势对角线元素的电网，可以让浮游母线位于该母线以保证收敛。Z_{Bus} 矩阵法对浮游母线选择通常不太敏感。它的缺点是需要获得、存储和迭代非稀疏母线阻抗矩阵。Y_{Bus} 矩阵法的优点是每次迭代的网络存储需求和计算量都较小，大致与母线数量成正比。然而，Y_{Bus} 矩阵的缺点是收敛缓慢，且有时可能不收敛。而 Z_{Bus} 法收敛迅速且永远收敛。

10.13　微电网的同步及异步运行

图 10-17 是一个与本地电网联网的典型微电网。取决于微电网发电电源的容量，本地电网可以设计为运行于 480V～20kV 电压等级。显然，在这个微电网，母线 1 必须指定为浮游母线，因为本地电网可供功率比图 10-17 中的微电网系统大很多倍。

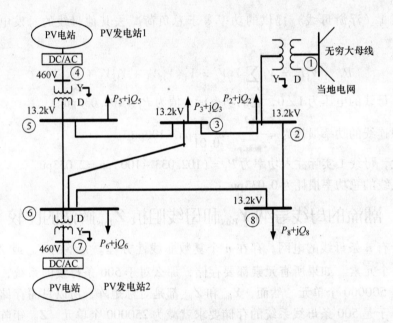

图 10-17　分布式发电的微电网作为本地电网的一部分

图 10-17 的微电网可以有两种运行方式：①微电网作为互联系统的一部分运行；②一旦与本地电网解列，微电网可以独立运行。微电网作为本地电网一部分运行时，它的负荷、频率控制及电压控制都由本地电网控制中心负责。如第 4 章讨论的，当 PV 或风电的微电网连到本地电网时，整个系统运行于单一频率，电网母线电压也由当地控制中心控制。然而，如果没有适当的无功支持，微电网负荷母线仍然可能处于低电压。但光伏或风电的微电网可以设计为异步运行，图 10-18 画出了一种这样的设计。

图 10-18 的微电网分布式发电系统设计为既可以作为同步系统运行，也可以作为异步系统运行。这一分布式发电系统含一台变速双馈感应发电机的风电机组和一台同步燃气轮机。当微电网作为本地电网一部分运行时，它的频率控制及电压控制

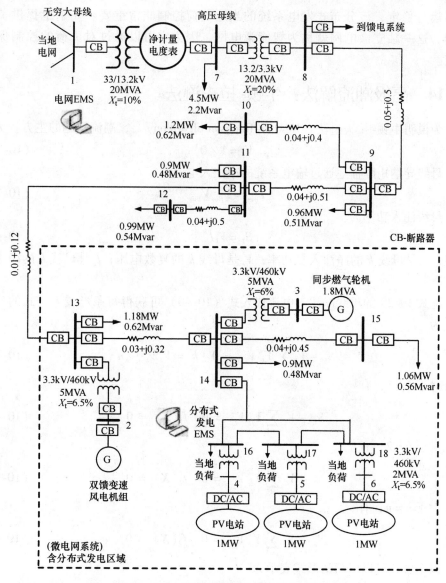

图 10-18　一个微电网的同步及异步运行

都由本地电网控制中心负责。本地电网运营商监视和控制系统频率，如第 4 章所讨论的。系统运营商也控制本地电网母线的电压。

燃气轮机可以作为 P-V 母线运行：母线电压和注入微电网的有功功率是固定的，无功功率和相位角在潮流分析中计算。双馈发电机模拟为只在恒压下注入有功功率的 P-V 母线。

当微电网的分布式发电部分从本地电网解列时，燃气轮机负责电压控制和负荷频率控制。这种情况下，在潮流分析中，燃气轮机应模拟为浮游母线。为保证运行稳定，该分布式发电系统的当地负荷控制非常重要。如果也提供负荷控制，这一独立微电网就称为智能微电网，因为它可以通过对负荷的控制保持稳定。

10.14　高级潮流解法：牛顿-拉夫逊法

为说明牛顿-拉夫逊法（Newton-Raphson algorithm）[8]，潮流问题的主方程为

$$V_1 = 1 \angle 0 \tag{10-38}$$

母线导纳矩阵描述通过输电系统的净注入电流为

$$I_{\text{Bus}} = Y_{\text{Bus}} V_{\text{Bus}} \tag{10-39}$$

母线注入功率为

$$S_k = V_k I_k^* \tag{10-40}$$

式中，S_k 是母线 k 的净注入复功率；V_k 是母线 k 的复数电压；I_k 是母线 k 的净注入电流。

把式 10-39 的母线净注入电流代入式（10-40）可获得每条母线 k 公式的残数形式为

$$S_k - V_k \sum_{j=1}^{n} Y_{kj}^* V_j^* = 0 \quad k = 1, 2, \cdots, n \tag{10-41}$$

对于 $k = 1$，有

$$S_1 - V_1 \sum_{j=1}^{n} Y_{1j}^* V_j^* = 0 \quad f_1(\boldsymbol{X}) = 0 \tag{10-42}$$

对于 $k = 2$，有

$$S_2 - V_2 \sum_{j=1}^{n} Y_{2j}^* V_j^* = 0 \quad f_2(\boldsymbol{X}) = 0 \tag{10-43}$$

对于 $k = n$，有

$$S_n - V_n \sum_{j=1}^{n} Y_{nj}^* V_j^* = 0 \quad f_n(\boldsymbol{X}) = 0 \tag{10-44}$$

以上各式可以以简洁形式表示为

$$F(x) = \begin{bmatrix} f_1(x) \\ f_2(x) \\ \vdots \\ f_n(x) \end{bmatrix} = 0 \tag{10-45}$$

式中，$\boldsymbol{X}$ 代表母线电压矢量，$\boldsymbol{X}^{\text{T}} = [x_1 x_2 x_3 \cdots x_n]$。

将 $F(x) = 0$ 的第一行展开为关于解 $\boldsymbol{X}^{(0)}$ 的泰勒级数（Taylor series），有

$$f_1(\boldsymbol{X}) = f_1(x_1, x_2, \cdots, x_n) = f_1(x_1^{(0)}, x_2^{(0)}, \cdots, x_n^{(0)}) + \frac{\partial f_1}{\partial x_1}\bigg|_{X^{(0)}} \Delta x_1 + \frac{\partial f_1}{\partial x_2}\bigg|_{X^{(0)}} \Delta x_2$$

$$+ \cdots + \frac{\partial f_n}{\partial x_n}\Big|_{X^{(0)}} + \text{更高阶项} \tag{10-46}$$

式（10-46）可以用紧凑形式表示为

$$f_1(\boldsymbol{X}) = f_1(\boldsymbol{X}^{(0)}) + \sum_{j=1}^{n} \frac{\partial f_1}{\partial x_j}\Big|_{X^{(0)}} \Delta x_j = 0 \tag{10-47}$$

$$f_2(\boldsymbol{X}) = f_2(\boldsymbol{X}^{(0)}) + \sum_{j=1}^{n} \frac{\partial f_2}{\partial x_j}\Big|_{X^{(0)}} \Delta x_j = 0 \tag{10-48}$$

$$f_n(\boldsymbol{X}) = f_n(\boldsymbol{X}^{(0)}) + \sum_{j=1}^{n} \frac{\partial f_n}{\partial x_j}\Big|_{X^{(0)}} \Delta x_j = 0 \tag{10-49}$$

式中，$\Delta x_j = x_j - x_j^{(0)}$。以紧凑矩阵表示，有

$$F(\boldsymbol{X}) = F(\boldsymbol{X}^{(0)}) + \begin{bmatrix} \dfrac{\partial f_1}{\partial x_1} & \dfrac{\partial f_1}{\partial x_2} & \cdots & \dfrac{\partial f_1}{\partial x_n} \\[2mm] \dfrac{\partial f_2}{\partial x_1} & \dfrac{\partial f_2}{\partial x_2} & \cdots & \dfrac{\partial f_2}{\partial x_n} \\[2mm] \vdots & \vdots & & \vdots \\[2mm] \dfrac{\partial f_n}{\partial x_1} & \dfrac{\partial f_n}{\partial x_2} & \cdots & \dfrac{\partial f_n}{\partial x_n} \end{bmatrix}_{X^{(0)}} \begin{bmatrix} \Delta x_1 \\ \Delta x_2 \\ \vdots \\ \Delta x_n \end{bmatrix} = 0 \tag{10-50}$$

式（10-50）的矩阵被称为雅可比矩阵（Jacobian matrix）。以上公式可改写为

$$F(\boldsymbol{X}^{(0)}) + \boldsymbol{J}\big|_{X^{(0)}}\big[\Delta \boldsymbol{X}\big] = 0 \tag{10-51}$$

$$f_k(\boldsymbol{X}^0) = S_k - V_k \sum_{j=1}^{n} Y_{kj}^* V_j^*, \text{且} \ \boldsymbol{X}^0 = \big[V_1^{(0)} \cdots\cdots V_i^{(0)} \cdots\cdots V_n^{(0)} \big] \tag{10-52}$$

式中，S_k 是母线 k 的预计净注入（发电机母线或负荷）复功率（发电为正）。因此，$F(\boldsymbol{X}^{(0)})$ 项代表每条母线的功率偏差，当 $F(\boldsymbol{X}^{(0)})$ 项很小时，就得到了潮流解。

$$S_{k(\text{计算值})} = V_k \sum_{j=1}^{n} Y_{kj}^* V_j^* \tag{10-53}$$

式（10-53）代表从母线 k 到其他所有母线 j 的潮流计算值。

可以用式（10-51）对 ΔX 求解：

$$\Delta \boldsymbol{X} = -\boldsymbol{J}_{X^{(0)}}^{-1} \cdot F(\boldsymbol{X}^{(0)}) \tag{10-54}$$

$$F_k(\boldsymbol{X}^0) = \Delta S_k = \Delta P_k + \mathrm{j}\Delta Q_k = S_{k(\text{预计值})} - S_{k(\text{计算值})} \tag{10-55}$$

$$\Delta P_k = P_{k(\text{预计值})} - P_{k(\text{计算值})} \tag{10-56}$$

$$\Delta Q_k = Q_{k(\text{预计值})} - Q_{k(\text{计算值})}$$

10.14.1　牛顿-拉夫逊法

求解步骤如下：

（1）写出残数形式的潮流方程：$F(\boldsymbol{X}) = 0$。

（2）猜测一个解矢量 $\boldsymbol{X}^{(0)}$，并评估 $F(\boldsymbol{X}^{(0)})$。

（3）对 $\boldsymbol{X}^{(0)}$ 计算雅克比矩阵 $\boldsymbol{J}$。

$$J_{X^{(0)}} = \begin{bmatrix} \dfrac{\partial f_1}{\partial x_1} & \dfrac{\partial f_1}{\partial x_2} & \cdots & \dfrac{\partial f_1}{\partial x_n} \\ \dfrac{\partial f_2}{\partial x_1} & \dfrac{\partial f_2}{\partial x_2} & \cdots & \dfrac{\partial f_2}{\partial x_n} \\ \vdots & \vdots & & \vdots \\ \dfrac{\partial f_n}{\partial x_1} & \dfrac{\partial f_n}{\partial x_2} & \cdots & \dfrac{\partial f_n}{\partial x_n} \end{bmatrix}_{X^{(0)}(\text{或一般情况}X^{(i)})} = J(X^{(0)})$$

ΔX 是下述方程的计算值。

初始计算：使用 X 的初始猜测值。

第 1 步：$\Delta X = -J_{X^{(i)}}^{-1} F(X^{(i)})$。

第 2 步：更新 $X^{(i+1)} = X^{(i)} + \Delta X$。

第 3 步：计算 $X^{(i+1)}$ 处的 $F(X)$。

第 4 步：核对，如果 $F(X^{(i+1)}) < 10^{-6}$，则解收敛。存储解矢量 $X^{(i+1)}$。

第 5 步：将 i 更新为 $i+1$。

如果 $F(X^{(i+1)}) \not< 10^{-6}$，则回到第 1 步。

例 10.6　考虑图 10-19 的三母线系统。系统数据如下：

1）母线 1 为浮游母线，$V_1 = 1\angle 0$。

2）母线 2 的预计注入功率为 1.2pu。

3）母线 3 的预计负荷（负注入）为 1.5pu。

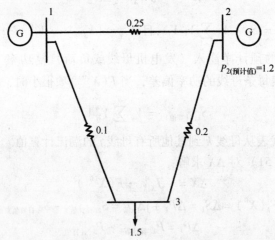

图 10-19　例 10.6 的单线图

解：

例 10.6 系统的母线导纳矩阵为

$$Y_{\text{Bus}} = \begin{bmatrix} 14 & -4 & -10 \\ -4 & 9 & -5 \\ -10 & -5 & 15 \end{bmatrix}$$

母线功率可表示为母线电压非线性函数的残数形式

$$\begin{cases} P_1(V_1,V_2,V_3) - V_1(Y_{11}V_1 + Y_{12}V_2 + Y_{13}V_3) = 0 \\ P_2(V_1,V_2,V_3) - V_2(Y_{21}V_1 + Y_{22}V_2 + Y_{23}V_3) = 0 \\ P_3(V_1,V_2,V_3) - V_3(Y_{31}V_1 + Y_{32}V_2 + Y_{33}V_3) = 0 \end{cases}$$

使用猜测解 $V_2^{(0)}$、$V_3^{(0)}$ 的泰勒级数展开，且 $V_1^{(0)} = 1\angle 0$。

$$\begin{bmatrix} \Delta P_1 \\ \Delta P_2 \\ \Delta P_3 \end{bmatrix} = - \begin{bmatrix} \dfrac{\partial P_1}{\partial V_1} & \dfrac{\partial P_1}{\partial V_2} & \dfrac{\partial P_1}{\partial V_3} \\[2mm] \dfrac{\partial P_2}{\partial V_1} & \dfrac{\partial P_2}{\partial V_2} & \dfrac{\partial P_2}{\partial V_3} \\[2mm] \dfrac{\partial P_3}{\partial V_1} & \dfrac{\partial P_3}{\partial V_2} & \dfrac{\partial P_3}{\partial V_3} \end{bmatrix}_{|V^{(0)}} \begin{bmatrix} \Delta V_1 \\ \Delta V_2 \\ \Delta V_3 \end{bmatrix}$$

用紧凑方式表示为

$$\Delta V = - I^{-1} \times \Delta P$$

式中

$$P_{2(计算值)} = V_2^{(0)}(Y_{21}V_1^{(0)} + Y_{22}V_2^{(0)} + Y_{23}V_3^{(0)})$$
$$\Delta P_2 = P_{2(预计值)} - P_{2(计算值)} = 0$$
$$P_{3(计算值)} = V_3^{(0)}(Y_{31}V_1^{(0)} + Y_{32}V_2^{(0)} + Y_{33}V_3^{(0)})$$
$$\Delta P_3 = P_{3(预计值)} - P_{3(计算值)} = 0$$

因为 $V_1 = 1\angle 0$（松弛母线），所以 $\Delta V_1 = 0.0$。

因此。只有母线 2 和母线 3 的电压需要计算。雅可比矩阵为如下的 2×2 矩阵：

$$\begin{bmatrix} \Delta P_2 \\ \Delta P_3 \end{bmatrix} = \begin{bmatrix} \dfrac{\partial P_2}{\partial V_2} & \dfrac{\partial P_2}{\partial V_3} \\[2mm] \dfrac{\partial P_3}{\partial V_2} & \dfrac{\partial P_3}{\partial V_3} \end{bmatrix}_{|V^{(0)}} \begin{bmatrix} \Delta V_2 \\ \Delta V_3 \end{bmatrix}$$

由上述矩阵可计算 ΔV_2 和 ΔV_3 为

$$\begin{bmatrix} \Delta V_2 \\ \Delta V_3 \end{bmatrix} = - J^{-1}_{|V^{(0)}} \begin{bmatrix} \Delta P_2 \\ \Delta P_3 \end{bmatrix}$$

上述解可改写为

$$\Delta V_2 = V_{2(new)} - V_{2(old)}$$
$$\Delta V_3 = V_{3(new)} - V_{3(old)}$$
$$\begin{bmatrix} V_2 \\ V_3 \end{bmatrix}_{|new} = \begin{bmatrix} V_2 \\ V_3 \end{bmatrix}_{|old} + J^{-1}_{|V^{(0)}} \begin{bmatrix} \Delta P_2 \\ \Delta P_3 \end{bmatrix}$$

雅可比矩阵的元素为

$$\frac{\partial P_2}{\partial V_2} = Y_{21}V_1 + 2Y_{22}V_2 + Y_{23}V_3$$

$$\frac{\partial P_2}{\partial V_3} = Y_{23} V_2$$

$$\frac{\partial P_3}{\partial V_2} = Y_{32} V_3$$

$$\frac{\partial P_3}{\partial V_3} = Y_{31} V_1 + Y_{32} V_2 + 2 Y_{33} V_3$$

假定 $V_2^{(0)} = 1$，$V_3^{(0)} = 1$，则雅可比矩阵的元素为

$$\frac{\partial P_2}{\partial V_2} = -4 + 2 \times 9 - 5 = 9$$

$$\frac{\partial P_2}{\partial V_3} = -5$$

$$\frac{\partial P_3}{\partial V_2} = -5$$

$$\frac{\partial P_3}{\partial V_3} = -10 - 5 + 2 \times 15 = 15$$

因此，雅可比矩阵为

$$\boldsymbol{J} = \begin{bmatrix} 9 & -5 \\ -5 & 15 \end{bmatrix}$$

而 $\boldsymbol{J}^{-1}$ 为

$$\boldsymbol{J}^{-1} = \frac{1}{110} \begin{bmatrix} 15 & 5 \\ 5 & 9 \end{bmatrix}$$

各条母线 k 的功率偏差为

$$P_{2(计算值)} = V_2^{(0)} (Y_{21} V_1^{(0)} + Y_{22} V_2^{(0)} + Y_{23} V_3^{(0)})$$

$$P_{2(计算值)} = 1.0 \times [(-4) \times 1 + 9 \times 1 - 5 \times 1] = 0$$

$$\Delta P_2 = P_{2(预计值)} - P_{2(计算值)}$$

$$\Delta P_2 = 1.2 - 0 = 1.2$$

$$P_{3(计算值)} = V_3^{(0)} (Y_{31} V_1^{(0)} + Y_{32} V_2^{(0)} + Y_{33} V_3^{(0)})$$

$$P_{3(计算值)} = 1.0 \times [(-10) \times 1 - 5 \times 1 + 15 \times 1] = 0$$

$$\Delta P_3 = P_{3(预计值)} - P_{3(计算值)}$$

$$\Delta P_3 = (-1.5 - 0) \text{pu} = -1.5 \text{pu}$$

$$\begin{bmatrix} V_2 \\ V_3 \end{bmatrix} = \begin{bmatrix} 1.0 \\ 1.0 \end{bmatrix} + \frac{1}{110} \begin{bmatrix} 15 & 5 \\ 5 & 9 \end{bmatrix} \begin{bmatrix} 1.2 \\ -1.5 \end{bmatrix}$$

$$\begin{bmatrix} V_2 \\ V_3 \end{bmatrix} = \begin{bmatrix} 1.095 \\ 0.932 \end{bmatrix}$$

下一次迭代将使用这些新值。只要误差没有到达满意水平以下，迭代就要继续进行。解上述问题的 Matlab m 程序如下：

```
%Power Flow: Newton Raphson
clc; clear all;
mis_match=0.0001;
Y_bus=[1/.25+1/.1 -1/.25 -1/.1;
-1/.25 1/.25+1/.2 -1/.2;
-1/.1 -1/.2 1/.1+1/.2];
P_sch = [1; 1.2; -1.5];
N = 3; % no. of buses
% allocate storage for Jacobian
J = zeros(N-1,N-1);
% initial mispatch
V = [1 1 1]';
P_calc = V.*(Y_bus*V);
mismatch = [P_sch(2:N)-P_calc(2:N)];
iteration=0;
% Newton-Raphson iteration
while (iteration<10)
iteration=iteration+1;
% calculate Jacobian
for i = 2:N
for j = 2:N
if (i = j)
J(i-1,j-1)=Y_bus(i,:)*V+Y_bus(i,i)*V(i);
else
J(i-1,j-1)=Y_bus(i,j)*V(i);
end
end
end
% calculate correction
correction =inv(J)*mismatch;
V(2:N) = V(2:N)+correction(1:(N-1));
% calculate mismatch and stop iterating
% if the solution has converged
P_calc = V.*(Y_bus*V);
mismatch = [P_sch(2:N)-P_calc(2:N)];
if (norm(mismatch,'inf') < mis_match)
break;
end
end
iteration
% output solution data
for i = 1:N
fprintf(1, 'Bus %d:\n', i);
fprintf(1, ' Voltage = %f p.u\n', abs(V(i)));
fprintf(1, ' Injected P = %f p.u \n', P_calc(i));
end
```

对于 $c_p = 1 \times 10^{-4}$，经过 3 次迭代得到结果。

表 10-3 是例 10-6 的母线电压和功率偏差。母线 1（浮游母线）提供的功率等于总负荷减去所有其他母线的发电功率加损耗。

浮游母线的电压为 $1\angle 0$，它的功率标幺值为 $P_1 = 0.522\mathrm{pu}$。

输电线的总功率损耗为 0.223pu。

表 10-3　例 10.6 的结果

母线编号	电压（pu）	功率偏差（pu）
2	1.08	0.3036×10^{-6}
3	0.92	0.6994×10^{-6}

10.15　牛顿-拉夫逊法的一般性表述

以上讨论介绍了牛顿-拉夫逊法的基本概念。下面将介绍计算雅可比矩阵元素的牛顿-拉夫逊法的一般性表述。仍然从基本方程式开始。

$$I_{\mathrm{Bus}} = Y_{\mathrm{Bus}} V_{\mathrm{Bus}}$$

对于任意一条母线 k，$I_k = \sum_{j=1}^{n} Y_{kj} V_j$，式中 n 是母线数量；Y_{kj} 是 Y_{Bus} 矩阵的元素。

对任一母线 k，有

$$P_k + jQ_k = V_k I_k^*$$

式中，P_k 和 Q_k 都是实数，无功功率指进入节点 k 的无功（ $*$ 表示复共轭，$j = \sqrt{-1}$ ）。

令

$$P_k + jQ_k = V_k \sum_{j=1}^{n} Y_{kj}^* V_j^* \tag{10-57}$$

$$v_k = V_k e^{j\theta_k} = e_k + jf_k; \quad \theta_k = \arctan\frac{f_k}{e_k} \tag{10-58}$$

$$Y_{kj} = Y_{kj} e^{j\alpha_{kj}} = G_{kj} + jB_{kj}; \quad \alpha_{kj} = \arctan\frac{B_{kj}}{G_{kj}} \tag{10-59}$$

式中，$V_k = e_k + jf_k$；$Y_{kj}^* = G_{kj} - jB_{kj}$；$V_j^* = e_k - jf_j$。

把式（10-58）和式（10.59）代入式（10-57），得

$$P_k + jQ_k = V_k e^{j\theta_k} \sum_{j=1}^{n} Y_{kj} e^{-j\alpha_{kj}} V_j e^{-j\theta_j} \tag{10-60}$$

使用泰勒级数展开，潮流问题可表示为

$$\Delta P_k = \sum_{j=1}^{n} H_{kj} \Delta\theta_j + \sum_{j=1}^{n} N_{kj} \frac{\Delta V_j}{V_j} \tag{10-61}$$

$$\Delta Q_k = \sum_{j=1}^{n} J_{kj} \Delta\theta_j + \sum_{j=1}^{n} L_{kj} \frac{\Delta V_j}{V_j} \tag{10-62}$$

它的紧凑形式为

$$\begin{bmatrix} \Delta P \\ \Delta Q \end{bmatrix} = \begin{bmatrix} \dfrac{\partial P}{\partial \theta} & \dfrac{\partial P}{\partial V}V \\ \dfrac{\partial Q}{\partial \theta} & \dfrac{\partial Q}{\partial V}V \end{bmatrix} \cdot \begin{bmatrix} \Delta \theta \\ \dfrac{\Delta V}{V} \end{bmatrix} \tag{10-63}$$

式（10-60）给出了复数域中的潮流非线性基本方程。读者可以对式（10-60）求导，计算 $j=k$ 情况下雅可比矩阵的下列对角线元素：

$$\begin{cases} H_{kk} = \dfrac{\partial P_k}{\partial \theta_k} = -Q_k - V_k^2 B_{kk} \\[2mm] J_{kk} = \dfrac{\partial Q_k}{\partial \theta_k} = P_k - V_k^2 G_{kk} \\[2mm] N_{kk} = \dfrac{\partial P_k}{\partial V_k}V_k = P_k + V_k^2 G_{kk} \\[2mm] L_{kk} = \dfrac{\partial Q_k}{\partial V_k}V_k = Q_k - V_k^2 B_{kk} \end{cases} \tag{10-64}$$

到目前为止，已经计算了（一般性方程）雅可比矩阵的对角线元素。要计算雅可比矩阵的非对角线元素，首先计算以下各式

$$I_j = a_j + \mathrm{j}b_j = Y_{kj}V_j \tag{10-65}$$

$$\begin{cases} Y_{kj}V_j = (G_{kj} + \mathrm{j}B_{kj})(e_j + \mathrm{j}f_j) \\ Y_{kj}V_j = (G_{kj}e_j - B_{kj}f_j) + \mathrm{j}(B_{kj}e_j + G_{kj}f_j) \\ Y_{kj}V_j = a_j + \mathrm{j}b_j \end{cases} \tag{10-66}$$

式中，$a_j = G_{kj}e_j - B_{kj}f_j$，$b_j = B_{kj}e_j + G_{kj}f_j$。

对于 $j \neq k$，雅可比矩阵的非对角线元素如下：

$$\begin{cases} H_{kj} = \dfrac{\partial P_k}{\partial \theta_j} = a_j f_k - b_j e_k \\[2mm] J_{kj} = \dfrac{\partial Q_k}{\partial \theta_j} = -a_j e_k - b_j f_k \\[2mm] N_{kj} = \dfrac{\partial P_k}{\partial V_j}V_j = a_j e_k + b_j f_k \\[2mm] L_{kj} = \dfrac{\partial Q_k}{\partial V_j}V_j = a_j f_k - b_j e_k \end{cases} \tag{10-67}$$

$$\begin{bmatrix} \Delta P \\ \Delta Q \end{bmatrix} = \begin{bmatrix} H & N \\ J & L \end{bmatrix} \cdot \begin{bmatrix} \Delta \theta \\ \dfrac{\Delta V}{V} \end{bmatrix} \tag{10-68}$$

潮流程序软件包含以下步骤：

（1）按母线类型创建内部母线编号系统，重新为系统母线编号。

（2）浮游母线排为母线 1，然后是所有 $P\text{-}V$ 类型的母线。

（3）使用稀疏编程法降低存储需求。

（4）将雅可比矩阵分解为上、下两个三角形矩阵。

（5）按如下归纳的方法计算对角线元素和非对角线元素。

对于 $j = k$，雅可比矩阵的对角线元素为

$$\begin{cases} H_{kk} = -Q_k - B_{kk}V_k^2 \\ L_{kk} = Q_k - B_{kk}V_k^2 \\ N_{kk} = P_k + G_{kk}V_k^2 \\ J_{kk} = P_k - G_{kk}V_k^2 \end{cases} \quad j = k \tag{10-69}$$

对于 $j \neq k$，非对角线元素为

$$\begin{cases} H_{kj} = L_{kj} = a_j f_k - b_j e_k \\ N_{kj} = -J_{kj} = a_j e_k + b_j f_k \end{cases} \quad j \neq k \tag{10-70}$$

（6）对于每条母线 k，计算 $P_{k(\text{计算值})}$ 和 $Q_{k(\text{计算值})}$。

$$P_{k(\text{计算值})} = \sum_{j=1}^{n} \left[e_k(e_j G_{kj} - f_j B_{kj}) + f_k(e_j B_{kj} + f_j G_{kj}) \right] \tag{10-71}$$

$$Q_{k(\text{计算值})} = \sum_{j=1}^{n} \left[f_k(e_k G_{kj} - f_j B_{kj}) - e_k(e_j B_{kj} + f_j G_{kj}) \right] \tag{10-72}$$

（7）计算有功功率和无功功率的偏差：

$$\Delta P_k^{(i)} = P_{k,(\text{预计值})}^{(i)} - P_{k,(\text{计算值})}^{(i)} < c_P \tag{10-73}$$

$$\Delta Q_k^{(i)} = Q_{k,(\text{预计值})}^{(i)} - Q_{k,(\text{计算值})}^{(i)} < c_Q \tag{10-74}$$

最后计算求解时，每次迭代逼近都要对雅可比矩阵进行评估。

$$V = V^{(i)}, \quad \theta = \theta^{(i)}$$

$$\Delta V^{(k)} = V^{(k+1)} - V^{(k)}$$

$$\Delta \theta^{(k)} = \theta^{(k+1)} - \theta^{(k)}$$

根据 $P_{k,(\text{预计值})}$、$Q_{k,(\text{预计值})}$ 以及母线潮流计算值 $P_{k,(\text{计算值})}$ 和 $Q_{k,(\text{计算值})}$，计算每条母线的功率偏差。计算有功功率和无功功率的依据是网络的电压分布和 Y_{Bus} 模型，使用已算得母线电压的 $V^{(i)}$ 和 $\theta^{(i)}$。

对于 $P\text{-}V$ 母线，设 $\Delta V_k = 0$。注意，对于 $P\text{-}V$ 母线，需要计算发出的无功功率，并核对是否超越了 Q 限值。如果超越了限值，就需要将母线类型从 $P\text{-}V$ 改为 $P\text{-}Q$，以保持发出的无功功率在规定限值内。

10.16 解耦牛顿-拉夫逊法

很多系统的数值研究清楚表明，电压幅值的变化对潮流影响很小，此外电压相位变化对无功潮流的影响也很小。这些结论可能并不适用于电缆线路和短线路，然而对于大功率潮流这些结论通常是正确的。使用上述假定可以大大降低大型电网负

荷潮流分析需要的计算机内存量。

重复一下上述假定是

（1）偏导数$\dfrac{\partial P}{\partial V}$假定为零。

（2）偏导数$\dfrac{\partial Q}{\partial \theta}$假定为零。

利用上述假定可以把负荷潮流问题的 $\Delta P - \Delta \theta$ 方程和 $\Delta Q - \Delta V$ 方程解耦。

$$\begin{bmatrix} \Delta P \\ \Delta Q \end{bmatrix} = \begin{bmatrix} \dfrac{\partial P}{\partial \theta} & 0 \\ 0 & \dfrac{\partial Q}{\partial V}V \end{bmatrix} \begin{bmatrix} \Delta \theta \\ \dfrac{\Delta V}{V} \end{bmatrix} \tag{10-75}$$

因此，式（10-75）可以分解成两个独立方程。

$$\left[\Delta P \right] = \left[\dfrac{\partial P}{\partial \theta} \right] \left[\Delta \theta \right] \tag{10-76}$$

$$\left[\Delta Q \right] = \left[\dfrac{\partial Q}{\partial V}V \right] \left[\dfrac{\Delta V}{V} \right]$$

因此，式（10-75）可改写为

$$\begin{bmatrix} \Delta P \\ \Delta Q \end{bmatrix} = \begin{bmatrix} H & 0 \\ 0 & L \end{bmatrix} \begin{bmatrix} \Delta \theta \\ \dfrac{\Delta V}{V} \end{bmatrix} \tag{10-77}$$

式中，$H = \left[\dfrac{\partial P}{\partial \theta} \right], L = \left[\dfrac{\partial Q}{\partial V}V \right]$。

式（10-77）代表解耦的牛顿-拉夫逊法。

10.17　潮流快速解耦法

潮流快速解耦（Fast Decoupled Load Flow，FDLF）算法是牛顿-拉夫逊法的修改版。FDLF 法[9]利用了有功功率与无功功率之间的弱耦合，使用两个不变矩阵来近似和解耦雅可比矩阵[8]。把 H 矩阵改写为

$$\Delta P = H \Delta \theta$$

$$H = \frac{\partial P}{\partial \theta} = V B' V$$

$$\Delta P = V B' V \Delta \theta$$

把公式两边除以 V，得

$$\frac{\Delta P}{V} = B' V \Delta \theta$$

为获得系数恒定的线性近似表达式，令上式中的 V 为 1，则

$$\left[\frac{\Delta P}{V} \right] = \left[B' \right] \cdot \left[\Delta \theta \right] \tag{10-78}$$

同样，在解耦牛顿-拉夫逊法中，L 矩阵可写为

$$\Delta Q = L \frac{\Delta V}{V}$$

$$L = \frac{\partial Q}{\partial V} V = [V][B'][V]$$

把上式两边都除以 V，并令第二个 V 为 1，则

$$\left[\frac{\Delta Q}{V}\right] = [B''] \cdot [\Delta V] \tag{10-79}$$

式（10-78）和式（10-79）代表了 FDLF 算法。矩阵 B'' 是 Y 矩阵的虚部，B' 与 B'' 相同，但忽略了线路电阻和并联元素。FDLF 法降低了内存需求，而且对多数问题都能收敛于可接受的解。但它的迭代次数增加了。当电网含短电缆或移相变压器时，FDLF 可能不收敛。然而，应该注意到，即使在 FDLF 是用雅克比矩阵的近似表达式建立的时候，潮流问题的收敛仍然要根据有功和无功潮流的初始偏离来校核。因此，如果 FDLF 收敛，则它的解与完全牛顿-拉夫逊法一样精确。

10.18 潮流问题分析

考虑解耦牛顿-拉夫逊法的情况，分析图 10-20 的注入模型。

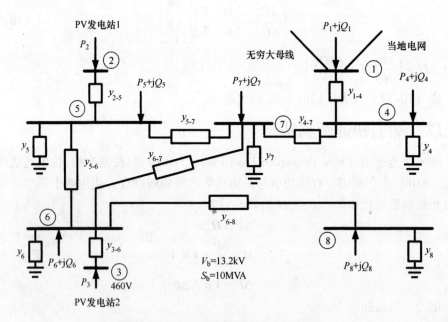

图 10-20 一个微电网的单线注入模型

使用表 10-4 和 10-5 的数据显示未知变量与已知变量之间的线性关系。母线 1 ~ 3 的电压规定为固定值；因此，这些母线的电压变化为零，它们不列为表 7-5 中的未知变量。

表 10-4 注入有功功率为母线相位角的函数

已知量	未知量
P_2	θ_2
P_3	θ_3
P_4	θ_4
P_5	θ_5
P_6	θ_6
P_7	θ_7
P_8	θ_8

表 10-5 注入无功功率为母线电压的函数

已知量	未知量
Q_4	V_4
Q_5	V_5
Q_6	V_6
Q_7	V_7
Q_8	V_8

对于母线 1 的相位角，也具有同样关系。

$$
\begin{cases}
\Delta P_2 = \dfrac{\partial P_2}{\partial \theta_2}\Delta\theta_2 + \dfrac{\partial P_2}{\partial \theta_5}\Delta\theta_5 \\[2mm]
\Delta P_3 = \dfrac{\partial P_3}{\partial \theta_3}\Delta\theta_3 + \dfrac{\partial P_3}{\partial \theta_6}\Delta\theta_6 \\[2mm]
\Delta P_4 = \dfrac{\partial P_4}{\partial \theta_4}\Delta\theta_4 + \dfrac{\partial P_4}{\partial \theta_7}\Delta\theta_7 \\[2mm]
\Delta P_5 = \dfrac{\partial P_5}{\partial \theta_2}\Delta\theta_2 + \dfrac{\partial P_5}{\partial \theta_5}\Delta\theta_5 + \dfrac{\partial P_5}{\partial \theta_6}\Delta\theta_6 + \dfrac{\partial P_5}{\partial \theta_7}\Delta\theta_7 \\[2mm]
\Delta P_6 = \dfrac{\partial P_6}{\partial \theta_3}\Delta\theta_3 + \dfrac{\partial P_6}{\partial \theta_5}\Delta\theta_5 + \dfrac{\partial P_6}{\partial \theta_6}\Delta\theta_6 + \dfrac{\partial P_6}{\partial \theta_7}\Delta\theta_7 + \dfrac{\partial P_6}{\partial \theta_8}\Delta\theta_8 \\[2mm]
\Delta P_7 = \dfrac{\partial P_7}{\partial \theta_4}\Delta\theta_4 + \dfrac{\partial P_7}{\partial \theta_5}\Delta\theta_5 + \dfrac{\partial P_7}{\partial \theta_6}\Delta\theta_6 + \dfrac{\partial P_7}{\partial \theta_7}\Delta\theta_7 \\[2mm]
\Delta P_8 = \dfrac{\partial P_8}{\partial \theta_6}\Delta\theta_6 + \dfrac{\partial P_8}{\partial \theta_8}\Delta\theta_8
\end{cases}
\tag{10-80}
$$

如果仔细评估式（10-80）给出的方程组，可以看出，每条母线的注入功率都只是被考虑母线和网络中与它相连母线的函数。例如，母线 4 与母线 1 和母线 7 相连。母线 4 的注入功率会改变母线 1 与母线 7 之间的潮流。然而，母线 1 的相位变化为零，因为母线 1 是浮游母线。已经知道，浮游母线的注入是在各母线电压都已算完且潮流问题收敛后才会计算，而且对于网络中连接母线的所有线路情况也是如此。例如，母线 7 与母线 4、母线 5 和母线 6 连接，相应各项在母线 7 的注入模型中给出。如前所述，每个有功功率的偏差都是根据注入功率算得的，而有功功率则根据系统的 Y_{Bus} 和母线电压算得。

$$
\begin{bmatrix} \Delta P_2 \\ \Delta P_3 \\ \Delta P_4 \\ \Delta P_5 \\ \Delta P_6 \\ \Delta P_7 \\ \Delta P_8 \end{bmatrix} = \begin{bmatrix} \frac{\partial P_2}{\partial \theta_2} & 0 & 0 & \frac{\partial P_2}{\partial \theta_5} & 0 & 0 & 0 \\ 0 & \frac{\partial P_3}{\partial \theta_3} & 0 & 0 & \frac{\partial P_3}{\partial \theta_6} & 0 & 0 \\ 0 & 0 & \frac{\partial P_4}{\partial \theta_4} & 0 & 0 & \frac{\partial P_4}{\partial \theta_7} & 0 \\ \frac{\partial P_5}{\partial \theta_2} & 0 & 0 & \frac{\partial P_5}{\partial \theta_5} & \frac{\partial P_5}{\partial \theta_6} & \frac{\partial P_5}{\partial \theta_7} & 0 \\ 0 & \frac{\partial P_6}{\partial \theta_3} & 0 & \frac{\partial P_6}{\partial \theta_5} & \frac{\partial P_6}{\partial \theta_6} & \frac{\partial P_6}{\partial \theta_7} & \frac{\partial P_6}{\partial \theta_8} \\ 0 & 0 & \frac{\partial P_7}{\partial \theta_4} & \frac{\partial P_7}{\partial \theta_5} & \frac{\partial P_7}{\partial \theta_6} & \frac{\partial P_7}{\partial \theta_7} & 0 \\ 0 & 0 & 0 & 0 & \frac{\partial P_8}{\partial \theta_6} & 0 & \frac{\partial P_8}{\partial \theta_8} \end{bmatrix} \cdot \begin{bmatrix} \Delta \theta_2 \\ \Delta \theta_3 \\ \Delta \theta_4 \\ \Delta \theta_5 \\ \Delta \theta_6 \\ \Delta \theta_7 \\ \Delta \theta_8 \end{bmatrix} \tag{10-81}
$$

（上方列标号为 $P_2 \quad P_3 \quad P_4 \quad P_5 \quad P_6 \quad P_7 \quad P_8$）

式 (10-81) 是式 (10-80) 的矩阵形式。如前所述，雅可比矩阵的元素是通过对一般潮流公式进行偏微分算得的。每次迭代都使用上一次迭代算得的电压来计算式 (10-82) 中的 **H** 矩阵。

$$
\begin{bmatrix} \Delta P_2 \\ \Delta P_3 \\ \Delta P_4 \\ \Delta P_5 \\ \Delta P_6 \\ \Delta P_7 \\ \Delta P_8 \end{bmatrix} = \begin{bmatrix} H_{22} & 0 & 0 & H_{25} & 0 & 0 & 0 \\ 0 & H_{33} & 0 & 0 & H_{36} & 0 & 0 \\ 0 & 0 & H_{44} & 0 & 0 & H_{47} & 0 \\ H_{52} & 0 & 0 & H_{55} & H_{56} & H_{57} & 0 \\ 0 & H_{63} & 0 & H_{65} & H_{66} & H_{67} & H_{68} \\ 0 & 0 & H_{74} & H_{75} & H_{76} & H_{77} & 0 \\ 0 & 0 & 0 & 0 & H_{86} & 0 & H_{88} \end{bmatrix} \cdot \begin{bmatrix} \Delta \theta_2 \\ \Delta \theta_3 \\ \Delta \theta_4 \\ \Delta \theta_5 \\ \Delta \theta_6 \\ \Delta \theta_7 \\ \Delta \theta_8 \end{bmatrix} \tag{10-82}
$$

（上方列标号为 $P_2 \quad P_3 \quad P_4 \quad P_5 \quad P_6 \quad P_7 \quad P_8$）

$$\Delta P = H \Delta \theta \tag{10-83}$$

线性化的 ΔQ-ΔV 方程是根据表 10-5 和图 10-20 写出的。而且母线电压是来自其他母线的无功功率的函数。例如，母线 4 电压是母线 4 和母线 7 的无功功率的函数，只是因为母线电压是固定的。

$$
\begin{array}{c}
\begin{array}{ccccc} Q_4 & Q_5 & Q_6 & Q_7 & Q_8 \end{array} \\
\begin{bmatrix} \Delta Q_4 \\ \Delta Q_5 \\ \Delta Q_6 \\ \Delta Q_7 \\ \Delta Q_8 \end{bmatrix} =
\begin{bmatrix}
\dfrac{\partial Q_4}{\partial V_4}V_4 & 0 & 0 & \dfrac{\partial Q_4}{\partial V_7}V_7 & 0 \\[2mm]
0 & \dfrac{\partial Q_5}{\partial V_5}V_5 & \dfrac{\partial Q_5}{\partial V_6}V_6 & \dfrac{\partial Q_5}{\partial V_7}V_7 & 0 \\[2mm]
0 & \dfrac{\partial Q_6}{\partial V_5}V_5 & \dfrac{\partial Q_6}{\partial V_6}V_6 & \dfrac{\partial Q_6}{\partial V_7}V_7 & \dfrac{\partial Q_6}{\partial V_8}V_8 \\[2mm]
\dfrac{\partial Q_7}{\partial V_4}V_4 & \dfrac{\partial Q_7}{\partial V_5}V_5 & \dfrac{\partial Q_7}{\partial V_6}V_6 & \dfrac{\partial Q_7}{\partial V_7}V_7 & 0 \\[2mm]
0 & 0 & \dfrac{\partial Q_8}{\partial V_6}V_6 & 0 & \dfrac{\partial Q_8}{\partial V_8}V_8
\end{bmatrix}
\cdot
\begin{bmatrix} \dfrac{\Delta V_4}{V_4} \\[2mm] \dfrac{\Delta V_5}{V_5} \\[2mm] \dfrac{\Delta V_6}{V_6} \\[2mm] \dfrac{\Delta V_7}{V_7} \\[2mm] \dfrac{\Delta V_8}{V_8} \end{bmatrix}
\end{array}
\tag{10-84}
$$

$$
\begin{array}{c}
\begin{array}{ccccc} Q_4 & Q_5 & Q_6 & Q_7 & Q_8 \end{array} \\
\begin{bmatrix} \Delta Q_4 \\ \Delta Q_5 \\ \Delta Q_6 \\ \Delta Q_7 \\ \Delta Q_8 \end{bmatrix} =
\begin{bmatrix}
L_{44} & 0 & 0 & L_{47} & 0 \\
0 & L_{55} & L_{56} & L_{57} & 0 \\
0 & L_{65} & L_{66} & L_{67} & L_{68} \\
L_{74} & L_{75} & L_{76} & L_{77} & 0 \\
0 & 0 & L_{86} & 0 & L_{88}
\end{bmatrix}
\cdot
\begin{bmatrix} \dfrac{\Delta V_4}{V_4} \\[2mm] \dfrac{\Delta V_5}{V_5} \\[2mm] \dfrac{\Delta V_6}{V_6} \\[2mm] \dfrac{\Delta V_7}{V_7} \\[2mm] \dfrac{\Delta V_8}{V_8} \end{bmatrix}
\end{array}
\tag{10-85}
$$

$$
\Delta \mathbf{Q} = \mathbf{L} \frac{\Delta \mathbf{V}}{\mathbf{V}}
$$

例 10.7 考虑图 10-21 给出的微电网。

假定相关数据如下:

(1) 与 PV 发电站连接的变压器的额定电压和连接方式为: 7 低压侧 460V, 丫联结, 中性点接地; 高压侧 13.2kV, Δ 联结, 短路电抗 10%, 容量 10MVA。与电网连接的变压器为 13.2kV/63kV, 10MVA, 短路电抗 10%。

(2) 母线 4 负荷假定为 1.5MW, 功率因数 0.9 滞后; 母线 5 负荷假定为 2.5MW, 功率因数 0.9 滞后; 母线 6 负荷假定为 1.0MW, 功率因数 0.95 滞后; 母线 7 负荷假定为 2MW, 功率因数 0.95 超前; 母线 8 负荷假定为 1.0MW, 功率因数 0.9 滞后。

(3) 输电线电阻 0.0685Ω/mile (0.0426Ω/km), 电抗 0.40Ω/mile (0.249Ω/km), 线路一半的充电导纳(Y'/2)为 11 × 10⁻⁶ Ω⁻¹/mile (6.84 × 10⁻⁶ Ω⁻¹/km)。4-7 线路长度为 5mile (8.05km); 5-6 长度为 3mile (4.83km); 5-7 长度为 2mile (3.22km); 6-7 长度为 2mile (3.22km); 6-8 长度为 4mile (6.44km)。

(4) PV 发电站 1 的额定容量为 0.75MW, PV 发电站 2 的额定容量为 3MW。假定两站均运行于功率因数 1。

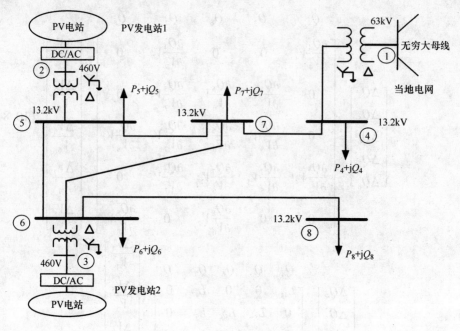

图 10-21　例 10.7 的光伏微电网

进行以下计算：

ⅰ）假定 PV 发电站 1 的功率基值 $S_b = 10MVA$，电压基值为 460V，计算它的标幺值模型。

ⅱ）计算母线 π 模型（见图 10-22）。

ⅲ）分别用牛顿-拉夫逊法和高斯-塞德尔法计算负荷母线电压。

ⅳ）计算微电网的母线电压和潮流。

ⅴ）向本地电网输入或输出的绿色电力是多少？

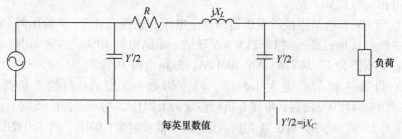

图 10-22　输电线 π 型等效模型

解：

令功率基值为 $S_b = 10MVA$；令 PV 电站侧的电压基值为 460V，输电线路侧的电压基值为 $V_b = 13.2kV$。

则阻抗基值为

$$Z_{\mathrm{b}} = \frac{V_{\mathrm{b}}^2}{S_{\mathrm{b}}} = \frac{(13.2 \times 10^3)^2}{10 \times 10^6}\Omega = 17.424\Omega$$

导纳基值为

$$Y_{\mathrm{b}} = \frac{1}{Z_{\mathrm{b}}} = \frac{1}{17.424}\mathrm{S} \approx 0.057\mathrm{S}$$

PV 系统的电流注入模型如图 10-23 所示。

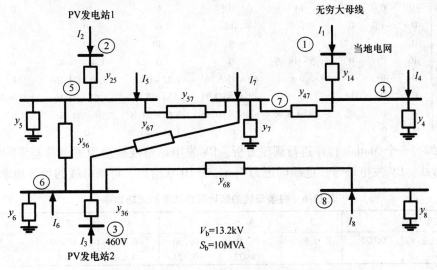

图 10-23 例 10.7 的电流注入模型

根据输电线路数据,原始阻抗和导纳计算如下:

$$\begin{cases} Z_{1\text{-}4\mathrm{pu}} = Z_{2\text{-}5\mathrm{pu}} = Z_{3\text{-}6\mathrm{pu}} = \mathrm{j}0.1\mathrm{pu} \\[2mm] y_{14,\mathrm{pu}} = y_{25,\mathrm{pu}} = y_{36,\mathrm{pu}} = \dfrac{1}{\mathrm{j}0.1} = -\mathrm{j}10\mathrm{pu} \\[2mm] Z_{4\text{-}7} = 5(0.0685 + \mathrm{j}0.4)/Z_{\mathrm{b}} = (0.020 + \mathrm{j}0.115)\mathrm{pu} \\[2mm] y_{47,\mathrm{pu}} = \dfrac{1}{0.020 + \mathrm{j}0.115}\mathrm{pu} = (1.45 - \mathrm{j}8.46)\mathrm{pu} \\[2mm] Z_{5\text{-}6} = 3(0.0685 + \mathrm{j}0.4)/Z_{\mathrm{b}} = (0.012 + \mathrm{j}0.069)\mathrm{pu} \\[2mm] y_{56,\mathrm{pu}} = \dfrac{1}{0.012 + \mathrm{j}0.069}\mathrm{pu} = (2.42 - \mathrm{j}14.11)\mathrm{pu} \\[2mm] Z_{5\text{-}7} = Z_{6\text{-}7} = 2(0.0685 + \mathrm{j}0.4)/Z_{\mathrm{b}} = (0.008 + \mathrm{j}0.046)\mathrm{pu} \\[2mm] y_{57} = y_{67,\mathrm{pu}} = \dfrac{1}{0.008 + \mathrm{j}0.046}\mathrm{pu} = (3.62 - \mathrm{j}21.16)\mathrm{pu} \\[2mm] Z_{6\text{-}8} = 4(0.0685 + \mathrm{j}0.4)/Z_{\mathrm{b}} = (0.016 + \mathrm{j}0.092)\mathrm{pu} \\[2mm] y_{68} = \dfrac{1}{0.016 + \mathrm{j}0.092}\mathrm{pu} = (1.18 - 10.57\mathrm{j})\mathrm{pu} \end{cases} \tag{10-86}$$

线路充电导纳等于图 10-22 中的 $Y'/2$。线路充电导纳的标幺值为

$$y'_{47} = 5 \times \frac{j11 \times 10^{-6}}{Y_b} = j9.58 \times 10^{-4} \text{pu}, \quad y'_{56,\text{pu}} = 3 \times \frac{j11 \times 10^{-6}}{Y_b} = j5.75 \times 10^{-4} \text{pu},$$

$$y'_{57} = y'_{67} = 2 \times \frac{j11 \times 10^{-6}}{Y_b} = j3.83 \times 10^{-4} \text{pu}, \quad y'_{68} = 4 \times \frac{j11 \times 10^{-6}}{Y_b} = j7.67 \times 10^{-4} \text{pu}$$

用式（10-18）计算导纳标幺值矩阵 Y_{Bus}，

$$Y_{\text{Bus}} = \begin{bmatrix} -j10 & 0 & 0 & j10 & 0 & 0 & 0 & 0 \\ 0 & -j10 & 0 & 0 & j10 & 0 & 0 & 0 \\ 0 & 0 & -j10 & 0 & 0 & j10 & 0 & 0 \\ j10 & 0 & 0 & 1.45-j18.46 & 0 & 0 & -1.45+j8.46 & 0 \\ 0 & j10 & 0 & 0 & 6.04-j45.26 & -2.42+j14.11 & -3.62+j21.16 & 0 \\ 0 & j10 & 0 & -2.42+j14.11 & 7.85-j55.84 & -3.62+j21.16 & -1.81+j10.58 \\ 0 & & -1.45+j8.46 & -3.62+j21.16 & -3.62+j21.16 & 8.69-j50.78 & \\ 0 & 0 & 0 & 0 & -1.81+j10.58 & & 1.81-j10.58 \end{bmatrix}$$

编写一个 Matlab 程序进行潮流分析。PV 发电站母线被视为解负荷潮流问题的 PV 母线。PV 发电站母线电压固定为 1pu。表 10-6 给出了每条母线的预计功率。

表 10-6　每条母线的预计有功功率和无功功率

母线编号	2	3	4	5	6	7	8
$P_{\text{预计值}}$	0.075	0.3	−0.150	−0.250	−0.100	−0.200	−0.100
$Q_{\text{预计值}}$	—	—	−0.073	−0.121	−0.033	0.066	−0.048

对这一潮流问题，允许误差选为 1×10^{-5}。分别用牛顿-拉夫逊法和高斯-塞德尔法解本潮流问题。表 10-7 给出的是用牛顿-拉夫逊法计算的结果。它经过三次迭代收敛。而高斯-塞德尔法经过 392 次迭代才收敛（见表 10-8）。表 10.7a 是例 10.7 的潮流结果，而表 10.7b 是通过输电线的潮流。

表 10-7　牛顿-拉夫逊计算结果

a）每条母线的电压和功率

$$S_b = 10\text{MVA}, \quad V_b = 13.2\text{kV}$$

母线编号	电压 (pu)	相位/ (°)	发电量		负荷		ΔP	ΔQ
			MW (pu)	Mvar (pu)	MW (pu)	Mvar (pu)		
1	1.000	0.0	0.427	0.065	0	0	0	0
2	1.000	−4.1	0.075	0.094	0	0	0.005×10^{-10}	0
3	1.000	−2.5	0.300	0.085	0	0	0.021×10^{-10}	0
4	0.994	−2.5	0	0	0.150	0.073	0.189×10^{-10}	0.424×10^{-10}
5	0.991	−4.6	0	0	0.250	0.121	0.127×10^{-10}	0.002×10^{-10}
6	0.992	−4.3	0	0	0.100	0.033	0.079×10^{-10}	0.071×10^{-10}
7	0.992	−4.3	0	0	0.200	−0.066	0.233×10^{-10}	0.110×10^{-10}
8	0.986	−4.8	0	0	0.100	0.048	0.074×10^{-10}	0.009×10^{-10}

b）通过输电线路和变压器的潮流

$$P_{\text{loss}}(\text{pu}) = 0.002, Q_{\text{loss}}(\text{pu}) = 0.035$$

送出母线	到达母线	有功功率（pu）	无功功率（pu）
1	4	0.427	0.065
2	5	0.075	0.094
3	6	0.300	0.085
4	7	0.277	-0.025
5	6	-0.079	-0.006
5	7	-0.097	-0.021
6	7	0.021	-0.012
6	8	0.100	0.049

表 10-8　高斯-塞德尔法计算结果

a）每条母线的电压和功率

$$S_{\text{b}} = 10\text{MVA}, \quad V_{\text{b}} = 13.2\text{kV}$$

母线编号	电压（pu）	相位/（°）	发电量		负荷		ΔP	ΔQ
			MW（pu）	Mvar（pu）	MW（pu）	Mvar（pu）		
1	1.000	0.0	0.427	0.065	0	0	0	0
2	1.000	-4.1	0.075	0.094	0	0	0.179×10^{-5}	0
3	1.000	-2.5	0.300	0.085	0	0	0.181×10^{-5}	0
4	0.994	-2.5	0	0	0.150	0.073	0.141×10^{-5}	0.018×10^{-5}
5	0.991	-4.6	0	0	0.250	0.121	0.783×10^{-5}	0.100×10^{-5}
6	0.992	-4.3	0	0	0.100	0.033	0.979×10^{-5}	0.132×10^{-5}
7	0.992	-4.3	0	0	0.200	-0.066	0.822×10^{-5}	0.137×10^{-5}
8	0.986	-4.8	0	0	0.100	0.048	0.188×10^{-5}	0.031×10^{-5}

b）通过输电线路和变压器的潮流

$$P_{\text{loss}}(\text{pu}) = 0.002, Q_{\text{loss}}(\text{pu}) = 0.035$$

送出母线	到达母线	有功功率（pu）	无功功率（pu）
1	4	0.427	0.065
2	5	0.075	0.094
3	6	0.300	0.085
4	7	0.277	-0.025
5	6	-0.079	-0.006
5	7	-0.097	-0.021
6	7	0.021	-0.012
6	8	0.100	0.049

为保持PV母线2和PV母线3电压为1pu，母线2需要的无功功率为0.094pu，母线3需要的无功功率为0.085pu。来自本地电网的有功潮流为0.427pu，来自本地电网的无功潮流为0.065pu。

从表10-7和表10-8可以看出，为维持母线2和母线3的电压为1pu，与这两条母线连接的PV电站需要的无功功率分别为0.094pu和0.085pu。如果PV系统有就地储能系统，逆变器控制可以被设置为提供这些无功功率。也可以在PV电站的交流侧安装需要的无功支持设备来提供这些无功。母线2预计需要无功支持设备0.094pu，而母线3需要0.085pu。把预计支持无功注入PV电站母线包括在内，再计算潮流问题，得到的结果见表10-9。程序在3次迭代后收敛。

表10-9　PV发电站无线含无功补偿时，母线参数及潮流计算结果

a）每条母线的电压和功率

$S_b = 10\text{MVA}$，$V_b = 13.2\text{kV}$

母线编号	电压（pu）	相位/（°）	发电量		负荷		ΔP	ΔQ
			MW（pu）	Mvar（pu）	MW（pu）	Mvar（pu）		
1	1.000	0.0	0.427	0.065	0	0	0	0
2	1.000	−4.1	0.075	0.094	0	0	0.049×10^{-8}	0.003×10^{-8}
3	1.000	−2.5	0.300	0.085	0	0	0.196×10^{-8}	0.081×10^{-8}
4	0.994	−2.5	0	0	0.150	0.073	0.064×10^{-8}	0.086×10^{-8}
5	0.991	−4.6	0	0	0.250	0.121	0.230×10^{-8}	0.016×10^{-8}
6	0.992	−4.3	0	0	0.100	0.033	0.131×10^{-8}	0.148×10^{-8}
7	0.992	−4.3	0	0	0.200	−0.066	0.131×10^{-8}	0.042×10^{-8}
8	0.986	−4.8	0	0	0.100	0.048	0.146×10^{-8}	0.007×10^{-8}

b）通过输电线路和变压器的潮流

$P_{\text{loss}}(\text{pu}) = 0.002$，$Q_{\text{loss}}(\text{pu}) = 0.035$

送出母线	到达母线	有功功率（pu）	无功功率（pu）
1	4	0.427	0.065
2	5	0.075	0.094
3	6	0.300	0.085
4	7	0.277	−0.025
5	6	−0.079	−0.006
5	7	−0.097	−0.021
6	7	0.021	−0.012
6	8	0.100	0.049

无功功率注入 PV 发电站母线，使这些母线的电压维持为 1pu。从表 10-9 可以看出，母线 1 提供的有功功率为 + 0.427pu。这意味着，功率是从本地电网输入（购进）的。

功率基值为 10MVA（$S_b = 10\text{MVA}$）；因此，从本地电网输入的功率为 $P_1 = 0.427 \times S_b = 4.27\text{MW}$。与母线 2 连接的 PV 发电站 1 发出的功率为 $P_2 = 0.075 \times S_b = 0.75\text{MW}$。

与母线 3 连接的 PV 发电站 2 发出的功率为 $P_3 = 0.300 \times S_b = 3.00\text{MW}$。

例 10.8　对例 10.7 的微电网电路，进行以下计算：

ⅰ）计算 FDLF 的 $\boldsymbol{B}''$ 矩阵和 $\boldsymbol{B}'$ 矩阵。

ⅱ）用 FDLF 法计算负荷母线电压和偏差。

解：

ⅰ）由例 10.7，母线 1 是浮游母线，母线 2 和母线 3 是 PV 母线。因此，8 条母线中有 5 条 PQ 母线。$\boldsymbol{B}''$ 矩阵是 5×5 阶的，等于 $\boldsymbol{Y}_{\text{Bus}}$ 矩阵最后 5 行和 5 列的虚部：

$$\boldsymbol{B}'' = \begin{bmatrix} -18.46 & 0 & 0 & 8.46 & 0 \\ 0 & -45.26 & 14.11 & 21.16 & 0 \\ 0 & 14.11 & -55.84 & 21.16 & 10.58 \\ 8.46 & 21.16 & 21.16 & -50.78 & 0 \\ 0 & 0 & 10.58 & 0 & -10.18 \end{bmatrix}$$

计算 $\boldsymbol{B}'$ 时忽略电阻和并联元件，$\boldsymbol{B}'$ 是一个 7×7 矩阵。它的对角线元素为

$$B'_{22} = -\text{j}10,$$

$$B'_{33\text{pu}} = -\text{j}10,$$

$$B'_{44\text{pu}} = -\text{j}10 - \text{j}8.71 = -\text{j}18.71,$$

$$B'_{55} = -\text{j}10 - \text{j}14.52 - \text{j}21.78 = -\text{j}46.30,$$

$$B'_{66} = -\text{j}10 - \text{j}14.52 - \text{j}21.78 - \text{j}10.89 = -\text{j}57.19,$$

$$B'_{77} = -\text{j}8.71 - \text{j}21.78 - \text{j}21.78 = -\text{j}52.27,$$

$$B'_{88} = -\text{j}10.89$$

它的非对角线元素为

$$B'_{kj} = \frac{1}{x_{kj,pu}}$$

式中，$x_{kj,pu}$ 是母线 k 与 j 之间串联电抗的标幺值。

矩阵是对称的。它的上部三角形元素为

$$B'_{25} = B'_{36} = \frac{1}{x_{25,pu}} = \frac{1}{x_{36,pu}} = -\frac{1}{\text{j}0.1} = \text{j}10,$$

$$B'_{57} = \frac{1}{x_{57,pu}} = -\frac{1}{j0.0459} = j21.78,$$

$$B'_{47} = \frac{1}{x_{47,pu}} = -\frac{1}{j0.1148} = j8.71,$$

$$B'_{56} = \frac{1}{x_{56,pu}} = -\frac{1}{j0.0689} = j14.52,$$

$$B'_{68} = \frac{1}{x_{68,pu}} = -\frac{1}{j0.0918} = j10.89,$$

$$B'_{67} = \frac{1}{x_{67,pu}} = -\frac{1}{j0.0459} = j21.78,$$

矩阵元素为上述值的虚部。

$$\boldsymbol{B'} = \begin{array}{c} \\ \end{array} \begin{bmatrix} \begin{array}{ccccccc} 2 & 3 & 4 & 5 & 6 & 7 & 8 \\ -10 & 0 & 0 & 10 & 0 & 0 & 0 \\ 0 & -10 & 0 & 0 & 10 & 0 & 0 \\ 0 & 0 & -18.71 & 0 & 0 & 8.71 & 0 \\ 10 & 0 & 0 & -46.30 & 14.52 & 21.78 & 0 \\ 0 & 10 & 0 & 14.52 & -57.19 & 21.78 & 10.89 \\ 0 & 0 & 8.71 & 21.78 & 21.78 & -52.27 & 0 \\ 0 & 0 & 0 & 0 & 10.89 & 0 & -10.89 \end{array} \end{bmatrix} \begin{array}{c} 2 \\ 3 \\ 4 \\ 5 \\ 6 \\ 7 \\ 8 \end{array}$$

ⅱ）用 FDLF 法解题，允许误差为 1×10^{-5}。经过 6 次迭代解收敛。结果见表 10-10。

表 10-10　FDLF 计算结果

a）每条母线的电压和功率

母线编号	电压（pu）	相位/（°）	发电量		负荷		ΔP	ΔQ
			MW（pu）	Mvar（pu）	MW（pu）	Mvar（pu）		
1	1.000	0.0	0.427	0.065	0	0	0	0
2	1.000	-4.1	0.075	0.094	0	0	0.002×10^{-5}	0
3	1.000	-2.5	0.300	0.085	0	0	0.002×10^{-5}	0
4	0.994	-2.5	0	0	0.150	0.073	0.052×10^{-5}	0.086×10^{-5}
5	0.991	-4.6	0	0	0.250	0.121	0.063×10^{-5}	0.129×10^{-5}
6	0.992	-4.3	0	0	0.100	0.033	0.388×10^{-5}	0.295×10^{-5}
7	0.992	-4.3	0	0	0.200	-0.066	0.301×10^{-5}	0.504×10^{-5}
8	0.986	-4.8	0	0	0.100	0.048	0.190×10^{-5}	0.062×10^{-5}

其中 $S_b = 10\text{MVA}$, $V_b = 13.2\text{kV}$

b）通过输电线路和变压器的潮流

$P_{loss}(\text{pu}) = 0.002, Q_{loss}(\text{pu}) = 0.035$

送出母线	到达母线	有功功率（pu）	无功功率（pu）
1	4	0.427	0.065
2	5	0.075	0.094
3	6	0.300	0.085
4	7	0.277	−0.025
5	6	−0.079	−0.006
5	7	−0.097	−0.021
6	7	0.021	−0.012
6	8	0.100	0.049

　　本章用母线阻抗矩阵和母线导纳矩阵表述电网潮流。在大型互联电网的系统规划期，必须使用母线预测负荷解潮流问题，以保证规划的发电及输电系统处于可接受的母线负荷电压范围内，使系统线路和变压器等设备不致过载。在日常运行期间，对于光伏发电及风力发电的微电网作为孤立系统运行的情况，也必须使用母线预测负荷解潮流问题，以保证微电网能在可接受的母线负荷电压下支持其负荷，使电缆、线路及变压器等设备不致过载。

习　　题

　　10.1　一台 440V，20kVA 的发电机通过阻抗为 $1 + j0.012\Omega$ 的电缆接到一个 440V，15kVA，功率因数 0.9 滞后的电动机负荷。假定负荷电压设置为高于其额定值 5%。进行以下计算：

　　ⅰ）如负荷为 Y 型联结，画出其三相电路。

　　ⅱ）如负荷为 Δ 型联结，画出其三相电路。

　　ⅲ）画出其单线图。

　　ⅳ）计算发电机电压。

　　10.2　一台 440V，20kVA 的三相发电机通过阻抗为 $1 + j0.012\Omega$ 的电缆接到一个 440V，10kVA，功率因数 0.9 滞后的 Δ 型联结电动机负荷。假定负荷电压控制为额定电压，相位为基准相位。进行以下计算：

　　ⅰ）未知变量数是多少？

　　ⅱ）解母线电压需要多少方程？给出表达式。

　　ⅲ）计算负荷母线电压。

　　10.3　图 10-24 的辐射状馈线连接到额定配电电压为 11.3kV 的本地电网。假定功率基值为 10kVA，电压基值为 11.3kV。进行以下计算：

　　ⅰ）计算标幺值模型。

　　ⅱ）说出解母线负荷电压需要多少个方程？

　　ⅲ）使用高斯-塞德尔法计算母线电压。

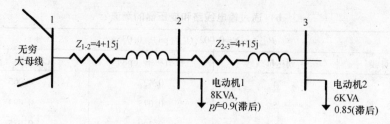

图 10-24　第 10.3 题的辐射状馈线

ⅳ）计算母线 1 的功率。假定功率偏差为 0.00001pu。

ⅴ）计算总的有功功率损失和无功功率损失。

10.4　图 7-24 的辐射状馈线连接到额定配电电压为 11.3kV 的本地电网。假定功率基值为 15kVA，电压基值为 11.3kV。进行以下计算：

ⅰ）计算标幺值模型。

ⅱ）说出解母线负荷电压需要多少个方程？

ⅲ）计算 Y_{Bus} 矩阵。

ⅳ）计算 B' 和 B'' 矩阵。

ⅴ）计算母线电压。假定功率偏差为 0.00001pu。

ⅵ）计算母线 1 的功率。

ⅶ）计算总的有功功率损失和无功功率损失。

10.5　对于图 10-25 的电网，进行以下计算：

ⅰ）计算潮流分析研究用的母线导纳和母线阻抗模型。

ⅱ）在母线 1 和母线 2 之间加一条阻抗相同的平行线路，计算母线阻抗模型。

ⅲ）增加平行线路前和增加后，母线 1 的驱动点阻抗[⊖]都是多少？

ⅳ）去掉对地并联元件，再计算母线导纳和母线阻抗模型。

10.6　考虑图 10-26 画出的电网。

假定相关数据如下：

1）连到 PV 发电站的变压器额定电压及连接方式为低压侧 460V，Y 联结，中性点接地；高压侧 13.2kV，D 联结；短路电抗 10%，容量 8MVA。与电网连接的变压器为 13.2kV/63kV，8MVA，短路电抗 10%。

2）假定母线 5 负荷为 1.5MW，功率因数 0.85 滞后；母线 6 负荷为 1.2MW，功率因数 0.9 滞后；母线 7 负荷为 2.4MW，功率因数 0.9 超前；母线 4 负荷为 1.5MW，功率因数 0.85 滞后；母线 8 负荷为 1.3MW，功率因数 0.95 滞后。

3）假定 PV 发电站 1 的额定容量为 0.95MW；PV 发电站 2 额定容量为 3.5MW。

4）输电线电阻 0.0685Ω/mile（0.0426Ω/km），电抗 0.40Ω/mile（0.249Ω/km），线路一半的充电导纳（$Y'/2$）为 11 × 10^{-6} Ω^{-1}/mi（6.84 × 10^{-6} Ω^{-1}/km）。4-7 线路长度为 4mile（6.44km）；4-8 长度为 2mile（3.22km）；5-6 长度为 4mile（6.44km）；5-7 长度为 1mile（1.609km）；6-8 长度为 5mile（8.045km）。

进行以下计算：

⊖　驱动点阻抗（driving point impedance），即输入阻抗（input impedance）。——译者注

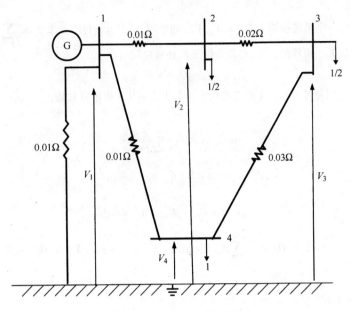

图 10-25　第 10.5 题的电网

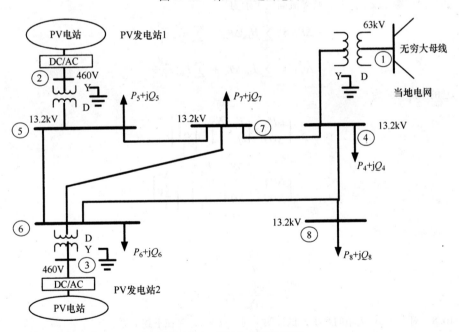

图 10-26　第 10.6 题的系统

ⅰ）求标幺值矩阵 Y_{Bus}。

ⅱ）写出 Matlab 程序，用 FDLF 法计算负荷母线电压。

ⅲ）如果 6-7 停运，计算通过每台变压器的潮流。

ⅳ）如果在母线 5 加装 500kvar 无功，计算母线负荷电压。

373

10.7 考虑一个系统模拟为 $I_{\text{Bus}} = Y_{\text{Bus}} V_{\text{Bus}}$ 的电网。对于每条母线 k，有 $I_k = \sum_{m=1}^{n} Y_{km} V_m$，式中 m 是母线数，Y_{km} 是 Y_{Bus} 矩阵的元素。对每条母线 k，还可以写出

$$P_k + jQ_k = V_k I_k^*$$

式中，P_k 和 Q_k 分别是进入节点 k 的有功功率和无功功率（$*$ 表示复共轭，$j = \sqrt{-1}$）。

令

$$P_k + jQ_k = V_k \sum_{m=1}^{n} Y_{km}^* V_m^*$$

$$V_k = V_k e^{j\theta_k} = e_k + jf_k ; \quad \theta_k = \arctan \frac{f_k}{e_k}$$

$$Y_{km} = Y_{km} e^{j\alpha_{km}} = G_{km} + jB_{km} ; \quad \alpha_{km} = \arctan \frac{B_{km}}{G_{km}}$$

把上述关系代入 $P_k + jQ_k = V_k \sum_{m=1}^{n} Y_{km}^* V_m^*$，式中，$V_k = e_k + jf_k$；$Y_{km}^* = G_{km} - jB_{km}$；$V_m^* = e_m - jf_m$。得

$$P_k + jQ_k = V_k e^{j\theta_k} \sum_{m=1}^{n} Y_{km} e^{-j\alpha_{km}} V_m e^{-j\theta_m}$$

然后使用泰勒级数展开，则潮流问题表示为

$$\Delta P_k = \sum_{m=1}^{n} H_{km} \Delta \theta_m + \sum_{m=1}^{n} N_{km} \frac{\Delta V_m}{V_m}$$

$$\Delta Q_k = \sum_{m=1}^{n} J_{km} \Delta \theta_m + \sum_{m=1}^{n} L_{km} \frac{\Delta V_m}{V_m}$$

它的紧凑形式为

$$\begin{bmatrix} \Delta P \\ \Delta Q \end{bmatrix} = \begin{bmatrix} H & N \\ J & L \end{bmatrix} \cdot \begin{bmatrix} \Delta \theta \\ \dfrac{\Delta V}{V} \end{bmatrix}$$

$$\begin{bmatrix} \Delta P \\ \Delta Q \end{bmatrix} = \begin{bmatrix} \dfrac{\partial P}{\partial \theta} & \dfrac{\partial P}{\partial V} V \\ \dfrac{\partial Q}{\partial \theta} & \dfrac{\partial Q}{\partial V} V \end{bmatrix} \cdot \begin{bmatrix} \Delta \theta \\ \dfrac{\Delta V}{V} \end{bmatrix}$$

试证明，对于 $m = k$，有

$$H_{kk} = \frac{\partial P_k}{\partial \theta_k} = -Q_k - V_k^2 B_{kk}$$

$$J_{kk} = \frac{\partial Q_k}{\partial \theta_k} = P_k - V_k^2 G_{kk}$$

10.8 对于第 10.7 题的系统，试证明，对于 $m = k$，存在下述关系：

$$N_{kk} = \frac{\partial P_k}{\partial V_k} V_k = P_k + V_k^2 G_{kk}$$

$$L_{kk} = \frac{\partial Q_k}{\partial V_k} V_k = Q_k - V_k^2 B_{kk}$$

10.9 考虑第 10.7 题。首先令

$$I_m = a_m + jb_m = Y_{km} V_m$$

且 $Y_{km}V_m = (G_{km}+jB_{km})(e_m+jf_m)$

$$Y_{km}V_m = (G_{km}e_m - B_{km}f_m) + j(B_{km}e_m + G_{km}f_m)$$

然后利用下述关系式：

$$a_m = G_{km}e_m - B_{km}f_m$$
$$b_m = B_{km}e_m + G_{km}f_m$$

导出如下表达式：

$$H_{km} = \frac{\partial P_k}{\partial \theta_m} = a_m f_k - b_m e_k$$

$$J_{km} = \frac{\partial Q_k}{\partial \theta_m} = -a_m e_k - b_m f_k$$

10.10　对于第 10.7 题，试证明，对于 $m \neq k$，雅可比矩阵的非对角线元素为

$$N_{km} = \frac{\partial P_k}{\partial V_m} V_m = a_m e_k + b_m f_k$$

$$L_{km} = \frac{\partial Q_k}{\partial V_m} V_m = a_m f_k - b_m e_k$$

10.11　对于第 10.7 题，试证明，对于雅可比矩阵 $m \neq k$ 的非对角线元素，有如下关系式：

$$\left. \begin{array}{l} H_{km} = L_{km} = a_m f_k - b_m e_k \\ N_{km} = -j_{km} = a_m e_k + b_m f_k \end{array} \right\} \text{雅可比矩阵的非对角线元素}$$

对于雅可比矩阵 $m = k$ 的对角线元素，有如下关系式：

$$\left. \begin{array}{l} H_{kk} = -Q_k - B_{kk}V_k^2 \\ L_{kk} = Q_k - B_{kk}V_k^2 \\ N_{kk} = P_k + G_{kk}V_k^2 \\ J_{kk} = P_k - G_{kk}V_k^2 \end{array} \right\} \text{雅可比矩阵的对角线元素}$$

10.12　对于第 10.7 题，证明每条母线 k 的 $P_{k(\text{计算值})}$ 和 $Q_{k(\text{计算值})}$ 可表示为

$$P_k = \sum_{m=1}^{n} [e_k(e_m G_{km} - f_m B_{km}) + f_k(e_m B_{km} + f_m G_{km})]$$

$$Q_k = \sum_{m=1}^{n} [f_k(e_k G_{km} - f_m B_{km}) - e_k(e_m B_{km} + f_m G_{km})]$$

10.13　假定一个电力系统网络的功率平衡方程可写为

$$S = P + jQ = V^{\mathrm{T}}I^* = V^{\mathrm{T}}YV^*$$

式中，S 是注入复功率矢量，P 是注入有功功率矢量，Q 是注入无功功率矢量，I 是注入电流矢量，V 是母线电压矢量，$Y_{kj} = G_{kj} + jB_{kj}$ 是系统导纳矩阵。

假定在极坐标系中，复数电压可写为

$$V_k = V_k(\cos\theta_k + j\sin\theta_k)$$

试证明，有功功率和无功功率的计算值可表示为

$$P_{k(\text{计算值})} = V_k \sum_{j=1}^{n} V_j(G_{kj}\cos\theta_{kj} + B_{kj}\sin\theta_{ij})$$

$$Q_{k(\text{计算值})} = V_k \sum_{j=1}^{n} V_j(G_{kj}\sin\theta_{kj} - B_{kj}\cos\theta_{ij})$$

式中，$\theta_{kj} = \theta_k - \theta_j$。

在笛卡尔坐标系中，有功功率和无功功率的计算值可表示为

$$P_{k(计算值)} = e_k \sum_{j=1}^{n} (G_{kj}e_j - B_{kj}f_j) + f_k \sum_{j=1}^{n} (G_{kj}f_j + B_{ik}e_j)$$

$$Q_{k(计算值)} = f_k \sum_{j=1}^{n} (G_{kj}e_j - B_{kj}f_j) - e_k \sum_{j=1}^{n} (G_{kj}f_j + B_{kj}e_j)$$

式中，母线电压为 $V_k = e_k + \mathrm{j}f_k$。

10.14 考虑图 10-27 给出的馈电系统。

系统数据为：$V_1 = 1\angle 0°$，$Z_{25} = 5 + \mathrm{j}10\Omega$，$Z_{34} = 2 + \mathrm{j}8\Omega$，$Z_{23} = 5.41 + \mathrm{j}3.34\Omega$；$S_2 = 3\mathrm{MVA}$，$pf = 0.75$ 滞后；$S_3 = 3\mathrm{MVA}$，$pf = 0.8$ 滞后；$S_4 = 4\mathrm{MVA}$，$pf = 0.9$ 滞后；$S_5 = 2\mathrm{MVA}$，$pf = 0.9$ 滞后；T_1，63/20kV，10% 电抗，20MVA；T_2 与 T_1 相同。

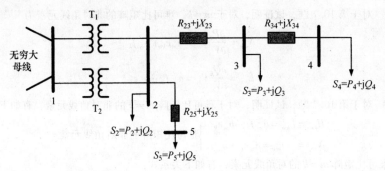

图 10-27 第 10.14 题的馈电系统

进行以下计算：

ⅰ）计算等值标幺值电路模型。令使用的 S_b 等于变压器 T_1 的额定容量。

ⅱ）令 $V_1 = V_1\angle 0°$，$V_K = V_{RK} + \mathrm{j}V_{IK}$，$K = 2, 3, 4, 5$。推导在笛卡尔坐标系中每条母线的 $V_K = f(V_{RK}, V_{IK})$、ΔP_K 和 ΔQ_K 之间关系的表达式，$K = 2, 3, 4, 5$。使用高斯-塞德尔迭代逼近法计算母线电压和系统损耗。使用 5 次迭代，假定起始电压为 $V_K = 1\angle 0°$，$K = 2, 3, 4, 5$。把结果列在一个表中（见表 10-11）。

ⅲ）计算 Y_{Bus}、B' 和 B'' 矩阵，并使用快速解耦潮流法计算母线电压。创建一个表格，把结果与前述 ⅱ）中的结果比较。使用 5 次迭代。

ⅳ）使用 FDLF 潮流法计算每条母线功率因数修正到 1 之后的电压。创建一个表格，把结果与前述 ⅲ）中的结果比较。

10.15 考虑图 10-28 画出的 5 母线系统。

表 10-11 5 母线系统的母线数据

母线编号	母线类型	$V_N(\mathrm{kV})$	$V(\mathrm{pu})$	θ/rad	P_G/MW	P_L/MW	Q_L/Mvar
1	PQ	138	—	—	—	160	80
2	PQ	138	—	—	—	200	100
3	PQ	138	—	—	—	370	130
4	PV	1	1.05	—	500	—	—
5	浮游母线	4	1.05	0.0	—	—	—

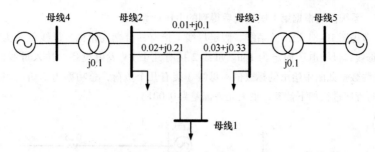

图 10-28　第 10.15 题的系统

进行以下计算：

ⅰ）计算 $Y_{Bus} = Y_r + jY_i$（母线内导纳），即计算 Y_r 和 Y_i 矩阵。

ⅱ）计算雅可比矩阵 $[H, N, J, L]$

ⅲ）计算 ΔP 和 ΔQ。

ⅳ）用牛顿-拉夫逊法解图 10-28 的 5 母线系统的潮流。

10.16　考虑图 10-29 的电网。

1）母线 1 为浮游母线，$V_1 = 1\angle 0°$。

2）母线 2 为 P-V 母线，$|V_2| = 1.05$，$P_{2(预计值)} = 0.9$ pu。

3）母线 2 的 Q_2 假定为 $-1 \leq Q_2 \leq 2$。

用解耦牛顿-拉夫逊法计算母线电压。

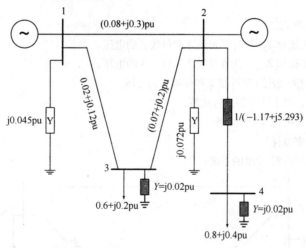

图 10-29　第 10.16 题的系统

10.17　考虑图 10-30 给出的电网。

令母线 1 为浮游母线，$V_1 = 1.05\angle 0°$；母线 2 为 P-V 母线，$P_2 = 0.20$，$|V_2| = 0.96$。

计算：

ⅰ）B'、B'' 和 Y_{Bus} 矩阵

ⅱ）使用 1 次快速解耦潮流法迭代。假定起始电压为：$V_1 = 1.05\angle 0°$，$V_2 = 0.9\angle 2°$，$V_3 = $

$0.9\angle -1.2°$。系统损耗根据第 1 次迭代后得到的电压计算。

10.18 考虑图 10-31 给出的系统。假定母线 1 接有一台燃气轮机，母线负荷为 1pu；该母线定为浮游母线，母线电压固定为 1pu。母线 2 接有几个 PV 发电设备，注入母线的总功率为 1.5pu。输电线数据如图中给出的标幺值。母线 3 接有几个负荷，总功率为 2.0pu。在 Matlab 实验平台上编写程序进行如下计算，最大允许偏差为 0.001。

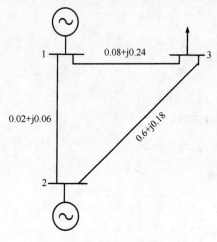

图 10-30   第 10.17 题的电网
（所有单位都是标幺值）

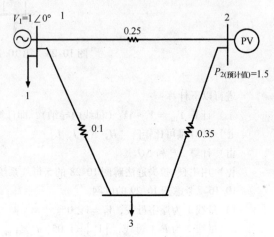

图 10-31   第 10.18 题的单线图
（所有数值都是标幺值）

ⅰ）计算系统的 Y_{Bus}。

ⅱ）用高斯-塞德尔 Y_{Bus} 法计算母线 2 和母线 3 的电压。

ⅲ）用高斯-塞德尔 Z_{Bus} 法计算母线 2 和母线 3 的电压。

ⅳ）用牛顿-拉夫逊法计算母线 2 和母线 3 的电压。

ⅴ）创建表格，对上述方法进行比较。

ⅵ）确定浮游发电机提供的功率。

ⅶ）确定总功率损耗。

10.19 考虑图 10-32 给出的系统。

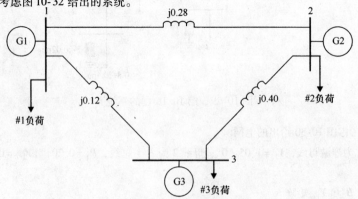

图 10-32   第 10.19 题的电网

假定 $V_1 = 1 \angle 0°$（浮游母线）。假定给出的输电线阻抗为标幺值，其对应基值为 440V，100MVA（整个系统的 $S_b = 100\text{MVA}$）。

还假定发电机和负荷的预计值为：

1）母线 1：#1 负荷，4MVA，$pf = 0.85$ 滞后

2）母线 2：G2，2MW，$pf = 0.95$ 滞后；#2 负荷，4MVA，$pf = 0.90$ 超前

3）母线 3：G3，1MW，$pf = 0.95$ 超前；#3 负荷，2MVA，$pf = 0.90$ 超前

用解耦牛顿-拉夫逊法和高斯-塞德尔法计算母线电压。

10.20　考虑图 10-33 的系统。

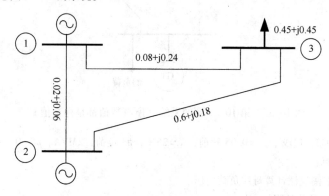

图 10-33　第 10.20 题的系统（所有值都是标幺值）

假定发电机的内电抗标幺值为 0.8，负荷电压为 1pu。计算：

ⅰ）短路研究用的 $\mathbf{Y}_{\text{Bus}}$ 模型。

ⅱ）短路研究用的 $\mathbf{Z}_{\text{Bus}}$ 模型。

10.21　对于图 10-34 给出的辐射状系统，进行以下计算：

ⅰ）对于 500W 负荷，哪条母线应视为无穷大母线？

ⅱ）假如负荷电压保持为它的额定值，哪条母线应视为无穷大母线？

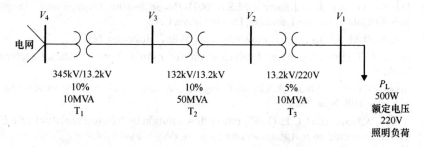

图 10-34　第 10.21 题的系统

10.22　考虑图 10-35 给出的微电网。

输电线阻抗给出的标幺值对应的基值为 100MVA（整个系统的 $S_b = 100\text{MVA}$）。发电及负荷的预计值为：

1）母线 1：#1 负荷，4MVA，$pf = 0.85$ 滞后

2）母线 2：G2，2MW，$pf = 0.95$ 滞后，$X = 10\%$；#2 负荷，4MVA，$pf = 0.90$ 超前

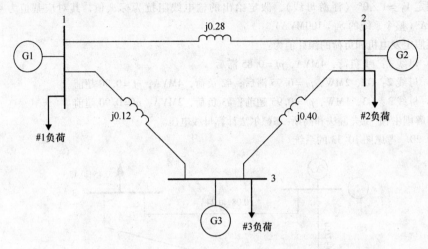

图 10-35　第 10.22 题的系统（所有数值都是标幺值）

3）母线 3：G3，1MW，$pf = 0.95$ 超前，$X = 25\%$；#3 负荷，2MVA，$pf = 0.90$ 超前

进行以下计算：

ⅰ）用 FDLF 潮流法计算母线负荷电压。

ⅱ）计算每个负荷的阻抗。

参 考 文 献

1. Gross, A.C. (1986) *Power System Analysis*, Wiley, Hoboken, NJ.
2. Grainger, J. and Stevenson, W.D. (2008) *Power Systems Analysis*, McGraw-Hill, New York.
3. Dommel, H. and Tinny, W. (1968) Optimal power flow solution. *IEEE Transactions on Power Apparatus and Systems*, PAS-87(10), 1866–1876.
4. Duncan Glover, J. and Sarma, M.S. (2002) *Power System Analysis and Design*, Brooks/Cole Thomson Learning, Pacific Grove, CA.
5. Weedy, R.M. (1970) *Electric Power Systems*, Wiley, Hoboken, NJ.
6. Heydt, G.T. (1986) *Computer Analysis Methods for Power Systems*, Macmillan, New York.
7. Stagg, G. and El-Abiad, A. (1968) *Computer Methods in Power System Analysis*, McGraw-Hill, New York.
8. Tinney, W.F. and Hart, C.E. (1967) Power flow solution by Newton's method. *IEEE Transactions on Power Apparatus and Systems*, PAS-86, 1449–1456.
9. Stott, B. (1974) Review of load-flow calculation methods. *Proceedings of the IEEE*, 62(7), 916–929.
10. Chabert, J-C. and Barbin, E. (1999) *A History of Algorithms: From the Pebble to the Microchip*, Springer, New York/Heidelberg/Berlin.
11. Khayyám, O. (1997) *Rubáiyát of Omar Khayyám: A Critical Edition* (FitzGerald, E., Trans., Decker, C., ed.), University of Virginia Press, Charlottesville, VA.

补 充 文 献

Anderson, P.M. and Fouad, A.A. (1977) *Power System Control and Stability*, 1st edn, Iowa State University Press, Ames, IA.

Bergen, A. and Vittal, V. (2000) *Power Systems Analysis*, Prentice Hall, Englewood Cliffs, NJ.

Bohn, R., Caramanis, M., and Schweppe, F. (1984) Optimal pricing in electrical networks over space and time. *Rand Journal on Economics*, 18(3), 360–376.

Elgerd, O.I. (1982) *Electric Energy System Theory: An Introduction*. 2d edn, McGraw-Hill, New York.

El-Hawary, M.E. (1983) *Electric Power Systems: Design and Analysis*, Reston Publishing, Reston, VA.

Energy Information Administration, Official Energy Statistics from the US Government. Available at http://www.eia.doe.gov. Accessed October 7, 2010.

IEEE Brown Book. (1980) *IEEE Recommended Practice for Power System Analysis*, Wiley-Interscience, New York.

Institute for Electric Energy. Available at http://www.edisonfoundation.net/IEE. Accessed October 7, 2010.

Institute of Electrical and Electronics Engineers. (1999) *1451.1-1999 — IEEE Standard for a Smart Transducer Interface for Sensors and Actuators–Network Capable Application Processor (NCAP) Information Model*. IEEE, Piscataway, NJ.

Masters, G.M. (2004) *Renewable and efficient electric power systems*, Wiley, New York.

Midwest ISO. Available at http://toinfo.oasis.mapp.org/oasisinfo/MMTA_Transition_Plan_V2_3.pdf. Accessed January 12, 2010.

North American Electric Reliability Corp. (NERC) (2008). Long-Term Reliability Assessment 2008–2017. Available at http://www.nerc.com/files/LTRA2008.pdf. Accessed October 8, 2010.

Nourai, A. and Schafer, C. (2009) Changing the electricity game. *IEEE Power and Energy Magazine*, 7(4), 42–47.

Phadke, A.G. (1993) Computer applications in power. *IEEE Power and Energy Society*, 1(2), 10–15.

Sauer, P. and Pai, M.A. (1998) *Power Systems Dynamics and Stability*, Prentice Hall, Englewood Cliffs, NJ.

Schweppe, F.C. and Wildes. J. (1970) Power system static-state estimation, part I: exact model. *IEEE Transactions on Power Apparatus and Systems*, PAS-89(1), 120–125.

Shahidehpour, M. and Yamin, H. (2002) *Market Operations in Electric Power Systems: Forecasting, Scheduling, and Risk Management*, Wiley/IEEE, New York/Piscataway, NJ.

Wood, A.J. and Wollenberg, B.F. (1996) *Power Generation, Operation, and Control*, Wiley, New York.

第 11 章

电网和微电网故障研究

11.1 引言

　　电网故障是指任何导致异常运行的情况。系统带电部分意外接地、两相导线接触或导线断线等情况发生时，都会导致电网故障。例如，当输电线由于雷暴产生的闪电等气候原因而意外接地时，会产生绝缘闪络，导致很大的故障电流。

　　电网故障或短路时，所有同步发电机都会直接向故障点提供电流，直至保护设备动作，将故障尽快隔离。如果故障电流不被隔离，电网保护系统就会使发电机跳闸，其结果是系统负荷与发电之间失去平衡，系统失去稳定。多数停电都是由系统不稳定引起的，电网必须设计为能在系统运行中可预见的最大故障电流下，成功隔离故障，保持运行。如果故障电流超出断路器遮断大故障电流从而保护电网的能力，则其结果是灾难性的故障、火灾，以及大部分电网基础设施的永久性损坏。因此，在分布式发电的微电网接入当地电网之前，必须计算故障电流贡献，在接入前采取缓解措施。

　　在电网故障研究中，假定除故障点外，电网是平衡的。因此，故障发生时，电网必须保持平衡。故障一旦发生，电网的故障部分必须尽快被隔离并退出运行。因此，在电网故障研究中，用的是"如果-则"条件：如果电网的一点发生故障，则希望计算故障电流，并通过把系统故障部分隔离的方法保护电网设备[1-7]。

　　本章的题目是电网故障研究，在故障研究中，将学习如何把三相网络模拟为正序、负序和零序网络。

　　多数故障是单线对地或双线故障后接地。对于涉及接地的不平衡故障电流计算，需要使用正序、负序和零序网络，平衡故障计算需要使用正序网络。平衡三相故障也被用于断路器定容。

　　本章末尾将给出解题算例，内容有平衡分量，正序、负序、零序网络，平衡三相故障建模，单相对地、双相对地故障，两线间故障等。

11.2 电网故障电流计算

　　图 11-1 是一个电网及它的配套断路器。电网元件包括发电机、变压器、输电

线等——它们都需要保护。如果发生故障，故障电流要用断路器隔离。例如，如果风暴引发了故障，比如说母线 3 和母线 4 之间的线路发生了故障，它们的断路器都要由来自接地故障电流检测系统的继电器发出的控制操作开断。短路研究的主要目的是确定每个操作位置的断路器的功率遮断能力。为确定断路器需要的遮断能力，要假定在每条母线发生三相故障来计算最大故障电流。连接到母线的所有断路器都必须能切断故障电流。发出控制指令的继电保护系统必须确定电网很多位置的平衡故障和非平衡故障的电压和电流。

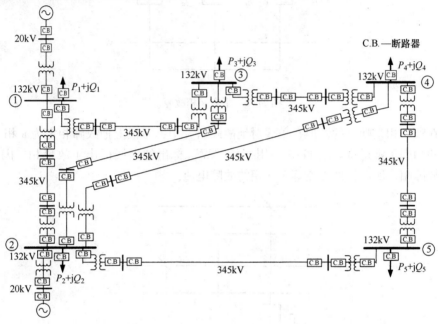

图 11-1　某个电网及它的配套断路器

为计算三相平衡故障和非平衡故障产生的流过电网的短路电流，电网系统模拟必须能反映研究意图，图 11-2 是一个显示了 a、b、c 三相的电网母线上的平衡故障。平衡电网中 a、b、c 三相的电流之和为零，因此中性点电流为零。该电流用 I_n 表示为

$$I_n = I_a + I_b + I_c$$

式中，I_n 是中性点电流。

如果系统不平衡，则会有中性点电流流经中性点导线。然而，如果平衡电网发生平衡故障，把三相连接到一起的中性点仍将处于零电位，则没有中性点电流流过。即

$$I_n = 0$$

图 11-2 中用字母"W"标出的虚线画出了有故障部分的三相系统。

图 11-3 表示的是单线对地故障。对于单线对地故障的"如果-则"研究来说，

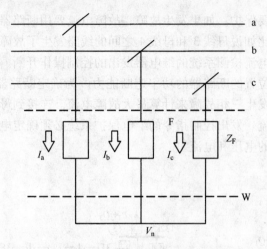

图 11-2　平衡三相故障

故障在哪一相是随意的。但在单线对地故障研究中，习惯上把故障相定为 a 相，而其他两相则正常运行。图 11-3 中用字母"W"标出的虚线标出了故障相，因为 a 相是故障相，所以接地电流等于 a 相的故障电流。

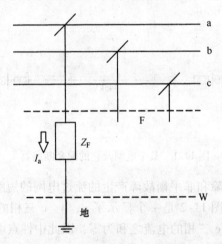

图 11-3　不平衡故障：单线对地

　　图 11-4 所示是双线对地故障。对于双线对地故障的"如果-则"研究来说，故障在哪两相也是随意的。但在双线对地故障研究中，习惯上把故障相定为 b 相和 c 相，而 a 相则正常运行。图 11-4 中用字母"W"标出的虚线标出了三相系统的故障部分和故障相，因为 b 相和 c 相发生了对地故障，所以接地电流等于 b 相和 c 相的故障电流之和。

　　图 11-5 所示为双线间故障。对于双线间故障的"如果-则"研究来说，故障在哪两相也是随意的。但在双线间故障研究中，习惯上把故障相定为 b 相和 c 相，

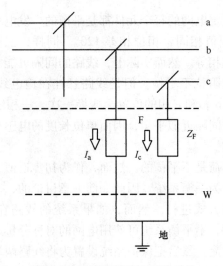

图 11-4　不平衡故障：双线对地

而 a 相则正常运行。图 11-5 中用字母"W"标出的虚线标出了三相系统的故障部分和故障相。因为 a 相和故障相都不接地，所以没有地电流流过。故障电流等于 b 相电流。c 相电流是 b 相电流的负值。要计算故障电流，必须用对称分量法模拟系统。后面将研究这一课题。

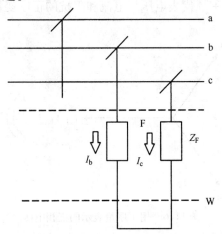

图 11-5　不平衡故障：双线之间

11.3　对称分量

1918 年，弗特斯克（Charles Legeyt Fortescue）[8] 描述了如何用对称的三组平衡相量之和表示一组三个不平衡相量，这三组相量定义为正序、负序和零序相量。弗特斯克法的实质是把三个不平衡相量变换为三组独立平衡相量。尽管实际电网并不完全平衡，但平衡近似是一种可接受的工程解决方法。

在平衡系统中，假定电网的每个元件都是平衡的。发电机被指定发出一组平衡电压：所有各相电压幅值相同，相位相差 120°。同样，三相输电线也是平衡的：各条线的阻抗和导纳都相等。然而实际上，线路的间隔可能并不相同，因此会导致电感不平衡，从而导致阻抗不平衡。但是线路悬挂在输电线杆塔或电杆上时会换位，即每几英里 a 相、b 相和 c 相的位置会变换一次，三相输电线换位已在第 2 章讨论过。这会使它们的间隔近似平衡，因而单位长度的电感也会大致平衡。三相变压器和负荷也是平衡的。

　　二次配电系统的负荷是不平衡的。然而，作为初步近似，可以假定负荷也是平衡的，因为电网被设计为平衡系统。因此如前一章讨论的，对三相平衡系统的分析可以用分析 a 相对地的方式进行。然而，如果系统的线路在风暴中损坏并落到地上，系统就变为不平衡，不平衡系统可使用电网的对称分量来分析。例如在线对地故障时，可以计算地电流，然后把保护系统设置为将线路两端的断路器分断，把故障隔离。然而，故障隔离需要在极短时间（几个周波）内完成，以防止电网设备损坏。这一要求是说，系统必须在故障过程中保持平衡；只有电网的不平衡部分是故障段，这是故障电流计算的关键概念。首先需要开发平衡系统的阻抗模型来模拟各种故障类型。一旦做到了这一点，就可以更好理解如何构建故障系统模型。

　　把三相系统用正序、负序和零序来表示[1-7]，就引入了对称分量的基本概念。通常用符号"1"或"+"代表电压、电流和阻抗的正序变量。三相平衡电压可以用图 11-6 表示。

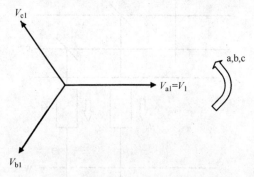

图 11-6　用正序量表示的三相电压

　　图 11-6 表示的正序电压以 a 相为基准，随后是 b 相和 c 相。各相电压可用以下公式表示为

$$V_a = V_{a1} = V \angle 0° = V_1 \angle 0° \tag{11-1}$$

$$V_b = V_{b1} = V_1 \angle 240° \tag{11-2}$$

$$V_c = V_{c1} = V_1 \angle 120° \tag{11-3}$$

令 $a = 1 \angle 120°$，$a^2 = 1 \angle 240°$，则

$$V_{a1} = V_1 \quad V_{b1} = a^2 V_1 \quad V_{c1} = a V_1 \tag{11-4}$$

把以上各式改写为矩阵形式，有

$$\begin{bmatrix} V_{a1} \\ V_{b1} \\ V_{c1} \end{bmatrix} = \begin{bmatrix} 1 \\ a^2 \\ a \end{bmatrix} V_1 \tag{11-5}$$

负序电压用 "2" 或 "−" 号作为上标或下标来表示。负序电压如图 11-7 所示。

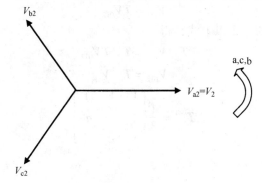

图 11-7　用负序量表示的三相电压

由图 11-7，可写出如下各式：

$$V_{a2} = V_2 \tag{11-6}$$

$$V_{b2} = aV_2 \tag{11-7}$$

$$V_{c2} = a^2 V_2 \tag{11-8}$$

上述公式的矩阵形式为

$$\begin{bmatrix} V_{a2} \\ V_{b2} \\ V_{c2} \end{bmatrix} = \begin{bmatrix} 1 \\ a \\ a^2 \end{bmatrix} V_2 \tag{11-9}$$

零序电压用一组相位相同的电压表示。零序电压用 "0" 表示。零序电压为

$$V_{a0} = V_0 \tag{11-10}$$

$$V_{b0} = V_0 \tag{11-11}$$

$$V_{c0} = V_0 \tag{11-12}$$

用以上表示法可以将一组三相电压表示为它的相序电压。一般来说，一组不平衡电压 V_a、V_b 和 V_c 可写为

$$V_a = V_{a0} + V_{a1} + V_{a2} \Rightarrow V_a = V_0 + V_1 + V_2 \tag{11-13}$$

$$V_b = V_{b0} + V_{b1} + V_{b2} \Rightarrow V_b = V_0 + a^2 V_1 + aV_2 \tag{11-14}$$

$$V_c = V_{c0} + V_{c1} + V_{c2} \Rightarrow V_c = V_0 + aV_1 + a^2 V_2 \tag{11-15}$$

以上公式的矩阵形式为

$$\begin{bmatrix} V_a \\ V_b \\ V_c \end{bmatrix} = \begin{bmatrix} 1 & 1 & 1 \\ 1 & a^2 & a \\ 1 & a & a^2 \end{bmatrix} \begin{bmatrix} V_0 \\ V_1 \\ V_2 \end{bmatrix} \tag{11-16}$$

可以把矩阵变换用 T 表示，并表示为

$$T = \begin{bmatrix} 1 & 1 & 1 \\ 1 & a^2 & a \\ 1 & a & a^2 \end{bmatrix} \qquad (11\text{-}17)$$

因此，三相电压可以用它的相序变量表示如下：

$$V_{abc} = TV_{012} \qquad (11\text{-}18)$$

可以用矩阵 T 的逆乘以上式，得

$$T^{-1}V_{abc} = T^{-1}TV_{012}$$

$$V_{012} = T^{-1}V_{abc}$$

$$T^{-1} = \frac{1}{3}\begin{bmatrix} 1 & 1 & 1 \\ 1 & a & a^2 \\ 1 & a^2 & a \end{bmatrix} \qquad (11\text{-}19)$$

因此，相序电压为

$$V_0 = \frac{1}{3}(V_a + V_b + V_c)$$

$$V_1 = \frac{1}{3}(V_a + aV_b + a^2V_c) \qquad (11\text{-}20)$$

$$V_2 = \frac{1}{3}(V_a + a^2V_b + aV_c)$$

同样可以用三相电流计算电流的相序分量为

$$I_{abc} = TI_{012} \qquad (11\text{-}21)$$

$$I_{012} = T^{-1}I_{abc}$$

例 11.1　考虑一台平衡丫联结 460V 的发电机（见图 11-8）。计算它的正序、负序和零序电压。

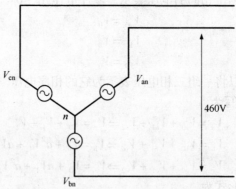

图 11-8　例 11.1 的三相发电机

解：

假定 a 相选为基准相。a、b、c 相的电压为

$$V_{an} = \frac{460}{\sqrt{3}} \angle 0° \, \mathrm{V} = 265.9 \angle 0° \, \mathrm{V}$$

$$V_{bn} = 265.9 \angle 240° \, \mathrm{V} = 265.9a^2 \, \mathrm{V}$$

$$V_{cn} = 265.9 \angle 120° \, \mathrm{V} = 265.9a \, \mathrm{V}$$

算得的相序电压为

$$
\begin{bmatrix} V_0 \\ V_1 \\ V_2 \end{bmatrix} = \frac{1}{3} \begin{bmatrix} 1 & 1 & 1 \\ 1 & a & a^2 \\ 1 & a^2 & a \end{bmatrix} \begin{bmatrix} V_{an} \\ V_{bn} \\ V_{cn} \end{bmatrix}
\tag{11-22}
$$

$$V_0 = \frac{1}{3}(265.9 + 265.9a^2 + 265.9a)$$

$$= \frac{265.9}{3}(1 + a + a^2) = 0 \Rightarrow V_0 = 0$$

因为 $1 + a + a^2 = 0$，所以

$$V_1 = \frac{1}{3}(265.9 + 265.9a^3 + 265.9a^3) \, \mathrm{V}$$

因为 $a^3 = 1 \angle 0°$，所以 $V_1 = 265.9 \angle 0° \, \mathrm{V}$。

因为 $a^4 = a = 1 \angle 120°$，所以负序电压为

$$V_2 = \frac{1}{3}(265.9 + 265.9a^4 + 265.9a^2) \, \mathrm{V}$$

$$V_2 = \frac{1}{3}\left[265.9(1 + a + a^2)\right] \, \mathrm{V} = 0$$

可以得出的结论是，对于三相平衡电压，正序电压是电网的唯一电源。

三相系统到对称分量的变换可用于表示两个系统的关系。用 a、b、c 相表示的三相功率为

$$S_{3\varphi} = \left[V_a I_a^* + V_b I_b^* + V_c I_c^* \right] \tag{11-23}$$

它的矩阵形式为

$$S_{3\varphi} = V_{abc}^T I_{abc}^*$$

可以对电压和电流都进行对称变换，求出对称系统的功率为

$$S_{3\varphi} = V_{012}^T T^T T^* I_{012}^* \tag{11-24}$$

$$S_{3\varphi} = 3\left[V_0 I_0^* + V_1 I_1^* + V_2 I_2^* \right] = 3S_{012}$$

11.4　发电机的相序网络

图 11-9 所示为一台同步发电机的阻抗模型。阻抗 Z_n 是接地阻抗。它的功能是限制发电机发生接地故障时的故障地电流。模型表示的是发电机稳态运行状态。该模型中，机轴转速 ω_m 和励磁电流 I_f 都是不变的。发电机提供的是平衡三相电压。使用图 11-9 所示的等效模型可写出如下公式：

$$\begin{cases} E_a = (R_a + jX_s + Z_n)I_a + (jX_m + Z_n)I_b + (jX_m + Z_n)I_c + V_a \\ E_b = (R_a + jX_s + Z_n)I_b + (jX_m + Z_n)I_a + (jX_m + Z_n)I_c + V_b \\ E_c = (R_a + jX_s + Z_n)I_c + (jX_m + Z_n)I_a + (jX_m + Z_n)I_b + V_c \end{cases} \quad (11-25)$$

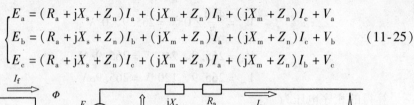

图 11-9　一台同步发电机的电抗模型

假如发电机提供的是图 11-10 所示的平衡三相电压。每相提供的电压可表示为

$$\begin{cases} E_a = E \\ E_b = a^2 E \\ E_c = aE \end{cases} \quad (11-26)$$

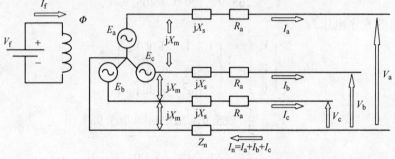

图 11-10　三相平衡发电机

Z_s 和 Z_m 可改写为

$$Z_s = R_a + jX_s + Z_n$$

$$Z_m = jX_m + Z_n$$

则式（11-25）给出的方程组可写为

$$\begin{bmatrix} E_a \\ E_b \\ E_c \end{bmatrix} = \begin{bmatrix} Z_s & Z_m & Z_m \\ Z_m & Z_s & Z_m \\ Z_m & Z_m & Z_s \end{bmatrix} \begin{bmatrix} I_c \\ I_b \\ I_c \end{bmatrix} + \begin{bmatrix} V_a \\ V_b \\ V_c \end{bmatrix} \quad (11-27)$$

式（11-27）的方程组表示为矩阵形式为

$$\boldsymbol{E}_{\mathrm{abc}} = \boldsymbol{Z}_{\mathrm{abc}}\boldsymbol{I}_{\mathrm{abc}} + \boldsymbol{V}_{\mathrm{abc}} \tag{11-28}$$

将 $\boldsymbol{I}_{\mathrm{abc}} = \boldsymbol{T}_{\mathrm{s}}\boldsymbol{I}_{012}$ 代入式（11-28），然后左乘以 $\boldsymbol{T}_{\mathrm{s}}^{-1}$，得

$$\boldsymbol{T}_{\mathrm{s}}^{-1}\boldsymbol{E}_{\mathrm{abc}} = \boldsymbol{T}_{\mathrm{s}}^{-1}\boldsymbol{Z}_{\mathrm{abc}}\boldsymbol{T}_{\mathrm{s}}\boldsymbol{I}_{012} + \boldsymbol{T}_{\mathrm{s}}^{-1}\boldsymbol{V}_{\mathrm{abc}} \tag{11-29}$$

再复习一下如下的 abc 到 012 的变换：

$$\boldsymbol{T}_{\mathrm{s}}^{-1}\boldsymbol{E}_{\mathrm{abc}} = \boldsymbol{T}_{\mathrm{s}}^{-1}\boldsymbol{T}_{\mathrm{s}}\boldsymbol{E}_{012}$$

$$\boldsymbol{E}_{012} = \boldsymbol{T}_{\mathrm{s}}^{-1}\boldsymbol{E}_{\mathrm{abc}}$$

$$\boldsymbol{T}_{\mathrm{s}}^{-1} = \frac{1}{3}\begin{bmatrix} 1 & 1 & 1 \\ 1 & a & a^2 \\ 1 & a^2 & a \end{bmatrix}$$

因为发电机提供的是三相平衡电压，所以式（11-29）右侧可写成式（11-30）给出的发电机相序电压。

$$\begin{bmatrix} E_0 \\ E_1 \\ E_2 \end{bmatrix} = \frac{1}{3}\begin{bmatrix} 1 & 1 & 1 \\ 1 & a & a^2 \\ 1 & a^2 & a \end{bmatrix}\begin{bmatrix} E \\ a^2 E \\ aE \end{bmatrix} = \frac{E}{3}\begin{bmatrix} 0 \\ 3 \\ 0 \end{bmatrix} = \begin{bmatrix} 0 \\ E \\ 0 \end{bmatrix} \tag{11-30}$$

表达式 $\boldsymbol{T}^{-1}\boldsymbol{Z}_{\mathrm{abc}}\boldsymbol{T} = \boldsymbol{Z}_{012}$ 可改写成式（11-31）：

$$\boldsymbol{T}^{-1}\boldsymbol{Z}_{\mathrm{abc}}\boldsymbol{T} = \boldsymbol{Z}_{012} = \begin{bmatrix} Z_0 & 0 & 0 \\ 0 & Z_1 & 0 \\ 0 & 0 & Z_2 \end{bmatrix} \tag{11-31}$$

式中，$Z_0 = Z_{0,\mathrm{Gen}} + 3Z_{\mathrm{n}}$，而 $Z_{0,\mathrm{Gen}} = R_{\mathrm{a}} + \mathrm{j}(X_{\mathrm{s}} + 2X_{\mathrm{m}})$，则

$$\begin{aligned} Z_0 &= R_{\mathrm{a}} + \mathrm{j}(X_{\mathrm{s}} + 2X_{\mathrm{m}}) + 3Z_{\mathrm{n}} \\ Z_1 &= Z_{\mathrm{s}} - Z_{\mathrm{m}} = R_{\mathrm{a}} + \mathrm{j}(X_{\mathrm{s}} - X_{\mathrm{m}}) \\ Z_2 &= Z_{\mathrm{s}} - Z_{\mathrm{m}} = R_{\mathrm{a}} + \mathrm{j}(X_{\mathrm{s}} - X_{\mathrm{m}}) \end{aligned} \tag{11-32}$$

现在式（11-29）可写为

$$\begin{bmatrix} 0 \\ E \\ 0 \end{bmatrix} = \begin{bmatrix} Z_0 & 0 & 0 \\ 0 & Z_1 & 0 \\ 0 & 0 & Z_2 \end{bmatrix}\begin{bmatrix} I_0 \\ I_1 \\ I_2 \end{bmatrix} + \begin{bmatrix} V_0 \\ V_1 \\ V_2 \end{bmatrix} \tag{11-33}$$

用上述方程组可得到如下零序、正序和负序网络：

$$\begin{cases} Z_0 I_0 + V_0 = 0 \\ Z_1 I_1 + V_1 = E \\ Z_2 I_2 + V_2 = 0 \end{cases}$$

因此，当三相发电机提供三相平衡电压时，仅正序网络被正序电压励磁，与三相系统的 a 相情况相同。图 11-11 所示为发电机的正序、零序和负序网络。

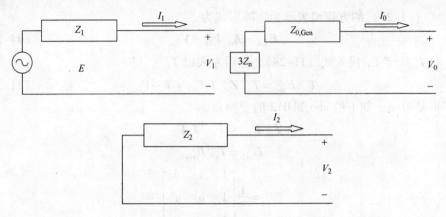

图 11-11　发电机的正序、零序和负序网络

11.5　光伏发电站建模

第 2 章[⊖]研究了光伏（PV）发电组件的建模，PV 组件的输入阻抗是纯阻性的，它是输入辐照度和组件温度的函数。第 3 章研究了 DC/AC 逆变器的运行，用理想功率开关模拟逆变器。因为逆变器的 DC 侧运行于零频率，而 AC 侧运行于电网频率，所以 AC 侧的干扰对 DC 侧的影响很有限，实际上逆变器封锁了干扰的传播。同时，因为没有能量惯性，PV 方阵的储存能量仅限于辐照能量，所以 PV 对故障电流的贡献相当小，因此 PV 发电站的输入阻抗很高。图 11-12 和图 11-13 所示为 PV 发电站。要估计 PV 发电站的故障电流贡献，需要根据测量得到的运行数据模拟 PV 发电站的输入阻抗。目前，人们正在对 PV 发电站建模进行研究。读者可以在美国国家可再生能源实验室（National Renewable Energy Laboratory，NREL）的网站找到 PV 和风电系统的最新模型。然而，对于运行于最高电压和电流的 PV 发电站，可以放心地使用第 2 章[⊖]开发的模型作为高阻抗模型。

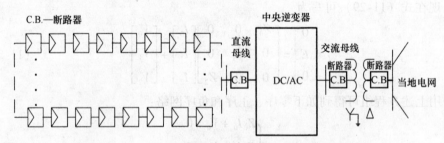

图 11-12　一个大型光伏发电站接线的 DC/AC 中央逆变器

⊖　原书误为第 5 章。——译者注

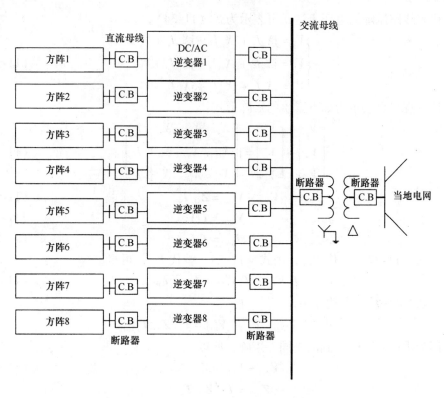

图 11-13　带逆变器的光伏方阵的一般结构

11.6　平衡三相输电线的相序网络

图 11-14 所示为输电线的平衡三相网络模型。

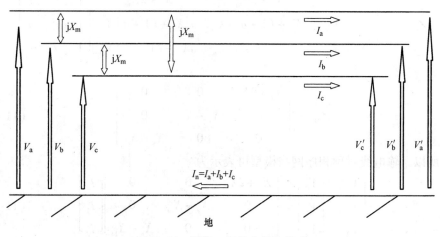

图 11-14　平衡三相输电网络模型

代表线路压降的电压表达式可表示为式（11-34）。

$$\begin{cases} V_a = jX_sI_a + jX_mI_b + jX_mI_c + V'_a \\ V_b = jX_sI_b + jX_mI_a + jX_mI_c + V'_b \\ V_c = jX_sI_c + jX_mI_a + jX_mI_b + V'_c \end{cases} \tag{11-34}$$

该方程组可表示为如下紧凑的矩阵形式：

$$\begin{bmatrix} V_a \\ V_b \\ V_c \end{bmatrix} - \begin{bmatrix} V'_a \\ V'_b \\ V'_c \end{bmatrix} = j\begin{bmatrix} X_s & X_m & X_m \\ X_m & X_s & X_m \\ X_m & X_m & X_s \end{bmatrix}\begin{bmatrix} I_a \\ I_b \\ I_c \end{bmatrix} \tag{11-35}$$

$$\boldsymbol{V}_{abc} - \boldsymbol{V}'_{abc} = \boldsymbol{Z}_{abc}\boldsymbol{I}_{abc} \tag{11-36}$$

$$\boldsymbol{V}_{abc} = \boldsymbol{T}_s\boldsymbol{V}_{012} \tag{11-37}$$

$$\boldsymbol{I}_{abc} = \boldsymbol{T}_s\boldsymbol{I}_{012} \tag{11-38}$$

用式（11-37）替代 $\boldsymbol{V}_{abc}$，用式（11-38）替代 $\boldsymbol{I}_{abc}$，可得

$$\boldsymbol{T}_s\boldsymbol{V}_{012} - \boldsymbol{T}_s\boldsymbol{V}'_{012} = \boldsymbol{Z}_{abc}\boldsymbol{T}_s\boldsymbol{I}_{012} \tag{11-39}$$

将式（11-39）两边左乘以 $\boldsymbol{T}_s^{-1}$，得

$$\boldsymbol{T}_s^{-1}\boldsymbol{T}_s\boldsymbol{V}_{012} - \boldsymbol{T}_s^{-1}\boldsymbol{T}_s\boldsymbol{V}'_{012} = \boldsymbol{T}_s^{-1}\boldsymbol{Z}_{abc}\boldsymbol{T}_s\boldsymbol{I}_{012}$$

因为乘以 $\boldsymbol{T}_s^{-1}\boldsymbol{T}_s$ 得到的是同一矩阵，所以

$$\boldsymbol{V}_{012} - \boldsymbol{V}'_{012} = \boldsymbol{Z}_{abc}\boldsymbol{I}_{012} \tag{11-40}$$

$$\boldsymbol{Z}_{012} = \boldsymbol{T}_s^{-1}\boldsymbol{Z}_{abc}\boldsymbol{T}_s$$

$$\boldsymbol{Z}_{012} = \frac{1}{3}\begin{bmatrix} 1 & 1 & 1 \\ 1 & a & a^2 \\ 1 & a^2 & a \end{bmatrix}j\begin{bmatrix} X_s & X_m & X_m \\ X_m & X_s & X_m \\ X_m & X_m & X_s \end{bmatrix}\begin{bmatrix} 1 & 1 & 1 \\ 1 & a^2 & a \\ 1 & a & a^2 \end{bmatrix} \tag{11-41}$$

式（11-40）可改写为

$$\boldsymbol{Z}_{012} = \frac{j}{3}\begin{bmatrix} X_s+2X_m & X_s+2X_m & X_s+2X_m \\ X_s-X_m & aX_s+(1+a^2)X_m & a^2X_s+(1+a)X_m \\ X_s-X_m & a^2X_s+(1+a)X_m & aX_s+(1+a^2)X_m \end{bmatrix}\begin{bmatrix} 1 & 1 & 1 \\ 1 & a^2 & a \\ 1 & a & a^2 \end{bmatrix}$$

进一步简化，得

$$\boldsymbol{Z}_{012} = j\begin{bmatrix} X_s+2X_m & 0 & 0 \\ 0 & X_s-X_m & 0 \\ 0 & 0 & X_s-X_m \end{bmatrix} \tag{11-42}$$

所以，输电线对称相序网络模型可表示为

$$\begin{bmatrix} V_0 \\ V_1 \\ V_2 \end{bmatrix} - \begin{bmatrix} V'_0 \\ V'_1 \\ V'_2 \end{bmatrix} = j\begin{bmatrix} X_s+2X_m & 0 & 0 \\ 0 & X_s-X_m & 0 \\ 0 & 0 & X_s-X_m \end{bmatrix}\begin{bmatrix} I_0 \\ I_1 \\ I_2 \end{bmatrix} \tag{11-43}$$

零序、正序和负序模型网络为

$$零序阻抗 \quad Z_0 = j(X_s + 2X_m) \tag{11-44}$$
$$正序阻抗 \quad Z_1 = j(X_s - X_m) \tag{11-45}$$
$$负序阻抗 \quad Z_2 = j(X_s - X_m) \tag{11-46}$$

图 11-15 所示为输电线的零序、正序、负序电路模型的相序网络。

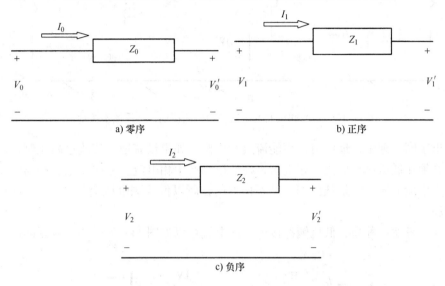

图 11-15　输电线的相序网络

11.7　平衡三相变压器的地电流

电网的中性点通常是接地的。如果中性点和接地点之间没有接地阻抗，则地和中性点通常是同一电气点。连接电网中性点与地的导线通常不承载负荷电流，它的作用是探测故障接地电流。如果电网发生故障，且故障母线接地，则首先关注的问题是故障节点电流会如何流过电网。

变压器的高压侧与低压侧之间没有电气连接。变压器两侧感应的电压是由相应绕组的磁耦合产生的。考虑图 11-16 所示为 Y-Y 联结变压器，假定施加到三相变压器上的三相电压是不平衡的。

还假定变压器在高压侧接地，而低压侧不接地，如图 11-16 所示。问题是当发电机侧（高压侧）接地而低压侧不接地时，是否有地电流流过变压器。为回答这一问题，需要回想一下，变压器低压侧的电压是由磁感应引起的，它产生的电流必须遵守基尔霍夫电流定律。这意味着电流必须回到它的电源，因此地电流既不能流过高压侧，也不能流过低压侧。如果地电流在低压侧，它必须在低压侧回到中性点。然而，如果低压侧不接地，它就无法形成完整回路。因此，如果不存在地电流的路径，低压侧中性点就将处于满足如下公式的电位值：

$$V_n = V_{an} + V_{bn} + V_{cn} \tag{11-47}$$

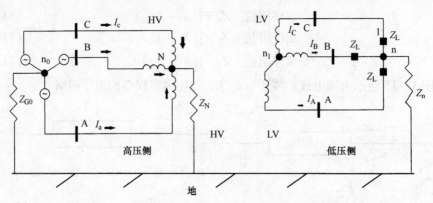

图 11-16　Y- Y 联结的变压器，高压侧接地，低压侧不接地

出于同样理由，地电流也不能流过高压侧。如果没有地电流流过高压侧，磁耦合就必须在低压侧感应出三相电压，在低压侧产生相电流。这些相电流相加会使低压侧产生地电流，但是低压侧又是不接地的，所以低压侧电压会如式（11-47）那样相加。

现在考虑一种高、低压侧都接地，地电流可以如图 11-17 那样在两侧都存在的情况。

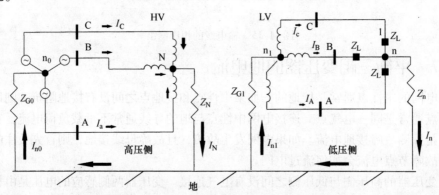

图 11-17　Y- Y 联结的变压器，高、低压侧都接地

11.8　零序网络

11.8.1　变压器

对于一侧中性点接地，而另一侧中性点不接地的情况，我们得到结论是没有地电流流过，因为在不接地侧不存在大地路径，如图 11-18a 所示。另外如果 Y- Y 联结变压器的两侧中性点都接地，就会有地电流流过，如图 11-18b 所示。图 11-18b 的箭头表示电流流动及它们产生的地电流 I_n 的方向。图 11-18b 显示一台变压器在一侧施加了不平衡电压，产生了三相电流不平衡导致的电流 $I_n = I_a + I_b + I_c$。如

图 11-18b所示，地电流 I_n 流经接地导线；箭头是朝下的。在图 11-18b 的变压器另一侧，不平衡电压导致地电流从地中流出，$I_n = I_a + I_b + I_c$。当然，变压器两侧地电流的关系由变压器匝数比决定。

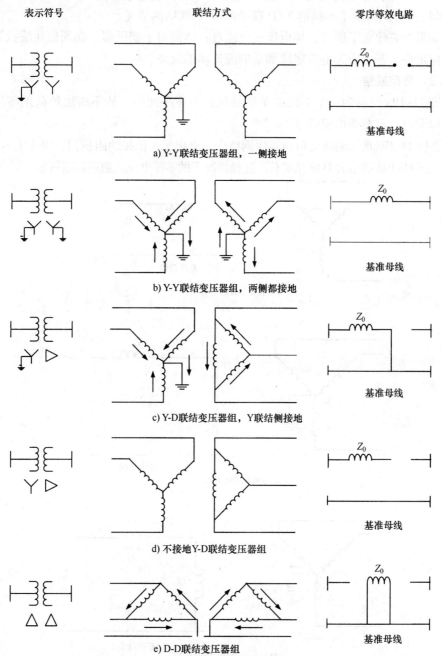

图 11-18　三相变压器组的零序等效电路

图 11-18c 所示为接地 Y-D 联结变压器。这种情况下，地电流会流过接地 Y 联结侧，因为在变压器 D 侧存在循环电流。还应该记住，如果不平衡三相电压施加到接地 Y 联结侧，就为地电流的流动创建了一条大地通道，如图 11-18c 所示。图 11-18d、e 分别画出了不接地 Y-D 联结和 D-D 联结的情况。

如果为它建立了通道，地电流就会流过；然而对于变压器，必须记住法拉第电磁感应定律、基尔霍夫电流定律和地电流流动的规律。

11. 8. 2　负荷联结

图 11-19a 所示为一个不接地 Y 联结负荷的零序网络。从不接地负荷的零序网络可以看出，没有地电流流过。

在图 11-19c 所示的接地负荷零序网络中，出现了 3 倍接地阻抗值，因为 $I_n = 3I_0$。最后，图 11-19d 所示为 D 联结负荷。这种情况下的零序电流的通道如图所示。

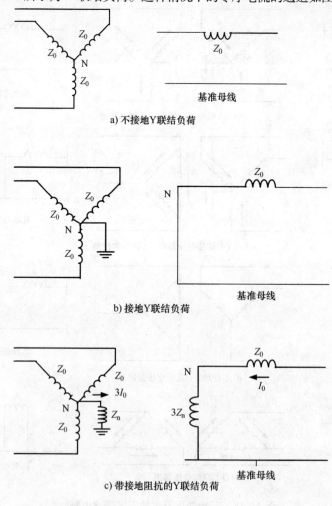

a) 不接地 Y 联结负荷

b) 接地 Y 联结负荷

c) 带接地阻抗的 Y 联结负荷

图 11-19　零序等效电路

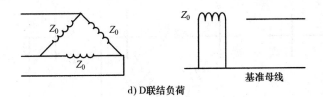

d) D联结负荷

图 11-19　零序等效电路（续）

11.8.3　电网

如本章所讨论的那样，当电网发生与地有关的故障时，就会产生地电流。地电流等于 3 倍零序电流。而且还应该记住，在计算故障电流时，假定除故障部分外电网仍然是平衡的。最后，研究"如果-则"条件来计算故障电流，并把继电保护设置为电网失去平衡之前就断开相关断路器以隔离故障。电网永远设计为三相平衡系统并以这种方式运行。为计算接地故障电流，需要使用零序网络。前述几节介绍了每个电网元件的零序网络，现在需要学习如何构建电网的零序网络以计算不平衡故障电流。

图 11-20 是一个表明电网中变压器联结方式的微电网单线图。从图 11-20 可以看出，连到母线 6 的发电机是一台燃气轮机；它的中性点通过阻抗 Z_G 接地。母线 6 通过一台不接地 Y-D 联结变压器连到母线 5。

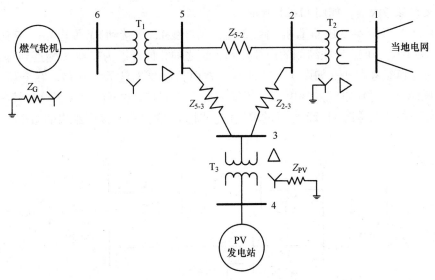

图 11-20　一个平衡三相微电网

图 11-21 所示为图 11-20 的零序网络，图中燃气轮机用它的零序阻抗 Z_{G0} 代替，然而 Z_{G0} 要与 $3Z_G$ 串联，因为流入参考大地的地电流等于 3 倍零序电流。

变压器 T_1 是 Y-D 联结的，Y 联结侧不接地。因此该变压器没有通过它的中性点接地，切断了 Y-D 变压器的大地通路。故该变压器在图 11-21 的零序网络中显示为开路。

这个三母线电网的输电网络连接到一个 PV 发电站和当地电网。输电系统的零

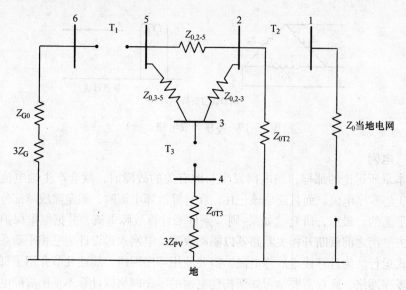

图 11-21　图 11-20 的零序网络

序网络如图 11-21 所示，母线 2 后面的变压器 T_2 连到母线 1，然后接入当地电网。变压器 T_2 是 Y-D 联结，因为 Y-D 变压器在 Y 联结侧接地，母线 2 通过它的零序阻抗接到参考大地，如图 11-21 所示。

接地 Y-D 联结变压器 T_3 把母线 3 连接到母线 4，再接到 PV 发电站。接地阻抗 Z_{PV} 串联插入变压器 Y 联结侧的中性点到大地之间，同样因为接地 Y 侧连到母线 4，母线 4 连到参考大地，如图 11-21 所示。然而，母线 3 显示为开路，在变压器 T_2 的 D 联结侧，零序电流（地电流）不能流通，图 11-21 的开路显示了这种情况。

另一种情况是图 11-22 所示的单线图。图 11-23 显示了该图给出的微电网的零序网络。

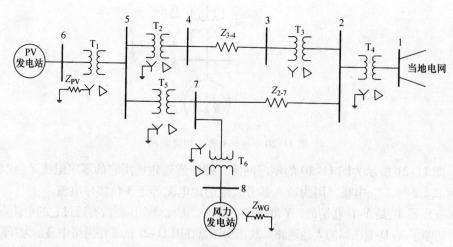

图 11-22　一个平衡的三相风电微电网

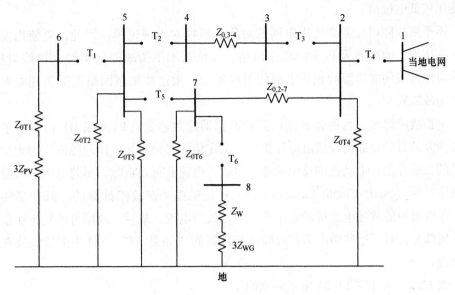

图 11-23 图 11-22 的零序网络

为正确创建零序网络，必须仔细观察与大地的连接，此外还要特别注意变压器的联结情况。总的看来，变压器不接地会切断地电流通路，如图 11-22 和图 11-23 所示的变压器联结状况。然而，要特别注意 Y-Y 联结变压器，这种变压器会保持可以从图 11-18b 看到的零序电流通路。

11.9 故障研究

对于平衡三相故障，仅正序网络会被激发。对于不平衡故障，所有三种相序网络都会被激发。如果故障涉及接地，则会有地电流产生。发电机电抗产生的反电动势以幅值和相位表示，假定它等于 1pu。

对于故障研究来说，通常，包括负荷在内的所有并联元件和线路充电都被忽略。负荷可能以恒定负荷阻抗模型表示。所有分接头转换变压器的抽头都假定位于它的标称设置点，还假定输电线也是平衡的。正序和负序网络假定相同；仅在零序网络才考虑邻近电路之间的耦合。

电网的发电机在暂态电抗下仍保持电压恒定。通常，是否使用三种电抗取决于故障清除的速度。发电机的次暂态电抗 X'' 用发电机试验和发电机电流响应记录来估计。次暂态电抗用第一个四分之一周波的电流响应斜率来估算。然后，暂态电抗 X' 用第一个半周的电流响应斜率估算；而同步电抗 X 用稳态电流估算。各电抗值之间存在以下关系：$X'' < X' < X$。电抗值低会导致短路电流增大。电抗选择是断路器动作时间的函数。如断路器是快速动作的，能切断较大故障电流，则在故障计算

中使用较低电抗值。

不平衡故障研究需要使用电网的对称分析法对电网建模。因此，要使用发电机、变压器、输电线及负荷的相序网络。要根据不平衡故障的类型（单线对地、双线对地及线间故障等）创建电网的对称模型。用这些相序网络模型创建电网的不平衡故障模型。

平衡故障研究的目的是确定所需的断路器短路容量（kVA 或 MVA），不平衡故障研究的目的是如何设置继电保护系统的定值。必须密切关注故障研究中大型电动机的表示方法。电动机的反电动势会对故障电流有可观贡献。尽管电网中断路器的短路容量（Short-Circuit Capacity，SCC）是根据平衡故障计算的，但在某些系统，单线对地的故障电流可能大于平衡三相故障电流。最后，故障可能发生在系统的任何部分，对于这些情况会在故障电流计算的"如果-则"条件中把母线放在这个位置。

例 11.2 考虑图 11-24 所示的电网。

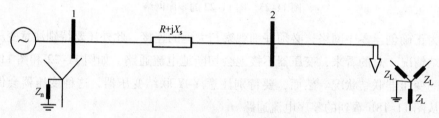

图 11-24 例 11.2 的单线图

假设发电机的正序、负序和零序电抗为 $Z_{gen,1}$、$Z_{gen,2}$ 和 $Z_{gen,0}$，发电机通过接地阻抗 Z_n 接地。此外，假设输电线模型如图 11-25 所示。

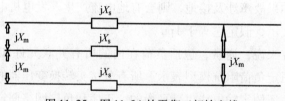

图 11-25 图 11-24 的平衡三相输电线

进行以下计算：

ⅰ）如果发电机不平衡运行，提供不平衡三相电压，确定图 11-24 所示单线图的正序、负序和零序网络。

ⅱ）如果发电机平衡运行，提供平衡三相电压，确定图 11-24 所示单线图的正序、负序和零序网络。

解：

ⅰ）例 11.2 输电线的正序、负序和零序模型如图 11-26 所示。

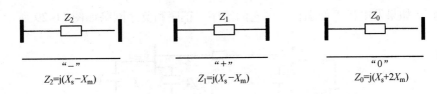

图 11-26 例 11.2 输电线的负序、正序和零序模型

如果输电线总长度为 L，线路分布阻抗和充电导纳如图 11-27a 所示，它的集中参数模型如图 11-27b 所示。其中

$$\begin{cases} z_1 = LZ \\ Y' = Ly \end{cases} \tag{11-48}$$

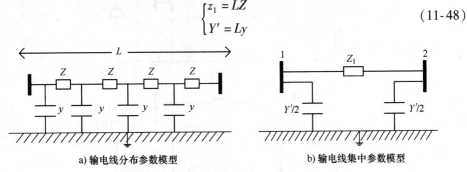

a) 输电线分布参数模型   b) 输电线集中参数模型

图 11-27 输电线分布和集中参数模型

例 11.2 的零序、正序和负序网络如图 11-28 所示。

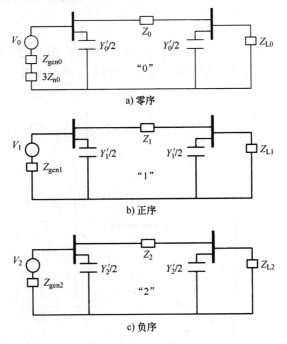

图 11-28 例 11.2 中，发电机供电电压不平衡时的相序网络

ⅱ）如果发电机平衡运行，则它的零序、正序和负序网络如图 11-29 所示。

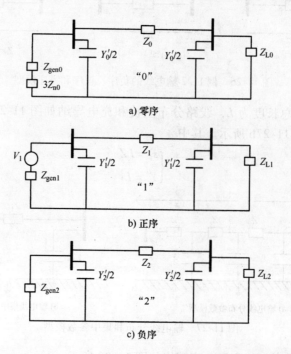

a) 零序

b) 正序

c) 负序

图 11-29　例 11.2 中，发电机供电电压平衡时的相序网络

11.9.1　平衡三相故障分析

对于平衡三相故障研究，只须建立正序网络模型。图 11-30 所示为一个三母线电网的单线图，图 11-31 所示为平衡故障研究的正序网络模型。

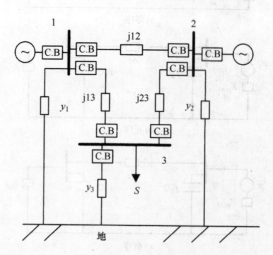

图 11-30　平衡三母线电网的单线图

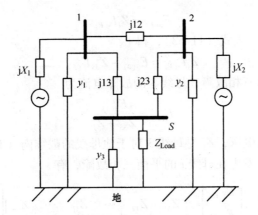

图 11-31　平衡故障研究的正序网络模型

图 11-31 包括并联元件和负荷的电力系统完整模型，图中负荷用等效阻抗表示

$$z_{\text{load}} = \frac{V_{\text{load}}^2}{P_{\text{load}} - jQ_{\text{load}}}\tag{11-49}$$

删除并联元件和负荷可简化图 11-31 所示的模型，但这样得到的故障电流会较大。

设计电网时，在计算短路电流之前要进行电压计算和潮流研究，然后要用算得的母线负荷电压确定断路器遮断容量。因此，故障前电压要由潮流研究计算，是已知量。

$$E_{\text{Bus}(0)} = Z_{\text{Bus}} I_{\text{Bus}(0)}\tag{11-50}$$

式中，$E_{\text{Bus}(0)}$ 是故障前母线电压矢量；Z_{Bus} 是对于地母线的母线阻抗矩阵模型；$I_{\text{Bus}(0)}$ 是故障前发电机注入电流。

故障期间，故障网络变量用 "F" 标示，故障期间的母线电压可表示为

$$E_{\text{Bus}(F)} = E_{\text{Bus}(0)} - Z_{\text{Bus}(F)} I_{\text{Bus}(F)}\tag{11-51}$$

式中，$E_{\text{Bus}(F)}$ 是故障期间的母线电压矢量；$E_{\text{Bus}(0)}$ 是故障前母线电压；$Z_{\text{Bus}(F)}$ 是母线阻抗矩阵；$I_{\text{Bus}(F)}$ 是故障期间的母线故障电流。

对于图 11-30 所示的母线系统，故障发生在母线 3，有

$$\begin{bmatrix} E_{1(F)} \\ E_{2(F)} \\ E_{3(F)} \end{bmatrix} = \begin{bmatrix} E_{1(0)} \\ E_{2(0)} \\ E_{3(0)} \end{bmatrix} - \begin{bmatrix} Z_{11} & Z_{12} & Z_{13} \\ Z_{21} & Z_{22} & Z_{23} \\ Z_{31} & Z_{32} & Z_{33} \end{bmatrix} \begin{bmatrix} 0 \\ 0 \\ I_{3(F)} \end{bmatrix}\tag{11-52}$$

因此，故障期间每条母线的电压可表示为

$$\begin{cases} E_{1(F)} = E_{1(0)} - Z_{13} I_{3(F)} \\ E_{2(F)} = E_{2(0)} - Z_{23} I_{3(F)} \\ E_{3(F)} = E_{3(0)} - Z_{33} I_{3(F)} \end{cases}\tag{11-53}$$

如果故障阻抗为 Z_f，则故障阻抗两端的电压为

$$E_{3(F)} = Z_f I_{3(F)} \qquad (11\text{-}54)$$

把式（11-54）代入式（11-53），得

$$Z_f I_{3(F)} = E_{3(0)} - Z_{33} I_{3(F)} \qquad (11\text{-}55)$$

因此，对于平衡三相故障，母线 3 的故障电流为

$$I_{3(F)} = \frac{E_{3(0)}}{Z_{33} + Z_f} \qquad (11\text{-}56)$$

式中，$E_{3(0)}$ 是故障前电压，Z_{33} 是母线 3 对于地母线的戴维南（Thevenin）阻抗。

一般来说，对于发生在母线 i 的平衡三相故障，有

$$
\begin{bmatrix} E_{1(F)} \\ E_{2(F)} \\ \vdots \\ E_{i(F)} \\ \vdots \\ E_{n(F)} \end{bmatrix}
=
\begin{bmatrix} E_{1(0)} \\ E_{2(0)} \\ \vdots \\ E_{i(0)} \\ \vdots \\ E_{n(0)} \end{bmatrix}
-
\begin{bmatrix}
Z_{11} & Z_{12} & \cdots & Z_{1i} & \cdots & Z_{1n} \\
\vdots & \vdots & & \vdots & & \vdots \\
Z_{i1} & Z_{i2} & \cdots & Z_{ii} & \cdots & Z_{in} \\
\vdots & \vdots & & \vdots & & \vdots \\
Z_{n1} & Z_{n2} & \cdots & Z_{nP} & \cdots & Z_{nn}
\end{bmatrix}
\begin{bmatrix} 0 \\ 0 \\ \vdots \\ I_{i(F)} \\ 0 \\ \vdots \\ 0 \end{bmatrix}
\qquad (11\text{-}57)
$$

综上所述，母线 i 的故障可表示为

$$E_{i(F)} = E_{i(0)} - Z_{ii} I_{P(F)} \qquad (11\text{-}58)$$

而且，$E_{i(F)} = Z_f I_{i(F)}$。

因此，母线 i 的故障电流为

$$I_{i(F)} = \frac{E_{i(0)}}{Z_{ii} + Z_f} \qquad (11\text{-}59)$$

式中，$E_{i(0)}$ 是故障前电压，Z_{ii} 是母线 i 对于地母线的戴维南阻抗。

$$
\mathbf{Z}_{\text{Bus}} =
\begin{matrix}
& 1 & \cdots & i & \cdots & n & \\
\begin{bmatrix}
Z_{11} & \cdots & Z_{i1} & \cdots & Z_{1n} \\
\vdots & & \vdots & & \vdots \\
Z_{i1} & \cdots & Z_{ii} & \cdots & Z_{in} \\
\vdots & & \vdots & & \vdots \\
Z_{n1} & \cdots & Z_{ni} & \cdots & Z_{nn}
\end{bmatrix}
&
\begin{matrix} 1 \\ \vdots \\ i \\ \vdots \\ n \end{matrix}
\end{matrix}
$$

平衡三相故障如图 11-32 所示。$\mathbf{Z}_{\text{Bus}}$ 正序矩阵的元素用正序网络计算。

平衡三相故障计算的通用算法如下：

步骤 1：建立正序阻抗网络的 $\mathbf{Z}_{\text{Bus}}$ 矩阵。

步骤 2：由潮流算得故障前母线电压。

步骤 3：计算 $I_{i(F)} = \dfrac{E_{i(0)}}{Z_{ii} + Z_f}$。

用以上算法可以计算每条母线 i 的平衡故障电流。

连接到母线上的断路器短路容量（SCC）可根据每条母线的平衡三相故障计

故障母线 *i*

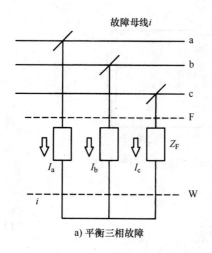

a) 平衡三相故障

接线图

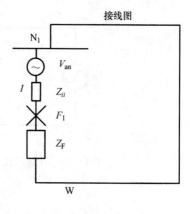

b) 平衡三相故障的戴维南等效电路

图 11-32 平衡三相故障电路及其等效图

算。SCC 定义为

$$\text{SCC} = \left| V_{\text{故障前(pu)}} \right| \left| I_{\text{故障(pu)}} \right| \tag{11-60}$$

如果故障前电压和故障电流都是标幺值，则 SCC 也是标幺值。要想得到 SCC 的实际值，需要把标幺值乘以 S_b。

$$\text{SCC} = S_b \left| V_{\text{故障值(pu)}} \right| \left| I_{\text{故障(pu)}} \right| \tag{11-61}$$

$$\text{SCC} = \sqrt{3} \left| V_{\text{故障值,线阀}} \right| \left| I_{\text{故障,线}} \right| \text{VA} \tag{11-62}$$

式中，电压单位是 V，电流单位是 A。因此，每条母线的故障水平取决于它的对地戴维南阻抗。为清楚地解释这一概念，考虑图 11-33 的所示系统。

图 11-34 画出了为计算母线 3 故障电流而给出的戴维南等效电路，其中 V_{th} 是故障前母线 3 的电压。

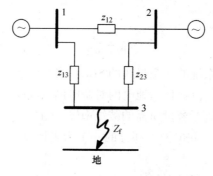

图 11-33 母线 3 发生故障

$$I_f = \frac{V_{\text{th}}}{Z_{\text{th}} + Z_f} \tag{11-63}$$

如果故障阻抗为零，则故障为金属性永久接地故障，这时的式（11-63）可改

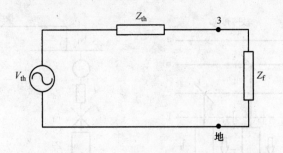

图 11-34　计算母线 3 故障电流的戴维南等效电路

写为

$$I_\text{f} = \frac{V_\text{th}}{Z_\text{th}} \tag{11-64}$$

电网系统的设计应使每条母线的电压都在 1pu 左右。因此

$$V_\text{th} \approx 1\text{pu}$$

于是，故障电流为

$$I_\text{f} = \frac{1}{Z_\text{th}} \tag{11-65}$$

因此，戴维南阻抗为

$$Z_\text{th} = \frac{1}{I_\text{f}} \tag{11-66}$$

因为 SCC 的标幺值为

$$\text{SCC} = |V_{故障值}|\,|I_{故障}|\,\text{pu}$$

而且 $V_{故障前} \approx 1\text{pu}$，所以

$$\text{SCC} = I_{\text{f}(故障)}\,\text{pu} \tag{11-67}$$

且

$$Z_\text{th} = \frac{1}{\text{SCC}} \tag{11-68}$$

电力公司需要计算系统的每条母线的 SCC。当绿色能源系统微电网接入当地电网时，需要提供其 SCC，以评估当地电网对微电网的故障电流贡献。因此，SCC 规定了计算微电网断路器遮断容量所需的戴维南输入阻抗。

例 11.3　考虑作为互联电网一部分的一个微电网（见图 11-35）。假定相关技术参数如下：

当地电网短路容量 = 320MVA。

#1 PV 发电站：PV 方阵 = 2MVA，内阻抗 = 高阻性，额定值的 50%；

燃气轮机：热电联产机组 = 10MVA，内电抗 = 4%，机组为 Y 联结，中性点接地；

变压器：低压侧 460V，Y 联结，中性点接地；高压侧 13.2kV，D 联结，10% 电抗，容量 10MVA；

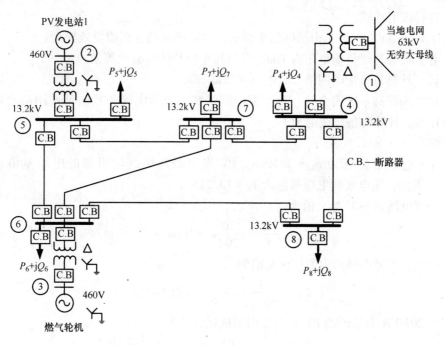

图 11-35　接入当地电网的分布式发电微电网

电网变压器：20MVA，63kV/13.2kV，7% 电抗；

母线 4 负荷 = 1.5MW，功率因数 0.85 滞后；母线 5 负荷 = 5.5MW，功率因数 0.9 滞后；母线 6 负荷 = 4.0MW，功率因数 0.95 超前；母线 7 负荷 = 5MW，功率因数 0.95 滞后；母线 8 负荷 = 1.0MW，功率因数 0.9 滞后；见表 11-1。

表 11-1　每条母线的负荷和它的等效负荷电抗

母线编号	负荷	复功率（pu）	等效负荷阻抗（pu）
4	1.5MW，功率因数 0.85 滞后 = 1.5 + j0.92	0.075 + j0.046	9.69 + j5.94
5	5.5MW，功率因数 0.9 滞后 = 5.5 + j2.66	0.275 + j0.133	2.95 + j1.43
6	4.0MW，功率因数 0.95 超前 = 4.0 - j1.31	0.20 - j0.066	4.51 - j1.49
7	5MW，功率因数 0.95 滞后 = 5 + j1.64	0.25 + j0.082	3.61 + j1.18
8	1.0MW，功率因数 0.9 滞后 = 1.0 + j0.48	0.05 + j0.024	16.25 + j7.80

输电线：电阻 = $0.0685\Omega/\text{mile}$，电抗 = $0.40\Omega/\text{mile}$，半线路充电导纳（$Y'/2$）= $11 \times 10^{-6} \Omega^{-1}/\text{mile}$。线路长度：4-7 = 5mile，4-8 = 1mile，5-6 = 3mile，5-7 = 2mile，6-7 = 2mile，6-8 = 4mile。

进行以下计算：

ⅰ）建立以 20MVA 为基值的平衡三相故障研究的标幺值等效模型。

ⅱ）如果母线负荷电压为 1pu，计算每个负荷的标幺值等效模型。

ⅲ）计算每条配电网络母线的三相故障 SCC。

ⅳ）为提高系统安全性，每个配电网络和与当地电网的互联都使用两台同样的变压器。计算每条母线的 SCC。

解：

ⅰ）容量基值选为 $S_b = 20\text{MVA}$，PV 发电站和燃气轮机侧的电压基值选为 460V，因此，输电线侧电压基值为 $V_b = 13.2\text{kV}$。

当地电网的 SCC 标幺值为

$$\frac{\text{SCC}}{S_b} = \frac{320}{20}\text{pu} = 16\text{pu}$$

因此，当地电网的内阻抗标幺值为

$$Z_{th} = j\frac{1}{\text{SCC}_{pu}} = j\frac{1}{16}\text{pu} = j0.063\text{pu}$$

以 20MVA 为基值的 PV 发电站内阻抗标幺值为

$$Z_{pu(new)} = Z_{pu(old)}\frac{VA_{b(new)}}{VA_{b(old)}}\left(\frac{V_{b(old)}}{V_{b(new)}}\right)^2$$

$$= 0.5 \times \frac{20 \times 10^6}{2 \times 10^6} \times \left(\frac{460}{460}\right)^2\text{pu} = 5\text{pu}$$

燃气轮机阻抗标幺值为

$$z = j0.4 \times \frac{20 \times 10^6}{10 \times 10^6} \times \left(\frac{460}{460}\right)^2\text{pu} = j0.8\text{pu}$$

输电系统阻抗基值为

$$Z_b = \frac{V_b^2}{S_b} = \frac{(13.2 \times 10^3)^2}{20 \times 10^6}\Omega = 8.712\Omega$$

导纳基值为

$$Y_b = \frac{1}{Z_b} = \frac{1}{8.712}\text{S} \approx 0.115\text{S}$$

当地电网变压器的标幺值阻抗为 7%，以 20MVA 为基值。

ⅱ）用它们的等值阻抗表示的负荷用下式计算：

$$z_{load} = \frac{V_{load}^2}{P_{load} - jQ_{load}}$$

ⅲ）母线 i、j 之间的标幺值阻抗为

$$z_{i-j,pu} = \frac{z_{i-j}}{Z_b}$$

用上述公式计算的输电线标幺值参数列于表 11-2b。

图 11-35 所示为连接到本地电网的分布式发电微电网。图 11-36 所示为例 11.3 的输电线模型的等效阻抗。图 11-37 所示为短路研究用的阻抗模型。

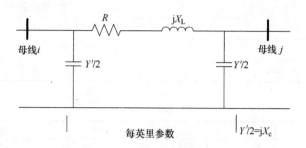

图 11-36　例 11.3 输电线模型的等效阻抗

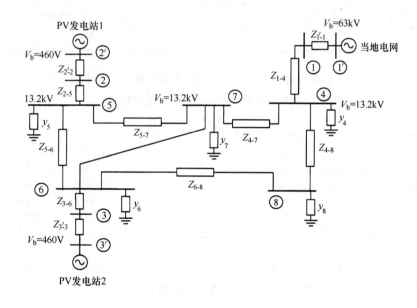

图 11-37　短路研究的阻抗模型

表 11-1 给出了图 11-37 所示的网络的每条母线的负荷和它的等效负荷阻抗。

母线导纳矩阵用式（11-18）给出的 Y_{Bus} 算法计算。对于短路研究，计算每条母线的平衡故障电流时，行业的实际做法是忽略线路充电和负荷阻抗。然而也可以把负荷阻抗包括在内，方法是使用潮流计算时得到的母线负荷电压。

$$z_{load} = \frac{V_{load}}{I_{load}} = \frac{V_{load}}{\left(V_{load} / I_{load} \right)^*} = \frac{V_{load}^2}{S_{load}^*}$$

然而，因为在已经设计好的电网中，负荷母线电压大约为 1pu 左右，误差为 5%，所以可以使用 1pu 作为负荷电压来计算短路研究中使用的负荷阻抗。

表 11-2　图 11-37 所示网络的变压器阻抗和输电线参数（均为标幺值）

a）变压器阻抗

变压器位置	串联阻抗
1-4	j0. 07
2-5	j0. 2
3-6	j0. 2

b）输电线参数

线路	串联阻抗	线路充电导纳
4-7	0. 039 + j0. 229	$j479 \times 10^{-6}$
4-8	0. 008 + j0. 046	$j96 \times 10^{-6}$
5-6	0. 024 + j0. 138	$j287 \times 10^{-6}$
5-7	0. 016 + j0. 092	$j192 \times 10^{-6}$
6-7	0. 016 + j0. 092	$j192 \times 10^{-6}$
6-8	0. 031 + j0. 184	$j383 \times 10^{-6}$

短路研究中的 Y_{Bus} 矩阵要包括发电机母线的内阻抗。对于例 11.3，Y_{Bus} 是 8×8 阶矩阵，其电压源用它们的内阻抗代替来求戴维南等效阻抗。

$$Y_{Bus} = \begin{bmatrix} -j30.2 & 0 & 0 & j14.3 & 0 & 0 & 0 & 0 \\ 0 & 0.2-j5 & 0 & 0 & j5.0 & 0 & 0 & 0 \\ 0 & 0 & -j6.25 & 0 & 0 & j5.0 & 0 & 0 \\ j14.3 & 0 & 0 & 4.35-j39.68 & 0 & 0 & -0.72+j4.23 & -3.6+j21.16 \\ 0 & j5.0 & 0 & 0 & 3.02-j22.63 & -1.2+j7.1 & -1.8+j10.58 & 0 \\ 0 & 0 & j5.0 & 0 & -1.2+j7.1 & 3.93-j27.92 & -1.8+j10.58 & -0.91+j5.29 \\ 0 & 0 & 0 & -0.7+j4.2 & -1.8+j10.6 & -1.8+j10.58 & 4.35-j25.39 & 0 \\ 0 & 0 & 0 & -3.6+j21.2 & 0 & -0.9+j5.29 & 0 & 4.53-j26.45 \end{bmatrix} \begin{matrix} 1 \\ 2 \\ 3 \\ 4 \\ 5 \\ 6 \\ 7 \\ 8 \end{matrix}$$

母线导纳矩阵 Y_{Bus} 的逆是 Z_{Bus} 矩阵。Z_{Bus} 矩阵的对角线元素是母线向系统看去的戴维南等效阻抗。即 Z_{ii} 是母线 i 对地的戴维南阻抗。

$$SCC_{pu} = \frac{1}{Z_{ii}} \quad i = 1, 2, \cdots, 8$$

式中，Z_{ii} 是 Z_{Bus} 的对角线元素。每条母线的 SCC 见表 11-3。

表 11-3　每条母线的短路容量（SCC）

母线编号	SCC（pu）
1	16. 71
2	2. 21
3	3. 42
4	8. 41
5	3. 92
6	4. 82
7	4. 57
8	6. 45

ⅳ）如果每条发电机母线都使用两台变压器，则每条母线的 SCC 见表 11-4。

表 11-4 带两台变压器时每条母线的短路容量（SCC）

母线编号	SCC（pu）
1	16.81
2	3.05
3	4.31
4	11.18
5	4.36
6	5.51
7	5.20
8	7.91

从表 11-3 和表 11-4 的数据可见，两台变压器并联使用会降低每条母线的戴维南阻抗，提高短路电流。因此，在电网出现变化时，必须进行电网短路研究，以确保不超过断路器的 SCC。

例 11.4 考虑图 11-38 给出的电网。

假定容量基值为 100MVA，进行以下计算：

ⅰ）所有变压器和发电机 G_1 都投运时，母线 5（415V）的 SCC。

ⅱ）所有变压器都投运，但发电机 G_1 不投运时，母线 5（415V）的 SCC。

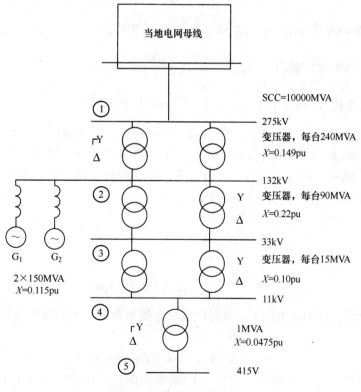

图 11-38 例 11.4 的单线图

解：

容量基值为 $S_b = 100\text{MVA}$，当地电网母线 SCC = 10000MVA。

因此，它的 SCC 标幺值为

$$\text{SSC}_{pu} = \frac{\text{SSC}}{S_b}$$

$$\text{SSC}_{pu} = \frac{10000}{10}\text{pu} = 100\text{pu}$$

由式（11-68）得电网内阻抗为

$$X_{th} = \frac{1}{100} = 0.01\text{pu}$$

新母线上变压器和发电机的标幺值阻抗为

$$Z_{pu(new)} = Z_{pu(old)} \times \frac{VA_{b(new)}}{VA_{b(old)}} \times \left(\frac{V_{b(old)}}{V_{b(new)}}\right)^2$$

因此，以 100MVA 为基值的变压器和发电机标幺值阻抗如下：

对于 240MVA 变压器，$X_{Tr240} = 0.149 \times \frac{100}{240}\text{pu} = 0.062\text{pu}$，

对于 90MVA 变压器，$X_{Tr90} = 0.22 \times \frac{100}{99}\text{pu} = 0.244\text{pu}$，

对于 15MVA 变压器，$X_{Tr15} = 0.1 \times \frac{100}{15}\text{pu} = 0.67\text{pu}$，

对于 1MVA 变压器，$X_{Tr1} = 0.0475 \times \frac{100}{1}\text{pu} = 4.75\text{pu}$，

对于发电机 G_1 和 G_2，$X_G = 0.115 \times \frac{100}{150}\text{pu} = 0.0767\text{pu}$。

ⅰ）所有发电机和变压器都投运时的故障分析等效电路图如图 11-39 所示。

图 11-39a 是图 11-38 在故障条件下的等值电路。它的并联阻抗再简化为图 11-39b 中的单一阻抗；图 11-39c 中，串联阻抗被合并到一起，构成了只有三个等效阻抗的电路。图 11-39d 是最终的简化等效电路。

由式（11-68），故障电流标幺值为

$$I_f = \frac{1}{Z_{th}}$$

$$= \frac{1}{j5.227}\text{pu} = 0.1913\text{pu}$$

应该指出，在 1pu 电压下，故障电流标幺值和 SCC 标幺值是相等的。

$$\text{SCC} = \text{SCC}_{pu}S_b$$

$$\text{SCC} = 0.1913 \times 100\text{MVA} = 19.13\text{MVA}$$

由下面的 $\mathbf{Z}_{Bus}^+$ 矩阵可求得母线 5 的戴维南阻抗，用它可计算母线 5 的故障电流。

$$\boldsymbol{Z}_{\text{Bus}}^{+} = \begin{bmatrix} j0.009 & j0.005 & j0.005 & j0.005 & j0.005 \\ j0.005 & j0.020 & j0.020 & j0.020 & j0.020 \\ j0.005 & j0.020 & j0.142 & j0.142 & j0.142 \\ j0.005 & j0.020 & j0.142 & j0.477 & j0.477 \\ j0.005 & j0.020 & j0.142 & j0.477 & j5.227 \end{bmatrix}$$

母线 5 的正序戴维南阻抗是 $Z_{\text{Th},5}^{+} = Z_{55}^{+} = j5.227\text{pu}$。

这个从 $\boldsymbol{Z}_{\text{Bus}}^{+}$ 得到的值与从图 11-39 的电路简化得到的值完全相同，故障电流的计算过程如前面所示。

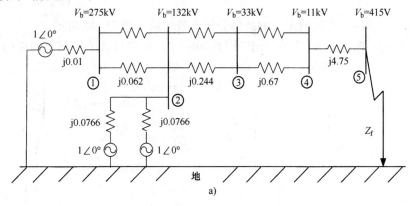

a)

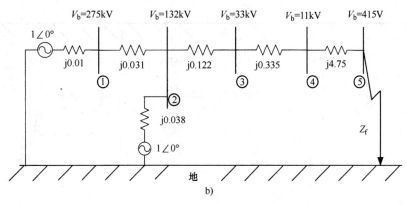

b)

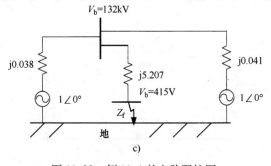

c)

图 11-39 例 11.4 的电路阻抗图

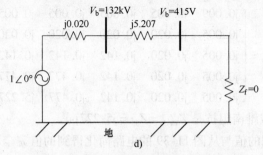

图 11-39　例 11.4 的电路阻抗图（续）

ii）发电机 G_1 停运情况下的故障分析等效电路如图 11-40 所示。

图 11-40a 的故障网络简化示于图 11-40b～d，步骤与第 i）部分的说明相同。

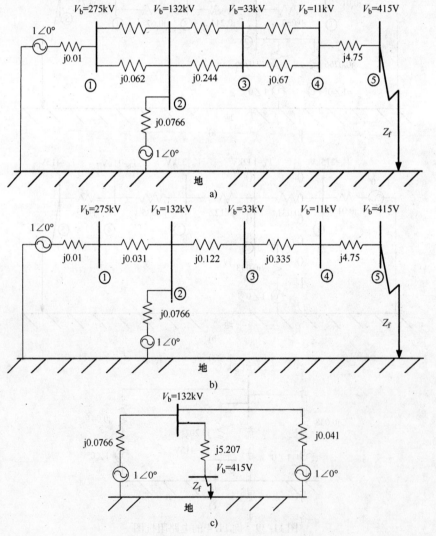

图 11-40　例 11.4 第 ii 部分的电路阻抗图

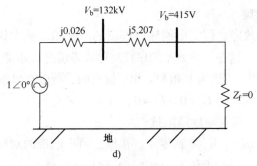

图 11-40　例 11.4 第 ii 部分的电路阻抗图（续）

由式（11-68），标幺值故障电流为

$$I_f = \frac{1}{Z_{th}}$$

$$Z_{th} = \frac{1}{j5.233} = 0.1911\,pu$$

应该指出，在 1pu 电压下，标幺值故障电流和标幺值 SCC 是相等的。

$$SCC = SCC_{pu}S_b$$

$$SCC = 0.1911 \times 100MVA = 19.11MVA$$

由下面的 $\boldsymbol{Z}_{Bus}^{+}$ 矩阵求得母线 5 的戴维南阻抗，用它可计算母线 5 的故障电流。

$$\boldsymbol{Z}_{Bus}^{+} = \begin{bmatrix} j0.009 & j0.007 & j0.007 & j0.007 & j0.007 \\ j0.007 & j0.027 & j0.027 & j0.027 & j0.027 \\ j0.007 & j0.027 & j0.149 & j0.149 & j0.149 \\ j0.007 & j0.027 & j0.149 & j0.484 & j0.484 \\ j0.007 & j0.027 & j0.149 & j0.484 & j5.233 \end{bmatrix}$$

母线 5 的正序戴维南阻抗是 $Z_{Th,5}^{+} = Z_{55}^{+} = j5.233$。

这个从 $\boldsymbol{Z}_{Bus}^{+}$ 得到的值与从前面的电路简化得到的值完全相同。故障电流计算使用从 $\boldsymbol{Z}_{Bus}^{+}$ 矩阵得到的母线 5 的等效戴维南阻抗。

11.9.2　不平衡故障

　　根据不同故障类型，需要使用正序、负序和零序网络。故障涉及接地时，如果存在地电流流动的低阻抗路径的话，就会有地电流流过部分网络。最常见的故障是单线对地故障，出于安全和电网保护考虑，需要设计接地网。不平衡故障电流用于设置继电保护系统，在检测出地电流时，继电保护系统要辨识故障类型，并通过开断相应断路器来隔离系统的故障部分。

　　电网在设计上是运行于平衡三相系统的。正如前面所讨论的那样，在不平衡故障分析中，系统唯一不平衡的部分是故障部分。例如，三相线路的一根导线因风暴经过发生了故障，故障线路会被迅速切除，使电网在故障过程中仍然保持平衡。

11.9.3 单线对地故障

为分析单线对地故障，假定电网输电线路的一根相线被大风暴吹断，并落到树上，其接地阻抗为 Z_f，这是一种典型的单线对地故障情况。通常习惯把故障相定为 a 相，假定故障点为母线 i。因为 b 相和 c 相是健全的，所以在母线 i，以下条件成立：

$$I_{fb} = 0, \quad I_{fc} = 0, \quad 且 \quad V_{fa} = Z_f I_{fa}$$

式中，Z_f 是母线 i 处 a 相对地故障阻抗。

再回想一下相电流 a、b、c 到零序、正序、负序电流的对称变换。

$$\begin{bmatrix} I_{fa}^0 \\ I_{fa}^+ \\ I_{fa}^- \end{bmatrix} = \frac{1}{3} \begin{bmatrix} 1 & 1 & 1 \\ 1 & a & a^2 \\ 1 & a^2 & a \end{bmatrix} \begin{bmatrix} I_{fa} \\ I_{fb} \\ I_{fc} \end{bmatrix} \tag{11-69}$$

把单线对地故障的条件带入，得

$$\begin{bmatrix} I_{fa}^0 \\ I_{fa}^+ \\ I_{fa}^- \end{bmatrix} = \frac{1}{3} \begin{bmatrix} 1 & 1 & 1 \\ 1 & a & a^2 \\ 1 & a^2 & a \end{bmatrix} \begin{bmatrix} I_{fa} \\ 0 \\ 0 \end{bmatrix} \tag{11-70}$$

上述矩阵可简化为

$$I_{fa}^0 = I_{fa}^+ = I_{fa}^- \tag{11-71}$$

上述公式清楚地表明，在计算单线对地故障时，零序、正序和负序网络必须串联。

关注母线 i 的"如果-则"条件，即母线 i 故障前的戴维南电压就是它的开路电压。故障前，电网是平衡的，而且在故障期间假定它仍保持同样电压，因为故障被非常迅速地隔离。母线 i 的阻抗是戴维南阻抗，因此需要通过考察母线 i 的零序、正序和负序网络来计算戴维南阻抗。图 11-41b 画出了单线对地的相序网络接线。

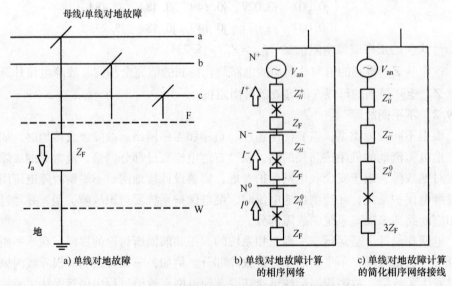

a) 单线对地故障

b) 单线对地故障计算的相序网络

c) 单线对地故障计算的简化相序网络接线

图 11-41　单线对地故障及其简化与非简化网络示意

为计算单线对地故障，要建立电网的正序、负序、零序网络，然后用下面的式（11-72）～式（11-74）计算 Z_{Bus}^{+}、Z_{Bus}^{-} 和 Z_{Bus}^{0}。

$$
Z_{\text{Bus}}^{+} =
\begin{array}{c}
1 \quad\ \cdots\quad\ i \quad\ \cdots\quad\ n \\
\begin{bmatrix}
Z_{11}^{+} & \cdots & Z_{i1}^{+} & \cdots & Z_{1n}^{+} \\
\vdots & & \vdots & & \vdots \\
Z_{i1}^{+} & \cdots & Z_{ii}^{+} & \cdots & Z_{in}^{+} \\
\vdots & & \vdots & & \vdots \\
Z_{n1}^{+} & \cdots & Z_{ni}^{+} & \cdots & Z_{nn}^{+}
\end{bmatrix}
\begin{array}{l}
1 \\ \vdots \\ i \\ \vdots \\ n
\end{array}
\end{array}
\qquad (11\text{-}72)
$$

$$
Z_{\text{Bus}}^{-} =
\begin{array}{c}
1 \quad\ \cdots\quad\ i \quad\ \cdots\quad\ n \\
\begin{bmatrix}
Z_{11}^{-} & \cdots & Z_{i1}^{-} & \cdots & Z_{1n}^{-} \\
\vdots & & \vdots & & \vdots \\
Z_{i1}^{-} & \cdots & Z_{ii}^{-} & \cdots & Z_{in}^{-} \\
\vdots & & \vdots & & \vdots \\
Z_{n1}^{-} & \cdots & Z_{ni}^{-} & \cdots & Z_{nn}^{-}
\end{bmatrix}
\begin{array}{l}
1 \\ \vdots \\ i \\ \vdots \\ n
\end{array}
\end{array}
\qquad (11\text{-}73)
$$

$$
Z_{\text{Bus}}^{0} =
\begin{array}{c}
1 \quad\ \cdots\quad\ i \quad\ \cdots\quad\ n \\
\begin{bmatrix}
Z_{11}^{0} & \cdots & Z_{i1}^{0} & \cdots & Z_{1n}^{0} \\
\vdots & & \vdots & & \vdots \\
Z_{i1}^{0} & \cdots & Z_{ii}^{0} & \cdots & Z_{in}^{0} \\
\vdots & & \vdots & & \vdots \\
Z_{n1}^{0} & \cdots & Z_{ni}^{0} & \cdots & Z_{nn}^{0}
\end{bmatrix}
\begin{array}{l}
1 \\ \vdots \\ i \\ \vdots \\ n
\end{array}
\end{array}
\qquad (11\text{-}74)
$$

对于故障母线，其驱动点阻抗（即戴维南阻抗）要从相应的正序、负序和零序网络的对角线元素选择。对于单线对地故障，正序、负序和零序网络的戴维南阻抗必须如图 11-41b 那样串联。故障前正序电压与故障后相同，它激发流过故障网络的电流。

11.9.4　双线对地故障

在典型的双线对地故障中，可以想象以下情况：假定一相导线的绝缘破损，并落到另一根相线上，然后又落到树上。因为树是接地的，所以有两根导线发生了意外连接，这样就形成了双线接地故障条件。图 11-42a 画出的就是双线接地故障。

习惯上把故障相定为 b 相和 c 相，如图 11-42a 所示。故障条件表明，a 相没有故障，所以 $I_{\text{fa}}=0$，可以用对称变换法计算故障期间的相序电流。

$$
\begin{bmatrix}
I_{\text{fa}}^{0} \\
I_{\text{fa}}^{+} \\
I_{\text{fa}}^{-}
\end{bmatrix}
=
\frac{1}{3}
\begin{bmatrix}
1 & 1 & 1 \\
1 & a & a^{2} \\
1 & a^{2} & a
\end{bmatrix}
\begin{bmatrix}
0 \\
I_{\text{fb}} \\
I_{\text{fc}}
\end{bmatrix}
\qquad (11\text{-}75)
$$

因此。零序电流为

$$I_{\text{fb}} + I_{\text{fc}} = 3I_{\text{fa}}^0 \tag{11-76}$$

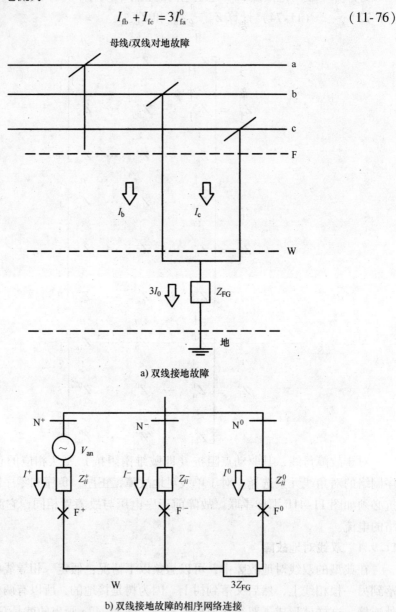

a) 双线接地故障

b) 双线接地故障的相序网络连接

图 11-42　双线接地故障及其相序网络连接

因为电网是平衡的，而且母线 i 处的 a、b、c 相电压仍保持平衡，所以

$$V_{\text{fb}} = V_{\text{fc}} = (I_{\text{fb}} + I_{\text{fc}})Z_{\text{FG}} \tag{11-77}$$

把 b、c 相电流 $I_{\text{fb}} + I_{\text{fc}} = 3I_{\text{fa}}^0$ 代入，得

$$V_{fb} = V_{fc} = 3Z_{FG}I_{fa}^0$$

上述分析清楚表明，要计算双线对地故障，必须使用图 11-42b 给出的相序网络连线。

与单线对地故障类似，这种故障也涉及接地。要计算双线对地故障电流，需要知道故障点的戴维南阻抗和故障前的戴维南电压。因此需要建立用下面式（11-78）～式（11-80）给出的电网正序、负序、零序阻抗矩阵 Z_{Bus}^+、Z_{Bus}^- 和 Z_{Bus}^0。

$$Z_{Bus}^+ = \begin{matrix} & 1 & \cdots & i & \cdots & n \\ & \begin{bmatrix} Z_{11}^+ & \cdots & Z_{i1}^+ & \cdots & Z_{1n}^+ \\ \vdots & & \vdots & & \vdots \\ Z_{i1}^+ & \cdots & Z_{ii}^+ & \cdots & Z_{in}^+ \\ \vdots & & \vdots & & \vdots \\ Z_{n1}^+ & \cdots & Z_{ni}^+ & \cdots & Z_{nn}^+ \end{bmatrix} & \begin{matrix} 1 \\ \vdots \\ i \\ \vdots \\ n \end{matrix} \end{matrix} \tag{11-78}$$

$$Z_{Bus}^- = \begin{matrix} & 1 & \cdots & i & \cdots & n \\ & \begin{bmatrix} Z_{11}^- & \cdots & Z_{i1}^- & \cdots & Z_{1n}^- \\ \vdots & & \vdots & & \vdots \\ Z_{i1}^- & \cdots & Z_{ii}^- & \cdots & Z_{in}^- \\ \vdots & & \vdots & & \vdots \\ Z_{n1}^- & \cdots & Z_{ni}^- & \cdots & Z_{nn}^- \end{bmatrix} & \begin{matrix} 1 \\ \vdots \\ i \\ \vdots \\ n \end{matrix} \end{matrix} \tag{11-79}$$

$$Z_{Bus}^0 = \begin{matrix} & 1 & \cdots & i & \cdots & n \\ & \begin{bmatrix} Z_{11}^0 & \cdots & Z_{i1}^0 & \cdots & Z_{1n}^0 \\ \vdots & & \vdots & & \vdots \\ Z_{i1}^0 & \cdots & Z_{ii}^0 & \cdots & Z_{in}^0 \\ \vdots & & \vdots & & \vdots \\ Z_{n1}^0 & \cdots & Z_{ni}^0 & \cdots & Z_{nn}^0 \end{bmatrix} & \begin{matrix} 1 \\ \vdots \\ i \\ \vdots \\ n \end{matrix} \end{matrix} \tag{11-80}$$

这些母线矩阵 Z 的对角线元素代表相应的戴维南阻抗。

11.9.5　线间故障

图 11-43a 所示为线间故障。这类故障可能发生在大风导致绝缘失效，一根相线落到另一根相线上的时候。人们习惯上把故障相定为 b 相和 c 相，因此，对于故障点，存在以下关系：

$$I_{fa} = 0, \qquad I_{fc} = -I_{fb} \tag{11-81}$$

故障前和故障后的电网都是平衡的，因为故障通过开断相应的断路器被极迅速地切除。

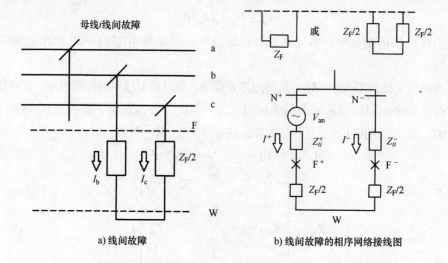

图 11-43 线间故障及其网络连线

$$V_{fb} - V_{fc} = I_{fb}Z_f \tag{11-82}$$

$$\begin{bmatrix} I_{fa}^0 \\ I_{fa}^+ \\ I_{fa}^- \end{bmatrix} = \frac{1}{3}\begin{bmatrix} 1 & 1 & 1 \\ 1 & a & a^2 \\ 1 & a^2 & a \end{bmatrix}\begin{bmatrix} 0 \\ I_{fb} \\ -I_{fb} \end{bmatrix} \tag{11-83}$$

由以上公式可得

$$I_{fa}^0 = 0 \tag{11-84}$$

$$I_{fa}^+ = -I_{fa}^- \tag{11-85}$$

上述结果清楚地表明，需要使用图 11-43b 所示的相序网络接线图来计算线间故障。

为计算故障母线的戴维南阻抗，需要构建正序和负序阻抗矩阵，即式 (11-86) 和式 (11-87) 的 $\mathbf{Z}_{Bus}^+$ 和 $\mathbf{Z}_{Bus}^-$。母线矩阵 $\mathbf{Z}_{Bus}$ 的对角线元素等于戴维南阻抗。戴维南电压等于故障母线的故障前电压。

$$\mathbf{Z}_{Bus}^+ = \begin{array}{c} \\ \\ \\ \\ \\ \\ \end{array}\begin{matrix} 1 & \cdots & i & \cdots & n \\ \begin{bmatrix} Z_{11}^+ & \cdots & Z_{i1}^+ & \cdots & Z_{1n}^+ \\ \vdots & & \vdots & & \vdots \\ Z_{i1}^+ & \cdots & Z_{ii}^+ & \cdots & Z_{in}^+ \\ \vdots & & \vdots & & \vdots \\ Z_{n1}^+ & \cdots & Z_{ni}^+ & \cdots & Z_{nn}^+ \end{bmatrix} & \begin{matrix} 1 \\ \vdots \\ i \\ \vdots \\ n \end{matrix} \end{matrix} \tag{11-86}$$

$$
\boldsymbol{Z}_{\mathrm{Bus}}^{-} = \begin{array}{c} 1 \quad\cdots\quad i \quad\cdots\quad n \\ \left[\begin{array}{ccccc} Z_{11}^{-} & \cdots & Z_{i1}^{-} & \cdots & Z_{1n}^{-} \\ \vdots & & \vdots & & \vdots \\ Z_{i1}^{-} & \cdots & Z_{ii}^{-} & \cdots & Z_{in}^{-} \\ \vdots & & \vdots & & \vdots \\ Z_{n1}^{-} & \cdots & Z_{ni}^{-} & \cdots & Z_{nn}^{-} \end{array} \right] \begin{array}{c} 1 \\ \vdots \\ i \\ \vdots \\ n \end{array} \end{array}
\tag{11-87}
$$

例 11.5 考虑下面给出的电力系统（见图 11-44 和图 11-45）。

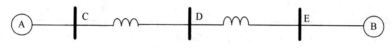

图 11-44　例 11.5 的单线图

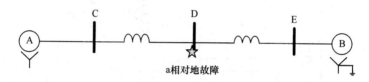

图 11-45　母线 D 单线对地故障的三相示意图

系统数据以标幺值给出，容量基值为 100MVA。

发电机 A：$X_{G}^{+} = 0.25 \mathrm{pu}$，$X_{G}^{-} = 0.15 \mathrm{pu}$，$X_{G}^{0} = 0.03 \mathrm{pu}$；

发电机 B：$X_{G}^{+} = 0.2 \mathrm{pu}$，$X_{G}^{-} = 0.12 \mathrm{pu}$，$X_{G}^{0} = 0.02 \mathrm{pu}$；

输电线 C-D：$Z^{+} = Z^{-} = \mathrm{j}0.08 \mathrm{pu}$，$Z^{0} = \mathrm{j}0.14 \mathrm{pu}$；

输电线 D-E：$Z^{+} = Z^{-} = \mathrm{j}0.06 \mathrm{pu}$，$Z^{0} = \mathrm{j}0.12 \mathrm{pu}$；

进行以下计算：

假定发电机 A 为 Y 联结且不接地，发电机 B 为 Y 联结但接地。计算母线 D 单线对地故障，确定它的相序网络，并显示故障系统母线 D 的线对地电流。

解：

例 11.5 的相序网络用图 11-46 所示的等效电路计算：

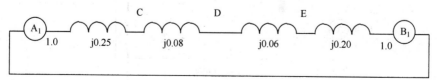

a) 正序网络

图 11-46　例 11.5 的网络连线图

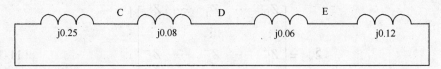

b) 负序网络

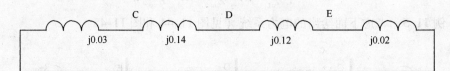

c) 零序网络

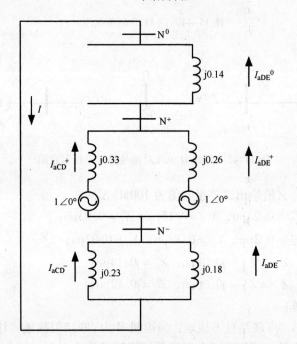

d) 母线D单线对地故障时的相序网络接线图

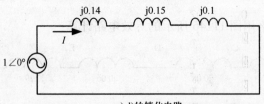

e) d)的简化电路

图 11-46 例 11.5 的网络连线图（续）

$$I = \frac{V}{Z} = \frac{1\angle 0°}{\mathrm{j}0.39}\mathrm{pu} = 2.56\angle -90°\mathrm{pu}$$

$$I_{aCD}^0 = 0$$

$$I_{aCD}^+ = 2.56\angle -90° \times \frac{\mathrm{j}0.26}{\mathrm{j}0.26 + \mathrm{j}0.33}\mathrm{pu} = 1.12\angle -90°\mathrm{pu}$$

$$I_{aCD}^- = 2.56\angle -90° \times \frac{\mathrm{j}0.18}{\mathrm{j}0.18 + \mathrm{j}0.23}\mathrm{pu} = 1.12\angle -90°\mathrm{pu}$$

线路 C-D 的实际线电流为

$$\begin{bmatrix} I_{aCD} \\ I_{bCD} \\ I_{cCD} \end{bmatrix} = \boldsymbol{T}_s \begin{bmatrix} I_{aCD}^0 \\ I_{aCD}^+ \\ I_{aCD}^- \end{bmatrix} = \begin{bmatrix} 1 & 1 & 1 \\ 1 & a^2 & a \\ 1 & a & a^2 \end{bmatrix} \begin{bmatrix} 0 \\ 1.12\angle -90° \\ 1.12\angle -90° \end{bmatrix} = \begin{bmatrix} -\mathrm{j}2.24 \\ \mathrm{j}1.12 \\ \mathrm{j}1.12 \end{bmatrix}$$

线路 D-E 的线电流为

$$I_{aED}^0 = I = 2.56\angle -90°\mathrm{pu}$$

$$I_{aED}^+ = I - I_{aCD}^+ = 1.44\angle -90°\mathrm{pu}$$

$$I_{aED}^- = I - I_{aCD}^- = 1.44\angle -90°\mathrm{pu}$$

$$\begin{bmatrix} I_{aED} \\ I_{bED} \\ I_{cED} \end{bmatrix} = \boldsymbol{T}_s \begin{bmatrix} I_{aED}^0 \\ I_{aED}^+ \\ I_{aED}^- \end{bmatrix} = \begin{bmatrix} 1 & 1 & 1 \\ 1 & a^2 & a \\ 1 & a & a^2 \end{bmatrix} \begin{bmatrix} 2.56\angle -90° \\ 1.44\angle -90° \\ 1.44\angle -90° \end{bmatrix} = \begin{bmatrix} -\mathrm{j}5.44 \\ -\mathrm{j}1.12 \\ -\mathrm{j}1.12 \end{bmatrix}$$

母线 D 的 Z_{th} 也可以用 $\boldsymbol{Z}_{Bus}^+$、$\boldsymbol{Z}_{Bus}^-$ 和 $\boldsymbol{Z}_{Bus}^0$ 计算, 它们分别是

$$\boldsymbol{Z}_{Bus}^+ = \begin{array}{c} \quad C \quad\quad D \quad\quad E \\ \begin{bmatrix} \mathrm{j}0.14 & \mathrm{j}0.11 & \mathrm{j}0.08 \\ \mathrm{j}0.11 & \mathrm{j}0.15 & \mathrm{j}0.11 \\ \mathrm{j}0.08 & \mathrm{j}0.11 & \mathrm{j}0.13 \end{bmatrix} \begin{array}{c} C \\ D, \\ E \end{array} \end{array} \quad \boldsymbol{Z}_{Bus}^- = \begin{array}{c} \quad C \quad\quad D \quad\quad E \\ \begin{bmatrix} \mathrm{j}0.10 & \mathrm{j}0.07 & \mathrm{j}0.04 \\ \mathrm{j}0.07 & \mathrm{j}0.10 & \mathrm{j}0.07 \\ \mathrm{j}0.04 & \mathrm{j}0.07 & \mathrm{j}0.08 \end{bmatrix} \begin{array}{c} C \\ D, \\ E \end{array} \end{array}$$

$$\boldsymbol{Z}_{Bus}^0 = \begin{array}{c} \quad C \quad\quad D \quad\quad E \\ \begin{bmatrix} \mathrm{j}0.28 & \mathrm{j}0.14 & \mathrm{j}0.02 \\ \mathrm{j}0.14 & \mathrm{j}0.14 & \mathrm{j}0.02 \\ \mathrm{j}0.02 & \mathrm{j}0.02 & \mathrm{j}0.02 \end{bmatrix} \begin{array}{c} C \\ D \\ E \end{array} \end{array}$$

母线 D 的正序戴维南阻抗为 $Z_{Th,D}^+ = Z_{DD}^+ = \mathrm{j}0.15$;

母线 D 的负序戴维南阻抗为 $Z_{Th,D}^- = Z_{DD}^- = \mathrm{j}0.10$;

母线 D 的零序戴维南阻抗为 $Z_{Th,D}^0 = Z_{DD}^0 = \mathrm{j}0.14$。

上述值与图 11-46e 显示的值相同, 相应的相序电流可按前述方法计算。

图 11-47 是例 11.5 的相序网络的电流流向。

智能电网可再生能源系统设计（原书第2版）

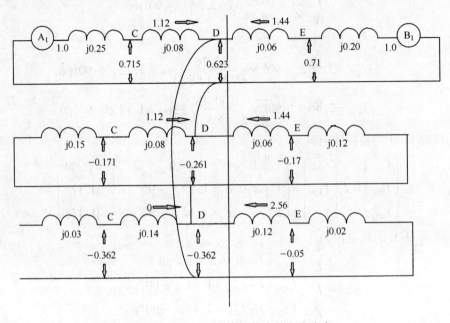

图 11-47　例 11.5 相序网络中的电流流向

例 **11.6**　考虑图 11-48 给出的电网。

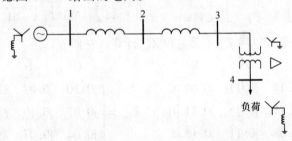

图 11-48　例 11.6 的系统

容量基值为 100MVA，相序网络参数为

$$Z_G^+ = Z_G^- = j0.1\text{pu}, \qquad Z_G^0 = j0.05\text{pu}$$

$$Z_{12}^+ = Z_{12}^- = j0.3\text{pu}, \qquad Z_{12}^0 = j0.6\text{pu}$$

$$Z_{23}^+ = Z_{23}^- = j0.4\text{pu}, \qquad Z_{23}^0 = j0.5\text{pu}$$

$$Z_{\text{Trans}}^+ = Z_{\text{Trans}}^- = Z_{\text{Trans}}^0 = j0.08\text{pu}$$

假定负荷为

$$S_{\text{Load}} = (1 + j0.5)\text{pu}$$

负荷电压为

$$V_L = 0.9 \angle -4.0\text{pu}$$

426

发电机接地阻抗等于 j0.01pu。对于母线 2 的单线对地故障，进行以下计算：

ⅰ）从母线 1 及母线 3 到母线 2（故障母线）的故障电流，负荷忽略不计。

ⅱ）同ⅰ），但把负荷考虑在内。

ⅲ）同ⅰ），但假定发电机不接地。

解：

ⅰ）母线 2 单线对地故障，不考虑负荷的相序电路如图 11-49 所示。

由图 11-49，可计算相序电流如下：

$$I = \frac{V}{Z} = \frac{1\angle 0°}{j1.11}\text{pu} = 0.9\angle -90°\text{pu}$$

$$I_{a12}^0 = 0.9\angle -90° \times \frac{j0.58}{j0.58 + j0.65}\text{pu} = 0.42\angle -90°\text{pu}$$

$$I_{a12}^+ = I_{a12}^- = I = 0.9\angle -90°\text{pu}$$

线路 1-2 的实际电流为

$$\begin{bmatrix} I_{a12} \\ I_{b12} \\ I_{c12} \end{bmatrix} = \mathbf{T}_s \begin{bmatrix} I_{a12}^0 \\ I_{a12}^+ \\ I_{a12}^- \end{bmatrix} = \begin{bmatrix} 1 & 1 & 1 \\ 1 & a^2 & a \\ 1 & a & a^2 \end{bmatrix} \begin{bmatrix} 0.42\angle -90° \\ 0.9\angle -90° \\ 0.9\angle -90° \end{bmatrix} = \begin{bmatrix} -j2.22 \\ j0.48 \\ j0.48 \end{bmatrix}$$

线路 3-2 的相序电流为

$$I_{a32}^0 = I - I_{a12}^0 = 0.48\angle -90°\text{pu}$$

$$I_{a32}^+ = I_{a32}^- = 0$$

线路 3-2 的实际电流为

$$\begin{bmatrix} I_{a32} \\ I_{b32} \\ I_{c32} \end{bmatrix} = \mathbf{T}_s \begin{bmatrix} I_{a32}^0 \\ I_{a32}^+ \\ I_{a32}^- \end{bmatrix} = \begin{bmatrix} 1 & 1 & 1 \\ 1 & a^2 & a \\ 1 & a & a^2 \end{bmatrix} \begin{bmatrix} 0.48\angle -90° \\ 0 \\ 0 \end{bmatrix} = \begin{bmatrix} -j0.48 \\ -j0.48 \\ -j0.48 \end{bmatrix}$$

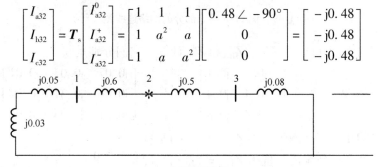

a) 零序网络

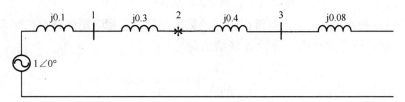

b) 正序网络

图 11-49　例 11.6 第ⅰ部分的网络连线图

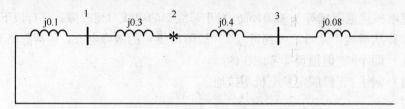

c) 负序网络

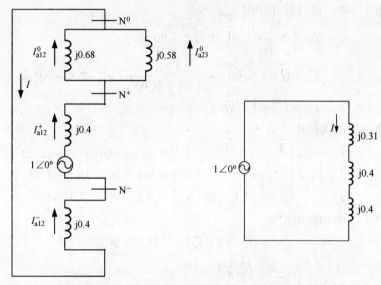

d) 母线2单线对地故障时的相序网络接线图   e) 图11-49d 简化电路

图 11-49　例 11.6 第 ⅰ 部分的网络连线图（续）

母线 2 的 Z_{th} 也可以用 $\mathbf{Z}_{Bus}^+$、$\mathbf{Z}_{Bus}^-$ 和 $\mathbf{Z}_{Bus}^0$ 计算，它们分别是

$$\mathbf{Z}_{Bus}^+ = \mathbf{Z}_{Bus}^- = \begin{bmatrix} j0.1 & j0.1 & j0.1 \\ j0.1 & j0.4 & j0.4 \\ j0.1 & j0.4 & j0.8 \end{bmatrix}, \quad \mathbf{Z}_{Bus}^0 = \begin{bmatrix} j0.07 & j0.04 & j0.01 \\ j0.04 & j0.31 & j0.04 \\ j0.01 & j0.04 & j0.07 \end{bmatrix}$$

母线 2 的正序戴维南阻抗为 $Z_{Th,2}^+ = Z_{22}^+ = j0.4$；

母线 2 的负序戴维南阻抗为 $Z_{Th,2}^- = Z_{22}^- = j0.4$；

母线 2 的零序戴维南阻抗为 $Z_{Th,2}^0 = Z_{22}^0 = j0.31$。

从图 11-49e 可以看出，戴维南阻抗的数值与用 $\mathbf{Z}_{Bus}$ 相序矩阵计算的结果相同。

ⅱ）把负荷考虑在内，等效 Δ 联结负荷为

$$\overline{Z}_Y = \frac{V^2}{S^*} = \frac{(0.9/\sqrt{3})^2}{1 - j0.5}\text{pu} = 0.24\angle 26.6°\text{pu}$$

$$\overline{Z}_\Delta = 3\,\overline{Z}_Y = 0.72\angle 26.6°\text{pu}$$

$$Z_{load00} = Z_{load11} = Z_{load22} = 0.72\angle 26.6°\text{pu}$$

由图 11-50，可计算相序电流如下：

$$Z_{th}^0 = \frac{j0.68 \times j0.58}{j0.68 + j0.58}pu = j0.31pu$$

$$Z_{th}^+ = Z_{th}^- = \frac{j0.4 \times (0.64 + j0.8)pu}{(j0.4) + (0.64 + j0.8)}pu = (0.06 + j0.3)pu$$

$$V_{th}^+ = \frac{1 \angle 0° \times (0.64 + j0.8)}{(j0.4) + (0.64 + j0.8)}pu = 0.75 \angle -10.58°pu$$

$$I = \frac{0.75 \angle -10.58°}{0.06 + j0.3 + 0.06 + j0.3 + j0.31}pu = 0.82 \angle -93°pu$$

$$I_{12}^0 = \frac{0.82 \angle -93° \times j0.58}{j0.58 + j0.68}pu = 0.38 \angle -93°pu$$

$$I_{12}^+ = \frac{0.82 \angle -93° \times (0.64 + j0.8) - 0.75 \angle -10.88°}{j0.4 + 0.64 + j0.8}pu = 0.32 \angle -167°pu$$

$$I_{12}^- = \frac{0.82 \angle -93° \times (0.64 + j0.8)}{j0.4 + 0.64 + j0.8}pu = 0.62 \angle -103°pu$$

线路 1-2 的实际电流为

$$\begin{bmatrix} I_{a12} \\ I_{b12} \\ I_{c12} \end{bmatrix} = T_s \begin{bmatrix} I_{a12}^0 \\ I_{a12}^+ \\ I_{a12}^- \end{bmatrix} = \begin{bmatrix} 1 & 1 & 1 \\ 1 & a^2 & a \\ 1 & a & a^2 \end{bmatrix} \begin{bmatrix} 0.38 \angle -93° \\ 0.32 \angle -167° \\ 0.62 \angle -103° \end{bmatrix} = \begin{bmatrix} 1.16 \angle -114° \\ 0.67 \angle 8° \\ 0.32 \angle -142° \end{bmatrix}$$

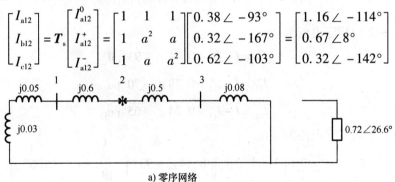

a) 零序网络

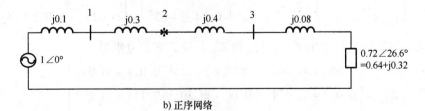

b) 正序网络

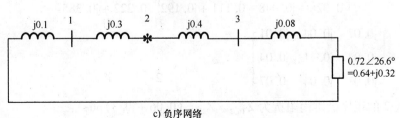

c) 负序网络

图 11-50　例 11.6 第 ii 部分的相序图

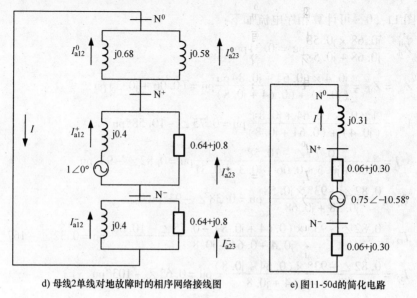

d) 母线2单线对地故障时的相序网络接线图   e) 图11-50d的简化电路

图 11-50 例 11.6 第 ii 部分的相序图（续）

线路 3-2 的相序电流为

$$I_{32}^0 = I - I_{12}^0 = 0.44 \angle -93° \, \text{pu}$$

$$I_{32}^+ = I - I_{12}^+ = 0.79 \angle -70° \, \text{pu}$$

$$I_{32}^- = I - I_{12}^- = 0.24 \angle -65° \, \text{pu}$$

线路 3-2 的实际电流为

$$\begin{bmatrix} I_{a32} \\ I_{b32} \\ I_{c32} \end{bmatrix} = \boldsymbol{T}_s \begin{bmatrix} I_{a32}^0 \\ I_{a32}^+ \\ I_{a32}^- \end{bmatrix} = \begin{bmatrix} 1 & 1 & 1 \\ 1 & a^2 & a \\ 1 & a & a^2 \end{bmatrix} \begin{bmatrix} 0.44 \angle -93° \\ 0.79 \angle -70° \\ 0.24 \angle -65° \end{bmatrix} = \begin{bmatrix} 1.44 \angle -106° \\ 0.35 \angle -145° \\ 0.62 \angle -8.97° \end{bmatrix}$$

母线 2 的 Z_{th} 也可以用 $\boldsymbol{Z}_{Bus}^+$、$\boldsymbol{Z}_{Bus}^-$ 和 $\boldsymbol{Z}_{Bus}^0$ 计算，它们分别是

$$\boldsymbol{Z}_{Bus}^+ = \boldsymbol{Z}_{Bus}^- = \begin{bmatrix} 0.004 + j0.094 & 0.014 + j0.074 & 0.028 + j0.048 \\ 0.014 + j0.074 & 0.06 + j0.30 & 0.111 + j0.192 \\ 0.028 + j0.048 & 0.111 + j0.192 & 0.222 + j0.385 \end{bmatrix}$$

$$\boldsymbol{Z}_{Bus}^0 = \begin{bmatrix} j0.07 & j0.04 & j0.01 \\ j0.04 & j0.31 & j0.04 \\ j0.01 & j0.04 & j0.07 \end{bmatrix}$$

母线 2 的正序戴维南阻抗为 $Z_{Th,2}^+ = Z_{22}^+ = (0.06 + j0.3) \, \text{pu}$；

母线 2 的负序戴维南阻抗为 $Z_{Th,2}^- = Z_{22}^- = (0.06 + j0.3) \, \text{pu}$；

母线 2 的零序戴维南阻抗为 $Z_{\text{Th},2}^0 = Z_{22}^0 = \text{j}0.31\text{pu}$。

从图 11-50e 可以看出，戴维南阻抗的数值与用 $\boldsymbol{Z}_{\text{Bus}}$ 相序矩阵计算的结果相同。

ⅲ）无负荷，发电机不接地情况下，相序电路如图 11-51 所示。

由图 11-51 计算相序电流如下：

$$I = \frac{V}{Z} = \frac{1\angle 0°}{\text{j}1.38}\text{pu} = 0.72\angle -90°\text{pu}$$

$$I_{\text{a}12}^0 = 0$$

$$I_{\text{a}12}^+ = I_{\text{a}12}^- = I = 0.72\angle -90°\text{pu}$$

线路 1-2 的实际电流为

$$\begin{bmatrix} I_{\text{a}12} \\ I_{\text{b}12} \\ I_{\text{c}12} \end{bmatrix} = \boldsymbol{T}_{\text{s}} \begin{bmatrix} I_{\text{a}12}^0 \\ I_{\text{a}12}^+ \\ I_{\text{a}12}^- \end{bmatrix} = \begin{bmatrix} 1 & 1 & 1 \\ 1 & a^2 & a \\ 1 & a & a^2 \end{bmatrix} \begin{bmatrix} 0 \\ 0.72\angle -90° \\ 0.72\angle -90° \end{bmatrix} = \begin{bmatrix} -\text{j}1.44 \\ \text{j}0.72 \\ \text{j}0.72 \end{bmatrix}$$

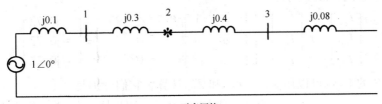

a) 零序网络

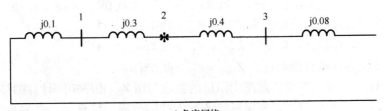

b) 正序网络

c) 负序网络

图 11-51　例 11.6 第ⅲ部分的相序电路

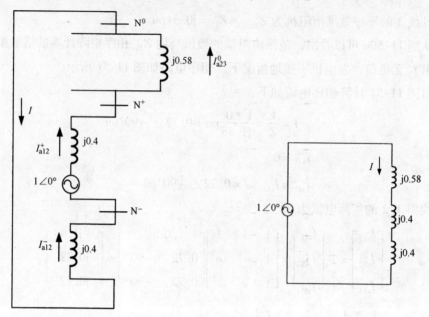

d) 母线2单线对地故障时的相序网络接线图　　e) 图11-51d的简化电路

图 11-51　例 11.6 第ⅲ部分的相序电路（续）

线路 3-2 的相序电流为

$$I_{a32}^0 = I = 0.72 \angle -90° \text{pu}$$

$$I_{a32}^+ = I_{a32}^- = 0$$

线路 3-2 的实际电流为

$$\begin{bmatrix} I_{a32} \\ I_{b32} \\ I_{c32} \end{bmatrix} = \boldsymbol{T}_s \begin{bmatrix} I_{a32}^0 \\ I_{a32}^+ \\ I_{a32}^- \end{bmatrix} = \begin{bmatrix} 1 & 1 & 1 \\ 1 & a^2 & a \\ 1 & a & a^2 \end{bmatrix} \begin{bmatrix} 0.72 \angle -90° \\ 0 \\ 0 \end{bmatrix} = \begin{bmatrix} -j0.72 \\ -j0.72 \\ -j0.72 \end{bmatrix}$$

母线 2 的 Z_{th} 也可以用 $\boldsymbol{Z}_{Bus}^+$、$\boldsymbol{Z}_{Bus}^-$ 和 $\boldsymbol{Z}_{Bus}^0$ 计算，它们分别是

$$\boldsymbol{Z}_{Bus}^+ = \boldsymbol{Z}_{Bus}^- = \begin{bmatrix} j0.1 & j0.1 & j0.1 \\ j0.1 & j0.4 & j0.4 \\ j0.1 & j0.4 & j0.8 \end{bmatrix}, \quad \boldsymbol{Z}_{Bus}^0 = \begin{bmatrix} j1.18 & j0.58 & j0.08 \\ j0.58 & j0.58 & j0.08 \\ j0.08 & j0.08 & j0.08 \end{bmatrix}$$

母线 2 的正序戴维南阻抗为 $Z_{Th,2}^+ = Z_{22}^+ = j0.4\text{pu}$；

母线 2 的负序戴维南阻抗为 $Z_{Th,2}^- = Z_{22}^- = j0.4\text{pu}$；

母线 2 的零序戴维南阻抗为 $Z_{Th,2}^0 = Z_{22}^0 = j0.58\text{pu}$。

从图 11-51e 可以看出，戴维南阻抗的数值与用 $\boldsymbol{Z}_{Bus}$ 相序矩阵计算的结果相同。

例 11.7　对于例 11.6，假定母线 2 发生线间故障，计算每条线路的电流，不考虑负荷。

解：

线间故障的等效相序电路如图 11-52 所示。

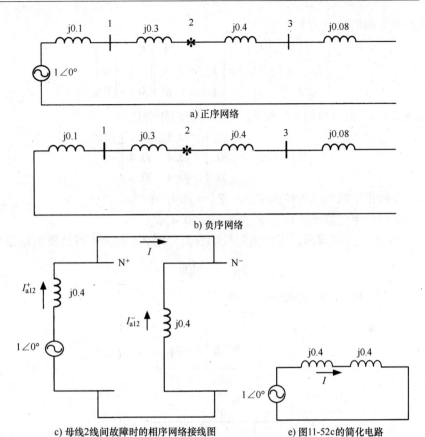

a) 正序网络

b) 负序网络

c) 母线2线间故障时的相序网络接线图　　　e) 图11-52c的简化电路

图 11-52　例 11.7 的相序电路

由图 11-52 计算的母线 2 线间故障的相序电流为

$$I = \frac{V}{Z} = \frac{1\angle 0°}{j0.8} = 1.25\angle -90°\text{pu}$$

$$I_{a12}^0 = 0$$

$$I_{a12}^+ = I = 1.25\angle -90°\text{pu}$$

$$I_{a12}^- = -I = 1.25\angle 90°\text{pu}$$

线路 1-2 的实际电流为

$$\begin{bmatrix} I_{a12} \\ I_{b12} \\ I_{c12} \end{bmatrix} = T_s \begin{bmatrix} I_{a12}^0 \\ I_{a12}^+ \\ I_{a12}^- \end{bmatrix} = \begin{bmatrix} 1 & 1 & 1 \\ 1 & a^2 & a \\ 1 & a & a^2 \end{bmatrix} \begin{bmatrix} 0 \\ 1.25\angle -90° \\ 1.25\angle 90° \end{bmatrix} = \begin{bmatrix} 0 \\ 2.17\angle 180° \\ 2.17\angle 0° \end{bmatrix}$$

线路 3-2 的相序电流为

$$I_{a32}^0 = 0$$

$$I_{a32}^+ = -I_{a32}^- = 0$$

线路 3-2 的实际电流为

$$\begin{bmatrix} I_{a32} \\ I_{b32} \\ I_{c32} \end{bmatrix} = T_s \begin{bmatrix} I_{a32}^0 \\ I_{a32}^+ \\ I_{a32}^- \end{bmatrix} = \begin{bmatrix} 1 & 1 & 1 \\ 1 & a^2 & a \\ 1 & a & a^2 \end{bmatrix} \begin{bmatrix} 0 \\ 0 \\ 0 \end{bmatrix} = \begin{bmatrix} 0 \\ 0 \\ 0 \end{bmatrix}$$

母线 2 的 Z_{th} 也可以用 $\mathbf{Z}_{Bus}^+$ 和 $\mathbf{Z}_{Bus}^-$ 计算，它们分别是

$$\mathbf{Z}_{Bus}^+ = \mathbf{Z}_{Bus}^- = \begin{bmatrix} j0.1 & j0.1 & j0.1 \\ j0.1 & j0.4 & j0.4 \\ j0.1 & j0.4 & j0.8 \end{bmatrix}$$

母线 2 的正序戴维南阻抗为 $Z_{Th,2}^+ = Z_{22}^+ = j0.4pu$；

母线 2 的负序戴维南阻抗为 $Z_{Th,2}^- = Z_{22}^- = j0.4pu$。

从图 11-52d 可以看出，戴维南阻抗的数值与用 $\mathbf{Z}_{Bus}$ 相序矩阵计算的结果相同。

习　　题

11.1　考虑图 11-53 所示的典型电力系统。

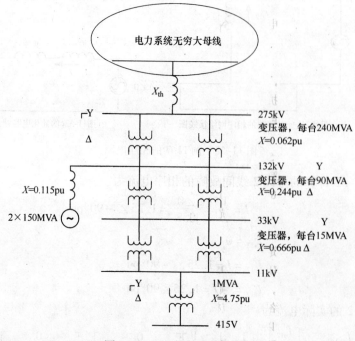

图 11-53　一个典型电网系统

所有阻抗都是标幺值，容量基值为 100MVA。

发电机投运数量最多时，$X_{th} = 0.01$；

发电机投运数量最少时，$X_{th} = 0.015$。

进行以下计算：

i)　415V 母线的 SCC，所有变压器都投运，但发电机 G_1 不投运。假定发电机投运数量最多。

ⅱ）415V 母线的 SCC，所有变压器和 G_1 都投运。假定一台发电机投运。

11.2　考虑图 11-54 给出的系统。

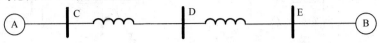

图 11-54　第 11.2 题的单线图

发电机 A：

$$X''_{G(1)} = 0.25, \ X''_{G(2)} = 0.15, \ X''_{G(0)} = 0.03 \text{pu}$$

发电机 B：

$$X''_{G(1)} = 0.2, \ X''_{G(2)} = 0.12, \ X''_{G(0)} = 0.02 \text{pu}$$

输电线 C-D：$Z_1 = Z_2 = j0.08 \text{pu}$，$Z_0 = j0.14 \text{pu}$；

输电线 D-E：$Z_1 = Z_2 = j0.06 \text{pu}$，$Z_0 = j0.12 \text{pu}$；

所有数值都是标幺值，容量基值为 100MVA。

假定发电机 A 是Y联结且不接地，发电机 B 为Y联结但接地，计算母线 D 单线对地故障时母线 C、D、E 的电流和实际相电压（即 V_a、V_b、V_c 的标幺值）。

11.3　考虑如下电网。

图 11-55 所示为 11.3 题中电网的单线图。

相序网络数据如下：

发电机：20kV，100MVA，10% 正序阻抗，负序阻抗 = 正序阻抗，零序阻抗 = 8%，以发电机额定值为基值；

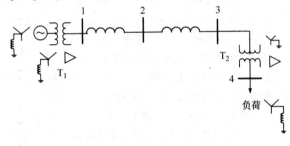

图 11-55　11.3 题的系统

输电线：母线 1-2 长度 = 50km，电抗 = 0.5Ω/km；母线 2-3 长度 = 100km，电抗 = 0.7Ω/km；

变压器 T_1：20kV/138kV，8% 电抗，150MVA；

变压器 T_2：138kV/13.8kV，10% 电抗，200MVA；

输电线相序阻抗：$Z_1 = Z_2 = j0.06 \text{pu}$，$Z_0 = j0.12 \text{pu}$，容量基值 100MVA；

变压器相序阻抗：正序 = 负序 = 零序；

负荷：$S_{load} = 50 \text{MVA}$，功率因数 = 0.95 滞后；

发电机接地阻抗 = $j0.01 \text{pu}$，以它的额定值为基值。

计算正序、负序和零序网络的标幺值模型，以 100MVA 为基值。

11.4　对于 11.3 题，进行以下计算：

ⅰ）如果发电机设置为高于其额定值 5%，计算负荷电压。

ⅱ）对于母线 3 双线对地故障，求从母线 1 和母线 2 流向母线 3（故障母线）的故障电流，负荷忽略不计。

11.5　对于 11.3 题，进行以下计算：

ⅰ）计算母线 2 单线对地故障，但把负荷考虑在内。

ⅱ）与ⅰ）相同，但假定发电机不接地。

11.6　考虑图 11-56 给出的微电网。

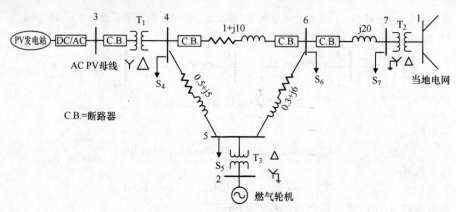

图 11-56　11.6 题的单线图

输电线阻抗在单线图中给出（见图 11-56）。

系统数据如下：

PV 发电站：2MW，AC 460V；正序、负序和零序阻抗 = 10%；

燃气轮机：正序参数为 10MVA，3.2kV，10% 电抗；

相序阻抗：负序 = 正序，零序 = 1/2 正序；

变压器相序阻抗：正序 = 负序 = 零序；

变压器 T_1：10MVA，460V/13.2kV，7% 阻抗；

变压器 T_2：25MVA，13.2kV/69kV，9% 阻抗；

变压器 T_3：20MVA，13.2kV/3.2kV，8% 阻抗；

负荷：S_4 = 4MVA，功率因数 = 0.9 滞后；S_5 = 8MVA，功率因数 = 0.9 滞后；S_6 = 10MVA，功率因数 = 0.9 超前；S_7 = 5MVA，功率因数 = 0.85 滞后；

当地电网：正序、负序和零序内电抗 = 10Ω；内电抗可忽略。

进行以下计算：

ⅰ）正序、负序和零序标幺值阻抗模型。

ⅱ）忽略负荷，计算母线 4 单线对地故障。

ⅲ）计算负荷电压；使用负荷阻抗模型计算母线 4 单线对地故障。

11.7　考虑图 11-57 所示的微电网。

系统数据如下：

当地电网 SCC = 1600MVA；

PV 发电站：不接地，正序、负序和零序内电抗（仅阻性分量）约值 = 50%，容量 100MVA；

变压器：低压侧：460V，Y 联结，中性点接地；高压侧：13.2kV，D 联结，10% 电抗，10MVA；

当地电网变压器：20MVA，63kV/13.2kV，7% 电抗；

输电线：电阻 = 0.0685Ω/mile，电抗 = 0.40Ω/mile，线路半充电导纳（$Y'/2$）= 11Ω/mile。

线路 4-7 = 10mile，线路 4-8 = 7mile，线路 5-6 = 12mile，线路 5-7 = 7mile，线路 6-7 = 6mile，线路 6-8 = 8mile；

输电线相序阻抗：正序 = 负序，零序 = 2 × 正序阻抗。

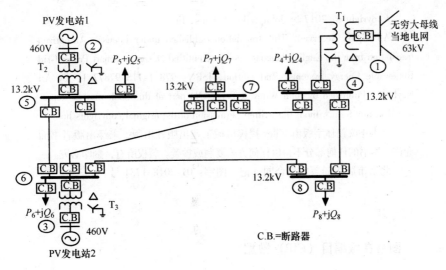

图 11-57　分布式发电的微电网接入当地电网

进行以下计算：

ⅰ）正序、负序和零序阻抗标幺值等效模型，以 20MVA 为基值。

ⅱ）对于母线 4 三相故障，计算母线 4 的 SCC。

11.8　对于 11.7 题，母线 1 发生单线对地故障，计算接地故障电流。

11.9　对于 11.7 题，为提高系统安全性，每个配电网络和与当地电网的互联都使用两台相同的变压器。计算母线 4 的 SCC。

11.10　对于 11.7 题，假定变压器 T_1 联结方式是接地 Y-Y。计算母线 4 的单线对地故障电流[⊖]。

参 考 文 献

1. Gross, A.C. (1986) *Power System Analysis*, Wiley, New York.

2. El-Hawary, M.E. (1983) *Electric Power Systems: Design and Analysis*, Reston Publishing, Reston, VA.

3. IEEE Brown Book (1980) *IEEE Recommended Practice For Power System Analysis*, Wiley-Interscience, New York.

4. Grainger, J. and Stevenson, W.D. (2008) *Power Systems Analysis*, McGraw-Hill, New York.

5. Duncan Glover, J. and Sarma, M.S. (2002) *Power System Analysis and Design*, Brooks/Cole Thomson Learning, Pacific Grove, CA.

6. Stagg, G.W. and El-Abiad, A.H. (1968) *Computer Methods in Power System Analysis*, McGraw-Hill, New York.

7. Bergen, A. and Vittal, V. (2000) *Power Systems Analysis*, Prentice Hall, Englewood Cliffs, NJ.

8. Fortescue, C.L. (1918) Method of symmetrical co-ordinates applied to the solution of polyphase networks. *AIEE Transactions*, 37(part II), 1027–1140.

⊖　原书还有一个与 11.10 题完全相同的 11.11 题，此处把它删掉了。——译者注

图书在版编目（CIP）数据

智能电网可再生能源系统设计：原书第 2 版/（美）阿里·凯伊哈尼（Ali Keyhani）著；刘长湦等译. —北京：机械工业出版社，2020.3

（智能电网关键技术研究与应用丛书）

书名原文：Design of Smart Power Grid Renewable Energy Systems，2nd edition

ISBN 978-7-111-64586-3

Ⅰ.①智…　Ⅱ.①阿…②刘…　Ⅲ.①智能控制 – 电力系统 – 再生能源 – 系统设计　Ⅳ.①TM76

中国版本图书馆 CIP 数据核字（2020）第 026169 号

机械工业出版社（北京市百万庄大街 22 号　邮政编码 100037）

策划编辑：付承桂　责任编辑：付承桂　李小平

责任校对：张晓蓉　封面设计：鞠　杨

责任印制：邹　敏

北京中兴印刷有限公司印刷

2020 年 5 月第 1 版第 1 次印刷

169mm×239mm·28 印张·578 千字

0001—1600 册

标准书号：ISBN 978-7-111-64586-3

定价：150.00 元

电话服务　　　　　　　　　　网络服务

客服电话：010-88361066　机　工　官　网：www.cmpbook.com

　　　　　010-88379833　机　工　官　博：weibo.com/cmp1952

　　　　　010-68326294　金　书　网：www.golden-book.com

封底无防伪标均为盗版　机工教育服务网：www.cmpedu.com